AF475090

**Téléphone 1-57** **CAEN** **Téléphone 1-57**

# HOTEL DE LA PLACE ROYALE

(T. C. F., A. C. F., A. C. A.)

RECONSTRUIT ET ENTIÈREMENT TRANSFORMÉ

Eclairage électrique dans toutes les chambres. — *Chauffage central.* — Salle de bains. — Hydrothérapie. — Garage et fosse pour automobiles. — **La plus belle situation de la ville sur la place Royale,** en face les postes et télégraphes. — Table d'hôte : déjeuner 3 fr. ; dîner, 3 fr. 50, vin compris. — Chambres depuis 3 fr. — **Restaurant à la carte.**

*English spoken. — Se habla espanol.*

---

**CAEN**

# HOTEL MODERNE

SITUATION CENTRALE

Entièrement neuf. — Appartements et chambres confortables pour familles et touristes. — Cuisine très soignée. — Eclairage électrique. — *Garage pour automobiles et bicyclettes.*

**Prix modérés**

**PATAULT-THOMEREL**, Propriétaire

---

**CARTERET**

# GRAND HOTEL DE LA MER

**Téléphone n° 3 — Garage pour autos**

**SITUATION UNIQUE**

En face des bateaux de Jersey. — *Le seul sur la plage.* — Vaste terrasse au bord de la mer. — Recommandé par son confort et son excellente cuisine. — Café. — Billard. — *Omnibus.* — Renseignements pour locations de villas et chalets. — *English spoken. — Man spricht deutsch.* — **E. EXCOFFIER**, propriétaire.

---

**CARTERET**

# GRAND HOTEL D'ANGLETERRE

**A. IMBERT, Propriétaire**

**SEUL HOTEL BAIGNÉ PAR LA MER**

*Recommandé du T. C. F., de l'A. G. C. et du C. T. C. d'Angleterre*

CORRESPONDANT DU CHEMIN DE FER ET DU BATEAU DE JERSEY

**Pension à prix modérés pour séjour prolongé.**

## DIEPPE

Vue du château.

Type 15*

## FÉCAMP

# Grand Hôtel des Bains et de Londres

Sur la plage. — Premier ordre. — Grande façade sur la mer.— A proximité de la jetée et du Casino. — **Restaurant.** — Electricité Téléphone. — Pension depuis 8 fr. — Eau de source. — Garage de vélos et d'automobiles, avec fosse. — **Hall for Afternon Tea.** — *English spoken.* — Ouvert du 1er juillet au 25 septembre.

TENU PAR M. **D. GÉNÉREUX**, de Cannes

---

(PLAGE) **FÉCAMP** (PLAGE)

# HOTEL D'ANGLETERRE

**Sur la plage,** *près du Casino et des Bains.* — Cet hôtel est entièrement transformé et agrandi. — Vue magnifique sur la mer. — Confortable sérieux et bonne table. — Ouvert le 1er juin. — Chambres depuis 2 fr. — Table d'hôte et restaurant à la carte.— Omnibus à tous les trains. — Location de chevaux et de voitures. — Remise pour automobiles et vélos. — Chambre noire pour amateurs photographes. — *English spoken.* — Téléphone.

**MASSIF, Propriétaire**

---

## GRANVILLE

# GRAND-HOTEL

**De premier ordre**

**Très recommandé**

Situation centrale. — Près de la Plage. — Magnifique vue de mer. — Cuisine très soignée. — Garage et fosse. — Depuis 8 fr. 50, vin compris. — Omnibus gare et bateaux. — **A. PASQUIER, Propriétaire.**

## LE HAVRE

# GRAND HOTEL TORTONI

**PLACE GAMBETTA (Bassin des Yachts)**

PREMIER ORDRE

**Téléphone n° 736**

PREMIER ORDRE

**Téléphone n° 736**

Absolument distinct et indépendant de la Brasserie du même nom. — Restaurant Criterion en plein air. — **Journée 11 fr. vin compris.** — Omnibus. — Interprètes. — Chauffage central. — *Ascenseur.*

---

## LE HAVRE

# HOTEL CONTINENTAL

**De premier ordre**
Situation splendide sur les jetées et la mer.

**Prix modérés**
Restaurant à la carte et à prix fixe.

**Cuisine et caves renommées. — Chauffage central. — Salles de Bains. — Garage gratuit pour autos. — *Téléphone* 2.26. — Omnibus à tous les trains. — J. GIOAN, Prop., ex-directeur du Restaurant Frascati.**

## NANTES

# GRAND HOTEL DES VOYAGEURS

Au centre de la ville, près du théâtre. — **Installation et confort modernes.** — Electricité dans les chambres. — Calorifère. — Bains et douches. — Téléphone. — Jardin d'hiver. — **Table renommée**, service par petites tables. — **Maison de premier ordre**, spécialement recommandée pour sa bonne tenue, son confortable et ses prix consciencieux. — **Garage pour autos.** — *English spoken.* — **G. CRÉTAUX**, Proprietaire.

## NANTES

# Hôtel de la Duchesse-Anne

PLACE DE LA DUCHESSE-ANNE

**Entièrement remis à neuf**

**RECOMMANDÉ AUX FAMILLES, AUX TOURISTES ET AU CLERGÉ**

**PAS D'OMNIBUS A LA GARE**

Prendre le service de ville. — Dans le plus beau quartier de la ville, près de la gare, de la cathédrale, de l'hôtel du Corps d'Armée, du Jardin des Plantes et du Nouveau Musée. — Grand confortable comme chambres et appartements. — **Cuisine très soignée.** — Prix depuis 7 fr. 50 par jour, suivant chambre. — **Téléphone n° 709.**

**V^ve BONSERGENT-MOUROCQ, Propriétaire**

## PARAMÉ

# BRISTOL PALACE HOTEL

**Créé en 1900**

DE TOUT PREMIER ORDRE

SUR LA PLAGE, ACCÈS DIRECT

GRAND CONFORT

Pension depuis 10 fr. par jour

# HOTEL DE LA PLAGE

(*Annexe du Bristol*)

MÊME SITUATION

**Pension depuis 8 francs par jour**

**J.-C. GALLET, Propriétaire**

---

## PARAMÉ

# Hôtel de France et Villa Colbert

*Tout près de la Plage*

**80 chambres très bien meublées, plusieurs avec vue de mer.** — A proximité de la station des tramways *Saint-Malo, Rotheneuf et Cancale.* — Hôtel et pension de famille, renommés par leur bonne tenue, table et confort. — Garage pour bicyclettes et autos.

PRIX TRÈS MODÉRÉS

***6 à 8 fr. avril, mai, juin et septembre, 8 à 12 fr. juillet et août***

**Grands arrangements pour long séjour et familles nombreuses**

QUIMPER

# HOTEL DE L'ÉPÉE

## ERNEST LE THEUFF

*Situé dans le plus beau quartier de la ville*

ENTIÈREMENT NEUF

Électricité

Chauffage central — Salles de bains

AUTO-GARAGE

QUIMPER

# HOTEL DU PARC

A. BOUTHELIER, Propriétaire

Maison de premier ordre, recommandée par son confortable et sa bonne tenue. — Belle vue sur le quai, le Mont Frugy et les promenades. — Eclairage électrique. — Garage et fosse pour automobiles. — **Chambre noire. — Chambres hygiéniques. — Hôtel recommandé par le Touring-Club.** — *Tél. n° 4.*

G

DE PREMIER ORDRE — SUR LA PLAGE

# VILLERS-SUR-MER

## Office de Locations COURNOLLET

**Le plus important et le plus ancien**

*Grand choix de villas meublées*

**Vente de propriétés et terrains, pianos et cabines de plage**

TÉLÉPHONE 5

# BRETAGNE

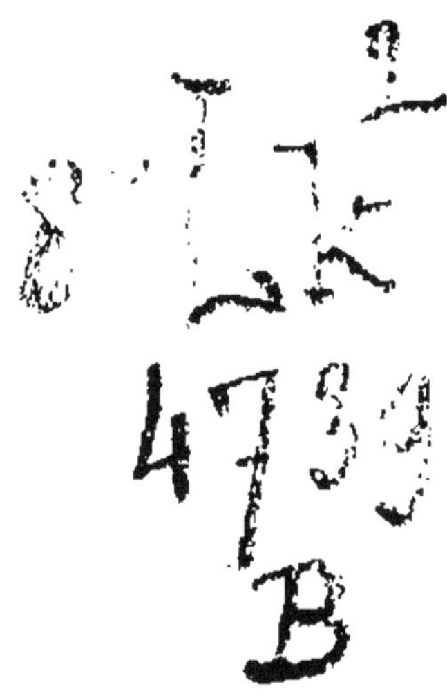

A LA MÊME LIBRAIRIE

# GUIDES-JOANNE

## BRETAGNE

FORMAT IN-16, AVEC 16 CARTES, 13 PLANS

1 volume cartonnage percaline, 7 fr. 50

## MONOGRAPHIES

FORMAT IN-16, AVEC GRAVURES ET PLANS, BROCHÉ

**Angers — Chartres — Le Mont Saint-Michel**
**Nantes**

*Chaque monographie*, 50 cent.

**Iles anglaises de la Manche — Saint-Malo-Dinard**

*Chaque monographie*, 1 fr.

**Les Plages de la Bretagne**

(*De Saint-Nazaire à Brest*)

Un volume in-16, avec gravures et plans, broché. 2 fr.

59796. — Imprimerie Lahure, 9, rue de Fleurus, à Paris.

COLLECTION DES GUIDES-JOANNE

— GUIDES-DIAMANT —

# BRETAGNE

## LES ROUTES LES PLUS FRÉQUENTÉES

PAR

P. JOANNE

16 CARTES ET 7 PLANS

PARIS

LIBRAIRIE HACHETTE ET Cie

79, BOULEVARD SAINT-GERMAIN, 79

1908

*Toutes les mentions et recommandations contenues dans le texte des Guides-Joanne sont entièrement gratuites.*

# TABLE DES MATIÈRES



# ROUTES DU GUIDE

---

## CARTES

## PLANS

# INDEX ALPHABÉTIQUE

Les hôtels sont classés, autant que possible, par ordre d'importance, avec indication des prix qui nous ont été communiqués ou qui ont été payés par nous. Nous prions MM. les touristes de nous adresser toutes les corrections et observations nous permettant de tenir à jour cette partie importante du Guide.

Ce signe * à la suite d'un nom d'hôtel indique un établissement dit « de premier ordre » pour le confortable et pour les prix.

**Abréviations :**

| | | | |
|---|---|---|---|
| all. et ret... | aller et retour. | part......... | particulière. |
| asc......... | ascenseur. | pens......... | pension. |
| aub......... | auberge. | pl........... | place. |
| av.......... | avenue. | priv......... | privée. |
| bd.......... | boulevard. | publ......... | publique. |
| ch.......... | chambre. | rest......... | restaurant. |
| chev........ | cheval ou chevaux. | r............ | rue. |
| déj......... | déjeuner. | s............ | soir. |
| dep......... | depuis. | serv......... | service. |
| dîn......... | dîner. | voit......... | voitures. |
| écl......... | éclairage. | [symbole]............ | chambre noire. |
| h........... | heure. | [symbole]............ | garage pour automobiles. |
| hôt......... | hôtels. | A. C. F. ..... | Automobile-Club. |
| j........... | jour. | T. C. F. ..... | Touring-Club. |
| mat......... | matin. | | |
| omn......... | omnibus. | | |

---

blées; 🚗); — *de la Plage* (petit déj. 50 c.; déj. 2 fr. 50, dîn. 3 fr.; ch. 2 et 3 fr.; pens. dep. 6 fr. par j.); — *de l'Océan.*

**Voitures de louage et bateaux d'excursions** : — s'adr. aux hôtels.

**Voiture publique** pour : — *Quimper*, 1 fr. 50.

**Bateau** pour : — *Concarneau* (l'été; 20 à 30 min.: 4 fois par j.), sem. 95 c. et 65 c., all. et ret. 1 fr. 25 et 90 c.: dim. 60 c. et 45 c. (pas d'all. et ret.).

**Télégraphe** : — au sémaphore.

**Villas** : — à louer.

BEIGNON (Morbihan), 50.

BELLE-ILE-EN-MER (Morbihan), 199. — Pour les bateaux, *V.* p. 198-199. — Pour les hôtels, *V.* : Le Palais, Sauzon, Kervilaouen, Locmaria.

BELLE-ISLE-BÉGARD (Côtes-du-Nord), 106.

BELLE-ISLE-EN-TERRE (Côtes-du-Nord), 106. — Hôt. *de l'Ouest* (déj. ou dîn. 2 fr., ch. 1 fr.).

BELLEVUE (Finistère), 126.

BELLIÈRE [Château de la] (Côtes-du-Nord), 71.

BELZ (Morbihan), 193.

BELZ-PLŒMEL (Morbihan), 193.

BÉNIGUET [Ile] (Finistère), 145.

## BÉNODET (Finistère), 186.

**Hôtels** : — *Grand-Hôtel de Bénodet* (petit déj. 75 c., déj. 2 fr. 50, dîn. 3 fr., ch. à 1 lit 2 fr. 50 à 3 fr. 50, à 2 lits 3 fr. 50 à 4 fr. 50; pens. par semaine, 6 fr. 50 par j., pour un mois, 6 fr. par j.); — *des Bains de Mer* (petit déj. 50 c., déj. 2 fr., dîn. 2 fr. 50, ch. 2 et 4 fr., pens. 6 fr. par j.).

**Voiture publique** pour : — *Quimper*, 1 fr.

**Bateau automobile** pour : — *Quimper*, 1 fr. 25; all. et ret. 2 fr.

BERTHEAUME [Anse et fort de] (Finistère), 144.

BERVEN [Chapelle de] (Finistère), 130.

BESLÉ (Loire-Inférieure), 49.

BESNÉ (Loire-Inférieure), 154.

BETTON (Ille-et-Vilaine), 50.

BEUZEC (Finistère), 209.

BEUZEC-CAP-SIZUN (Finistère), 216.

BIEN-ASSIS [Château de] (Côtes-du-Nord), 87.

BILLERS (Morbihan), 165. — Hôt. *Nicolas* (100 fr. par mois).

BINIC (Côtes-du-Nord), 92. — Hôt. : *de Bretagne*; *de la Plage*; *de l'Univers.* — Appartements meublés (100 à 300 fr. par mois). — Chambres meublées (50 à 60 fr. par mois).

BLANCS-SABLONS [Anse des] (Finistère), 144.

BLOSSAC [Château de] (Ille-et-Vilaine), 48.

BODILIS [Église de] (Finistère), 130.

BOHARS (Finistère), 142.

BOISSIÈRE [La] (Finistère), 207.

BOIS-THOMELIN (Ille-et-Vilaine), 65.

BOIZARD [Écluse de] (Eure-et-L.), 8.

BONABAN [Château de] (Ille-et-Vilaine), 53.

BONNEMAIN (Ille-et-Vilaine), 51.

BONNÉTABLE (Sarthe), 10. — Hôt. *du Lion-d'Or* (déj. ou dîn. 2 fr. 50, ch. 1 fr. 50).

BON-REPOS (Côtes-du-Nord), 128.

BOQUEN [Abbaye de] (Côtes-du-Nord), 84.

BORTELLO (Morbihan), 201.

BOSCHET [Château du] (Ille-et-Vilaine), 48.

BOURBRIAC (Côtes-du-Nord), 99. — Hôt. *Le Ray*.

## BOURG-DE-BATZ [LE] (Loire-Inférieure), 153.

**Hôtels** : — *Régina* (petit déj. 1 fr., déj. 3 fr. 50, ch. 3 fr.; 🚗); — *Le Huédé* (6 à 7 fr. par j.); — *Valentin*.

**Villas meublées** : — 150 à 250 fr. par mois.

**Chambres meublées** : — 40 à 50 fr. par mois.

**Cabines de bains** : — 12 à 15 fr. par mois.

BOURG-DES-COMPTES (Ille-et-Vilaine), 48.
BOUSSAC [La] (Ille-et-Vilaine), 71.
BRAIN (Ille-et-Vilaine), 49.
BRASPARTS (Finistère), 129. — Hôt. *des Voyageurs* (6 fr. 50 par j.).
BRÉAL (Ille-et-Vilaine), 49.
BREBITIÈRE [La] (Ille-et-Vil.), 28.

**BRÉHAT [ILE DE]** (Côtes-du-Nord), 102.

**Hôtels** : — *Lucas* (petit déj. 1 fr., déj. ou dîn 2 fr. 50, ch. 2 fr.); — *Central* (petit déj. 50 c., déj. 2 fr. et 2 fr. 50, dîn. mêmes prix; 5 à 7 fr. par j.); — *de la Place* (déj. ou dîn. 1 fr 50, ch. 1 fr.).

**Bateau à voile** pour : — *la Pointe de l'Arcouest*, 25 c.

**Bateau** pour : — *Pontrieux*, *V.* p. 100.

BRÉHEC [Anse de] (Côtes-du-N.), 95.
BRÉLÉVENEZ (Côtes-du-Nord), 108.

**BREST** (Finistère), 134.

**Omnibus** du ch. de fer : — avec 30 kilog. de bagages, 50 c.

— **Trams** : — du Petit-Paris à la porte du Conquet; — de la porte du Conquet à Saint-Pierre-Quilbignon; — du port de Commerce à Lambézellec; — de l'arsenal à Saint-Marc. — Prix unique 10 c., avec corresp. 15 c.

**Voitures de place** : — stations, pl. du Champ-de-Bataille et de la Tour-d'Auvergne (de 7 h. mat. à 7 h. s., du 1er avril au 30 sept.; de 8 h. à 7 h. le reste de l'année). — Voitures à 2 pl., 1 fr. 25 la course, 1 fr. 75 l'h. (2 fr. 50 hors de la ville); voit. à 4 places, 2 fr. la course, 2 fr. 50 l'h., (3 fr. 50 hors de la ville). Les fractions de la 2e h. se payent par demi-heure.

**Hôtels** : — *Continental* (petit déj. 1 fr. et 1 fr. 25, déj. 3 fr., dîn. 3 fr. 50, ch. à 1 lit 2 fr. 50 à 6 fr., à 2 lits, 5 à 8 fr.; ), rue de la Mairie et pl. de la Tour-d'Auvergne; — *de France*, rue de la Mairie, 1, à l'angle de la rue Colbert; — *des Voyageurs* (chauffage central; ; ), r. de Siam; — *Moderne* (petit déj. 1 fr., déj. 2 fr. 50, dîn. 3 fr.; ch. pour une pers. 2 fr. 50, 2 pers. 5 fr.; ), pl. des Portes; — *des Messageries* (5 fr. 50 par j.; pens. 75 fr. par mois), rue d'Algésiras, 4.

**Restaurants** : — *des Colonies*. (place du Champ-de-Bataille); — *de Paris* (déj. 2 fr. 50. dîn. 3 fr.), pl. du Champ-de-Bataille; — aux hôtels.

**Agences de location** : — *Mazoyer*, rue de la Rampe, 37 *bis*; — *Omnès*, rue de la Mairie, 13 *ter*.

**Poste et télégraphe** : — bureau central, pl. du Champ-de-Bataille, à l'angle des rues d'Aiguillon et du Château; — bureaux annexes : pl. Saint-Martin, 2; rue Neuve, 47; bureau de télégraphe au port de Commerce.

**Bains** : — rue du Château, 15; — bains de mer *Kermor-Casino* (café-restaurant), au port de Commerce (cabines); — à l'*anse de Saint-Marc* (cabines)., à 3 kil. E.

**Loueurs de voitures** : — *Holley*, rue de Siam, 6; — *Tartelin*, rue de la Mairie, 13; — *Paul Jacq*, rue du Château, 33 *bis*; — *Pourpre*, rue Traverse, 6; — *Pasquet*, rue Voltaire, 17; — *Perrot*, rue de l'Asile des Vieillards, 5; — *Paul Le Guen*, rue de la Banque, 1, et rue Colbert.

**Bateaux à voile pour promenades** : — 3 fr. la 1re h., 2 fr. les suiv., au port de Commerce.

**Bateaux automobiles** : — prix de gré à gré.

**Bateaux** pour : — *Plougastel*, 40 c. ; — *Crozon-Morgat* et *Camaret*, par *le Fret*, p. 139 ; — *Landévennec et Châteaulin*, p. 139 ; — *Douarnenez*, 3 fois par sem., trajet en 3 h., 5 fr. et 3 fr. — Services réguliers avec *Anvers, Bordeaux, Boulogne, Dunkerque, Le Havre, Lorient, Nantes, Rouen, Saint-Malo* (s'adr. au port de Commerce).

BRETONCELLES (Orne), 8.

BRÉZALOU [Château et moulin de] (Finistère), 131.

**BRIGNOGAN** (Finistère), 133.

**Hôtels** : — *des Bains de Mer* (petit déj. 50 c. et 5 c., déj. ou dîn. 2 fr. 50, ch. 2 fr., 2 pers. 2 fr. 50 et 3 fr. ; pens. pour séjour); — *des Baigneurs* (déj. 2 fr. 50, dîn. 3 fr. ; ch. 2 fr., 2 pers. 3 et 4 fr.); — *de la Grand'Maison*.

**Maisons meublées** : — à louer.

BROHINIÈRE [La] (Ille-et-Vilaine), 83.

BROONS (Côtes-du-Nord), 84. — Hôt. *de Bretagne*.

BROUALAN [Chapelle de] (Ille-et-Vilaine), 71.

BROUSTIÈRE [La] (Ille-et-Vil.), 63.

BUHULIEN (Côtes-du-Nord), 108.

BULAT-PESTIVIEN (Côtes-du-N.), 99.

## C

CADORAN (Finistère), 146.

CALLAC (Côtes-du-Nord), 100. — Hôt. *de Bretagne* (déj. 2 fr., dîn. 2 fr. 50, ch. 1 fr.).

CALLOT [Ile] (Finistère), 116.

CAMARET (Finistère), 223. — Hôt. : *de la Marine* (déj. ou dîn. 2 fr. 50, ch. 1 fr. 50) ; *de France* (mêmes prix). — Maisons meublées. — Voitures publiques et bateaux, *V.* p. 223.

CAMLEZ (Côtes-du-Nord), 105.

CAMORS [Forêt de] (Morbihan), 201.

CAMPÉNÉAC (Morbihan), 50.

**CANCALE** (Ille-et-Vilaine), 63.

**Hôtels** : — dans le bourg-d'en-haut : *Communauté de la Providence* (près de la vieille église, avec jardin ; 5 fr. par j.) ; — *du Centre* (petit déj. 50 c., déj. 2 fr., dîn. 2 fr. 50, ch. 2 fr., pens. 6 fr. par j.), près de la nouvelle église. — Au port de la Houle : *Du Guesclin* (petit déj. 1 fr. 25, déj. 3 fr., dîn. 4 fr., ch. dep. 3 fr.) ; — *de France* (petit déj. 50 c., déj. 2 fr., dîn. 2 fr. 50, ch. 2 fr.) ; — *café-restaurant du Phare* (repas à 1 fr. 50 et 2 fr.).

**Tram** pour : — *Saint-Malo*.

**Voiture publique** pour : — *la Gouesnière-Cancale*, 1 fr.

**Voitures de louage** : — à l'hôtel du Centre et (à la Houle) : *Quémerais* ; — *Loisel*.

CANCAVAL [Pointe de], 78.

(petit déj. 1 fr., déj. 3 fr., din. 3 fr. 50, ch. à 1 lit de 3 fr. à 5 fr., à 2 lits de 5 fr. à 7 fr.), tous trois sur la place des Épars; — *de l'Ouest* (petit déj. 75 c., déj. 2 fr. 50, din. 3 fr., ch. à 1 lit 2 fr. et 3 fr., à 2 lits 3 fr. et 4 fr.; 7 fr. 50 par j.), devant la gare; — *du Bon Laboureur* (6 fr. par j.; ch. dep. 1 fr. 50).

**Poste et télégraphe**: — à dr. de la cathédrale, rue des Changes.

**Loueurs de voitures** : — *Voisine*, rue de la Tuilerie ; — *Jacquet père*, rue de Bonneval ; — *Jacquet fils*, rue du Grand-Faubourg.

CHATEAU-DE-DINANT [Le] (Finistère), 223.

CHATEAUBOURG (Ille-et-Vilaine), 39.

CHATEAUBRIANT (Loire-Inférieure), 154. — Hôt. : *de la Poste* (petit déj. 50 c., déj. ou din. 2 fr. 50, ch. 2 fr.; ); *du Commerce* (petit déj. 75 c., déj. 2 fr. 50, din. 3 fr., ch. 2 fr.).

**CHATEAULIN** (Finistère), 187.

**Omnibus** : — 50 c.

**Hôtels** : — *Grand'Maison* (7 fr. par j.); — *A la Descente des Voyageurs* (5 fr. par j.).

**Loueurs de voitures** : — *Nicolas* ; — *Nicolas* jeune ; — *Guyadet* ; — *Gloaquen*. — 15 fr. env. pour Morgat ; 12 fr. pour Crozon ; 10 fr. pour le Ménez-Hom.

**Voiture publique** pour : — *Crozon* (3 fr. 50) et *Camaret* (5 fr.).

**Bateau** (à Port-Launay) pour : — *Landévennec et Brest*, V. p. 139.

CHATEAUNEUF (Ille-et-Vilaine), 71. — Hôt. *de la Croix-d'Or*.

CHATEAUNEUF-DU-FAOU (Finistère), 129. — Hôt. *du Midi* (déj. 2 fr., din. 2 fr. 50, ch. 1 fr.).

CHATELAUDREN (Côtes-du-Nord), 97. — Hôt. : *de France* déj. ou din. 2 fr., ch. 1 fr. 50); — *d'Orléans*.

CHATELIER [Écluse du], 78.

CHATELIER [Le] (Côtes-du-Nord), 78.

CHATELLIER [Le] (Ille-et-Vilaine), 30.

CHATILLON-EN-VENDELAIS (Ille-et-Vilaine), 27.

CHEMINÉE DU DIABLE (Finistère), 222.

CHÈVRE [Cap de la] (Finistère), 222.

CHÈZE [La] (Côtes-du-Nord), 128.

CINQ-CROIX DE GRANIT [Les] (Côtes-du-Nord), 110.

CLEGUEREC (Morbihan), 203.

CLERMONT [Abbaye] (Mayenne), 24.

CLOHARS-FOUESNANT (Fin.), 186.

CLOITRE-LANNÉANOU [Le] (Finistère), 122.

COAT-AN-NAY [Forêt de] (Côtes-du-Nord), 106.

COAT-AN-NOZ [Forêt de] (Côtes-du-Nord), 106.

COATFREC [Château de] (Côtes-du-Nord), 108.

COATLOCH (Finistère), 180.

COCUS [Pierre des] (Finistère), 207.

COLLINÉE (Côtes-du-Nord), 92. — Hôt. *Boyet*.

**COMBOURG** (Ille-et-Vilaine), 50.

**Omnibus** : — 30 c.; 50 c. avec bagages.

**Hôtels** : — *de France* (pet. déj. 60 c.; déj. 2 fr. 25; din. 2 fr. 50; ch. 1 fr. 50); — *du Château* (), près l'étang.

**Voitures publiques pour** : — *Antrain* ; — *Bazouges-la-Pérouse* ; — *Hédé* ; — *Tinténiac*.

COMBRIT-TRÉMÉOC (Finistère), 211.

COMFORT (Finistère), 216.

**CROISIC [LE]** (Loire-Infér.), 155.

**Hôtels** : — *Masson* (déj. 2 fr. 50, dîn. 3 fr., ch. 2 fr.); — *de l'Océan*, (mêmes prix); — *Atlantic-Hotel* (l'été; 🚗 et fosse); — *Pension des Sœurs Saint-Vincent* (pour dames).

**Bains** : — Bains de mer chauds et froids, cabines, costumes, douches diverses, à la *Plage Valentin*.

**CROZON** (Finistère), 222. — Hôt. : *de France* (petit déj. 75 c., déj. ou dîn. 2 fr. 50, ch. 2 fr.); *du Commerce*; *de l'Europe*. — Loueurs de voitures.

**CROZON** [Presqu'île de] (Fin.), 222.

**CRUCUNO** (Morbihan), 195.

## D

**DAHOUET** (Côtes-du-Nord), 86. — Hôt. *de Bretagne*.

**DAMGAN** (Morbihan), 165. — Hôt. : *des Bains* (prix modérés).

**DAOULAS** (Finistère), 189. — Hôt. *de Bretagne* (déj. ou dîn. 2 fr., ch. 1 fr.).

**DÉCOLLÉ** [Pointe du] (Ille-et-Vilaine), 69.

**DÉCOUVERTE** [Tour de la] (Côtes-du-Nord), 101

**DERVAL** (Loire-Inférieure), 155. — Hôt. *Didier*.

**DIABLE** [Rocher du] (Finistère), 179.

**DINAN** (Côtes-du-Nord), 71.

**Omnibus** : — 40 c.; 50 c. avec 30 kilog.; la nuit, 50 c. et 60 c. — Voit. de la gare au bateau de Saint-Malo (1 fr.).

**Hôtels** : — *de Bretagne**, (petit déj. 1 fr. 25, déj. 3 fr., dîn. 3 fr. 50, ch. à 1 lit de 3 à 7 fr., à 2 lits de 5 à 9 fr.; bains; téléph.; interprètes 🚗), pl. Duclos; — *de la Poste** (table d'hôte; terrasse; chevaux et voit. pour promenades; 🚗), pl. Du Guesclin; — *de Paris et d'Angleterre* (petit déj. 1 fr., déj. 2 fr. 50, dîn. 3 fr., ch. dep. 2 fr. 50), r. Thiers; — *de Notre-Dame* (petit déj. 50 c., déj. ou dîn. 1 fr. 50 et 2 fr., ch. à 1 lit 1 fr. et 1 fr. 50, à 2 lits, 1 fr. 50 et 2 fr.; pens. 30 fr. par semaine, 90 fr. par mois), rue des Rouairies, 24. — *Marguerite* (🚗), pl. Du Guesclin; — *de l'Europe* (6 fr. 50 par j.; petit déj. 75 c.), pl. de la Gare; — *de France*, r. de la Gare; — *des Voyageurs*, r. du Château.

**Restaurants** : — *Marguerite*, pl. Du Guesclin (repas 2 fr. 50 et 3 fr.); — sur le quai de la Rance, en bas de la rue du Jerzual (embarcadère des bateaux de Saint-Malo).

**Bains chauds**. — près des Petits-Fossés.

**Loueurs de voitures** : — *Besnard*, r. Thiers; — *Thomas*, pl. Du Guesclin; — *Hamon*, r. du Viaduc.

**Antiquités, meubles bretons** : — nombreux marchands, r. Thiers, Grande-Rue, pl. des Cordeliers et r. de l'Horloge.

**Bateaux** pour : — *Dinard* et *Saint-Malo*, V. p. 176.

**Bateaux de plaisance** : — r. du Pont, au pied du viaduc, à dr. du pont de la Rance.

**DINARD** (Ille-et-Vilaine), 65.

**Omnibus** : — du ch. de fer, 30 c.; 50 c. avec bagages.

**Voitures de place** : — de 6 h. mat. à 11 h. s. la course, dans le rayon de l'octroi, 1 fr. 50; de 11 h. s. à 6 h. mat., 2 fr. 50; dans toute l'étendue de la com. de Dinard-Saint-Énogat, l'heure 2 fr., la nuit 3 fr. 50; dans les com. limitrophes, 3 fr. et 5 fr.

**Hôtels**. — 1° A la cale des bateaux de Saint-Malo : — *de la Vallée* (déj.

2 fr., din. 2 fr. 50); — *des Voyageurs*; — *Hôtel-restaurant Printanière* (déj. 2 fr. 50, dîn. 3 fr.); — *Bellevue* (déj. 2 fr. 50, dîn. 5 fr., pens. dep. 7 fr. par j.); — *Villa Napoli* (pension de famille); — *des Bains*, en haut de la côte (déj. 2 fr. 50, dîn. 3 fr., ch. 2 fr. 50 à 3 fr.; pens. en juillet-août 9 à 12 fr., hors saison 7 fr. 50 et 8 fr. 50).

2° En ville : *Grand-Hôtel Royal** (), sur la plage; — *Régina** (); — *Grand-Hôtel de Dinard** (petit déj. 1 fr. 50, déj. 4 fr., din. 4 fr. 50; ch. à 1 lit, 5 à 8 fr.; à 2 lits, 8 à 12 fr.; pens. de 10 à 15 fr. hors saison; de 12 à 18 fr. en saison; service par petites tables; ; ; tennis), Grande-Rue; — *de Provence et d'Angleterre** (déj. 3 fr., din. 4 fr.); — *des Terrasses**; — *Crystal** (); — *Windsor** (pens. dep. 9 fr. par j. hors saison); — *Bristol** (restaurant *Maxim*; ); — *Grand-Hôtel de la Plage et du Casino**; — *The Anglo-Norman Hotel** (8, 10 et 12 fr. par j. selon ch.; ); — *Hôtel-Pension Éden* (dep. 8 fr. par j. en été, 5 fr. en hiver), bd Féart; — *des Colonies*; — *de la Poste* (déj. 2 fr., din. 2 fr. 50), r. de la Plage; — *de la Paix* (déj. 2 fr., din. 2 fr. 50), pl. de la Ville-en-bois.

3° à la gare : *Terminus* (déj. 2 fr., din. 2 fr. 50; pens. depuis 6 fr. par j.); *du Bon-Coin*.

Hors de la ville : *Couvent des sœurs Trinitaires* (7 à 8 fr. par j. en août, 6 fr. le reste de l'année).

**Maisons meublées et villas** : — On trouve à Dinard et à ses environs des villas de : 18 à 20 ch., salle de bains, eau et gaz, au prix approximatif de 8,000 à 12,000 fr. pour les 3 mois de la saison (juillet, août et septembre); — 12 à 14 ch., salle de bains, eau et gaz, 2,500 à 6,000 fr.; — 7 à 10 ch., eau et gaz, 1,200 à 2,500 fr.; — 5 à 8 ch., eau et gaz, 600 à 1,200 fr. 3 à 5 ch., 300 à 450 fr. — Fortes réductions pour les autres mois. — S'adr. aux agences.

**Agences de locations** : — *John le Cocq* (banquier) *et J. Boulin*, r. Levavasseur et Grande-Rue; — *Agence régionale* (Cherruel et Guyot), r. Levavasseur; — *Agence générale* (Bidel et Hémery), r. Levavasseur; — *Agence de la Maison-Rouge*; — *Legendre*; — *Office Immobilier* (Guérin).

**Poste et télégraphe** : — r. du Casino.

**Casinos** : — *High-Life-Casino* et *Grand-Casino* (bals, concerts, salons de jeux, de lecture, etc.).

**Cercles** : — *Dinard-Club*; — *Dinard-Golf-Club* (dames et messieurs); — *Dinard-Lawn-Tennis-Club*; — *Book-Club*; — *New-Club*.

**Bains de mer** : — *du High-Life-Casino et du Grand-Casino*, plage de Dinard (cabines au mois, à la sem. et à la saison, tentes, parasols; chaises, costumes, maitres-baigneurs); — *Petits-Bains* (prix modérés), plage de Dinard, à g. du Casino; — *du Prieuré* (prix modérés), plage du Prieuré, près de l'église (embouchure de la Rance).

**Bateaux de plaisance** : — A la cale des bateaux de Saint-Malo et aux Grands-Bains.

**Loueurs de voitures et chevaux** : — *Fresnel* (coresp. du ch. de fer), r. Levavasseur 21; — *Guilmoto-Biard*, pl de la Ville-en-Bois; — *Miriel*; — *Robert*; — *Ropert*; — *Denis*. — Le prix des principales excursions est affiché au débarcadère des bateaux pour Saint-Malo (réductions hors saison).

**Tram** pour : — *Saint-Lunaire et Saint-Briac*, *V.* p. 69.

**Voiture publique** pour : — *Matignon et Saint-Cast*, 2 fr. 50 (1 fr. 50 jusqu'à Beaussais, bifurc. de *Saint-Jacut*), et pour *Saint-Jacut* (l'été).

**Mails-Coach d'excursions** : — l'été, indiqués par affiches.

**Bateaux** pour : — *Saint-Malo*, 50 c., 30 c. et 25 c. par le grand bac à vap.; 25 c., par « vedettes » automobiles : — *Dinan* par la Rance, V. p. 76; — *Saint-Servan*, grand bac à vap. et « vedettes ».

**Églises :** — culte catholique et culte réformé.

**DIRINON** (Finistère), 189.

**DOL** (Ille-et-Vilaine), 51.

**Omnibus** : — 30 c.

**Hôtel** : — *Grand'Maison* (petit déj. 1 fr, déj. 2 fr. 50., din. 3 fr.; ch. 2 fr. 50 et 3 fr.; [auto]), Grande-Rue; — *des Trois-Marchands*, près la cathédrale.

**Loueurs de voitures** : — à l'hôtel Grand'Maison; — *Cron*, r. Neuve. — 12 fr. par j. env.; 4 fr. le menhir de Champ-Dolent; 10 fr. le Mont-Dol; 8 fr. le château de Landal ou les étangs de Beaufort; 20 fr. le Mont Saint-Michel.

**Voiture publique** pour : — *le Vivier-sur-Mer*.

**DOL** [Marais de] (Ille-et-Vilaine), 52.
**DOMFRONT-EN-CHAMPAGNE** (Sarthe), 17.
**DOMOIS** (Morbihan), 201.
**DOMPIERRE-DU-CHEMIN** (Ille-et-Vilaine), 27.
**DONGES** (Loire-Inférieure), 152.

**DOUARNENEZ** (Finistère), 214.

**Omnibus** : — 50 c. avec bagages.

**Hôtels** : — *de France*, r. Jean-Bart, 21 ([auto]); — *du Commerce* (petit déj. 75 c., déj. 2 fr. 50, din. 3 fr.; ch. dep. 1 fr 50; pens. 6 fr. par j.; [auto]), r. Jean-Bart; — *de l'Europe* (5 fr. 50 par j.), r. Duguay-Trouin; — *de Bretagne* (déj. ou din. 2 fr.; ch. 1 fr. 50, pens. 5 fr. par j.), r. Duguay-Trouin, 30.

**Chambres meublées** : — en ville (prix modérés).

**Chalets meublés** : — à la plage du Riz et à celle des Sables-Blancs.

**Loueurs de voitures** : — *Lavanant*, r. Jean-Bart, 8; — *Lebis*, r. Jean-Bart, 22; — *A. Minguy*, pl. du Champ-de-Foire (15, r. Duguay-Trouin); — *Guermeur*; — *Renol*; — *Courte*.

**Bateaux de promenade** : — au port sardinier et au port de commerce.

**Bateau** pour : — *Morgat*, V. p. 216 — *Brest*, 3 fois par sem., 5 fr. et 3 fr.

**DREFFÉAC** (Loire-Inférieure), 154.
**DRENNEC** [Chapelle du] (Fin.), 186.
**DUC** [Etang au] (Finistère), 187.
**DUC** [Étang au] (Morbihan), 191.
**DU GUESCLIN** [Fort] (Ille-et-Vilaine), 62.
**DUMET** [Ile] (Loire-Inférieure), 153.

## E

**ÉBIHENS** [Ile des] (Côtes-du-Nord), 80.
**ECKMÜHL** [Phare d'] (Finistère), 213. — Hôtel *du Phare* (petit déj. 50 c., déj. 2 fr. 50, din. 3 fr., ch. 1 fr. 50; pens. 6 fr. par j. pour 8 j., 5 fr. par j. pour 1 mois).
**EGORGERIE** [Pointe de l'], 78.
**ELVEN** (Morbihan), 157. — Hôt. *du Lion-d'Or* (déj. ou din. 2 fr. 50, ch 1 fr. 50).
**ENFER** [Trou de l'] (Morbihan), 176.
**ENFER DE PLOGOFF** (Finistère), 218.
**ENTONNOIR** [L'] (Finistère), 222.
**ÉPAU** [Abbaye de l'] (Sarthe), 11.

FEUILLÉE [La] (Finistère), 120.
FOLGOËT [Le] (Finistère), 132 et 141.
FORÊT [La] (Finistère), 135.
FORÊT [La] près Concarneau (Finistère, 210.
FORT-BLOQUÉ [Le] (Morbihan), 137. — Hôt.-rest. (déj., 2 fr. 50; dîn. 3 fr., pens. 5 fr. par j.).
FOSSE-HINGANT [Château de la] (Ille-et-Vilaine), 62.
FOUESNANT (Finistère), 210. — Hôt. *Boissel* (petit déj. 50 c., déj. ou dîn. 2 fr., ch. 1 fr.; pens. 4 fr. par j. pour 15 j.). — Voiture publique de *Quimper* (place Saint-Corentin, à 2 h.; le samedi à 2 h. et 5 h.), 1 fr.
FOUGERAY (Ille-et-Vilaine), 49.
FOUGERAY-LANGON (Ille-et-Vilaine), 49.

**FOUGÈRES** (Ille-et-Vilaine), 28.

**Omnibus** : — 50 c.; 50 c. avec bag.

**Hôtels** : — *des Voyageurs* (petit déj. 75 c.; déj. ou dîn. 3 fr.; ch. 2 fr.; [auto]), pl. Gambetta; — *de l'Ouest*, près de la gare.

**Poste et télégraphe** : — rue de Pommereuil, devant l'église Saint-Léonard.

**Loueur de voitures** : — *Berthelot* place d'Armes.

**Voitures publiques** pour : — *Saint-James* (5 h. 30 mat.) — *Landéan* et *Saint-Hilaire-des-Landes* (même h.).

FOUGÈRES [Forêt de] (Ille-et-Vilaine), 30.
FOUR [Récif du] (Finistère), 142.
FOURNOY [Rochers de] (C.-du-N.), 78.
FOYER [Grotte du] (Finistère), 222.
FRÉHEL [Cap] (C.-du-N.), 68 et 82.
FRÊNAYE [Baie de la] (C.-du-N.), 82.
FRESNAIS [La] (Ille-et-Vilaine), 53.

**FRESNAY-SUR-SARTHE** (Sarthe), 18.

**Hôtels** : — *Chevalier-Boisard* (déj. ou dîn. 2 fr. 50, ch. 2 fr.; bains; [auto]); — *du Bon-Laboureur* (petit déj. 50 c., déj. ou dîn. 2 fr. 50, ch. 1 fr. 50; [auto]).

**Loueurs de voitures** : — *Pigoret*; — aux hôtels.

**Voitures publiques** pour : — (l'été) *Saint-Léonard-des-Bois et Saint-Céneri* à 9 h. matin 2 fr. all. et retour (départ de Saint-Léonard à 5 h. s.), 3 fr.; — *la Hutte-Coulombiers*, 75 c.

**Renseignements** : — s'ad. ou écrire au *Syndicat d'initiative des Alpes Mancelles* (au vieux château).

FRET [Le] (Finistère), 139. — Hôt. *de la Terrasse*.
FRINAUDOUR (Côtes-du-Nord), 101.
FRINAUDOUR [Ruines] (C.-du-N.), 100.
FROMVEUR [Passage du] (Fin.), 146.

## G

GADOR [Pointe de] (Finistère), 222.
GADOR [Rochers du] (Finistère), 210.
GALIMOUX [Grotte] (C.-du-N.), 87.
GARAYE [Château de la] (C.-du-N.), 76.
GARDE-GUÉRIN [Pointe de la] (Ille-et-Vilaine), 70.
GARDE-SAINT-CAST [La] (Côtes-du-Nord), 81. — *Grand-Hôtel de la Plage et de la Garde* (petit déj. 75 c., déj. 2 fr. 50, dîn. 3 fr., ch. dep. 2 fr.; pens. 6 à 8 fr. par j. selon mois et ch.; tennis; [auto]).
GARENNE [Lande de la] (C.-du-N.), 87.
GAVRES [Presqu'île de] (Morb.), 175.
GAVRINIS [Ile de] (Morbihan), 165.
GENEST [Le] (Mayenne), 24.
GÉRARD (Ille-et-Vilaine), 27.
GESTEL (Morbihan), 176.
GLÉNANS [Ile des] (Finistère), 211.
GLOMEL (Côtes-du-Nord), 128.
GODELIN [Plage du] (C.-du-N.), 95.
GOUAREC (Côtes-du-Nord), 128. —

HÉNAN [Château du] (Finistère), 207.
HENNEBONT (Morbihan), 169. — Hôt. *de France* (petit déj. 75 c., déj. 2 fr. 50, dîn. 3 fr.).
HENVIC (Finistère), 119.
HERBIGNAC (Loire-Inférieure), 165. — Hôt. *des Voyageurs* (7 fr. par j.).
HERMITAGE [L'] (Ille-et-Vilaine), 85.
HISSE [La] (Côtes-du-Nord), 71.
HOULE [La] (Ille-et-Vilaine). 65. — Pour les renseignements, *V.* Cancale.

**HUELGOAT** (Finistère), 123.

**Omnibus** : — 1 fr.; all. et ret. (le même j.) 1 fr. 50.

**Hôtels** : — *de France* (petit déj. 50 c., déj. ou dîn. 2 fr. 50, ch. 1 fr. 50 à 2 fr. 50; 6 fr. 50 par j. pour 15 j., 5 fr. 50 pour 1 mois ; 🚲); — *d'Angleterre* (mêmes prix; pens. de séjour dep. 5 fr. par j.); — *du Lac* (2e ordre: prix modérés).

**Loueurs de voitures** : — aux hôtels. — 5 à 6 fr. pour *Saint-Herbot*.

HUNAUDAYE [Château] (C.-du-N.), 85.
HUNAUDAYE [Forêt] (C.-du-N.), 79.

I

ILE AUX MOINES (Morbihan), 162. — Hôt. *Vve Petit* (5 et 6 fr. par j.); *Vve Couturier* (mêmes prix). — Logements et maisons meublés.
ISLE-SAINT-CAST [L'] (C.-du-N.), 81.

J

JAUNELIÈRE [Signal] (Sarthe), 17.
JOIE [Abbaye de la] (Morbihan), 170.
JOSSELIN (Morbihan), 101. — Hôt. *de France* (petit déj. 75 c., déj. ou dîn. 2 fr. 50, ch. 1 fr. 50).
JOUY (Eure-et-Loir), 1.
JUBLAINS (Mayenne), 20.
JUCH [Le] (Finistère), 214.
JUGON (Côtes-du-Nord), 84. — Hôt. *de l'Ecu* (déj. ou dîn. 2 fr.).

K

KAOLIN [Grotte du] (Finistère), 222.
KELLER [Ile de] (Finistère), 146.
KÉRAMANACH [Chapelle de] (Côtes-du-Nord), 106.
KÉRANGOSQUER (Finistère), 207.
KÉRAUZERN (Côtes-du-Nord), 107.
KERBÉDIC (Morbihan), 204.
KERBIQUET [Château] (Morb.), 180.
KÉRENTRECH (Morbihan), 175.
KERFONS [Chapelle] (C.-du-N.), 110.
KERGAVAT [Dolmen de] (Morb.), 193.
KERGOAT [Chapelle de] (Fin.), 216.
KERGRIST (Côtes-du-Nord), 102.
KERGRIST [Château de] (Côtes-du-Nord), 107 et 110.
KERGROADÈS [Château] (Fin.), 142.
KERHERNEAU (Finistère), 217.
KERHOSTIN (Morbihan), 198.
KERHUON (Finistère), 133.
KÉRIAVAL (Morbihan), 196.
KÉRISPER [Pont de] (Morbihan), 196.
KÉRITY (Côtes-du-Nord), 101. — Aub. *Seven* et plusieurs autres (4 fr. par j. env.). — Maisons et logements meublés. — Quelques cabines de bains.
KÉRITY (Finistère), 213.
KERJEAN [Château de] (Fin.), 130.
KERLANDY [Château de] (Fin.), 119.
KERLESCAN [Alignements] (Morb.), 195.
KERLOAS [Menhir de] (Finistère), 142.
KERLOCH (Finistère), 225.
KERLUTU [Dolmen de] (Morb.), 193.

## L



**LAMBALLE** (Côtes-du-Nord), 84.

**Omnibus** : — 25 c. le j., 30 c. la nuit; avec bagages, 35 c. et 45 c.
**Hôtels** : — *de France* (petit déj. 60 c., déj. 2 fr., dîn. 2 fr. 50, ch. 1 fr. 50, pens. 130 fr. par mois; 🚗); — *du Commerce* (petit déj. 50 c., déj. ou dîn. 2 fr., ch. 2 fr.; 🚗); — *Bertin* (petit déj. 50 c., déj. ou dîn. 1 fr. 50, ch. 1 fr.), près de la gare.
**Loueurs de voitures** : — *Bertin*, près de la gare (4 pers. pour Val-André 8 fr., pour Erquy 10 fr.; 6 pers. pour Val-André, 12 fr., pour Erquy 15 fr.); — *Clément*; — *Havard*; — *Belliard*.
**Voitures publiques** pour : — *Dahouët*, *Pléneuf*, *Val-André* et *Erquy*, V. p. 86.



**LANDERNEAU** (Finistère), 131.

**Omnibus** : — 30 c. le j., 40 c. la nuit; avec bagages, 40 c. et 50 c.
**Hôtels** : — *Raould* (petit déj. 1 fr.; déj. 2 fr. 50, dîn. 3 fr.; ch. dep. 2 fr.; bains; 🚗), sur le quai; — *de l'Univers* (petit déj. 75 c., déj. 2 fr. 50, dîn. 3 fr., ch. 2 fr.; 🚗), sur le quai; — *de Bretagne* (déj. 2 fr., dîn. 2 fr. 50, ch. 1 fr. 50), près la gare.
**Loueurs de voitures** : — *Breton*, r. de la Fontaine-Blanche, 58; — à l'hôtel Raould.
**Voiture publique** pour : — *Plougastel-Daoulas*, 1 fr.

— Maisons et logements meublés (en petit nombre), 40 à 120 fr. par mois. — Voit. publ. pour *Saint-Renan.*

LANLOUP (Côtes-du-Nord), 95.

LANMEUR (Finistère), 118. — Hôt. *des Voyageurs* (déj. ou dîn. 2 fr.; ch. 1 fr.).

LANNILIS (Finistère), 141. — Hôt. : *Lagadec* (déj. ou dîn. 2 fr. 50, ch. 1 fr. 50); *Morvan* (5 fr. par j.).

**LANNION** (Côtes-du-Nord), 107.

**Omnibus** : — 50 c.

**Hôtels** : — *de l'Europe* (petit déj. 75 c., déj. 2 fr. 50, dîn. 3 fr., ch. 2 fr.; [auto]); — *de France* (petit déj. 50 et 75 c., déj. ou dîn. 2 fr. 50, ch. 2 fr.); — *du Grand-Turc et des Voyageurs* (petit déj. 50 c., déj. ou dîn. 2 fr., ch. 1 fr.; pens. 35 fr. par sem., 120 fr. par mois).

**Loueurs de voitures** : — *Allain*, r. des Augustins; — *Kergoat*, r. des Capucins; — *Prigent*, près de la gare: — *Nicol*; — aux hôtels. — Voit. à 1 chev. 10 à 12 fr. par j., à 2 chev. 15 fr.

**Voiture publique** pour : — *Trébeurden-bourg*, 1 fr. 25 (l'été, jusqu'à la mer).

**Renseignements** : — Pour tous renseignements sur Lannion, Perros-Guirec, Trégastel et Trébeurden, s'adr. ou écrire au *Syndicat d'initiative*, à Lannion.

LANNOU [Le] (Finistère), 144.

LANRIEC (Finistère), 207.

LANRIVAIN (Côtes-du-Nord), 99. — — Aub. *Provost.*

LANRIVOARÉ (Finistère), 142.

LANTIC [Halte de] (C.-du-N.), 93.

LANVAÏDIC (Finistère), 188.

LANVAUX [Landes de] (Morb.), 157.

LANVOLLON (Côtes-du-Nord), 95.

LAOUAL [Étang de] (Finistère), 219.

LARGOËT (Morbihan), 157.

LARMOR (Morbihan), 173. — Aub.-rest. — Chambres meublées.

LARMOR-BADEN (Morbihan), 163. — Hôt. *des Iles* (petit déj. 1 fr. et 1 fr. 25, déj. 2 fr. 50 et 3 fr., dîn. 3 fr. et 4 fr., ch. 3 fr. et 4 fr.).

LATTE [Fort de la] (C.-du-N.), 85.

LAURENAN (Côtes-du-Nord), 128.

**LAVAL** (Mayenne), 20.

**Omnibus** : — 50 c.

**Voitures de place** : — Stations à la gare, r. de la Paix, pl. d'Avénières, pl. Hardy, pl. de l'Hôtel-de-Ville. — Voit. à 1 chev., 1 fr. la course, 2 fr. l'heure (la nuit 2 fr. et 3 fr.); voit. à 2 chev., 2 fr. la course, 3 fr. l'heure (la nuit, 3 fr. et 4 fr.). — Bagages : 20 c. par colis.

**Hôtels** : — *de l'Ouest* (petit déj. 1 fr. et 1 fr. 25, déj. ou dîn. 3 fr., ch. 2 fr. 50 et 3 fr.; [auto]), r. de la Paix; — *de Paris* (petit déj. 1 fr., déj. 2 fr. 50, dîn. 3 fr., ch. dep. 2 fr. 50; [auto]), r. de la Paix; — *de la Tête-Noire* (petit déj. 60 et 75 c., déj. ou dîn. 2 fr. 50, ch. 1 fr. 50; à la journée 6 fr. 50), r. du Pont-de-Mayenne, 91; — *du Grand-Dauphin* (déj. ou dîn. 2 fr., ch. 2 fr.; [auto]), carrefour aux Toiles.

**Cafés** : — r. de la Paix et pl. de l'Hôtel-de-Ville.

**Poste et télégraphe** : — pl. de l'Hôtel-de-Ville.

**Loueurs de voitures** : — *Angot*, carrefour aux Toiles, 20; — *Decaen*, rue de Cheverus, 62; — *Houtin*, quai du Viaduc.

LAZ [Forêt du] (Finistère), 129.

LÉGUÉ [Le] (Côtes-du-Nord), 90.

LÉHON (Côtes-du-Nord), 75.

LENNON (Finistère), 120.

LESCOFF (Finistère), 218.

LESNEVEN (Finistère), 132. — Hôt. *de France* (déj. ou dîn. 2 fr. 50, ch. 1 fr. 50).

LESSARD [Pointe de] (C.-du-N.), 78.

LOSCOUET-SUR-MEU (C.-du-N.), 128.
LOUANNEC (Côtes-du-Nord), 105.

**LOUDÉAC** (Côtes-du-Nord), 97.

**Omnibus** : — 50 c. le j., 50 c. la nuit; 50 c. et 60 c. avec bagages.

**Hôtels** : — *de Bretagne* (petit déj. 50 c., déj. 2 fr., din. 2 fr. 50, ch. 1 fr. 50, 2 lits, 3 fr.); — *de France* (mêmes prix; pens. 5 fr. par j.; 🚗).

**Loueurs de voitures** : — *Lecoq*, route de Moncontour; — *Connan-Guénec*, route de Pontivy.

LOUDÉAC [Forêt de], 97.
LOUET [Ile] (Finistère), 116.
LOUISFERT (Loire-Inférieure), 155.
LOUPE [La] (Eure-et-Loir), 8. — Hôt. *du Chêne-Doré* (déj. 2 fr. 50, din. 2 fr. 75, ch. 1 fr. 50 et 3 fr.).
LOUVERNÉ (Mayenne), 20.
LUPIN [Bois du] (Ille-et-Vilaine), 62.

## M

MAËL-CARHAIX (Côtes-du-Nord), 128.
MAILLÉ [Château de] (Finistère), 133.
MALANSAC (Morbihan), 157.
MALESTROIT (Morbihan). 190. — Hôt. *de la Croix-Verte*, (petit déj. 50 c., déj. ou din. 2 fr., ch. 1 fr. 50).
MALGUÉNAC (Morbihan), 204.
MALVILLE [Château de] (Morb.), 191.

**MAMERS** (Sarthe), 10.

**Omnibus** : — 50 c., 50 c. avec bagages.

**Hôtels** : — *du Cygne* (petit déj. 75 c., déj. 2 fr. 50, din. 3 fr.; ch. de 2 à 4 fr.; 🚗), place de la République; — *d'Espagne* (déj. 2 fr. 50, din. 3 fr., ch. 2 fr.), place Carnot; — *du Commerce*, rue Nationale.

MANÉ-ER-H'RŒCK (Morbihan), 197.
MANÉ-KÉRIONED (Morbihan), 196.
MANÉ-LUD (Morbihan), 197.
MANÉ-MEUR (Morbihan), 198.
MANÉ-RUTUAL (Morbihan), 197.
MANGO-LÉRIAN (Morbihan, 161.

**MANS [LE]** (Sarthe), 11.

**Omnibus** : — (des hôtels) 30 c.; avec bagages 50 c.

**Voitures de place** : — stations à la gare, place de la République, pl. de la Mission, carrefour Erpell (rue Chanzy), pl. des Jacobins. — 1 fr. 25 la course, 1 fr. 80 l'heure; la nuit (minuit à 6 h. mat.), 1 fr. 75 et 2 fr. 25.; pour les environs, 2 fr. l'heure.

**Hôtels** : — *du Dauphin** (🚗), pl. de la République; — *de Paris** (petit déj. 1 fr. 25, déj. 3 fr., din. 3 fr. 50; ch. dep. 3 fr., 2 lits 6 fr.; bains; 🚗), avenue Thiers; — *Grand-Hôtel** (petit déj. 1 fr. 25, déj. 3 fr., diner 3 fr. 50, ch. dep. 3 fr., 2 lits 6 fr.; bains et douches; 🚗), place de la République et r. Dumas; — *de France** (petit déj. 1 fr. 25, déj. 3 fr., diner 3 fr. 50, ch. dep. 3 fr.; 🚗), pl. de la République; — *du Saumon* (petit déj. 1 fr., déj. 2 fr. 50, din. 3 fr., ch. 2 fr. 50; 🚗), place de la République et rue du Porc-Épic; — *Moderne* (petit déj. 75 c., déj. ou din. 2 fr. 50, ch. depuis 2 fr.), rue du Bourg-Pelé, 14; — *Terminus* (prix modérés), en face de la la gare.

**Restaurants** : — *Soyez*, place de la République; — de la *brasserie Grüber*.

**Cafés** : — pl. de la République.

**Poste et télégraphe** : — place de la République.

2 fr. 50, dîn. 3 fr. 50, ch. 3 fr., 2 lits 5 fr.; pens. du 15 juillet au 10 sept. 7 à 10 fr. par j. selon étage, fin sept. et mai au 15 juillet 6 à 7 fr., les autres mois 5 fr.; bains et douches; ); — *de la Plage* (petit déj. 75 c., déj. 2 fr. 50, dîn. 3 fr., ch. depuis 2 fr., pens. 7 fr. 50 et 8 fr.; ); — *Hervé* (petit déj. 60 c., déj. 2 fr. 50, dîn. 3 fr., ch. de 1 fr. 50 à 3 fr., pens. 6 fr. par j.).

**Chalets et chambres meublées** : à louer.

**Voitures de louage** : — aux hôtels. — Pour *le Fret*, 8 fr.; *Châteaulin*, 20 fr.; *Douarnenez*, 25 fr. — Excurs. au cap de la Chèvre et au Château-de-Dinant, *V.* p. 222.

**Voitures publiques** pour : — *le Fret* (bateau de Brest), 1 fr.; — *Châteaulin* (à Crozon), 4 fr.; — *Camaret* (à Crozon), 1 fr.

**Bateaux** pour : *Douarnenez*, *V.* p. 216.

**Bateau à voile** pour : — les grottes (2 séries), 1 fr.

**MORLAIX** (Finistère), 113.

**Funiculaire** : — (en construction) de la gare à la basse ville, 10 c.

**Omnibus** : — 40 c. le j., 60 c. la nuit (60 c. et 80 c. avec bagages); — gratuit de l'hôtel Bozellec à la ville basse.

**Hôtels** : — *d'Europe** (), rue d'Aiguillon; — *Bozellec* (petit déj. 75 c., déj. ou dîn. 2 fr. 50, ch. dep. 1 fr. 50; ), en face de la gare; — *du Commerce* (5 fr. par j.), près de la poste; *Saint-François* (prix modérés), pl. Souvestre.

**Poste et télégraphe** : — rue de Brest, 15.

**Bains** : — chemin de l'Hospice, 1.

**Banques** : — *Banque de France*, quai de Tréguier; — *Société générale*, idem.

**Loueurs de voitures** : — *Porzier*, rue de Brest, 5 (près la pl. Souvestre); — *Le Baron*, rue de Brest, 4; — *Thomas*, place du Dossen; — *Rancillac*, rue Saint-Melaine, 49. — 12 à 15 fr. par j. (1 chev.), 20 fr. (2 chev.).

**Voitures publiques** pour : — *Saint-Jean-du-Doigt, Plougasnou et Trégastel-Primel*; — *Lanmeur et Locquirec*; — *Carantec*. — *V.* ces noms.

**Bateaux** : — services avec *le Havre* et *Cherbourg*.

MOULIN [Alignements] (Morb.), 198.

MOULIN [Plage du] (C.-du-N.), 93.

MOUSSAYE [Chât. de la] (C.-du-N.), 84.

MOUSTERLIN [Pointe de] (Fin.), 210.

MOUSTÉRUS (Côtes-du-Nord), 99.

MUR-DE-BRETAGNE (Côtes-du-Nord), 128. — Hôt. *Grande-Maison* (déj. ou dîn. 2 fr., ch. 1 fr.).

MUZILLAC (Morbihan), 165. — Hôt. *Hervé* (petit déj. 50 c., déj. ou dîn. 2 fr. 50, ch. 1 fr. 50).

## N

**NANTES** (Loire-Inférieure), 147.

**Omnibus** : — pour les hôtels et la ville, 75 c. avec bagages (30 kilog.; au-dessus, 2 fr. par 100 kilog.)

**Voitures de place** : 1 fr. 50 la course (1 chev.), 2 fr. (2 chev.); 2 fr. et 2 fr. 50 la nuit; — 2 fr. 25 et 2 fr. 50. l'heure, le j.; 2 fr. 50 et 3 fr. la nuit.

**Trams** : — sections à 5 c., 10 c., 15 c., 20 c., 25 c., et 30 c.

**Hôtels** : — *de France** (bains; asc.; ), place du théâtre Graslin; — *de Bretagne** (petit déj. 1 fr. 50, déj. 3 fr., dîn. 4 fr., ch. 3 à 6 fr.

— *Pleubian*, 1 fr. 50; — *Tréguier*, 2 fr.; — *Lannion*, 4 fr.

PAIMPONT (Ille-et-Vilaine), 49.

PALAIS [Le], à Belle-Ile (Morbihan). 199. — Hôt. : *du Commerce* (petit déj. 75 c., déj. 2 fr. 50, din. 3 fr., ch. 2 fr.; 🚗), pl. de l'Hôtel-de-Ville; *de France* (mêmes prix), quai Macé; *Hôtel-restaurant Le Goff* (déj. 1 fr. 50, dîner 1 fr. 75, ch. depuis 1 fr.; pens. 4 fr. 50), rue de l'Hôpital; *Loréal* (prix modérés), rue de l'Hôpital, 58. — Restaurant : *Nantais* (prix modérés), r. Willaumez. — Bains de mer avec cabines : à la plage de Ramonette.

PALUS [Plage du] (Côtes-du-Nord), 94. — Hôt. *de la Grève du Palus* (déj. 1 fr. 50, din. 2 fr., ch. 1 fr.).

PAON [Phare et rocher du] (Côtes-du-Nord), 102.

**PARAMÉ** (Ille-et-Vilaine), 61.

**Omnibus** à la gare de Saint-Malo : — 50 c. le j., 75 c. la nuit : avec bagages, 75 c. et 1 fr.

**Trams** : — à la gare de Saint-Malo, pour Paramé-Casino et Paramé-Rochebonne, 15 c.; pour Paramé-Ville, 25 c.; — de Saint-Malo (Porte Saint-Vincent) à Paramé-Casino et Paramé-Rochebonne, 20 c.; pour Paramé-Ville, 30 c.

**Voitures de place** : — de la gare de Saint-Malo, 1 fr. 25; — de Saint-Malo-Ville (même prix).

**Hôtels** : — *Grand-Hôtel de Paramé** (déj. 3 fr. 50, din. 4 fr. 50, pens. depuis 10 fr. par j.; bains et douches; télégraphe; lawn-tennis; 🚗); — *Bristol Palace** (pens. 10 fr., 12 fr. 50 et 15 fr. par j.; bains et douches; 🚗); — *de la Plage** (annexe du Bristol; pens. depuis 8 fr. par j.); — *de Courtois-Ville** (petit déj. 1 fr. 25, déj. 3 fr. 50, din. 4 fr., ch. 3 à 4 fr., 2 lits 6 à 8 fr.): — *de France et*, selon mois, *Villa Colbert* (6 à 8 fr. et 8 à 12 fr.); — *de l'Océan* (petit déj. 75 c., déj. 2 fr., din. 2 fr. 50, ch. 3 fr., 2 lits 4 fr., pens. dep. 6 fr. par j.): — *Notre-Dame des Grèves* (petit déj. 1 fr., déj. 2 fr. 50, din. 3 fr., ch. 2 à 4 fr.) — *Continental* (petit déj. 75 c., déj. ou din. 2 fr. 50, pens. 6 à 10 fr. par j.); — *International* (déj. 2 fr. 50, din. 3 fr., pens. de 7 à 10 fr. par j.); — *Les Charmettes* (déj. 2 fr., din. 2 fr. 50, pens. depuis 7 fr. par j.); — *Ker-Alexandra*, pension de famille.

**Villas, chalets, appartements meublés** à Paramé et environs : — *Agence John Le Coq*, carrefour de Rochebonne; — *Agence Villalon-Bidel*, carrefour de Rochebonne; — *Bazantay*, carrefour de Rochebonne; — *Agence générale*, carrefour de Rochebonne; — *Agence régionale* (Gallet). — de 500 fr. à 10,000 fr. env. pour la saison; réductions hors saison.

**Chambres meublées** : — à Paramé-Ville.

**Casino**. — Abonnements : 15 j. 1 pers. 30 fr., chaque pers. d'une même famille 25 fr.; 1 mois 45 et 35 fr., saison 70 et 45 fr.

**Bains de mer** : — *Plage de Paramé* : 12 cachets de bains 5 fr., 2 pers. 6 fr.; cabine 50 c., 2 pers. 60 c.; costume et cabine 1 fr.; peignoir 25 c. — *Plage du Casino* : 12 bains, 8 fr. avec gardiennage, 5 fr. sans gardiennage; bain avec cabine, costume et serviette, 1 fr. 40; peignoir, 50 c.

**Bains chauds** : — *Saint-Louis* (eau de mer, eau douce, hydrothérapie).

**Poste et télégraphe** : — près de la nouvelle église.

**Loueurs de voitures et d'ânes** : — *Guérin*, place de Rochebonne.

**Trams à vapeur** pour : — *Cancale*, 90 et 65 c. (1 fr. 05 et 75 c. pour *La Houle*); — (l'été) *Rothéneuf*, 25 c.

**Renseignements généraux** :

**Hôtels** : — *Grand'Maison* (petit déj. 50 c., déj. ou dîn. 2 fr., ch. 1 fr.; pens. par semaine 31 fr. 50, par mois 120 fr.); — *des Voyageurs*. — *V.* aussi Saint-Efflam.

**Voiture publique** pour : — *Plounérin*, 1 fr. 75.

PLEUCADEUC (Morbihan), 190.

PLEUDIHEN (Côtes-du-Nord), 71. — Hôtel *du Commerce* (déj. ou dîn. 1 fr. 50, ch. 1 fr.)

PLEUMEUR-GAUTIER (Côtes-du-Nord), 102.

PLEURTUIT (Ille-et-Vilaine), 65. — Hôt. *des Voyageurs* (déj. ou dîn. 2 fr., ch. 1 fr. 50).

PLÉVEN (Côtes-du-Nord), 85.

PLÉVENON (Côtes-du-Nord), 82. — Aub.-rest. *Richeux*.

PLEYBEN (Finistère), 129. — Hôt. *de la Croix-Blanche* (déj. 2 fr., dîn. 2 fr.50, ch. 1 fr.).

PLEYBER-CHRIST (Finistère), 129.

PLOARÉ (Finistère), 215.

PLOBANNALEC (Finistère), 212.

PLŒMEL (Morbihan), 103.

PLŒMEUR (Morbihan), 175.

## PLOËRMEL (Morbihan), 190.

**Omnibus** : — 50 c. avec bagages.

**Hôtels** : — *de France* (petit déj. 75 c., déj. 2 fr. 50, dîn. 3 fr., ch. 2 fr., 2 lits 3 fr.; [auto]); — *du Commerce* ([auto]).

**Voitures de louage** : — aux hôtels.

**Voiture publique** pour : — *Plélan*, 2 fr.; — *la Trinité-Porhoët*, 2 fr.

PLŒUC (Côtes-du-Nord), 97.

PLOGOFF (Finistère), 217.

PLOGOFF [Enfer] (Fin.), 218.

PLOMARCH (Finistère), 215.

PLONÉVEZ-DU-FAOU (Finistère), 129.

## PLOUARET (Côtes-du-Nord), 106.

**Hôtels** : — *des Touristes* (petit déj. 50 c., déj. ou dîn. 2 fr., ch. 1 fr.; pension, 4 à 5 fr. par j.), route de Vieux-Marché, à droite de la gare; — *du Rocher* (mêmes prix), dans le bourg.

**Voiture publique** pour : — *Lanvellec*.

**Loueur de voitures** : — *Jacob*, place de l'Église.

PLOUARZEL (Finistère), 142.

PLOUBALAY (Côtes-du-Nord), 68.

PLOUBAZLANEC (Côtes-du-N.), 102.

PLOUBEZRE (Côtes-du-Nord), 110.

PLOUDALMÉZEAU (Finistère), 143. — Hôt. : *de Bretagne* (déj. 2 fr., dîn 2 fr. 50, ch. 2 fr.; pens. 5 fr. par j. pour 15 j., 120 fr. par mois); — *Grande-Maison*. — Maisons meublées (prix modérés).

PLOUDANIEL (Finistère), 132.

PLOUËC (Côtes-du-Nord), 100.

PLOUÉNAN (Finistère), 119.

PLOUËR (Côtes-du-Nord), 65 et 78. — Hôt. *Eclin*.

PLOUESCAT (Finistère), 133. — Hôt. *de l'Armorique*.

PLOUÉZEC (Côtes-du-Nord), 95. — Hôt. : *de France*; *des Voyageurs*.

## PLOUGASNOU (Finistère), 118.

**Voiture publique** pour : — *Morlaix*, 1 fr. 50; — l'été, pour *Trégastel-Primel*.

**Hôtels** : — *des Bains* (petit déj. 50 c., déj. 2 fr., dîn. 2 fr. 50, ch. 1 fr. (pens. 120 à 150 fr. par mois); — *de Bretagne* (prix modérés).

**Logements et chalets meublés** : — (en petit nombre) prix modérés.

**Poste de secours du T.C.F.** : — maison Clech.

**PONTIVY** (Morbihan), 202.

**Omnibus** : — 50 c. avec bag.
**Hôtels** : — *Grosset* (🚗), pl. Nationale; — *de France* (petit déj. 50 c., déj. ou dîn. 2 fr. 50, ch. 1 fr. 50), rue Nationale.
**Loueurs de voitures** : — *Guillemet*, rue Nationale, 57; — aux hôtels.

**PONT-L'ABBÉ** (Finistère), 211.

**Omnibus** : — 50 c.
**Hôtels** : — *du Lion-d'Or* (petit déj. 60 c., déj. 2 fr. 50, dîn. 3 fr., ch. 2 fr.; 🚗); rue Voltaire; — *des Voyageurs* (journée 5 fr.) sur le quai.
**Chambres meublées** : — prix modérés (1 fr. 50 par j. env.).
**Loueurs de voitures** : — *Le Corre*, rue Penahap, 16. — *Duhamel*, rue Voltaire; — *Thomas*; — à l'hôt. du Lion-d'Or.
**Voiture publique** pour : — *Loctudy* (hôtel du Lion d'Or à hôtel des Bains), 50 c.
**Broderies bretonnes** : — rue Victor-Hugo, r. Voltaire, etc. (nombreux marchands; prix modérés).

PONTLIEUE (Sarthe), 11.
PONT-MELVEZ (Côtes-du-Nord), 99.

**PONTORSON** (Manche), 31.

**Omnibus** : — 30 c.; avec bag. 50 c.
**Hôtels** : — *de Bretagne* (petit déj. 1 fr., déj. 2 fr. 50, dîn. 3 fr., ch. 2 fr. 50 à 5 fr., 2 lits de 4 à 10 fr., 🚗); — *de l'Ouest* (petit déj. 75 c.; déj. ou dîn. 2 fr. à 3 fr. 50, ch. 2 fr., pens. 6 fr. 50 par j.; 🚗), Grande-Rue, 1.
**Restaurants** : — nombreux autour de la gare.
**Poste et télégraphe** : — Grande-Rue.
**Tram** pour : — *le Mont Saint-Michel*, p. 31.
**Loueurs de voitures** : — à la gare et aux hôtels. — Dep. 5 fr. pour *le Mont-Saint-Michel* (2 chev. dep. 10 fr.)
**Voitures publiques** : — (l'été) pour *le Mont Saint-Michel*.

PONTRIEUX (Côtes-du-Nord), 100. — — Hôt. : *Grand-Hôtel* (déj. ou dîn. 2 fr., ch. 1 fr. 50); *de France*.
PONTSCORFF (Morbihan), 170. — Hôt. *des Voyageurs* (petit déj. 1 fr., déj. ou dîn. 2 fr. 25, ch. 1 fr. 50).
PONTS-NEUFS [Les] (C.-du-N.), 86.
PONTUAL [Bois de] (Côtes-du-N.), 68.
PONTUSVAL [Pointe de] (Fin.), 153.
PORDIC (Côtes-du-Nord), 92.

**PORNICHET** (Loire-Inf.), 152.

**Hôtels** : — *des Étrangers* (petit déj. 60 c., déj. 2 fr. 50, dîn. 3 fr., ch. depuis 1 fr. 50); — *de la Plage* (petit déj. 1 fr., déj. 3 fr., dîn. 4 fr., ch. de 2 fr. 50 à 5 fr.), à Sainte-Marguerite; — *du Casino*; — *des Princes*; — *de Pornichet*.
**Chalets et chambres meublés**.
**Tram** pour : — *la Baule*.

PORS-CORÉE [Pointe de] (Fin.), 146.
PORSMILIN (Finistère), 143.
PORSPODER (Finistère), 142. — Hôt. *Bon-Accueil*.
PORT-A-LA-DUC (Côtes-du-Nord), 82.
PORT-BARA (Morbihan), 198.
PORT-BLANC (Côtes-du-Nord), 105. — Hôt. *des Roches-Grises* (déj. ou dîn. 2 fr., ch. 2 fr.); — *de la Plage*. — Maisons meublées (100 fr. par mois env.) et chambres meublées (prix modérés.)

**PORT-NAVALO** (Morbihan), 164.

**Hôtels** : — *des Voyageurs* ; — *du Port de Rhuis* (pens. 5 et 6 fr. par j.).

**Maisons meublées** : — (en petit nombre), prix modérés.

**Voiture publique** (à Arzon) pour : — *Vannes*, par *Sarzeau*, 2 fr. 50.

**Bateau** pour : — *Vannes*, 1 fr. 60 et 1 fr. 30 ; aller et retour 2 fr. 10 et 1 fr. 80.

**PORTRIEUX** (Côtes-du-Nord), 93.

**Hôtels** : — *de la Plage* (pens., 5 fr. 50 à 6 fr. 50 par j. ; [cycliste]) ; — *du Talus* (6 fr. par j.) — *du Soleil-Levant* ; — *du Commerce*.

**Maisons, chalets et chambres meublés** : — en grand nombre et à tous prix ; s'adr. chez l'habitant et aux agences.

**Agences de location** : — *Mme Lecat* ; — *Mme Lefloch* ; — *Mme Rose Pédron*.

**Bains de mer** : — cabines (1 fr. par j. env.) et costumes, s'adr. aux hôtels. — Bains de mer chauds à la plage de la Comtesse.

**Loueurs de voitures** : — *Ruellan* ; — *Beaudré* ; — à l'hôtel *du Talus*.

**PORTSALL** (Finistère), 145.

**Hôtels** : — *de Bretagne* (petit déj. 50 c. et 75 c., déj. 2 fr. 50, din. 3 fr., ch. 2 fr. 50, à 2 lits 4 fr. ; pens. à la semaine 7 fr. par j., au mois 6 fr. ; [cycliste]).

**Chalets meublés à louer** : — (en petit nombre), prix modérés.

**Chambres meublées à louer** : — à Kersaint.

**Voitures de louage et bateaux** : — à l'hôtel *de Bretagne*.



**POULDU [LE]** (Morbihan), 179.

**Hôtels** : — *des Grands Sables*, déj. 2 fr., din. 2 fr. 50, ch. 1 fr. 50, pens. 150 fr. par mois), en haut de la côte ; — *des Bains* (déj. ou din. 2 fr. 50, ch. de 1 fr. à 4 fr., pens. 4 fr. par j. sans la chambre), sur la plage ; — *du Pouldu* (pens. 4 fr. 50 par j., 5 fr. en août), au ham. du Pouldu.

**Chalets et logements meublés** : — à prix modérés.

**POULIGUEN [LE]** (Loire-Inf.), 155.

**Hôtels** : — *des Étrangers* (*Lebreton* ; pens. 7 fr. 50 par j.) ; — *des Voyageurs* ; — *Neptune* (petit déj. 75 c., déj. 2 fr. 50, din. 3 fr., ch. depuis 2 fr.) ; — *de la Plage* (Mauspha; petit déj. 1 fr., déj. 3 fr., din. 3 fr. 50; ch. 3 à 6 fr.; 🚗), par le tram (20 c.).

**Chalets meublés** : — de 200 à 1,500 fr. par mois.

**Chambres meublées** : — 30 à 50 fr. par mois.

**Voitures de louage** : — aux hôtels.

**Tram** pour : — *la Baule.*



## Q



**QUIBERON** (Morbihan), 198.

**Omnibus** : — pour les hôtels et pour les bateaux de Belle-Ile, 50 c.

**Hôtels** : *de France* (petit déj. 75 c., déj. 2 fr. 50, din. 3 fr., ch. dep. 2 fr. 50; 🚗); — *Penthièvre et de la Plage* (petit déj. 1 fr., déj. 2 fr. 50, din. 3 fr., ch. 3 à 4 fr.; bains; 🚗); — *du Commerce* (petit déj. 50 c., déj. 1 fr. 60, din. 2 fr., ch. 1 fr. 50), près l'église; — *de l'Océan* (déj. 1 fr. 75, din. 2 fr.; 5 fr. par j.); — *Central* (2e ordre; déj. 1 fr. 50 et 2 fr., din. 1 fr. 75 et 2 fr. 25; 5 fr. par j.), près de l'église.

**Chalets meublés** ; — sur la plage (prix divers).

**Chambres et logements meublés** : — dans le bourg (prix modérés) et à *Port-Haliguen* (prix modérés).

**Voitures et ânes** : — aux hôtels.

**Casino-café-concert** : — près de la statue de Hoche.

**Bains de mer** : — cabines et costumes.

**Poste et télégraphe** : — près de l'église.

**Bateaux** pour : — *Belle-Ile*, V. p. 198.



**QUIMPER** (Finistère), 181.

**Omnibus** : — 50 c., avec bagages.

**Hôtels** : — *de l'Épée** (petit déj. 1 fr., déj. 3 fr., din. 3 fr. 50, par petites tables 50 c. en plus, ch. de 2 fr. 50 à 6 fr., 2 lits de 5 à 9 fr.; 🚗), rue du Parc (quai de l'Odet); — *du Parc** (petit déj. 1 fr., déj. 2 fr. 50, din. 3 fr., ch. 2 à 4 fr., 2 lits 4 à 6 fr.; 🚗), idem; — *de France*, bd de l'Odet, 1; — *Communauté de la Retraite* (pour dames; 3 et 5 fr. par j.); — *des Voyageurs* (4 fr. 50 par j.), r. de Brest; — *du Lion-d'Or*, (5 fr. par j.), pl. St-Corentin, 12.

**Poste et télégraphe** : — r. du Parc.

**Broderies, faïences, meubles, costumes bretons** : — r. du Parc, r. de l'Évêché, r. Kéréon,

la voit. prend à domicile), 1 fr. 50 la nuit (minuit à 6 h. mat.). — 1 fr. 75 l'heure (1 fr. 50 heures suiv.), 2 fr. 50 la nuit ; hors limites de la ville, 2 fr. l'heure. — Voitures de remise : 2 fr. la course, 2 fr. 50 la nuit; 2 fr. 50 l'heure, 3 fr. la nuit.

**Trams urbains** : — sections à 10 c. et à 15 c.

**Hôtels** : — *Continental* * (garage), r. d'Orléans, 1 ; — *Moderne* * (déj. 3 fr., dîn. 4 fr. ; bains ; garage), quai Lamennais, 17 ; — *Grand-Hôtel* * (même direction). r. de la Monnaie, 17 ; — *de France* * (petit déj. 1 fr. 50, déj. 3 fr., dîn. 3 fr. 50, par petites tables 50 c. en plus, ch. 3 fr. 50 à 7 fr., 2 lits 6 à 10 fr. ; restaurant à la carte; bains; garage), rue de la Monnaie, 6 ; — *Le Moine* (déj. 2 fr. 50, dîn. 3 fr., ch. 2 fr., journée dep. 7 fr. 50), r. Lanjuinais, 4, (quai Lamennais); — *de Nemours* (petit déj. 50 c., déj. ou dîn. 2 fr., ch. 1 fr. 50), r. de Nemours, 5, près de la Poste. — A la gare : *de Bretagne* (petit déj. 75 c., déj. 2 fr., dîn. 2 fr. 50, ch. 2 fr. et 2 fr. 50, à 2 lits 4 et 5 fr.); — (garage); *Parisien* (petit déj. 60 c., déj. ou dîn. 2 fr. 50, ch. 2 fr.) ; — *du Cheval-Blanc* (5 fr. par j.) ; — *des Voyageurs* (6 fr. par j.), av. de la Gare, 24.

**Poste et télégraphe** : — sur le quai (Palais du Commerce).

**Loueurs de voitures** : — *Vve Joubrel*, rue de la Monnaie, 6 (hôtel de France); — *Leblanc*, r. de Bordeaux, 9; — *Dupuy*, av. de la Gare, 20.

**RENNES** [Forêt de] (Ille-et-V.), 48

**RHUIS** [Presqu'île de] (Morbih.), 164.

**RICHARDAIS** [La] (Ille-et-Vil.), 67.

**RIEC-SUR-BÉLON** (Finistère), 206.

**RIMAINS** [Ile des] (Ille-et-Vil.), 63.

**RIVIÈRE** [Château de la] (Eure-et-L.), 8.

**RIZ** [Plage du] (Finistère), 215. — 2 auberges et une pension de famille. — Chalets meublés à louer.

**ROBIEN** [Château de] (C.-du-N.), 96.

**ROCHE** [La] (Finistère), 131.

**ROCHE-BERNARD** [La] (Morbihan), 165.—Hôt. *des Voyageurs* (petit déj. 50 c., déj. ou dîn. 2 fr. 50, ch. 1 fr.).

**ROCHE-BRAULT** [Moulin] (Mayen.), 20.

**ROCHE-DERRIEN** [La] (Côtes-du-Nord), 105. — Hôt. : *de France* ; *Grand-Hôtel*.

**ROCHEFORT** [Grotte] (Mayenne), 20.

**ROCHEFORT-EN-TERRE** (Morbihan), 157.— Hôt. *Lecadre* (petit déj. 50 c., déj. ou dîn. 2 fr. 50, ch. 1 fr. 50, pens. 5 fr. par j.).

**ROCHE-JAGU** [Château] (C.-du-N.), 100.

**ROCHE-MAURICE** [La] (Finistère), 131.

**ROCHER** [Château du] (Mayenne), 20.

**ROCHERS** [Château des] (Il.-et-V.), 27.

**ROCHES** [Tranchée des] (Sarthe), 17.

**ROC-SAINT-ANDRÉ** (Morbihan), 190.

**RODY** [Le] (Finistère), 134.

**ROHAN** (Morb.), 203. — Hôt. : *de Rohan*.

**RONDE** [Ile] (Finistère), 139.

**RONDOSSEC** [Dolmens] (Morb.), 193.

**ROSAIRES** [Grève des] (C.-du-N.), 90.

**ROSCOFF** (Finistère), 121.

**Hôtels** : — *des Bains-de-Mer* (petit déj. 75 c., déj. 2 fr. 50, dîn. 3 fr., par petites tables 50 c. en plus, ch. 2 fr. 50, 2 lits dep. 4 fr. ; garage), pl. de l'Église ; — *Talabardon* (petit déj. 50 c, déj. 2 fr., dîn. 2 fr. 50, ch. 1 fr. 50 ; pens. 5 fr. par j., 135 fr. par mois), pl. de l'Église ; — *de la Marine* (6 fr. par j.); — *de France* (5 fr. par j.); — *de la Maison-Blanche* ; — *du Palmier*.

**Chalets meublés** : — agence de location à l'hôt. des Bains-de Mer.

**Appartements et chambres meublés** : — 100 à 150 fr., et 30 à 50 fr. par mois.

**Bains de mer** : — cabines sur la plage de Roc'hroum, 10 à 18 fr. par mois.

## S

débattre sur la base de 2 fr. 50 la 1re h. et 2 fr. les suiv.

**Hôtels** : — *de France** (bains; électr.; english spoken; ▪; 🚗), pl. Saint-Guillaume; — *d'Angleterre** (petit déj. 75 c. à 1 fr. 25, déj. 2 fr. 50 à 3 fr. 50, din. 3 à 4 fr., ch. 2 à 4 fr.; prix majorés durant le concours hippique; 🚗), pl. Du Guesclin; — *de la Croix-Blanche* (pet. déj. 1 fr., déj. 2 fr. 50, din. 3 fr., ch. 2 fr. 50, pens. dep. 8 fr.; 🚗), r. Saint-Guillaume; — *de la Croix-Rouge*, (déj. 2 fr., din. 2 fr. 50, ch. 2 fr.; pens. 150 fr. par mois; 🚗), r. du Couëdic; — *Du Guesclin*, pl. Du Guesclin.

**Loueurs de voitures** : — *Calvez*, 5, r. Pohel (près la pl. de la Préfecture); — *Beaudré*, près de la r. Saint-Michel; — *Moisan*, pl. Du Guesclin; — *Josse*, r. d'Orléans; — *Pasco*, r. des Promenades.

**Bains** : — rue de Rohan, 4.

**Poste et télégraphe** : — rue de Rohan.

**Bateaux** (au port du Légué pour : — *Le Havre*, 20 fr., 15 fr., 12 fr. 9 fr.; — *Saint-Malo*, 3 fr.; — *Jersey* et *Guernesey*.

SAINT-CADO (Morbihan), 193.
SAINT-CADOU [Anse de] (Fin.), 186.
SAINT-CARADEC (Côtes-du-N)), 128.

## SAINT-CAST (Côtes-du-Nord), 81.

**Hôtels** : — *Bellevue* (petit déj. 60 c., déj. 2 fr. 25, din. 2 fr. 75; ch. 2 fr.; pens. 6 fr. 50 par j., en août 7 fr.; 🚗). — *de la Marine*; — *de la Grimpette*; — *du Centre*; — *Grand-Hôtel*; — V. aussi : Garde-Saint-Cast.

**Chalets et appartements meublés** : — en grand nombre et à tous prix.

**Bains de mer** : — Cabines et costumes.

**Bains de mer chauds** : — établissement hydrothérapique.

**Voitures publiques** pour : — (l'été) *le cap Fréhel* 2 fr. 50, all. et ret. 4 fr.; — *Dinard*, 2 fr. 50.

**Loueurs de voitures et chevaux** : — *Héleux*.

**Poste de secours du T. C. F.** — à l'hôtel de Bellevue.

SAINT-COLOMBIER (Morbihan), 163.
SAINT-CÉNÉRÉ [Oratoire de] (Mayenne), 20.
SAINT-CÉNERI-LE-GÉREI (Orne), 18
SAINT-COULOMB (Ille-et-Vil.), 62.
SAINT-DUZEC [Menhir] (C.-du-N.), 110.

## SAINT-EFFLAM (Côtes-du-Nord), 113.

**Voiture publique** : — (jusqu'à Plestin-les-Grèves) à la gare de Plounérin, 1 fr. 75.

**Hôtels** : — *de la Plage de Saint-Efflam* ou *Pichodou* (petit déj. 50 c., déj. ou din. 2 fr. 50, ch. 1 fr. 50, 2 lits 2 fr. 50); — *du Héron* (déj. 2 fr., din. 2 fr. 50, ch. 1 fr.)

**Poste de secours du T. C. F.**

## SAINT-ÉNOGAT (Ille-et-Vil.), 68.

**Tram** : — station du tram de Dinard à Saint-Lunaire.

**Omnibus et voitures** : — à Dinard (à la gare du ch. de fer et au bateau de Saint-Malo; pour les prix, V. Dinard).

**Hôtels** : — *Grand-Hôtel de la Mer* (déj. 2 fr. 50, din. 3 fr.; pens. de 6 à 10 fr. par j.; 🚗); — *des Étrangers et de Saint-Enogat* (petit déj. 75 c., déj. 2 fr., din. 2 fr. 25, ch. 2 fr.; 6 à 7 fr. par j.); — *Michelet* (pens. de 4 à 8 fr. par j.); — *Du Guesclin*; — *d'Arvor*; — *Villa Victoria* (pension de famille).

**Chalets meublés** : — (de 400 à

## SAINT-LUNAIRE (Ille-et-Vil.), 69.

**Tram** pour : — *Dinard* et *Saint-Briac* (p. 69).

**Hôtels** : — à la 1re station du tram, au bas de la côte : *de la Terrasse*; — *English and American Hotel*. — A la station de Longchamp, en haut de la côte : *Grand-Hôtel*.* (du 1er juin au 1er oct. ; petit déj. 1 fr. 50, déj. 5 fr., din. 7 fr., ch. dep. 5 fr., pens. de 15 à 25 fr. par j.; jeux divers; bains chauds ; asc. ; 🚗); — *de Longchamp*.* (🚗) ; — *des Bains* (petit déj. 75 c., déj. 2 fr. 50, din. 3 fr., ch. de 2 à 4 fr., pens. depuis 5 fr. par j.). — Au delà, vers Saint-Briac (plage de Longchamp), *de Paris** (petit déj. 1 fr., déj. 2 fr. 50, din. 3 fr., pens. 7 à 10 fr. par j. ; tennis ; 🚗).

**Chalets meublés** ; — 1000 à 4000 fr. env. pour la saison (s'adr. aux agences).

**Logements et maisons meublées** au bourg et dans les environs) : — 150 à 1000 fr.

**Agences de location** : — *Lecreux*; — *Petit*; — agences de Dinard. *V.* Dinard.

**Casino** : — (théâtre, concerts, petits chevaux, cercle, café, salons de lecture) entrée simple, 1 fr., théâtre 2 fr. 50 et 1 fr. 50, concert ou bal 3 fr. — Abonnements : 1 pers. 40 fr. la saison, 25 fr. 1 mois, 20 fr. 15 j., 15 fr. 8 j. ; tarif décroissant pour plusieurs pers.

**Bains de mer** (15 juin au 30 septembre) : — cabines (bain de pieds chaud compris), 50 fr. et 90 fr. la saison, 40 fr. et 75 fr. 2 mois; 20 fr. et 40 fr. 1 mois (30 fr. et 60 fr. mois d'août) ; — bains au cachet (tout compris), 1 fr. par pers., 10 bains 8 fr., 20 bains 15 fr. ; — bains à prix réduit, 50 c. par pers., 10 bains 4 fr.; — bains chauds (eau de mer ou eau douce) 1 fr. 50, par 10 cachets 12 fr. 50, linge 50 c.; — location de filets pour tennis (50 c. 1/2 journée), de raquettes (20 c.); de balles (10 c.), de croquets (50 c.). de pliants (10 c.), de parasols (1 fr. la journée).

**Tir aux pigeons** : — à la pointe du Décollé.

**Poste et téléphone** : — à dr. du Casino.

**Télégraphe** : — sémaphore du Décollé.

**Loueur de voitures** : — *Martin*.

## SAINT-MALO (Ille-et-Vilaine), 53.

**Omnibus** : — à la gare : pour la ville, 50 c. le j., 75 c. la nuit, 75 c. et 1 fr. avec bagages (30 kilog. par pers.), 10 c. par 10 kilog. en plus (tarifs officiels). — Omn. des hôtels.

**Tram** : — à la gare pour *Saint-Malo*, 15 c. (porte Saint-Vincent) et 25 c. (cale de Dinan); *Paramé*, 15 c. (casino, et Rochebonne) et 25 c. (Paramé-Ville); *Saint-Servan*, 15 c. ; — pour *Cancale* (p. 62).

**Voitures de place** (le tarif détaillé est affiché à la porte Saint-Vincent) : — 1 fr. 25 de la gare à Saint-Malo (porte Saint-Vincent); 1 fr. 75 à domicile ou à la porte de Dinan; — 1 fr. 25 de la gare à Paramé (casino, Rochebonne ou ville); 1 fr. — de la gare à Saint-Servan (hôtel-de-ville); 1 fr. 75 à domicile ou au port Saint-Père: — 1 fr 25 de Saint-

Malo à Saint-Servan (hôtel de ville); 1 fr. 75 à domicile ou au port St-Père; — 1 fr. 25 de Saint-Malo à Paramé (casino, Rochebonne ou ville); 2 fr. de Saint-Malo à Saint-Ideuc; 3 fr. de Saint-Malo à Rothéneuf. — Transport de 10 kilog. de bagages à main gratuits: 25 c. jusqu'à 50 kilog.; 10 c. par 10 kilog. en plus. — L'heure sur les com. de Saint-Malo, Paramé, Saint-Servan, 2 fr. 25 (heures suiv., 2 fr.); la nuit, 3 fr. puis 2 fr. 50.

**Hôtels** : — *Grand Hôtel de France et de Chateaubriand** (déj. 3 fr., dîn. 4 fr., ch. de 4 à 12 fr.; pens. 10 à 15 fr. par j.; interprètes; bains; 🚗), pl. Chateaubriand; — *de l'Univers**, (12 à 15 fr. par j. env.: english spoken: bains; 🚗), place Chateaubriand; — *Franklin** (l'été; english spoken; bains; 🚗), hors de la ville, près du casino; — *de Provence et d'Angleterre* (english spoken; dep. 7 fr. 50 par j.; 🚗), r. de la Poissonnerie, 11; — *Central-Benoît* (petit déj. 75 c., déj. 2 fr., dîn. 2 fr. 50, ch. dep. 2 fr., pens. dep. 6 fr 50; 🚗), Grande-Rue, 10; — *du Centre et de la Paix* (déj. 2 fr. 50, dîn. 3 fr., ch. 2 fr. 50), rue Saint-Thomas, 6; — *de l'Union* (déj. 2 fr. 50, dîn. 3 fr., pens. 7 à 8 fr.), près de la Poissonnerie; — *du Commerce* (8 fr. 50 par j.; 🚗), r. Saint-Thomas; — *Bellevue* (petit déj. 75 c., déj. 2 fr. 50, dîn. 3 fr., ch. 2 à 6 fr., pens. 7 à 12 fr.), porte des Champs-Vauverts, — *du Louvre* (7 fr. par j.; bains), r. Boursaint, 9; — *de Russie*, r. Boursaint; — *de Londres*, r. Boursaint; — *de la Marine*, Grande-Rue. — Pensions de famille: *Mlle Garel* (4 fr. 50 par j.), r. de la Victoire, 9; — *Pension Notre-Dame* (prix modérés), r. des Hautes-Salles, 4.

Hors la ville, sur la route de Paramé : *Notre-Dame-des-Grèves* (déj. 2 fr. 50, dîn. 3 fr.; pens. de 7 à 12 fr., réduct. pour familles); — *Jacques-Cartier*. — A la gare : *Hôtel Chadoin* (petit déj. 60 c., déj. 2 fr., dîn. 2 fr. 50, ch. 2 fr.); — *des Voyageurs et de la Gare* (english spoken; dep. 6 fr. 50 par j.).

*N.-B. — Dans la majorité des hôtels le vin n'est pas compris. — Les prix sont souvent susceptibles d'augmentation au mois d'août; ils baissent, par contre, hors saison.*

**Appartements et chambres meublés** : — en ville, nombreux écriteaux.

**Agences de location** (pour la ville et la région) : — *Mlle Delaunay*, r. Porcon de la Barbinais, 22; — *Mme Lenormand*, pl. Jacques-Cartier; — *Au Vieux-Corsaire*, r. de Toulouse; — *Briand*, place de l'Église; — *Nabucet*, route de Paramé; — *Cooper Meese*, route de Paramé.

**Poste et télégraphe** : — rue de la Paroisse, près de l'église.

**Bains de mer** : — *de la porte Saint-Thomas* ou *de la Grande-Plage* (par la place Chateaubriand; avant le 1er juill. s'adr. aux bains chauds) bain complet (cabine, costume, serviette, bain de pieds chaud), 1 fr., par 10 cachets 4 fr. 50 (réduction pour plusieurs pers.); une cabine 60 c.; un costume 45 c.; une serviette 10 c.; un maître-baigneur 40 c.; une leçon de natation, 60 c.; un pliant 10 c. — A la *plage des Beys* (Grève de Bon-Secours) : *Bains Gentil*; — *Bains Lesonnier*; — *Bains Cardinal-Morin* (bain complet 60 c.; cabine 20 c.; costume 30 c., serviette 5 c.; bain de pieds chaud 10 c.; pliant ou chaise 10 c.

**Bains chauds** : (à l'entrée de la route de Paramé) : — eau douce ou eau de mer (bain 1 fr.; 6 bains 4 fr. 80, 12 bains 8 fr., peignoir 15 c.; serviette 10 c.; douches et bains de vapeur 1 fr. 50 à 2 fr. 50).

**Casino municipal** : — entrée, y compris fêtes ordinaires, concerts et théâtre), 8 j. 25 fr., 15 j. 40 fr., 1 mois 55 fr., saison 80 fr. (tarif décroissant pour plusieurs pers. de la même famille) ; théâtre, places de 2 à 5 fr. — On trouve au casino : café, cercle, petits chevaux, salons de lecture. — Bals d'enfants ; bataille de fleurs.

**Loueurs de voitures** : — *De Folligné*, r. Jean-de-Châtillon, 12 ; — *Fouyé*, place Chateaubriand, 4 ; — *Leroux*, route de Paramé ; — à la station de la porte Saint-Vincent.

**Bateaux à voile** : — 2 fr. l'h. env.

**Bateaux à vapeur et vedettes automobiles** pour : — *Dinard* et *Dinan*, (*V.* dans le Guide : *Environs de Saint-Malo*). — Services réguliers avec : *Jersey*, 2 ou 3 fois par sem. selon saison (écrire ou s'adr. au port, « London and South Western Railway »), 11 fr. 15 et 7 fr. 30 ; all. et ret., val. un mois (faculté de retour par Granville), 17 fr. 20 et 11 fr. 55 ; — *Guernesey*, par Jersey (même Cie), 16 fr. 15 et 11 fr. 15 ; all. et ret. (mêmes conditions que pour Jersey), 24 fr. 70 et 17 fr. 20 ; — *Southampton*, par Jersey et Guernesey (même Cie), billets val. 4 jours, 29 fr. 90 et 22 fr. 40 ; aller et ret. val. 6 mois, 45 fr. 95 et 33 fr. 45 ; — *Saint-Brieuc*, (port du *Légué*), 5 fr.

SAINT-MAURICE [Abbaye] (Fin.), 179.

SAINT-MARS-LA-BRIÈRE (Sart.), 11.

SAINT-MATHIEU [Abbaye et Pointe de] (Finistère), 145.

SAINT-MÉDARD-SUR-ILLE (Ille-et-Vilaine), 50.

SAINT-MÉEN (Ille-et-Vilaine), 128. — Hôt. *Grande-Maison*.

SAINT-MÉLOIR-DES-ONDES (Ille-et-Vilaine), 62.

SAINT-MÉRIADEC [Chapelle de] (Morbihan), 203.

SAINT-MICHEL [Mont]. *V.* Mont Saint-Michel.

## SAINT-MICHEL-EN-GRÈVE (Côtes-du-Nord), 113.

**Hotels** : — *du Lion-d'Or* (déj. ou din. 2 fr., pens. 4 à 5 fr. par j. ; garage) ; — *de Pen-au-Guer* ; — *de la Vieille-Côte*.

**Maisons et chambres meublées** : — prix très modérés (une chambre 30 à 40 fr. par mois).

**Loueurs de voitures** : — à l'hôtel du Lion-d'Or. — Pour la gare de *Lannion* (1 chev.) 5 fr. ; la gare de *Plouaret* ou de *Plounérin* 6 fr. ; *Plestin* 3 fr. 50. — A la journée 12 fr.

**Cabines de bains** : — à louer, s'adr. aux hôtels.

## SAINT-NAZAIRE (Loire-Inf.), 152.

**Hôtels** : — *Grand-Hôtel** (déj. 3 fr., din. 5 fr. 50, ch. dep. 3 fr. 50 ; garage), rue Ville-ès-Martin, 36 ; — *des Messageries* ; — *de Bretagne* ; — *des Étrangers* ; — *des Colonies*.

**Casino** : — Cercle, théâtre, petits chevaux.

**Poste de secours du T. C. F.** : — au Grand-Hôtel.

SAINT-NIC (Finistère), 220.

SAINT-NICODÈME [Chap.] (Morb.), 202.

SAINT-NICOLAS, près Pont-Aven (Finistère), 207. — Hôt. *Julia Guillou* (petit déj. 1 fr., déj. 2 fr. 50, din. 3 fr. ; pens. 8 fr. par j., 180 fr. par mois pour 3 mois ; garage). — Cabines de bains à l'hotel Julia. — Voiture automobile (l'été) pour *Pont-Aven* (hôtel Julia) : 2 fr. — Canot automobile : (l'été) pour *Pont-Aven* (hôtel Julia) : 1 fr. 25.

SAINT-NICOLAS-DES-EAUX (Morbihan), 202.

**SAINT-POL-DE-LÉON** (Fin.), 119.

**Omnibus** : — 50 c. avec bagages.
**Hôtel** : — *de France* (petit déj. 50 c., déj. 2 fr. 50, din. 3 fr.; pens. 5 fr. par j., 6 fr. en août; [auto]).
**Loueurs de voitures**. — *Rouallec*; — *Cueffe*; — *Lerest*. — 3 à 4 fr. pour Santec.
**Voitures publiques** pour : — *Plouescat*, 1 fr.; — (l'été) *Santec*, 50 c.

**SAINT-QUAY** (Côtes-du-Nord), 93.

**Hôtels** : — *du Cerbot d'Avoine*. ([auto]); — *de Saint-Quay* (petit déj. 60 c., déj. 2 fr., din. 2 fr. 50, ch. 1 fr.); — *de la Plage* (prix modérés); — *Heurtel* (prix modérés); — *Pension des religieuses du Sacré-Cœur* (sur référence ecclésiastique ou de pers. déjà connue; de 5 fr. à 6 fr. 50 par j.).
**Maisons, chalets et chambres meublés** : — en grand nombre et à tous prix (s'adr. chez l'habitant et aux agences).
**Agences de location** : — *Mme Rose Pédron*; — *Mme Le Floch*; — *Mme Lecat*.
**Bains de mer** : — cabines, linge, costumes.
**Loueurs de voitures** : — *Ruellan*; — *Beaudré* : — à l'hôt. du Talus (Portrieux).



**SAINT-SERVAN** (Ille et-Vilaine), 59.

**Trams** : — pour la gare de Saint-Malo, 15 c.; — pour Saint-Malo (cale de Dinan), 30 c.; — pour Saint-Malo (porte Saint-Vincent), 20 c. — Corresp. avec les trams de Paramé (20 c. et 30 c.) et de Cancale.
**Voitures de place** : — de la gare de Saint-Malo, 1 fr. pour Saint-Servan (hôtel-de-ville), 1 fr. 75 à domicile et au port Saint-Père, 1 fr. la course en ville; — de Saint-Servan (hôtel-de-ville) à Saint-Malo (porte Saint-Vincent) 1 fr. 25, à Saint-Malo (domicile) 1 fr. 75.
**Pont roulant** : — 5 c. et 10 c.
**Hôtels** : — *Victoria* (omn. à la gare de Saint-Malo, 75 c.; petit déj. 1 fr., déj. 3 fr., din. 3 fr. 50, ch. de 4 à 8 fr.; pens. de 8 à 12 fr. par j., réduct pour famille et hors saison; bains **chauds**; [auto]); — *de l'Union*, r. Dauphine; — pensions de famille (s'adr. aux agences).
**Maisons, appartements et chambres meublés** : — en grand nombre et à prix modérés; s'adr. en ville et aux agences de Saint-Servan et Saint-Malo.
**Agences de location** : — *Mme Carrière*, bd Surcouf; — *Mme Baron*, r. Dauphine; — *Fonteyne*, rue Duperré.
**Bains de mer** : — Cabines et costumes (prix modérés) à l'anse des *Bas-Sablons* (Saint-Servan) et à celle des *Fours-à-Chaux* (hors la ville).
**Poste et télégraphe** : — 10, r. Le Pommellec.

**Loueurs de voitures** : *Ruellan*, r. Godard, 5 ; — *Clément*, r. Godard, 8 ; — *Olivrant*, r. Ville-Pépin, 14 ; — *Lamour*, bd Porée, 5.

**Bateaux** : — bac à vap. et vedettes automobiles pour *Dinard*, (à la tour Solidor).

**Renseignements généraux** : — s'adr. ou écrire au *Syndicat d'initiative*, r. Duperré, 5.

SAINT-SULIAC (Ille-et-Vilaine), 71. — Hôt. *de la Plage* (déj. 2 fr., din. 2 fr. 25, ch. 1 fr.).

SAINT-SULIAC [Lac de] (C.-du-N.), 78.

SAINT-THÉGONNEC (Finistère), 130. —Hôt.: *du Commerce* (petit déj. 50 c., déj. 2 fr. 25, din. 2 fr. 50, ch. 1 fr. 50 ; *Grand-Maison* (mêmes prix et 6 fr. par j.).

SAINT-TUGEAN (Finistère), 216.

SAINT-VINCENT-DES-LANDES (Loire-Inférieure), 155.

SAINTE-ANNE, près Brest (Fin.), 145.

**SAINTE-ANNE-D'AURAY** (Morbihan), 165 et 168.

**Voitures** : — (de la gare) 25 c. à 50 c.

**Hôtels** : — *de France* (petit déj. 75 c., déj. 2 fr., din. 2 fr. 50, ch. dep. 2 fr. 50 ; [symbole]) : — *du Lion d'Or* ; — *de la Poste* (déj. 1 fr. 50, din. 1 fr. 75).

**Restaurants** : — nombreux et à tous prix.

SAINTE-ANNE-DE-LA-PALUE [Chapelle (Finistère), 216.

SAINTE-ANNE-EN-TRÉGASTEL (Côtes-du-Nord), 112. — *V.* Trégastel.

SAINTE-BARBE (Morbihan), 195.

SAINTE-BARBE [Chapelle] (Côtes-du-Nord), 95.

SAINTE-BARBE [Chap.] (Morb.), 205.

SAINTE-BARBE [Pointe] (Fin.), 144.

SAINTE-CROIX [Abbaye] (C.-du-N.), 99.

SAINTE-MARIE-DE-MÉNEZ-HOM (Finistère), 223.

SAINTE-MARINE [Grotte] (Fin.). 223.

SAINTE-SUZANNE (Mayenne), 19. — Hôt. : *du Lion d'Or* ; *Legendre*, — Voit. publ. pour *Evron* (*V.* ce nom).

SAMZUN (Morbihan), 201.

SANGLIERS [Mare aux] (Fin.), 124.

SANTEC (Finistère), 122. — Omn. (l'été) à la gare de Saint-Pol-de-Léon, 50 c. — Hôt. : *Ollivier* (petit déj. 50 c., déj. ou din. 2 fr., ch. 1 fr. 50, pens. 5 fr. par j.), au bourg ; *du Gulf-Stream* (petit déj. 75 c., déj. 2 fr. 25, din. 2 fr. 50, ch. dep. 1 fr. 50, pens. 6 fr. par j.; cabines), annexe du précédent, à la grève de Sieck ; *des Bains-de-Mer* (déj. 2 fr., din. 2 fr. 50, ch. 2 fr.), à la grève de Sieck.

SARAH-BERNHARDT [Fort], (200).

SARZEAU (Morbihan), 163. — Hôt. : *Lesage* (petit déj. 50 c., déj. 2 fr., din. 2 fr. 50, ch. 1 fr. 50 ; voit. de louage).

SAULGES (Mayenne), 20. — Hôt. : *Grotte à Margot* ou *Léveillé* (déj. ou din. 2 fr. 50) ; *du Lion d'Or*.

SAULGES [Grottes de], 20 et 24.

SAUT-DU-MOINE (Finistère), 214.

SAUZON (Morbihan), 200. — Hôt. *du Phare*, (déj. 2 fr. 25, din. 2 fr. 50, ch. 2 fr.; 5 fr. 50 par j.), à l'entrée du port. — Chambres meublées.

SAVENAY (Loire-Inférieure), 152. — Hôt. *du Chêne-Vert* (petit déj. 75 c., déj. 2 fr., din. 2 fr. 50, ch. 1 fr.).

SCAËR (Finistère), 180. — Hôt. *des Voyageurs*.

SCEAUX-BOËSSE (Sarthe), 10.

SCRIGNAC-BERRIEN (Finistère), 122.

SEIN [Ile de] (Finistère), 210. — Aub. *Kernaliguen*.

SELLE-EN-LUITRÉ [La] (Il.-et-V.), 28.

SÉNÉ (Morbihan), 161.

SERVON (Ille-et-Vilaine), 39.

SÉVERAC (Loire-Inférieure), 154.

SIECK [Ile et grève de] (Fin.), 122. *V* Santec.

**TRÉGASTEL-PRIMEL** (Fin.), 118.

**Voiture publique** : — l'été, de *Morlaix*, 2 fr. ; toute l'année de *Morlaix* jusqu'à *Plougasnou*, 1 fr. 50.

**Hôtels** : — *Grand-Hôtel Primel* (petit déj. 60 c., déj. ou dîn. 2 fr. 50, ch. 2 fr. ; 🚗) ; — *de la Mer* (7 fr. à 7 fr. 50 en août, 6 fr. en sept.) ; — *de la Plage* ou *Talbot*.

**TRÉGON** (Côtes-du-Nord), 68.
**TRÉGONNEAU** (Côtes-du-Nord), 100.
**TRÉGROM** (Côtes-du-Nord), 106.
**TRÉGUELCHIER** (Finistère), 153.

**TRÉGUIER** (Côtes-du-Nord), 103.

**Hôtels** : — *Mallo*, sur le quai ; — *de France* (petit déj. 50 c., déj. 2 fr., dîn. 2 fr. 50, ch. 1 fr. 50 ; 🚗), rue Colvestre ; — *du Lion-d'Or* (🚗), r. Saint-Guillaume ; — *du Grand-Turc* (2e ordre).

**Loueurs de voitures** : — *Vve Fraval* ; — *Leroux* ; — à l'hôtel du Grand-Turc.

**Voiture publique** pour : — *Lannion*, 2 fr.

**TRÉGUNC** (Finistère), 207.
**TRÉMAOUÉZAN** (Finistère), 151.
**TRÉMAZAN** [Château de] (Fin.), 143.
**TREMBLAY** (Ille-et-Vilaine), 30.
**TRÉMÉREUC** (Côtes-du-Nord), 67.
**TRÉMIGNON** [Etang] (Ille-et-Vil.), 51.
**TRENTE** [Pyramide des], 191.
**TRÉOMPAN** (Finistère), 143.
**TRÉOUZON** (Finistère), 186.
**TRÉPASSÉS** [Baie des] Finistère), 218.
**TRÉVENEUC** (Côtes-du-Nord), 94.
**TRÉVÉZEL** [Roc] (Finistère), 129.
**TRÉVOU-TRÉGUIGNEC** (C.-du-N), 105.
**TREZ-HIR** (Finistère), 144. — Hôt. *de la Plage* (l'été) ; aub. *A la Descente de Trez-Hir*.
**TRÉZIEN** [Chapelle de] (Fin.), 142.

**TRINITÉ** [La] (Finistère), 143.
**TRINITÉ-PORHOET** [La] (Mor.), 128.
**TRINITÉ-SUR-MER** [La] (Morbihan), 196. — Hôt. : *de l'Océan* (petit déj. 60 c., déj. 2 fr., dîn. 2 fr. 50). — Maisons meublées.
**TRISTAN** [Ile] (Finistère), 215.
**TRONOAN** [Chapelle de] (Fin.), 214.
**TROU-DE-L'ENFER** (Côtes-du-N.), 83.
**TROU-DE-L'ENFER** (Finistère), 214.
**TUDY** [Ile] (Finistère), 212. — Auberges. — Maisons de pêcheurs à louer.
**TUNNELS** [Grotte des] (Fin.), 222.
**TURBALLE** [La] (Loire-Inférieure), 153. — Hôt. *Bellevue* (petit déj. 50 c., déj. 2 fr. 25, dîn. 2 fr. 50, ch. 1 fr.).

## U

**UZEL** (C.-du-N.), 97. — Hôt. *Chevalier*.

## V

**VAL-ANDRÉ [LE]** (Côtes-du-N.), 86.

**Voiture publique** : — de *Lamballe*, 1 fr. 80.

**Voiture privée** : — de *Lamballe* (Bertin), 4 pers. 8 fr., 6 pers. 12 fr.

**Hôtels** : — *Grand-Hôtel* (déj. ou dîn. 2 fr. 50, ch. dep. 2 fr. ; 🚗) ; — *de la Plage* (dep. 6 fr. par j.) ; — *Bellevue* (déj. 2 fr., dîn. 2 fr. 50 ; pens. de 5 à 6 fr., en août de 6 à 8 fr.) ; — *des Bains* ; — *du Val-André* ; — *Pension des religieuses du Sacré-Cœur* (sur référence ecclésiastique ou de pers. déjà connue ; de 5 à 6 fr. par j., 4 fr. pour les domestiques).

**Casino** : — (modeste) divertissements variés.

## Y

# RENSEIGNEMENTS GÉNÉRAUX.

## Ce qu'il faut voir en Bretagne.

1° **Curiosités naturelles.** — *A.* En dehors du *Mont Saint-Michel*, excursion classique, les points les plus intéressants de la côte bretonne sont (en se dirigeant vers Brest) : la *Baie de Cancale*, célèbre par ses parcs à huîtres; la *Rade de Saint-Malo* et l'*Embouchure de la Rance*; le *Cap Fréhel*, aux magnifiques escarpements; la belle *Baie de Saint-Brieuc*; l'*Ile Bréhat*, où l'on se rend de Paimpol; les *Rochers*, universellement renommés, *de Ploumanach* et *de Trégastel*; l'*Embouchure de la rivière de Morlaix*, vers Carantec et le *Château du Taureau*; les *Rocs sauvages de Brignogan*; la *Pointe Saint-Mathieu*, voisine du Conquet, et la *Rade de Brest*.

Redescendant de là vers le Sud, on rencontre une série de beautés de 1er ordre : les *Tas-de-Pois*, voisins de Camaret; le *Cap de la Chèvre*, voisin de Morgat et de ses *Grottes marines*; la *Baie de Douarnenez*; le *Presqu'île* et la *Pointe du Raz*, une des merveilles de la France; les *Rochers de Penmarch* et *de Saint-Guénolé*.

Continuant à suivre la côte qui tourne vers l'Est, et revenant sur Nantes, on trouve l'*Estuaire* paisible *de la rivière de Quimper*, qui se jette dans l'Océan à *Bénodet*; la *Baie* verdoyante *de la Forêt* et *de Beg-Meil*, et celle *de Concarneau*. Une excursion à *Belle-Ile* s'impose, principalement à la *Pointe des Poulains* et à la *Grotte de l'Apothicairerie*. Enfin on parcourra avec agrément, grâce aux petits vapeurs qui le desservent, le *Golfe de Vannes* ou *Petite Mer* du « *Morbihan* ».

*B.* — A l'intérieur des terres, on descendra le *Cours de la Rance*, en bateau, de Dinan jusqu'à Saint-Malo ou Dinard. On visitera : la *Vallée du Blavet*, vers Mûr-de-Bretagne; la *Perte du Blavet* ou *Toul-Goulic*; les *Bois* magnifiques *de Huelgoat*, le Fontainebleau breton.

Redescendant vers le Sud, on fera d'intéressantes excursions dans la *Presqu'île de Crozon*, au *Ménez-Hom*, et à *Landévennec* par la rivière de Châteaulin. Les *Environs de Quimper* offrent des sites romantiques vers le *Stangala* et de verdoyants ombrages le long de la *Rivière de l'Odet*.

Continuant à revenir sur ses pas vers Nantes, on trouve un site merveilleux à la *Chapelle Sainte-Barbe*, près *le Faouët*, et de délicieuses vallées dans les *Environs de Quimperlé*, d'où se fait aussi l'excursion de la *Forêt de Clohars-Carnoët.*

2° **Curiosités monumentales.** — Elles se composent de vieux *châteaux* et *manoirs*, bien conservés ou en ruines : *Château des Rochers*, habité par Mme de Sévigné ; *Château de Combourg*, habité par Chateaubriand ; *Château de la Roche-Jagu*, près Paimpol ; *Château* ruiné *de la Hunaudaye*, près Lamballe ; *Château de Lannion* ; *Château de Kerjean*, près Landivisiau ; *Château de Kernuz*, près Pont-l'Abbé ; *Château de Josselin*, près Ploërmel ; *Château* ruiné de *Sucinio*, près Sarzeau ; — de *vieilles villes* fortifiées, qui ont conservé une partie de leurs tours et de leurs anciens remparts, et de vieilles maisons : *Vitré, Fougères, Saint-Malo, Dinan, Morlaix, Quimper, Concarneau, Pontivy, Vannes.*

Mais les beautés architecturales les plus nombreuses de la Bretagne sont ses monuments religieux : églises, chapelles et calvaires. Les principales *églises* et *cathédrales* sont celles du Mans (sur la route de la Bretagne), de Vitré, de Rennes, de Dol, de Saint-Brieuc, de Guingamp, de Tréguier, de Saint-Pol-de-Léon, de Ploaré (près Douarnenez), de Pont-Croix, de Quimper, de Quimperlé (très curieuse église circulaire de Sainte-Croix) et de Vannes. Innombrables surtout sont les chapelles et calvaires qui méritent de retenir l'attention du touriste, disséminés partout dans les campagnes, souvent parmi les plus petits hameaux où il faut aller les chercher.

Les plus belles de ces *chapelles* sont : la *chapelle du Cran*, près Spézet ; celle *du Folgoët*, près Landerneau ; celles *de Sainte-Barbe* et *de Saint-Fiacre*, près du Faouët.

Les *calvaires* aux innombrables petits personnages, taillés dans le granit, forment peut-être les monuments architecturaux les plus intéressants de la Bretagne : *calvaires de Saint-Thégonnec, de Guimiliau, de Plougastel,* tous trois dans le Finistère.

Autour des chapelles, églises et calvaires bretons, se tiennent annuellement les cérémonies si pittoresques dites *pardons* (V. la date des principaux, p. x).

3° **Monuments mégalithiques.** — C'est à *Carnac* et *Locmariaquer*, universellement célèbres, que se voient en plus grand nombre et dans leur plus typique variété les divers monuments mégalithiques (dolmens, tumulus, menhirs, alignements), derniers débris de l'ancienne religion druidique qui régnait autrefois en Gaule.

## Du choix d'une plage.

Les plages bretonnes peuvent se diviser en 4 catégories, que nous donnons en suivant la côte, dans le tableau ci-dessous, où chacun pourra facilement choisir le type qui lui convient :

### 1re catégorie.

**Plages mondaines**, du type de la grande plage normande, avec casino, jeux divers, hôtels luxueux, chalets à louer de toutes tailles et tous prix, pensions de famille, chambres et appartements meublés :

*Saint-Malo.*
*Paramé-Rochebonne.*
*Dinard.*
*Le Croisic.*
*Saint-Enogat*, par Dinard.
*Saint-Lunaire*, idem.

### 2e catégorie.

**Plages fréquentées**, avec moins de luxe, mais avec un ou plusieurs bons hôtels munis du confort moderne, et, pour la plupart, chalets à louer.

A. DU MONT SAINT-MICHEL A BREST.

*Saint-Cast*, par Plancoët.
*Le Val-André*, par Lamballe.
*Perros-Guirec*, par Lannion.
*Roscoff.*

B. DE NANTES A BREST.

*Pornichet*, *La Baule*, *Le Pouliguen.*
*Larmor-Baden*, par Vannes ou Auray.
*Carnac-Plage.*
*Quiberon.*
*Beg-Meil*, par Quimper ou Concarneau.
*Morgat*, par Brest, Douarnenez ou Le Fret.

### 3e catégorie.

**Plages plus familiales**, à prix modérés, avec, d'ordinaire, un ou plusieurs hôtels suffisants pour les personnes de goûts moyens, et chalets à louer.

A. DU MONT SAINT-MICHEL A BREST.

*Cancale*, par Saint-Malo.
*Rothéneuf*, id.
*Saint-Servan.*
*Saint-Briac*, par Dinard.
*Saint-Jacut*, par Plancoët.
*La Garde Saint-Cast*, par Plancoët.
*Erquy*, par Lamballe.
*Etables*, *Portrieux*, *Saint-Quay*, par Saint-Brieuc.
*Ile Bréhat*, par Paimpol.
*La Clarté*, par Perros-Guirec.
*Trégastel*, par Lannion.
*Trébeurden*, id.
*Plestin-les-Grèves*, *Saint-Michel-en-Grève*, *Saint-Efflam*, par Plounérin
*Trégastel-Primel*, par Morlaix.
*Carantec*, id.
*Brignogan*, par Landerneau.
*Portsall*, par Brest.
*Le Trez-Hir*, id.
*Le Conquet*, id.

B. DE NANTES A BREST.

*Le Bourg-de-Batz.*
*Conleau*, par Vannes.
*Le Palais* (Belle-Ile-en-Mer).
*Port-Louis*, par Lorient.
*Le Pouldu*, par Quimperlé.
*Port-Manech*, par Pont-Aven.
*Bénodet*, par Quimper.
*Loctudy*, par Pont-l'Abbé.
*Guilvinec*, id.
*Plage des Sables-Blancs* (Douarnenez).
*Camaret*, par Brest.

*4e catégorie.*

**Plages très simples** et sans aucun décorum, où l'on trouve à se loger soit dans un petit hôtel (pension de 4 à 6 fr. 50 par j. env.), soit chez l'habitant, parfois dans quelques chalets. On s'y baigne souvent sans cabine. C'est le type de ce qu'on a appelé le « petit trou pas cher ».

A. DU MONT SAINT-MICHEL A BREST.

*La Guimorais*, par Saint-Malo.
*Minihic-sur-Rance*, par Saint-Malo ou Dinan.
*Saint-Suliac*, par Châteauneuf.
*La Richardais*, par Dinard.
*Lancieux*, par Saint-Briac ou Plancoët.
*Pléneuf*, près le Val-André, par Lamballe.
*Pléhérel*, par Lamballe et Erquy.
*Bains de Saint-Laurent*, par Saint-Brieuc.
*Binic*, id.
*Plouha* et *plage du Palus*, id.
*Bréhec*, id.
*Plouézec* et *Port-Lazot*, id.
*Paimpol-Kérity.*
*Loguivy*, par Paimpol.
*Pleubian*, id.
*Port-Blanc*, par Tréguier ou Lannion.
*Trestel*, id.
*Louannec*, id.
*Ploumanach*, par Lannion.
*Locquirec*, par Morlaix.
*Saint-Jean-du-Doigt*, id.
*Plougasnou*, id.
*Pempoul*, par Saint-Pol-de-Léon.
*Ile de Batz*, par Roscoff.
*Santec*, par Roscoff.
*Guisseny*, par Landerneau.
*Goulven*, id.
*L'Aberwrach*, par Brest.
*Argenton*, id.
*Porspoder*, id.

B. DU CROISIC A BREST.

*Damgan* et *Billiers*, par Ambon.
*Saint-Gildas-de-Rhuis*, par Vannes.
*Port-Navalo*, id.
*Ile aux Moines*, id.
*La Trinité-sur-Mer*, par Auray ou Carnac.
*Sauzon* (Belle-Ile-en-Mer).
*Etel* et *Belz*, par Pouharnel-Carnac.
*Larmor*, par Lorient.
*Ile de Groix*, id.
*Le Fort-Bloqué*, id.
*La Forêt*, par Quimper.
*Fouesnant*, id.
*Ile Tudy*, par Pont-l'Abbé.
*Saint-Guénolé*, id.
*Audierne.*
*Plage du Riz* (Douarnenez).
*Pentrez*, par Châteaulin.

**Observations importantes.** — Il est bien entendu que l'on peut également trouver dans une station balnéaire d'une catégorie supérieure des conditions de vie à la portée des moyennes et des petites bourses. Pour les prix et les indications d'hôtels, consulter l'*Index*. — De toute façon, et quoique les prix aient le plus souvent été vérifiés par nous ou indiqués, en cas contraire, par l'hôtelier lui-même, *il est préférable d'écrire toujours à l'hôtelier avant de se mettre en route, si l'on compte faire chez lui un séjour prolongé, afin de se faire confirmer ces prix.*

## Mode de voyage : Billets d'aller-et-retour ; billets circulaires.

Quatre combinaisons, des plus pratiques et extrêmement avantageuses, établies parallèlement par les compagnies de l'Ouest et de l'Orléans, permettent de se rendre en Bretagne et d'y circuler.

1° **Billets d'aller-et-retour.** — Pour toutes les stations balnéaires de la Bretagne, ou pour les stations les plus proches, il est délivré, de la veille des Rameaux au 31 octobre, des *billets d'all.-et-ret.*, dits *de Bains de Mer*, valables 33 jours ; leur validité peut être prolongée, deux fois, de 30 jours, moyennant 10 pour 100. Pour les prix (voitures de correspondance, publiques ou privées, non comprises), consulter les deux tableaux p. VI et p. VII.

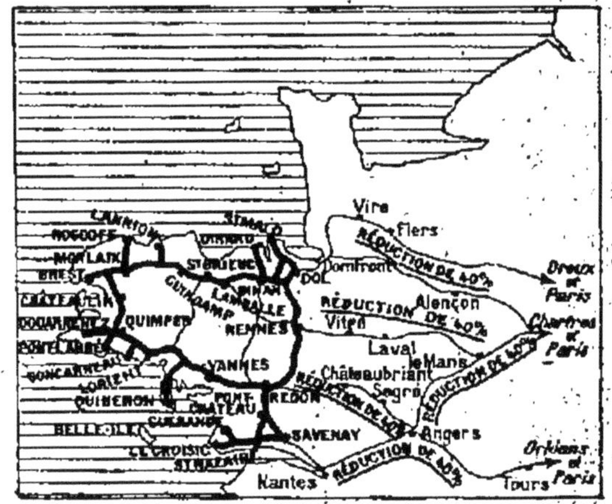


2° **Billets circulaires.** — Des billets d'excursion pour un voyage circulaire en Bretagne sont délivrés toute l'année, par les compagnies de l'Ouest et de l'Orléans.

Ces billets, du prix de 65 francs en 1re classe et de 50 francs en 2e classe, donnent droit à l'itinéraire marqué sur la carte ci-dessus par un trait noir ; l'itinéraire peut être pris soit par Rennes (arrivée par l'Ouest), soit par Savenay (arrivée par l'Orléans), soit par Redon (Ouest ou Orléans). Ils donnent droit d'arrêt à toutes les gares du parcours et peuvent être prolongés de 3 périodes de 10 jours, moyennant 10 pour 100 par période.

| CHEMINS DE FER DE L'OUEST (PRIX DE PARIS, ALLER ET RETOUR) | 1re CLASSE | 2e CLASSE | 3e CLASSE |
|---|---|---|---|
| | fr. c. | fr. c. | fr. c. |
| *Binic* | 62 50 | 42 15 | 28 15 |
| *Brest* (Morgat ; Argenton ; Le Conquet ; Le Trez-Hir ; Portsall ; l'Aberwrach) | 80 10 | 54 05 | 35 20 |
| *Brignogan* | 81 05 | 54 65 | 36 45 |
| *Cancale*, par Saint-Malo | 56 | 37 80 | 26 65 |
| *Dinard* | 56 | 37 80 | 26 65 |
| *Erquy*, par Lamballe | 57 50 | 38 85 | 26 65 |
| *Étables* | 63 30 | 42 75 | 28 75 |
| *Garde-Saint-Cast (La)* | 58 60 | 39 60 | 28 45 |
| *Goulven* | 80 45 | 54 30 | 36 10 |
| *Batz (Ile de)*, par Roscoff | 75 95 | 51 25 | 35 40 |
| *Lancieux*, par Dinard | 56 | 37 80 | 26 65 |
| *Lannion* | 70 | 47 25 | 30 80 |
| *Morlaix* | 72 15 | 48 70 | 31 75 |
| *Paimpol* | 69 20 | 46 70 | 30 50 |
| *Paramé-Rochebonne* | 56 | 37 80 | 26 65 |
| *Penvenan* | 70 10 | 47 30 | 31 70 |
| *Perros-Guirec* | 72 | 48 55 | 32 10 |
| *Plounérin* (Plestin-les-Grèves) | 68 95 | 46 55 | 30 35 |
| *Portrieux* | 65 80 | 43 05 | 29 05 |
| *Roscoff* | 75 95 | 51 25 | 33 40 |
| *Rothéneuf*, par Saint-Malo | 56 | 37 80 | 26 65 |
| *Saint-Briac*, par Dinard | 56 | 37 80 | 26 65 |
| *Saint-Brieuc* | 60 20 | 40 65 | 26 65 |
| *Saint-Cast* | 58 60 | 39 60 | 28 45 |
| *Saint-Efflam*, par Plounérin | 68 95 | 46 55 | 30 35 |
| *Saint-Énogat*, par Dinard | 56 | 37 80 | 26 65 |
| *Saint-Jacut-de-la-Mer*, par Plancoët | 56 | 37 80 | 26 65 |
| *Saint-Jean-du-Doigt*, par Morlaix | 72 15 | 48 70 | 31 75 |
| *Saint-Lunaire*, par Dinard | 56 | 37 80 | 26 65 |
| *Saint-Malo* | 56 | 37 80 | 26 65 |
| *Saint-Nazaire* | 59 70 | 40 30 | 26 65 |
| *Saint-Pol-de-Léon* | 75 | 50 60 | 33 |
| *Saint-Quay* | 65 90 | 45 15 | 29 15 |
| *Saint-Servan* | 56 | 37 80 | 26 65 |
| *Trébeurden*, par Lannion | 70 | 47 25 | 30 80 |
| *Trégastel*, par Lannion | 70 | 47 25 | 30 80 |
| *Trégastel-Primel*, par Morlaix | 72 15 | 48 70 | 31 75 |
| *Val-André (Le)*, par Lamballe | 57 50 | 38 85 | 26 65 |

| CHEMINS DE FER D'ORLÉANS (PRIX DE PARIS, ALLER ET RETOUR) | 1re CLASSE | 2e CLASSE | 3e CLASSE |
|---|---|---|---|
| | fr. c. | fr. c. | fr. c. |
| *Batz (Bourg de)*. . . . . . . . . . . | 62 75 | 42 95 | 32 20 |
| *Belle-Ile-en-Mer* (bateau compris). . | 72 05 | 50 40 | 38 |
| *Carnac*, par Plouharnel . . . . . | 67 20 | 46 05 | 34 50 |
| *Châteaulin* (Pentrez; Camaret; Crozon; Morgat). . . . . . . . . . . . | 82 90 | 57 45 | 42 55 |
| *Concarneau*. . . . . . . . . . . | 78 25 | 54 10 | 40 20 |
| *Croisic (Le)* . . . . . . . . . . . | 63 25 | 43 15 | 32 40 |
| *Douarnenez*. . . . . . . . . . . | 81 95 | 56 80 | 42 05 |
| *Escoublac-la-Baule*. . . . . . . . | 61 80 | 42 25 | 31 70 |
| *Lorient* (Ile de Groix; Larmor; Port-Louis). . . . . . . . . . . . . . | 70 15 | 48 20 | 36 |
| *Pont-l'Abbé* (Guilvinec; Loctudy; Saint-Guénolé). . . . . . . . . . | 81 70 | 56 65 | 41 95 |
| *Pornichet*. . . . . . . . . . . . | 61 25 | 41 85 | 31 45 |
| *Pouliguen (Le)*. . . . . . . . . . | 62 20 | 42 60 | 31 90 |
| *Quiberon* . . . . . . . . . . . . | 69 05 | 47 40 | 35 50 |
| *Quimper* (Bénodet; Fouesnant; Beg-Meil). . . . . . . . . . . . . . | 78 90 | 54 55 | 40 55 |
| *Quimperlé* (le Pouldu) . . . . . . . | 72 85 | 50 15 | 37 40 |
| *Saint-Nazaire* . . . . . . . . . . | 59 70 | 40 50 | 26 65 |
| *Vannes* (Conleau, Ile-aux-Moines, Larmor-Baden, Port-Navalo, Saint-Gildas-de-Rhuis) . . . . . . . . | 62 90 | 42 85 | 32 25 |

*N.-B.* — Des billets complémentaires de 1re et de 2e classe, *comportant une réduction de* 40 *pour* 100, avec droit d'arrêts en cours de route, sont délivrés par toutes les gares de l'Ouest et de l'Orléans pour rejoindre l'itinéraire du billet, soit à Rennes, soit à Savenay, soit à Redon.

3° **Billets de libre circulation** (*combinaison recommandée et la plus avantageuse*). — Des billets de libre circulation pour la côte Nord ou pour la côte Sud de la Bretagne, suivant les itinéraires des 2 cartes ci-dessous, sont délivrés soit par l'Ouest, soit par l'Orléans.

Ces billets, du prix de 100 francs en 1re classe, de 75 francs en 2e classe, délivrés du 9 avril au 31 octobre, donnent droit à la libre circulation sur les lignes de Bretagne, de l'Ouest ou de l'Orléans, entre Granville et Brest, ou entre Nantes et Châteaulin ainsi que sur leurs embranchements vers la mer. — *Ils donnent également droit au voyage d'aller et de retour*, d'une des gares quelconques des réseaux, avec arrêts facultatifs en cours de

route. Prolongation d'une ou deux fois 1 mois, moyennant 25 pour 100 par période, jusqu'au 15 novembre.

Enfin les deux droits de parcours ci-dessus, de l'Ouest et de l'Orléans, peuvent être réunis en un seul, au prix blocal de 130 francs et de 95 francs. — Un supplément de 20 francs et de

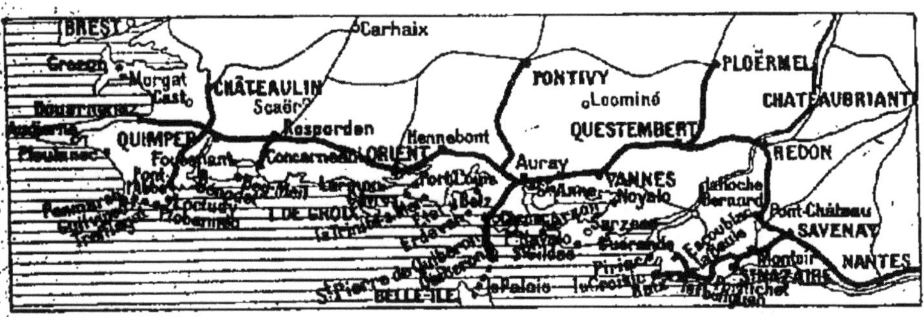


15 francs donne droit en plus à la circulation sur les lignes de l'intérieur.

**Billets d'excursions.** — Des billets d'excursion, valables sept jours, sont délivrés toute l'année pour *Jersey* (bateau compris), par Granville, au prix de : 46 fr. 70, 32 fr. 70 et 22 fr. 15, un voyage simple (de Paris Saint-Lazare ou Montparnasse) ; 65 fr. 15, 44 fr. 25 et 29 fr. 85 pour l'aller et retour, valable 1 mois, par Granville ; 74 fr. 85, 50 fr. 05, 37 fr. 30, par Granville et Saint-Malo, avec excursion comprise du Mont Saint-Michel (itinéraire : *Granville, Jersey, Saint-Malo, Pontorson et Mont Saint-Michel*, ou inversement).

Des billets d'excursions, valables sept jours, sont délivrés du 25 mars au 31 octobre, de Paris (Saint-Lazare, Montparnasse et Invalides) pour le *Mont Saint-Michel* aux prix de : 47 fr. 70,

35 fr. 75, et 26 fr. 10 (aller et retour). Ces billets donnent droit, au retour, au passage facultatif par Granville.

### Chemins de fer et Agences de voyages.

**Bureaux de renseignements.** — Un bureau central, consacré à la délivrance des billets de bains de mer, billets circulaires, billets de circulation et à tous renseignements dont le public peut avoir besoin à ce sujet, est installé gare Saint-Lazare, au 1er étage (salle des Pas-Perdus), côté de la Cour de Rome, pour le chemin de fer de l'Ouest. Un bureau semblable se trouve 8, rue de Londres, au rez-de-chaussée, pour le chemin de fer d'Orléans. — On y délivre également des billets ordinaires pour tous les trains de la journée et de la nuit, *ce qui évite l'attente aux guichets.*

Des bureaux similaires fonctionnent aux gares Montparnasse, d'Austerlitz et du quai d'Orsay.

**Agences de voyages.** — Les agences de voyages *délivrent des billets de chemins de fer* (billets simples, de bains de mer, circulaires, etc.), aux mêmes conditions que les Compagnies. — Elles organisent, en outre, des *voyages à forfait*, à prix fixe par jour, avec coupons qu'il n'y a plus qu'à présenter dans les hôtels correspondants. Ce système a l'avantage de permettre d'établir d'avance, avec certitude, son budget complet de voyage.

Les principales agences sont : — *Lubin*, bd Haussmann, 36 ; — *Duchemin*, r. de Grammont, 20 ; — *Voyages Universels*, Direction : r. du Faubourg-Montmartre, 17 ; bureaux de vente : r. du Faubourg-Montmartre, 17, et r. Auber, 10 ; — *Voyages Modernes* r. de l'Échelle, 1, et bd de Sébastopol, 28 ; — *Administration des Grands-Voyages* (Le Bourgeois et Cie), r. du Helder, 1, et bd des Italiens, 38 ; — *Voyages Pratiques*, r. de Rome, 9 ; — *Cook*, pl. de l'Opéra, 1, et au Grand-Hôtel, bd des Capucines. — La *Compagnie internationale des Wagons-lits et des Grands Express Européens*, bd des Capucines, 5, délivré aussi des billets de chemins de fer.

### Cartographie.

La carte la plus pratique et la plus complète est celle du Service vicinal, à l'échelle de 1/100 000e (1 centimètre pour 1 kil.), publiée par le Ministère de l'Intérieur et éditée par la librairie Hachette, au prix de 80 centimes la feuille (1 fr. 05 avec cartonnage). Elle est imprimée sur papier du Japon, pouvant se plier sans se couper, et est tirée en cinq couleurs, ce qui en rend la lecture facile (envoi franco de la feuille d'assemblage, sur demande adressée à Hachette, 79, boulevard Saint-Germain, Paris).

# PRINCIPAUX PARDONS DE LA BRETAGNE

Les « pardons » du *Finistère* et du *Morbihan* sont les plus pittoresques de la Bretagne, ceux où l'on voit encore une grande partie des anciens costumes. Assister à un ou deux « pardons » est le complément indispensable d'un voyage en Bretagne.

## FINISTÈRE

### Mars.

*Quimperlé*, dim. et lundi de la Passion.
*Ploujean*, dimanche de Pâques.
*Dirinon Sainte-Nonne*, *Le Faou*, *Ploaré*, *Plougastel-Daoulas* } lundi de Pâques.
*Briec*, lundi et mardi de Pâques.
*Quimperlé*, mardi de Pâques.
*Pont-l'Abbé*, *Rumengol* } 25 mars.

### Avril.

Les Pardons du mois précédent se meuvent autour de Pâques, lorsque Pâques est en avril.

### Mai.

*Concarneau*, le 1er dim. de mai (pardon de St-Guénolé).
*Landévennec*, *Landunvez*, *Plouigneau* (2 jours), *Spézet*, *St-Éloi* (*Chapelle*) } le jour de l'Ascension
*Pleyber-Christ*, *Riec-sur-Belon* } le dimanche de la Pentecôte.
*Carantec*, *Clohars-Carnoët*, *La Forêt*, *Lannilis*, *Plougastel-Daoulas*, *Pont-l'Abbé* (à Lambourg, pardon des enfants), *Quimperlé* (pardon des oiseaux) } le lundi de la Pentecôte.
*Ploaré*, *Plougastel-Daoulas*, *Quimperlé*, *Rumengol*, *Spézet* } dimanche de la Trinité.
*Crozon*, *Plougastel-Daoulas*, *Spézet* } le 1er dimanche de mai.
*Loctudy*, dim. qui suit le 11 mai.
*Plougastel-Daoulas*, *Pont-Aven*, *Quimperlé* } le 2e dimanche de mai.

### Juin.

*Saint-Herbot* (*Chapelle*), le 7.
*St-Jean-du-Doigt*, les 23 et 24.

*Crozon*
*Groix* (*Ile de*), (bénédiction de la mer)
*Guengat*
*Plougastel-Daoulas* (à la chapelle Saint-Jean)
*Spézet*
} le 24, jour de la St-Jean.

*Fouesnant*
*Plougastel-Daoulas*
} le 29 (St-Pierre).

*Dirinon-Sainte-Nonne*, le 2ᵉ dimanche après la Fête-Dieu.

*Roscoff*, le dimanche qui suit l'Octave de la Fête-Dieu.

*Huelgoat*, le 1ᵉʳ ou le 2ᵉ dimanche de juin.

*Camaret* (fête de la pêche et bénédiction de la mer) } le 3ᵉ dim.

**Juillet.**

*Fouesnant* (pardon à la chapelle Sainte-Anne), le 26 (dure jusqu'au dimanche suivant).

*Roscoff*, le 3ᵉ lundi du mois.

*Penmarch*
*Spézet*
} le 1ᵉʳ dimanche.

*Brest*
*Landerneau*
} le 2ᵉ dimanche.

*Locronan* (tous les ans, pardon de la Petite-Troménie; tous les six ans, pardon de la Grande-Troménie qui dure 8 jours), le 2ᵉ dimanche.

*Pont-l'Abbé*, le dimanche qui tombe le 16, ou qui suit le 16.

*Crozon*
*Landerneau*
*Spézet*
*Tudy* (*Ile*)
} le 3ᵉ dimanche.

*Guerlesquin* (3 j.)
*Plourin*
*Tudy* (*Ile*)
} le 4ᵉ dimanche.

*Landivisiau*, le dimanche après le 26.

*Quimperlé*, dernier dimanche.

**Août.**

*St-Laurent-du-Pouldour* (près Plounérin), nuit du 9 au 10.

*Le Folgoët*
*Plougastel-Daoulas*
} 15 août.

*Quimper*, les 15, 16 et 17.

*Roscoff*
*Rosporden*
*Rumengol*
} 15 août.

*Beuzec* (près Concarneau)
*Le Folgoët*
*Huelgoat* (3 jours)
*Pleyben* (lundi et mardi, courses)
} 1ᵉʳ dim.

*Bénodet* (à Perquet)
*Crozon*
*Loctudy*
} 2ᵉ dimanche.

*Porspoder*, le dimanche le plus près du 10.

*Brest*
*Carantec*
*Landévennec*
*Loctudy*
} le 1ᵉʳ dimanche après le 15.

*Crozon*
*Plougasnou*
} 3ᵉ dimanche.

*Audierne.*

*Châteauneuf-du-Faou*, le dernier dimanche d'août.

*Ste-Anne de-la-Palue*, le dernier dimanche et la veille, samedi (le plus beau pardon de la Bretagne avec celui de Locronan).

*Scaër*, le dernier dimanche.

En août : *Concarneau*, régates et bénédiction de la mer (date fixée d'après la marée) ;

*Tréboul*, bénédiction de la mer (date variable) ;

*Douarnenez*, régates (date variable).

**Septembre**

*Le Folgoët*, les 7 et 8.
*Crozon*, *Moëlan* (procession à Bélon), *Penzé*, *Rumengol*, le 8.
*Porspoder*, le jeudi précédant le 15.
*Bénodet*, *Camaret*, *Châteaulin*, *Lannilis*, *Plougastel-Daoulas*, *Spézet*, 1er dimanche.
*Combrit*, *La Feuillée*, *La Forêt*, *Landivisiau*, *Plougastel-Daoulas*, 2e dimanche.
*Saint-Thégonnec*, *Spézet*, 2e dimanche.
*Loctudy*, *Pont-Aven*, *Quimperlé*, 3e dimanche.
*Crozon*, *Penmarc'h*, *Pont-l'Abbé*, *Quimperlé*, 4e dimanche.
*Concarneau*, le dimanche qui suit le 14.
*Quimperlé*, le dimanche le plus près du 29.
*Gourin* et *Chapelle St-Hervé* (luttes et courses bretonnes) [et 3 j. suiv.], *Locronan* (petit pardon), le dernier dim.

**Octobre.**

*Concarneau* (pardon du Rosaire), *Camaret*, *Douarnenez*, *Penmarc'h* (pardon du Rosaire), 1er dimanche.
*Irvillac* (luttes), 3e dimanche.

MORBIHAN

**Mars.**

Ouverture du pardon de *Sainte-Anne-d'Auray*, le 7.

**Mai.**

*Guidel* (pardon des Fleurs), 1er dimanche.

**Juin.**

*Ile de Groix* (bénédiction de la mer), *Saint-Gildas-de-Rhuis*, le 24.
*Locminé*, le dimanche le plus près du 27 (3 jours).
*Sainte-Barbe*, près *le Faouët*, le dernier dimanche.

**Juillet.**

*Sainte-Anne-d'Auray*, les 25 (principalement) et 26.
*Locmariaquer*, 2e dimanche.
*Carnac*, *St-Fiacre*, près *le Faouët*, 4e dim.

**Août.**

*Sarzeau*, le 15.

*Crénenan* (*chapelle de*), dimanche après le 15.
*Locminé*, 1er dimanche.
*Saint-Nicodème* (*chapelle*), et le samedi. } 1er dim.
*Guidel*. 2e dimanche.
*Locmariaquer* (Saint-Philibert), le 3e dimanche.
*Moustoir-des-Fleurs en Grand-champ*, le 4e dimanche.

**Septembre.**

*Lambel-Camors* (luttes), *Saint-Jean-Brévelay*, *Vannes* (St-Vincent) } 1er dim.
*Carnac*, *Larmor*, *Locmariaquer*, *Plœmeur*, *Pontivy* } 2e dimanche.
*Carnac*, *Guidel* } 3e dimanche.
*Hennebont*, *Ile-aux-Moines* } dernier dim.
*Larmor-Baden*, le dimanche après le 15.

**Octobre**

*Le Faouët*, *Lorient* } 1er dimanche.

---

# AVIS AUX TOURISTES

Les renseignements pratiques (hôtels, omnibus, voitures, etc.) se trouvent réunis au commencement de chaque volume, à l'*Index alphabétique.*

**Ce signe *, placé à la suite du nom d'une localité quelconque dans le corps du volume, indique qu'il se trouve à l'Index alphabétique des renseignements pratiques à consulter.**

# ABRÉVIATIONS ET SIGNES

| | |
|---|---|
| alt., altit | altitude. |
| arr., arrond. | arrondissement. |
| aub | auberge. |
| auj. | aujourd'hui. |
| b. | bourg. |
| chap | chapelle. |
| c., cent. | centimes, centimètres. |
| ch.-l. de c | chef-lieu de canton. |
| com., comm | commune. |
| corresp. | correspondance |
| déj. | déjeuner. |
| départ | département. |
| dr | droite. |
| E. | est. |
| env. | environ. |
| fr. | franc. |
| g. | gauche. |
| h. | heure. |
| hab. | habitants. |
| ham | hameau. |
| haut | hauteur. |
| hect | hectares. |
| hectol | hectolitres. |
| hôt. | hôtel. |
| k. | kilomètres. |
| kilog. | kilogrammes. |
| larg | largeur. |
| long | longueur. |
| m | mètres |
| mat. | matin. |
| min | minutes. |
| mon. hist. | monument historique. |
| N. | nord. |
| O. | ouest. |
| R. | route. |
| S. | sud. |
| s. | siècle. |
| s. | soir. |
| St | Saint. |
| t. l. j. | tous les jours. |
| tonn | tonneaux. |
| V. | ville. |
| v. | village. |
| *V.* | voir. |
| V. et Enf. J | Vierge et Enfant Jésus. |
| voit | voiture. |
| voit. priv. | voiture privée. |
| voit. publ. | voiture publique. |
| vol | volumes. |
| [signe] | chemin de fer. |
| Ⓑ | buffet. |
| ⨯ | bifurcation. |
| [signe] | bateaux à vap. |

*N.-B.* — A défaut d'indication contraire, les hauteurs sont évaluées au-dessus du niveau de la mer.

# BRETAGNE

## ROUTES LES PLUS FRÉQUENTÉES

### ROUTE 1.

### DE PARIS AU MANS[1]

Ouest, 211 k. — Gares Montparnasse ou Saint-Lazare. — Trajet en 3 à 6 h. — 23 fr. 65; 15 fr. 95; 10 fr. 40.

#### DE PARIS A CHARTRES

88 k. — Traj. en 1 h. 20 à 2 h. 30 env. — 9 fr. 85; 6 fr. 65; 4 fr. 35.

2 k. (de Paris-Montparnasse). Ouest-Ceinture, station où l'on croise le ch. de fer de Ceinture. — 9 k. Bellevue. — 14 k. Viroflay. Peu après, raccordement de la ligne Paris-Saint-Lazare. — 17 k. Versailles (Chantiers). Raccordement avec la Grande-Ceinture. — 22 k. Saint-Cyr. A dr. se détache la ligne de Granville. — 28 k. Trappes. — 33 k. La Verrière. — 35 k. Coignières. — 38 k. Les Essarts-le-Roi. — 42 k. Le Perray.

48 k. Rambouillet. — 53 k. Gazeran. — 61 k. Épernon. — 69 k. Maintenon (ancien aqueduc); à g. embranch. d'Auneau, à dr. pour Dreux.

On franchit la vallée de la Voise sur un *viaduc* de 32 arches, puis on côtoie la vallée de l'Eure. A g., immenses plaines de la *Beauce*, fécondes en blé.

73 k. *Saint-Piat* (à l'église, sarcophage en marbre; ve s.).

78 k. *Jouy*, sur l'Eure.

82 k. *La Villette-Saint-Prest*. — On se rapproche de l'Eure, dont la rive g. est dominée par le v. de *Lèves*. — L'Eure franchie, on traverse le *faubourg Saint-Jean* sur un viaduc de 18 arches.

88 k. **Chartres** * Ⓑ (⚔ pour Rouen par Dreux, pour Château-

[1] Pour la description de la partie de la route comprise entre Paris et Maintenon, V. les *Environs de Paris*.

du-Loir, Tours, Orléans et Auneau), ch.-l. du dép. d'Eure-et-Loir, V. de 23 431 h., est situé sur une colline de la rive g. de l'Eure. De beaux boulevards, appelés le *Tour-de-Ville*, suivent presque partout le périmètre des anciens remparts. Dans les parties les plus anciennes de la ville, des rues étroites et tortueuses offrent vers la rivière une pente très rapide ; beaucoup sont coupées d'escaliers ou disposées en plans inclinés, avec des aspects pittoresques. Les vieilles maisons sont nombreuses, et la cathédrale est une des merveilles monumentales de la France.

A l'extrémité de la *rue Jean-de-Beauce*, qui s'ouvre en face de la gare, on suit à dr. le *boulevard Sainte-Foy* (marché aux chevaux ; station de voit. de place), en laissant à g. la **Butte des Charbonniers**, promenade à l'entrée de laquelle se voit le *monument* (par Allouard) érigé à la mémoire des soldats morts en 1870-1871 pour la défense du territoire. Par cette promenade (anciennes *murailles* fortifiées ; belle vue), dominant le *clos Saint-Jean* dessiné en jardin anglais (public), on pourrait se rendre au *jardin* (2 hect.) *de la Société d'horticulture* (rue d'Aligre, faubourg Saint-Maurice), ouvert au public le dim. (les autres j. : 50 c.).

Le boulevard Sainte-Foy aboutit à la vaste **place des Epars**, ornée de la *statue* en bronze *du général Marceau* (né à Chartres en 1769), par Préault (1851) et qu'entourent les principaux hôtels et cafés. — A g. du boulevard, il faut s'engager dans la *rue Collin-d'Harleville* (porte de la Renaissance et inscription latine au nº 1) pour gagner la cathédrale.

La **Cathédrale** ou **Notre-Dame**, au sommet de la colline, fut fondée au IIIᵉ s. sur l'emplacement, dit-on, d'une grotte où les Druides avaient prophétiquement élevé un autel à « la Vierge qui devait enfanter ». Reconstruite plusieurs fois, notamment par le célèbre Fulbert, en 1020, elle n'était toujours pas terminée lorsque le feu du ciel la ruina à nouveau en 1194, ne laissant subsister que les cryptes, le porche de la façade et les clochers. Les travaux recommencèrent aussitôt ; en 1220, les grandes voûtes étaient achevées, et la consécration solennelle eut lieu en 1260, en présence de Saint-Louis. Quelques travaux complémentaires et la chapelle de Saint-Piat furent exécutés au XIVᵉ s. ; au XVᵉ s., la chapelle de Vendôme fut accolée au côté S. de la nef ; après 1506, on refit en pierre le couronnement en plomb du Clocher-Neuf, qui avait été détruit par la foudre. En 1836, un nouvel incendie consuma toutes les grandes charpentes, qui étaient une merveille dans leur genre ; elles ont été remplacées par un comble en fer. — La longueur totale de Notre-Dame est de 130 m., les grandes voûtes ont 36 m. de hauteur et la nef centrale 16 mèt. 40 d'axe en axe des piliers.

La **façade principale** se compose d'une partie centrale et de deux grosses tours. La partie centrale a 3 portes, ornées de 719 statues et statuettes, surmontées de trois fenêtres et formant avec elles un précieux reste de l'église détruite en 1194. Au-dessus des trois fenêtres, une magnifique rose du XIII$^e$ s. est surmontée d'une galerie abritant 16 statues de rois de Juda. Une Vierge honorée par deux anges occupe le centre du fronton, et au sommet se dresse une statuette du Christ bénissant. — Les deux **tours** (belle vue) sont du milieu du XII$^e$ s., celle de g. jusqu'à la naissance du comble de la nef, celle de dr. tout entière. Cette dernière, dite le **Clocher-Vieux** (1145-1180 environ), l'emporte sur l'autre, bien que moins élevée (106 m. 50); sa flèche de 45 m., est la plus haute après celle, moderne, de la cathédrale de Cologne. Le **Clocher-Neuf** (115 m.), dont toutes les parties supérieures datent de 1506 à 1514, est plus élégamment découpé, plus hardi. — Les **portails latéraux**, en entier du XIII$^e$ s., sauf quelques retouches du XIV$^e$, étonnent par la grandeur de leurs dispositions, par le luxe, la variété et la perfection de leurs sculptures. Au-dessus de chaque porche est une grande rose, surmontée ou accompagnée de statues. Chaque façade latérale est flanquée de deux tours inachevées ; à la naissance de l'abside se dressent deux autres tours, également inachevées.

A l'int., qui est d'une belle harmonie, les fenêtres ont chacune une rosace; elles sont séparées par des arcs-boutants uniques dans leur genre : ce sont deux énormes quarts de cercle superposés et concentriques, reliés par des arcatures à colonnettes et formant ainsi un fragment de roue gigantesque. — Les **vitraux** (XIII$^e$ s.) n'ont de rivaux en France que dans ceux de la cathédrale de Bourges. Les plus resplendissants, ceux des trois fenêtres de la façade, sont un peu plus anciens (fin du XII$^e$ s.); les autres ont été restaurés de nos jours. — Le chœur est entouré d'une **clôture** en pierre, commencée vers 1510 par Jean de Beauce, l'architecte du Clocher-Neuf, et terminée seulement sous Louis XIV. Ses statues et ses bas-reliefs résument la vie du Christ et de la sainte Vierge. Au-dessus de l'autel est une *Assomption* en marbre, par Bridan (XVIII$^e$ s.), qui est aussi l'auteur de six bas-reliefs placés autour du sanctuaire. A g. du chœur est la *Vierge du Pilier*, vénérée par de nombreux pèlerins, dans une chapelle somptueusement décorée. — Au delà de la chapelle absidale, un escalier à g. et un couloir conduisent à la belle *chapelle Saint-Piat* (XIV$^e$ s.). — Le dallage de la nef présente dans sa partie moyenne un *labyrinthe* de 294 m. de développement. — Le *buffet d'orgue* date du XVIe s. — Le *trésor* possède le voile ou *Chemise* de la Vierge, qui aurait été donné par Charles le Chauve, ainsi qu'un magnifique *triptyque* du XIIIe ou du XIVe s.

La **crypte** (XIe s.; ouverte t. l. j. de 5 ou 6 h. à 9 h. mat.; entrée sur le flanc dr. de l'église) est la plus vaste de France (110 m. de long. totale, 220 m. de circuit, sur une larg. moyenne de 5 à 6 m.). On y pénètre par une porte romane précédée d'un passage à ciel ouvert, à dr. du chœur; puis on descend dans la galerie du S. A g., *bas-relief* gallo-romain. Dans la *chapelle Saint-Martin*, débris du jubé de la cathédrale (XIIIe s.) et sarcophage de St Calétric (557), évêque de Chartres. Près de la *chapelle Saint-Nicolas*, piscine surmontée d'une fresque du XIIIe s.; plus loin, *fonts-baptismaux* du XIIe s. En revenant sur ses pas jusqu'à la porte par laquelle on est entré, on trouve à dr. sept chapelles, construites ou considérablement remaniées au XIIIe s. En face de la chapelle de Sainte-Véronique se trouve l'entrée d'un grand caveau, fermé par une porte de fer : c'est l'ancien *martyrium* de l'église. A l'entrée du caveau à dr. est une basse-fosse dans laquelle on cachait la châsse qui renferme la Chemise de la Vierge. Le caveau a été transformé en une *chapelle* dédiée à *Saint-Lubin*, évêque de Chartres. — Dans la galerie du N., la **chapelle de Notre-Dame-sous-Terre** (fresques de 1641 sous lesquelles on en a récemment découvert d'autres qui datent du XIIe s. et dont l'une représente le Jugement de Salomon; décoration moderne) occupe, dit-on, l'emplacement de la grotte des Druides. A dr. de cette chapelle, la *chapelle des Saints-Forts* renferme un *triptyque* du XIIIe s. contenant un fragment de la Chemise de la Vierge, conservée dans le trésor de l'église supérieure.

A dr. de la cathédrale, à l'entrée de la rue des Changes, s'élève une *maison* du XIIIe s. (restaurée), dans laquelle est installée la *poste et télégraphe*. — Sur le côté g. de la basilique et attenant à l'édifice, s'étend l'*évêché*, bordant la *rue du Marché-à-la-Filasse*, où est l'entrée de la *maison de Loëns* (on peut demander à visiter). Elle se compose d'un grand cellier du XIIIe s., divisé en 3 nefs ogivales, au-dessus duquel s'étendent de vastes greniers. C'était le lieu où le chapitre de Chartres exerçait sa justice et recevait ses fermages en nature.

De l'extrémité de cette rue, on descend, à dr., vers l'ancienne *église Saint-André* (à g.; XIIe s.; belle porte romane; crypte très ancienne), puis on franchit deux bras de l'Eure pour parvenir aux *boulevards*, formant autour de l'ancienne ville une ceinture de promenades.

Après avoir suivi (à dr.) quelques min. ces boulevards, bordant la rivière et ses *lavoirs*, on aperçoit à dr. la **porte Guillaume** (XIV$^e$ s.; restaurée après un incendie), par laquelle on rentre en ville.

Après avoir traversé les deux bras de l'Eure, on se trouve dans la *rue du Bourg* ; à la rencontre de cette rue et de la *rue des Écuyers*, on peut visiter dans une cour (à g., n° 35) un ancien *escalier* dit *de la Reine-Berthe* (XVI$^e$ s.). La rue rapide des Écuyers monte à la *rue Saint-Pierre*, où se trouve, au n° 16 :

Le **Musée de la Société archéologique d'Eure-et-Loir** (de 1 h. à 4 h.; entrée : 1 fr.).

Il renferme quelques tableaux, de nombreuses sculptures, des moulages, des antiquités romaines et du moyen-âge (recueillies dans la région), et une riche collection préhistorique.

Dans la cour : margelle de puits (XVII$^e$ s.); *tombeau des Morhier*, seigneurs de Villiers (XVI$^e$ s.); pierre tombale de Petrus de Taverniaco, professeur au collège de Tiron (XVI$^e$ s.); *bustes d'empereurs romains*, envoyés d'Italie à Colbert, et confisqués, pendant la Révolution, chez le duc de Penthièvre, à Sceaux; pierre tombale d'Avelot de la Bourrelière (XIV$^e$ s.); *poteau de justice* du Chapitre de Chartres (XIII$^e$ s.).

Dans le vestibule : Ange déroulant un phylactère (XV$^e$ s.); moulage du *bas-relief de Mervilliers en Beauce* (XII$^e$ s.. charte lapidaire); *pierres tombales*; moulages de sculptures de monuments de Chartres; *dallage d'une ferme* (XVIII$^e$ s.).

Au 1$^{er}$ ÉTAGE : *antiquités* gallo-romaines et mérovingiennes d'Eure-et-Loir; armures; clavecin (XVIII$^e$ s.); *enseigne* en fer forgé (XVII$^e$ s.); *vue de Chartres en* 1568, peinture (original); *sceaux d'évêques* de Chartres, du moyen-âge; monnaies romaines; jetons français; portraits de *Fleuriau d'Armenonville*, garde des sceaux (XVIII$^e$ s.) et de l'*abbé Jumentier* (1850); *écharpes de la confrérie de la Charité* de Manou (XIX$^e$ s.); *vestes du postillon* de la Bourdinière (XIX$^e$ s.).

Au sous-sol : matrices des *masques de vingt bandits* de la bande d'Orgères (après l'exécution, XVIII$^e$-XIX$^e$ s.); *sculptures* polychromes de la *salle Saint-Côme* du vieil Hôtel-Dieu de Chartres (XII$^e$ s.), débris et moulages des sculptures de *Saint-Martin-au-Val* (X$^e$ s.); sarcophages.

La rue Saint-Pierre descend, à g., à l'**église Saint-Pierre** (XIII$^e$ s.) : tour du XI$^e$ s., inachevée; beaux *vitraux* des XIII$^e$, XIV$^e$ et XV$^e$ s.; dans la chapelle absidale (ouverte jusqu'à 10 h. du matin), célèbres **émaux** de Léonard Limousin (1545-1547), représentant les Apôtres, et *Vierge* de Bridan.

Revenant par la même rue, il faut gravir, à g., une rampe qui donne accès à l'*église Saint-Aignan* (XVI$^e$-XVII$^e$ s.) : rose du XIII$^e$ s.; peinture (collatéral g.) et vitraux (XVI$^e$ s. et modernes); *crypte* du XV$^e$ ou du XVI$^e$ s.

Sortant de l'église par le côté opposé, on trouve la *rue des Grenets* (*maison* du XV$^e$ s., au n° 12), que l'on prend vers la g. et qui conduit à l'hôtel de ville (à dr.).

**L'Hôtel de Ville**, ancien hôtel Montescot, date de 1614. Dans le bâtiment principal (au fond de la cour), un escalier conduit au musée, installé au 1er étage.

**Le Musée** est public le jeudi et dim., de midi à 4 h.; t. l. j., de 11 h. à 4 h. en s'adr. au gardien (monter au 1er étage et sonner; pourboire).

**Grande salle de peinture.** — De dr. à g. : — *François Bouchot*. Pylade défendant Oreste. — *E. Joinville*. Le Campo Vaccino à Rome. — *École française*. Portrait de Félibien des Avaux, † 1695. — *Ed. Frère*. Intérieur de cuisine. — *Van Mahu*. Une taverne. — *F. Bouchot* Bacchus et Erigone. — *Ménageot*. Sacrifice de Polyxène. — *Zurbaran*. St François d'Assise. — *École flamande*. Henri IV pendant le siège de Chartres (1591). — *Dernet*. Chasse d'Anne d'Autriche. — *Hubert Robert*. Les Aqueducs de Maintenon. — *David Teniers le Jeune*. Le Concert. — *A. Segé*. Roches de Pieguîl. — *A. Coypel*. La V.e et l'Enf.-J. — *Philippe de Champaigne*. Turenne. — *Van Goyen*. Paysage. — *Lépicié*. La Piété de Fabius Dorso. — *Paul-Mignard*. Portrait. — *Franck le Jeune*. Noces de Cana. Multiplication des pains. — *Garnier*. Entrevue du duc et de la duchesse d'Angoulême à Chartres, en 1823. — **F. Bouchot. Funérailles du général Marceau.** — *Cl.e Vernet*. Marine. — *Verdussen*. Hôtellerie Un gué. — *Drouais*. Philoctète dans l'île de Lemnos. — *Lalue*. Ste Cécile. — *Largillière*. Portrait. — *J. Bellet*. Environs de Naples. — *Ant. Canale*. Place Saint-Marc à Venise — *Puvis de Chavannes*. L'Été. — *Castiglione*. Adoration des Bergers. — Apollon et les Muses (copie ancienne d'un plafond du Guide qui se trouve au palais Rospigliosi). — *Fr. Franken*. Prédication de St Jean-Baptiste. — Sur des portants, au milieu de la salle, tableaux de maîtres anciens, qui composaient la galerie de M. *Justin Courtois*, et qu'il a donnés au Musée. — Sculpture : Jeune Berger, en bronze, par *Chenillon*; Mort d'Abel, par *Feugères des Forts*.

On entre à g. dans une galerie divisée en trois petites salles :

**Galerie de g.** — 1re SALLE : — *Antigna*. Aux écoutes. — *Ed Frère*. Blanchisseuse. — *Oury*. Porte Guillaume à Chartres. — *Malifas*. Roches de Préfailles. — *Gouvion-Saint-Cyr*. Le Bac. — *H. Noël*. Environs de Chartres, effet de neige. — *Chopard-Mazeau*. Mai.

2e SALLE : — Petits tableaux, bronzes, statuettes, médailles et objets d'art. — De cette salle un escalier monte à deux salles occupées par les *collections d'histoire naturelle*.

3e SALLE : — Statuettes antiques, égyptiennes, orientales, de Tanagra. — Armes, faïences et objets d'art orientaux. — Porcelaines de Chine. — Table chinoise en mosaïque.

Revenant sur ses pas, on traverse la grande salle de peinture pour entrer dans la galerie de dr., divisée en trois salles :

**Galerie de dr.** — 1re SALLE ou cabinet, d'où un escalier monte à une salle supérieure : statues de St Paul, attribuée à Germain Pilon, et du général Marceau, par *Thomas*, médailles; Libation à Bacchus, statue en marbre par *Frison*; Prêtre déroulant un évangile, statue en pierre du XVe s.; Mucius Scævola devant le roi Porsenna, bas-relief en plâtre par *Husson*; buste de Marceau, en plâtre, par *Dumont*; antiquités préhistoriques, gallo-romaines, etc.

2e et 3e SALLES : — Cinq magnifiques **tapisseries** flamandes du XVIe s. (vie de Moïse); collection d'**armes et armures** anciennes; très beau verre de Venise portant une légende arabe du XIIe s. et appelé *Coupe de Charlemagne*; armure de Philippe le Bel et pourpoint de son fils Charles, offert à Notre-Dame de Chartres, après la bataille de Mons-en-Puelle (1304); bas-reliefs en albâtre provenant de Nogent-le-Roi et de Saint-Chéron; sceaux et empreintes de sceaux; « croix aux Moines » (XVIe s.), placée avant la Révolution dans un carrefour de Chartres; vue ancienne de Chartres; dessins des vitraux de la cathédrale; triptyque en broderie du XIVe s.; mesure en bronze (minot de Chartres) de 1204.

Au fond de la galerie, un escalier descend à deux

**Petites salles de peinture**. — *Pernot*. Incendie de la cathédrale de Chartres (1836). — *F. Clouet*. Gibier. — *Gourlier*. Éducation de Bacchus. — *Ph Rousseau*. Basse-cour — *Éc. française* (XVIe s.). Jeanne d'Arc. — *Machard*. Narcisse et la Source. — *Gamba de Preydour*. Le Parnasse. — *Ch. Coypel*. Athalie et Joas. — *L. Carrache*. Vénus, Cérès et Bacchus. — *Lesueur*. L'ange Raphaël. — *Sébastien Bourdon*. St Pierre délivré par un ange. — *Marcille*. Enterrement d'un enfant en Beauce. — *Cochereau*. Prévost démontrant les Panoramas. — *Albertinelli*. Triptyque: la V., Ste Agnès et une autre sainte.

Au-dessous des deux petites salles de peinture, deux autres sont consacrées l'une à la *Céramique*, l'autre à des *moulages de sculptures* de la cathédrale de Chartres.

La rue des Grenets se continue par la *rue Saint-Michel*, bordée à g. par le *lycée* (tour moderne, servant de réservoir) et qui aboutit à la *place Pasteur* (*monument de Pasteur*, par Paul Richer).

[De là, laissant à g. le *boulevard de la Courtille* (square, avec le *monument* de l'explorateur *Noël Ballay*), on peut prendre la longue rue du *faubourg Saint-Brice* pour aller visiter, à l'*hôpital* du même nom, l'ancienne **église de Saint-Martin-du-Val** (XIIe s.): curieux chapiteaux du chœur et de l'abside; tombeau de Mgr de Montals, évêque de Chartres (statue en marbre, par H. Fromanger); *crypte* du VIIIe s., avec chapiteaux gallo-romains en marbre et anciens sarcophages en pierre].

La *place Pasteur* est reliée à celle des Épars par **le boulevard Chasles**, où l'on rencontre: à dr., le *tribunal de Commerce*; à g., le bâtiment de l'école chrétienne de Saint-Ferdinand, le *théâtre* (1861) et le collège de jeunes filles. Le boulevard Sainte-Foy ramène à la gare.

[De la place des Épars, on pourrait aller voir d'intéressantes maisons anciennes en prenant la *rue du Bois-Merrain*, qui conduit à la *place Marceau* (pyramide élevée à Marceau, en 1801), reliée par la *rue de la Pie* à la *place Billard*. Dans le voisinage de la place est le *tertre de la Poissonnerie*, où s'élève la **maison du Saumon**, en bois (XVe s.). On revient à la place des Épars par la *rue du Soleil-d'Or*, continuée par la *rue Noël-Ballay*, dont la **maison** la plus curieuse (XVIe s.) est celle **de Claude Huvé** (n° 8)].

Les pâtés de Chartres (gibier) sont renommés.

De Chartres à Château-du-Loir, Tours, Orléans et Auneau, *V. la Loire* — à Dreux, *V. la Normandie*.

**DE CHARTRES AU MANS**

123 k. — Traj. en 1 h. 40 à 3 h. env.

99 k. (de Paris). *Saint-Aubin-Saint-Luperce.*

106 k. *Courville*, ch.-l. de c., de 1816 hab., près de l'Eure.

[A 8 k. 1/2 s., **château de Villebon** (xve s.; on visite sur demande écrite). A l'int., qui a conservé l'aspect et en partie l'ameublement du xvie s., on remarque : la *salle de Spectacle*; la chambre où mourut Sully; celle de Henri IV; un portrait original du roi, une statue de Sully; des tapisseries et de vastes cheminées avec leurs vieilles garnitures de cuivre doré.]

Quittant la Beauce pour entrer dans le *Perche*, région verdoyante, on franchit l'Eure.

114 k. *Pontgouin*, — *Église Saint-Lubin*, des xiiie et xvie s. — *Tours* et porte (xvie s.) de l'ancien château des évêques de Chartres.

[A 2 k. O., *château de la Rivière* (xviie s.), où mourut en 1635 le chancelier Étienne d'Aligre. — Au-dessus du château est *l'écluse de Boizard*, construite en 1688 par Vauban, pour refouler l'eau de l'Eure dans l'aqueduc de Maintenon. — A 5 k. O., *château des Vaux* (style Louis XV)].

On traverse la *forêt de Montécot.*

124 k. **La Loupe***, ch.-l. de c. de 1814 hab. — *Église* du xvie s. — *Château* du xviie s. — Sur la route de Longni, vieux *chêne* de 6 m. de tour.

[⚔ pour : (44 k.) Brou (*V. la Loire*) et (39 k.) Verneuil (*V.* la *Normandie*).]

Tranchée longue de 4 k.

135 k. *Bretoncelles*, sur la Corbionne, dont on côtoie la rive g., jusqu'à son confluent avec l'Huine.

141 k. *Condé-sur-Huine* Ⓑ (⚔ pour Alençon et Mortagne).

149 k. **Nogent-le-Rotrou*** Ⓑ, ch.-l. d'arr., V. de 8415 h., à 105 m. d'alt., sur l'Huine, qui y reçoit l'Arcisse (charmante vallée) et la Rhône. La ville est bâtie au milieu de fraîches prairies; les distances y sont fort longues.

De la gare, l'*avenue de la Gare* conduit à l'**église Saint-Hilaire**, fondée à la fin du xe s. et rebâtie aux xiiie et xvie s. La tour est de 1560 et le portail principal du xviiie s. — A l'int. les voûtes sont basses mais élégantes, avec clefs de voûtes ornementées. Une arcade termine la nef et encadre le chœur, qui a 7 fenêtres rayonnantes.

Tournant à g., on traverse l'Huine, et l'on suit la longue *rue Saint-Hilaire*, jusqu'à son extrémité. Là on trouve : à g., la *rue Giroust* (*maison* à tourelle de 1579 occupée par l'hôtel du Soleil-d'Or); à dr., la *rue Charronnerie*. Suivant celle-ci, on rencontre, à dr., l'*hôtel de ville* (derrière ce monument, *place du Marché*, et *statue* en bronze *du général Saint-Pol*, par Debay), puis, un peu plus loin, à g., l'église :

**Notre-Dame**, ancienne chapelle de l'hôpital, curieux spécimen du style ogival primitif. — A l'int., les bas-côtés et la nef, réparés de nos jours, sont des XIVe et XVe s.; le chœur est du XIIIe. L'ensemble est simple, mais harmonieux. En haut du bas-côté g., charmante *crèche* à personnages, du XVIIe s.

A g. de l'église, est la *rue de Sully*, où se trouve, à dr., l'**Hôtel-Dieu** (belle porte, restaurée), fondé en 1190. Dans la cour d'entrée (s'adr. au concierge; pourboire), un édicule hexagonal renferme le **tombeau** du duc et de la duchesse de Sully, élevé par Rachel de Cochefilet, veuve du grand ministre; un piédestal supporte les deux magnifiques statues, en marbre blanc, des illustres morts, en costume de parade et agenouillés sur un coussin.

Redescendant à Notre-Dame, on prend la *rue Gouverneur*, qui fait suite à la rue Charronnerie. On passe devant une des façades de l'Hôtel-Dieu (à g.; buste de Sully, dans le jardin), puis laissant à dr. l'*avenue de la République* et l'*avenue Camille-Gâté* (celle-ci conduirait aux *promenades*, avec *statue* du poète *Rémy Belleau*, par Camille Gâté), on arrive à un carrefour où l'on voit une *maison ancienne* à personnages, et à dr., duquel sont les *marches de Saint-Jean*.

[Par ces marches (155), on monterait au **château** féodal, élevé de 1003 (le donjon) à 1492 (les tours). Mais comme on ne le visite pas, il est préférable d'éviter l'ascension. On en aura une meilleure vue d'ensemble, un peu plus loin.]

Prenant à g. la *rue Bourg-le-Comte* (au n° 3, maison de la Renaissance), que suit la *rue Saint-Laurent* (au n° 47, à g., *hôtel* dont l'inscription signifie qu'en 1542 Pierre Durand et Blanche Février, sa femme, se bâtirent cette demeure). Plus loin, la rue Saint-Laurent est coupée par la *rue du Général-Huet* (en se retournant, on commence à apercevoir dans son ensemble le vieux château), que l'on prend à g. et qui amène à l'abside de l'**église Saint-Laurent**, des XVe et XVIe s. (statues anciennes; vieux *tableau* du Martyre de Saint-Laurent; *Saint-Sépulcre* ancien à personnages).

Suivant, au delà de la voûte de l'abside, la *rue Saint-Denis*, on rencontre à g. le *collège*, où se trouvent quelques restes du **prieuré de Saint-Denis**, fondé au XIe s. (vaste *chœur* roman, transformé en cour vitrée; s'adr. au concierge du collège; pourboire). La rue Saint-Denis aboutit à des prairies et à un passage à niveau, d'où l'on a une *belle vue sur le vieux château*.

Au delà de Nogent-le-Rotrou, le ch. de fer continue à longer la rive droite de l'Huine, où se jette, à dr. la rivière d'Erre, que l'on franchit.

159 k. *Le Theil*, ch.-l. de c. de 1012 hab., sur la rive dr. de l'Huine. — On entre dans le *pays Fertois* (fabrication de toiles).

170 k. **La Ferté-Bernard** *

(tram à vap. pour Mamers), ch.-l. de c., V. de 5080 hab., sur l'Huine. De la gare, dominée par le *tertre de Rochefort* (belle vue), on suit une longue rue (*rue Victor-Hugo*, puis *rue du Quatre-Septembre*) qui aboutit à la *place Saint-Julien*, en face de l'Hôtel-de-Ville.

L'**Hôtel-de-Ville** est installé dans une ancienne *porte fortifiée*, par laquelle on entre en ville. On suit la *rue d'Huine* (*maisons* du XVIe s.), qui aboutit à la *place de l'Église*, (*fontaine* alimentée par la source de *la Guillotière*, au moyen d'un *aqueduc* du XVe s.).

L'église **Notre-Dame des Marais** est un spécimen du style de la Renaissance greffé sur le gothique flamboyant. A l'extérieur on remarque : les galeries à jour, décorées de curieuses statuettes et découpées de manière à reproduire les lettres du *Regina Cœli*; au-dessous, parmi de charmantes arabesques, des médaillons avec bustes d'empereurs romains. Les galeries hautes du chœur (fin du XVIe s.), écrivent une autre antienne de la Vierge : *Ave, Regina cœlorum*. La nef, le transept et la tour datent de 1450 à 1500. — A l'int., on admire de magnifiques *vitraux* du XVIe s. (la Passion), aux fenêtres du bas-côté dr.; les clefs de voûtes des 3 chapelles absidales et leurs vitraux du XVIe s.; d'autres vitraux, de même époque, de style allemand, au bas-côté g.; l'*orgue*, de 1536, avec cul-de-lampe sculpté; de nombreuses *crédences* de pierre sculptées.

Près de la fontaine de la place de l'Église s'ouvre la *rue Carnot* (n° 14, *maison* du XVe s., à personnages grotesques), allant à la *place de la Lice*, où sont les anciennes **halles** (1536; belle charpente), auj. *salle des fêtes*.

A dr. de la place de la Lice coule un petit bras de rivière (reste de l'ancien *château*). A g. de la place de la Lice, la *rue Bourgneuf* monte vers la Ville-Haute (à g., *tour des Moulins*, qui faisait partie de l'enceinte fortifiée) et se termine, sous le nom de *rue Thiers*, à la *place Ledru-Rollin*.

Au delà de la Ferté-Bernard, le ch. de fer suit encore la vallée de l'Huine.

179 k. *Sceaux-Boësse*.

187 k. **Connerré-Beillé** (✕ pour Connerré-Ville, Mamers et Courtalain). — *Connerré* *, est à plus de 2 k. de la station, sur la rive g. de l'Huine, dans le vallon du Gué (*église Saint-Jacques*, romane, avec clocher du XVIe s.).

[Le tram. à vap. de Connerré à Mamers (45 k., en 1 h. 30 env. : 4 fr. 65, 3 fr 50, 2 fr. 55) dessert (17 k.) *Bonnétable* *, ch.-l. de c. de 4211 hab. (beau *château* du XVe s.) et (29 k.) *Marolles-les-Braults*, ch.-l. de c. de 2008 hab. — 45 k. **Mamers** *, ch.-l d'arr., de 6045 hab., a deux églises datant, l'une (*église Saint-Nicolas*) des XIVe et XVIe s., l'autre (*église Notre-Dame*) du XVe s., et un petit *musée* à la mairie.

Le ch. de fer de Connerré à Courtalain (57 k., en 1 h. 30 à 3 h. 30; 5 fr. 80, 4 fr. 50. 2 fr. 80) passe par (29 k.) **Montmirail** *, ch.-l. c. de 675 hab., bâti sur une haute colline (185 m.) dominant un vaste panorama (*château* du XVe s., avec collection de portraits et remarquables souterrains; *église* du XIIe s., avec *vitraux* du XVIe, et monument funéraire d'une dame de Guillebon, 1761; vieux remparts avec leurs portes).]

On franchit l'Huine.

194 k. *Pont-de-Gennes* (église du XIIIe s.) est voisin de *Montfort-le-Rotrou*, ch.-l. de c. de 898 hab., (1 k. 1/2 O.; beau *château*, reconstruit en 1820 dans le style italien).

198 k. *Saint-Mars-la-Brière*.

200 k. *Champagné*.

205 k. *Yvré-l'Évêque*. Le *Château d'Auvours*, moderne, couronne un plateau qui fut vigoureusement défendu par les troupes françaises pendant la bataille du Mans (12 janvier 1871; *monument* commémoratif élevé en 1874). — A 5 k. 1/2 S.O. d'Yvré, sur la rive g. de l'Huine et à 4 k. du Mans, ruines de **l'abbaye de l'Épau**, (propriété priv.; demande écrite pour visiter), fondée en 1229, reconstruite au commenc. du XVe s. (débris du cloître; sacristie; salle capitulaire, église abbatiale).

On franchit l'Huine, puis, à 2 k. du Mans, on traverse le faubourg industriel *de Pontlieue* (*deux monuments* aux soldats morts pour la patrie, en janvier 1871). — On passe sur le tram à vapeur du Grand-Lucé.

211 k. **Le Mans** * Ⓑ (✕ pour Saint-Denis d'Orques, Mayet, Mamers, Alençon, Ballon, Tours, Angers et Nantes). V. de 63 272 hab., commerçante, prospère et animée (oies, poulardes et chapons renommés), ch.-l. du dép. de la Sarthe, dont elle occupe à peu près le point central, est divisé par la Sarthe en deux parties inégales, communiquant entre elles par 7 ponts ou passerelles. Le canal de la Planche et la Sarthe, rendue navigable, amènent dans le *port* les bateaux marchands.

Les principales curiosités sont: la cathédrale, l'église de la Couture, le Musée de peinture, le Musée archéologique, le Musée de la Reine Bérengère.

En sortant de la gare on a en face de soi l'*avenue Thiers*, longue de près de 1 k. On fera bien de prendre le tram qui stationne devant la gare, jusqu'à la *place de la Préfecture* (petit square, avec statue en bronze *de P. Bélon*, naturaliste et voyageur, 1517-1564, par Ch. Filleul), où se trouvent l'intéressante église de la Couture et le Musée.

**L'église de la Couture**, fondée au VIIe s., reconstruite au Xe, remaniée du XIIe au XVIIe, possède un *porche* (fenêtre du XIVe s.) flanqué de deux tours inachevées, du XIIIe s.; le tympan du portail représente le *Jugement dernier*. — A l'int., l'église n'a qu'une nef (seconde moitié du XIIe s.), avec voûtes à nervures. Sur les murs, 17 **tapisseries anciennes** (elles sont souvent renfermées) représentent des sujets bibliques (Adoration du Veau d'or, la Source jaillissant dans le désert, Moïse sur le Nil, Suzanne et les deux vieillards), des sujets décoratifs (parcs, feuillages et oiseaux), des sujets païens et mythologiques. Six **beaux tableaux** : 1° *Philippe de Champaigne*. Sommeil du prophète Elie (d'après Ingres, ce serait le chef-d'œuvre du maître); 2° *Seghers*. Ensevelissement du Christ; 3° *Restout*. Les Anges reçus par Abraham (à dr. et à g. de ce tableau, deux panneaux peints du XVI° s.); 4° *Van Thulden*. La Pentecôte; 5° *Manfredi*. Crucifiement; 6° *Carrache*. Sainte Véronique essuyant le visage du Christ. — Le transept paraît dater du X° s.; il a été remanié au XIV°. Le chœur pourrait aussi remonter à 995, mais il a été agrandi aux XV°, XVI° et XVII° s.; les fenêtres supérieures datent du XIII° ou du XIV° s. — La **chapelle de la Vierge**, à dr. du chœur, possède un grand retable d'autel en marbres polychromes (1641) et un tableau de *Parrocel*. La **Chapelle du Christ**, parallèle, à g. du chœur, est de même époque. A la sacristie, *suaire de saint Bertram* ou *Bertrand*, étoffe orientale du VI° au XI° s. — La *crypte* est du X° ou XI° s.

Le **Musée** (visible t. l. j., sauf le lundi, de midi à 4 h.) occupe le rez-de-chaussée d'un bâtiment parallèle à l'église de la Couture. L'entrée se trouve entre l'église et la *préfecture*.

On pénètre dans une GALERIE D'HISTOIRE NATURELLE où sont aussi des tableaux. — Vitr. renfermant des collections de géologie et des fossiles; une collection de *champignons* (fac-similés en terre cuite); d'anciennes *poteries de Ligron*, briques vernissées et faîtes de toitures; des *faïences* de Rouen et de Nevers, et (dans la dernière vitr. de g.) de grosses *amphores en étain* dans lesquelles autrefois on offrait le vin aux personnages illustres qui arrivaient au Mans. Au-dessus des vitr. : *Coulom*, 27 compositions ou portraits tirés du *Roman Comique* de Scarron; *Van Loo*, Les deux philosophes; *Ginain*, Halte d'artillerie; *Ch. Fouqueray*, Le « Charner » embarquant des poudres; *Lalande*, En arrêt; *Van Helmont*, Un marché; *Verbruggen*, Emblèmes de l'Ordre du Saint-Esprit; *Leconte de Roujon*, Port de Marseille: Communion de St Jérôme. — Du côté des fenêtres et dans leurs embrasures, dessins et études de sites et monuments du Mans.

A la suite de cette galerie, à g., GALERIE renfermant des collections d'ethnographie, de minéralogie, de céramique gauloise et gallo-romaine, des objets préhistoriques. — Quelques tableaux : *Th. David*, Le Vieux Mans; *Verdier*, La Ferme de Ker-Emma; *Duvivier*, Le Dernier des Horaces; *La Gondie*, Jardin abandonné; *E. Garnier*, L'Usurpateur Phocas fait égorger, sous les yeux de Tibérius Mauritius, le fils de cet empereur; *P. Bouillon*, Jésus ressuscite le fils de la veuve d'Ephraïm; — Vieux bois sculptés; *Lionel Royer*, Daphné changé en laurier; *Crinier*, Le Vieux Mans. — Sculpture : *Emile Suan*, L'Amour captif; *Chevillon*, Buste de Julien Lalande; *Vidal Dubray*, Germain Pilon; *Garnier*, Mort d'Abel; *Charles Filleul*, St Jean.

A la suite de ces deux galeries :

1re SALLE. — Tableaux, de dr. à g. : *Tidemand*, Toilette de la mariée en Norvége ; *Valette*, Bords du Gave, à Pau; **Ribera, Jésus livré aux bourreaux** ; *Luminais*, Maraudeurs gaulois ; *Laumosnier*, Entrevue de Louis XIV et de Philippe IV d'Espagne dans l'île des Faisans (1660), Mariage de Louis XIV avec Marie-Thérèse d'Autriche ; *Fr. Albani*, Ste Famille ; *Heemskerk*, Alchimiste ; *Inconnu*, Le poète Scarron ; *Marilhat*, Paysage ; *Wuillefroy*, Bœufs ; *Lebel*, Escalier de San Benetto ; *Monanteuil*, Vieux maître d'école. — Vitrines : Sarcophage égyptien. — Objets d'ethnographie. — Médailles.

2e SALLE (à dr. de la précédente). — Au plafond : Vénus gardant le corps d'Hector, par *Royer*. — Tableaux : *Le Dominiquin*. Paysage italien. — *Van Loo*. Lavement des pieds. — *La Vieille*. La Sente. — *Thorel*. La Petite sœur de charité. — *Bitter*. Diane de Poitiers et François Ier. — *Foulquier*. Petit pêcheur de moules. — *Feyen-Perrin*. Pêcheuses. — *Monanteuil*. Deux jeunes filles. — **Corot. L'Etang de Ville-d'Avray**. — *Rivey*. Etudiant hollandais. — *Tissier*. Jeune italienne. — *Sorieul*. Bataille du Mans. — *Cormon*. Chrysanthèmes. — *Demory*. Jeune Bretonne. — *Ulmann*. Joueurs d'osselets. — *Clermont*. Retraite du Mans. — *L. Royer*. Bataille du Mans. — *A. Maignan*. Tentation d'Ève. — *L. Royer*. Le Chœur de Saint-Julien, au Mans. — *Louis David*. Michel Gérard et sa famille. — *Géricault* (?). David d'Angers. — *Izembart*. Chemin dans une forêt du Doubs. — *Fischer*. Le Diseur de compliments (scène bretonne). — *Suan*. Nature morte. — *Jeanron*. Le Tintoret et sa fille. — *Ecole espagnole*. Moine en prière près d'un moine mourant. — *Moreau de Tours*. Blanche de Castille.

Vitrines (de dr. à g.) : antiquités égyptiennes ; fers forgés, serrures, clefs, haches de bronze ; ivoires, chinoiseries, verreries ; émaux ; coffret ; **couteau à découper émaillé**, aux armes de Charles le Téméraire, avec cette devise de famille : AULTRE NARAY (pour : n'aurai), adoptée par Philippe le Bon quand il épousa la princesse Isabelle ; grande plaque **d'émail** champlevé, du XIIe s., présentant le portrait de **Geoffroy Plantagenet**, comte d'Anjou et du Maine. Ce précieux portrait d'un prince français qui fut la tige des Plantagenets, rois d'Angleterre, était autrefois fixé sur le tombeau de Geoffroy, à la cathédrale.

On revient dans la salle précédente, pour pénétrer, à g., dans la :

GRANDE GALERIE. — Tableaux : collection des Primitifs italiens, **Giotto, Bartholo, Masolino, Filippo Lippi, Ghirlandajo**. — *Vouet*. Ste Véronique. — *Frans Floris*. Jugement dernier. — *Barocci*. Mise au tombeau. — *Mattéis*. Vénus et les amours. — **F. Bol. Portrait d'homme**. — Portrait du XVIIIe s. — *Huysmans* (?). Paysage. — *Ruysdaël* (?). Paysage. — *La Hire*. Le Christ au jardin des Oliviers. — *Poussin*. Rébecca. Enfant réveillé par l'Amour. — *Téniers* (?). Cabaret. — *Turchi* (*Alexandre Véronèse*). Dalila coupant les cheveux de Samson. — *Ingres*. Étude de tête. — *Dugasseau*. Sapho. — *Crinier*. Anciens bords de la Sarthe. — *Hesse*. Germain Pilon. — *Isabey*. Turc. — *Dugasseau*. Pendant vêpres. — *Géricault* (?). Officier espagnol. — *Stuckelberg*. Étude d'enfants. — *Hamman*. La Prière distraite. — *École de Clouet*. Portrait d'homme. — *Ulysse Roy*. Supplice d'un meurtrier au XIIIe s. — *Rivey*. St Sébastien. — *Géricault* (?). Tête d'enfant. — *Antigna*. Dévotion. — *Norte*. Cascade dans le Jura. — *Dugasseau*. Les Disciples d'Emmaüs. — *Constable*. Paysage. — *Troyon*. Charrette. — *Français*. Bougival. — *Julien Dupré*. Les Lieurs de gerbes. — *Éc. de Clouet*. 3 portraits. — *La Hire*.

St Sébastien. — *Boulogne*. Jupiter et Sémélé. — *F. Bol*. Enfant et Bouc. — *Bronzino*. Portrait de femme. — *Karel du Jardin*. Jeune magistrat. — **Ph. de Champaigne. Adoration des Mages**. — *Valentin*. St Jean écrivant l'Apocalypse. — *Valdes Léal*. Une religieuse. — *Cuyp* (?). Portrait de femme. — *Luini* (?). Ste Catherine. — *Rubens* (?). Portrait d'homme. — *Le Guerchin* (?). Orphée et Eurydice (en costumes du XVII° s.). — *Wilhem Kalf*. Armures. — *Le Sueur*. Chasse de Diane. — *Le Caravage*. L'Enfant prodigue. — *Le Brun*. Hosanna. — *Cagnacci*. Femme couchée. — *Cignani*. Diseur de bonne aventure. — *Van Dyck* (?). St Sébastien. — *Éc. de Lippi*. Présentation au Temple. — **École de Clouet et du Pérugin** (plusieurs toiles).

Au milieu de la salle : vitrines avec collection de coquillages, etc. — A dr. de la porte : vieux bahut sculpté. — Entre deux fenêtres : table avec 2 *amphores d'étain* semblables à celles de la 1re salle. — Écran tournant avec collection de gravures.

De la place de la Préfecture, le *boulevard Levasseur* conduit place de la République.

La **place de la République**, où sont les stations de voitures et de trams, les principaux hôtels ou cafés, est ornée de la **statue de Chanzy** (1885), par Crauk, avec groupes médiocres d'Aristide Croisy. Sur cette place s'élèvent : la *Bourse de Commerce*; l'*hôtel des Postes et Télégraphes* avec, à la façade, le *buste de Chappe*; **l'église de la Visitation**, bâtie en 1737, sur les plans de Soufflot (à la coupole, *Assomption*), attenante au *palais de justice*, lequel occupe avec la anciens bâtiments du couvent de la Visitation (XVII° s.).

De la place de la République, la *rue Dumas* (angle du Grand-Hôtel), puis la *rue de la Juiverie* (à g.), nommée ensuite *rue des Falotiers*, conduisent à la *rue des Fossés-Saint-Pierre*.

Le **Musée archéologique** (rue des Fossés-Saint-Pierre, 4; t. l. j. de midi à 4 h.; le lundi en s'adr. au concierge) est installé dans la crypte de l'ancienne *église Saint-Pierre-de-la-Cour* (X° s.), qui était la Sainte-Chapelle des comtes du Maine.

On remarque surtout : des bijoux et bagues anciennes, sceaux et cachets originaux; une épée décernée par Louis XIII, en 1614, à Guillaume Masnier, vainqueur du tir à l'arquebuse; des émaux, un coffret émaillé de Limoges; une collection de monnaies consulaires et impériales d'Auguste et de Tibère, de précieuses médailles gauloises, une série de deniers carolingiens et une obole très rare de Charles le Chauve; d'intéressantes statues tombales.

En sortant du Musée on revient sur ses pas, afin de prendre à g. la *rue des Filles-Dieu*, puis la *rue des Ponts-Neufs* (1re à g.), qui amène *place Saint-Pierre*, où l'*hôtel de ville* de 1756, occupe emplacement du château des comtes du Maine, démoli en 1617. A l'int., quelques *tableaux*. — La *rue de l'Écrevisse*, en face de la rue des Ponts-Neufs, mène à la Grande-Rue.

La **Grande-Rue** fait partie du Vieux-Mans, qui a conservé une

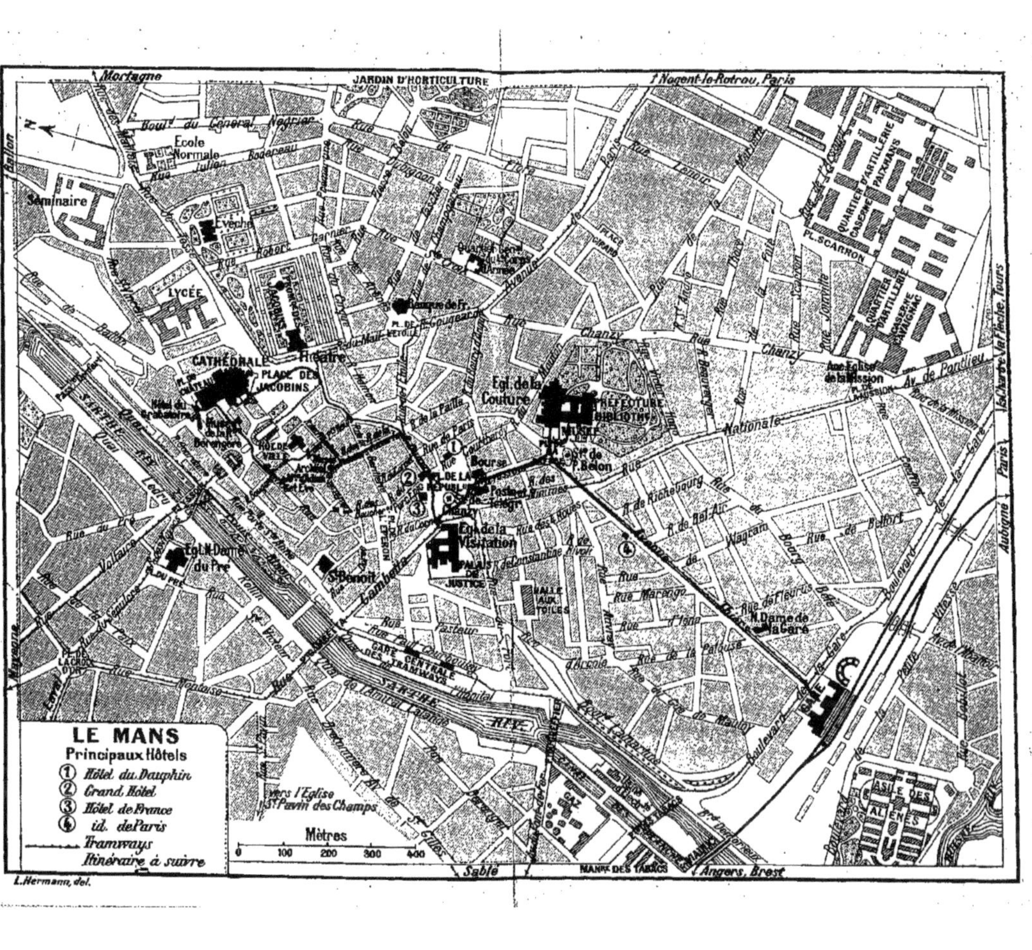

LE MANS
Principaux Hôtels
① Hôtel du Dauphin
② Grand Hôtel
③ Hôtel de France
④ id. de Paris
Tramways
Itinéraire à suivre
Mètres
0 100 200 300 400
L. Hermann, del.
JARDIN D'HORTICULTURE
Mortagne
Nogent-le-Rotrou, Paris
Séminaire
Ecole Normale
Evêché
LYCÉE
CATHÉDRALE
PLACE DES JACOBINS
Théâtre
Egl. de la Couture
PRÉFECTURE
Egl. de la Visitation
PALAIS DE JUSTICE
HALLE AUX TOILES
Egl. N. Dame du Pré
St Benoit
N. Dame de la Gare
GARE
ASILE DES ALIÉNÉS
GARE CENTRALE DES TRAMWAYS
SARTHE
PL. SCARRON
QUARTIER D'ARTILLERIE
Bourse
Sablé
Angers, Brest
MANUFre DES TABACS
GAZ
vers l'Eglise St Pavin des Champs

moyen-âge et de la Renaissance. On y trouve aussitôt à g., au n° 67, une *maison* de 1525, dite d'*Adam et Ève*. Remontant ensuite la Grande-Rue vers la dr., on passe sur le *pont-tunnel* et l'on voit, aux nos 11, 9 et 7, le **Musée de la Reine-Bérengère**, installé dans trois curieuses maisons anciennes (xve et xvie s.) — Ce musée, propriété privée (s'adr. au concierge du n° 4; pourboire), est artistiquement disposé et riche en antiquités diverses (bois sculptés et dorés, fers forgés, meubles, broderies, etc.). La *Société historique et archéologique du Mans* s'y réunit.

La Grande-Rue débouche *place Saint-Michel*, sur le flanc S. de la cathédrale (au **n° 1**, *maison de Scarron*; à g., sur la *place du Château*, **n° 1, hôtel du Grabatoire, ancienne** infirmerie des chanoines, 1538-1542, restauré, et séparé par la *ruelle des Pans-de-Gorron* d'une *maison à tourelle*, de même époque).

La **Cathédrale**, fondée par saint Julien, fut reconstruite successivement au vie s., puis au ixe s.; il ne subsiste rien de ces époques. L'évêque Vulgrin commença, vers 1060, une troisième reconstruction, reprise en 1120 par Hildebert. L'église, alors romane, était à peine achevée que deux incendies la dévastèrent. Lorsque l'évêque G. de Passavant, secondé par les bourgeois, voulut réparer le désastre, la voûte gothique venait d'être découverte dans l'Ile-de-France; elle fut adoptée et son style se superposa au style primitif. Une consécration solennelle de l'église, ainsi remaniée, eut lieu en 1158. Mais bientôt, à la vue des merveilles de l'art ogival, les chanoines et l'évêque du Mans entreprirent de remplacer, en 1217, le vieux chœur roman par un nouveau chœur gothique, qui ne fut terminé qu'en 1257. Les transepts furent refaits plus tard, au xve s., en gothique également.

**La face latérale Sud** (place Saint-Michel) présente, à g., un *menhir* de grès rouge et, à dr., un porche restauré, qui abrite un superbe *portail* des xie et xiie s. (statues d'apôtres; au tympan, le Christ bénissant, de style roman-byzantin). — **La façade principale** (place du château) a conservé son aspect roman, ses fenêtres cintrées, ses ornements en dents de scie.

A l'int., on est frappé par l'aspect de puissance du monument. La nef et les bas-côtés sont romans dans leur ensemble; les piliers ont des chapiteaux ornés de feuillages, de têtes humaines et d'oiseaux; les grandes arcades ont été reprises en sous-œuvre et les ogives gothiques s'y sont venues encadrer. Le **vitrail** de la grande fenêtre centrale est divisé en 19 panneaux, dont 10, en partie anciens, représentent la *légende de St-Julien*. D'autres fenêtres des bas-côtés ont aussi des **vitraux** remarquables, de la première moitié du xiie s., des plus anciens que nous possédions en France.—Le transept dr. (xv^e^ s.) s'élève en un jet soudain ; il a 3 magnifiques *fenêtres* et une *galerie à jour* ; on y voit le **tombeau de la reine Bérengère** (XIII^e s.), anciennement à l'abbaye de l'Epau, et un beau *buffet d'orgue* du XVI^e s. — Le chœur, un des plus grandioses et des plus purs de nos cathédrales, est d'une élégance plus massive que les transepts ; il est orné de magnifiques **vitraux** du XIII^e s. (les figures sont petites ; il faut, pour en voir le détail, monter dans la galerie et se munir d'une jumelle). On peut signaler à l'étage inférieur (*triforium*), à la 13^e fenêtre en comptant de la g., la *Légende du moine dévoué à la Vierge*, en plusieurs médaillons (ce moine étant monté sur une échelle pour allumer les lampes de l'autel, le diable brise l'échelle pour le faire tomber et le tuer ; mais la Vierge retient son serviteur par le bras et fait voler en éclats le bâton du diable). Les autres vitraux représentent l'image des Donateurs, la Corporation des Fourreurs, des Cabaretiers, des Boulangers, des Hôteliers, des Architectes de la cathédrale, etc. — Autour du chœur rayonnent des chapelles : à la 1^re^ ch., *Saint-Sépulcre* du XVII^e s. ; à la *sacristie*, **portrait d'évêque** par Ph. de Champaigne ; à la chapelle absidale, remarquables **vitraux** des XI^e, XII^e et XIII^e s. ; à la *chapelle des fonts-baptismaux* (la dernière avant le transept g.), **2 tombeaux** de marbre, **de Charles d'Anjou** et **de Guillaume du Bellay**, œuvres de 1^er^ ordre (Renaissance). — Au transept, **rosace** de toute beauté, avec **vitraux** de 1430.— Dans le *trésor*, objets d'art et tapisseries.

Sortant de la cathédrale par le bas-côté dr. et la place Saint-Michel, on descendra, par des escaliers, à la *place des Jacobins*, afin d'admirer la merveilleuse abside de l'édifice, ses innombrables arcs-boutants, et les chapelles rayonnantes qui s'en détachent. On regagne ensuite, à pied ou à l'aide d'un tram, la place de la République et la gare.

[On peut encore aller voir au Mans : 1° Au N. de la place des Jacobins et en suivant à g. la *promenade* de ce nom, le *lycée* installé dans les bâtiments que les Oratoriens occupèrent jusqu'à la Révolution ; — le *séminaire*, comprenant les vastes constructions (1690-1846) de l'ancienne abbaye de Saint-Vincent (escalier élégant, belles salles voûtées, bibliothèque de 16 000 volumes) ; — l'*évêché*, incendié en 1871 et reconstruit en 1877 dans un vaste et beau jardin, d'où la *rue Robert-Garnier*, puis la *rue Pierre-Bélon* conduisent au *jardin d'horticulture* ; — enfin, par la *rue de Flore* et l'*avenue de Paris*, à dr., le *buste* colossal *du général F. de Négrier* (place Girard).

2° Si l'on prend, à l'O. de la

place des Jacobins, les **tunnels** qui descendent vers la Sarthe, on arrive au *Pont-Yssoir* et, par la *rue des Noyers*, on trouve l'**église Notre-Dame-du-Pré**, intéressante et entourée d'un square (fondée au XIe s., et remaniée ultérieurement; façade et clocher moderne; à l'int., curieux *chapiteaux* romans de la nef et des bas-côtés, *tableau* de 1620 au transept, figurant la Vierge qui donne le Rosaire, beau *chœur* roman du XIIe s., avec fresques modernes par Andrieux et Jaffard, *crypte* du XIe s., avec tombeau de St Julien). — De l'église N.-D. du Pré, on revient vers la Sarthe et on suit, à dr., le *quai Ledru-Rollin*, jusqu'au *pont Gambetta*, que l'on traverse. La *rue Gambetta* ramène à la place de la République.]

Du Mans à Vitré et au Mont Saint-Michel, R. 2; — à Rennes et Saint-Malo, R. 3 et 4; à Saint-Brieuc, Guingamp, Plouaret, Morlaix et Brest, R. 8, 11, 13, 14 et 17.

## ROUTE 2.

## DE PARIS AU MONT SAINT-MICHEL

PAR LE MANS, LAVAL, VITRÉ, FOUGÈRES ET PONTORSON

de Paris à Pontorson, 414 k. en 10 h.; 46 fr. 40, 31 fr. 30, 20 fr. 40. — Tram à vap. de Pontorson au Mont Saint-Michel.

*N.-B.* Cet itinéraire par Le Mans et Vitré est le plus long, mais il permet de visiter Vitré et Fougères.

Un 2e itinéraire, plus direct, passe (de Paris) par Dreux et Folligny, traj. en 7 h. env. : 39 fr. 55, 26 fr. 65, 17 fr. 35. (*V. La Normandie*).

Les billets d'all. et ret., dits « de bains de mer », val. 33 j. et délivrés de la veille des Rameaux au 31 oct. pour Saint-Malo ou Dinard (56 fr., 37 fr. 80, 26 fr. 65), sont valables *via* Vitré-Rennes ou *via* Dreux et Folligny; ils donnent droit, par ce dernier itinéraire, à un arrêt de 48 h. à Pontorson, pour la visite du Mont Saint-Michel.

211 k. de Paris au Mans (R. 1).

La voie traverse la Sarthe et le canal. A g., ligne d'Angers. Plus loin, près de *la Chapelle-Saint-Aubin*, à dr., ligne d'Alençon.

222 k. *La Milesse-la-Bazoge.*

232 k. *Domfront.*

235 k. *Conlie**, ch.-l. de c. de 1681 hab., est dominé (1/2 k.) par le *signal de la Jaunelière* (163 m.; belle vue).

242 k. *Crissé.* — *Tranchée des Roches*, longue de 1800 m.

247 k. **Sillé-le-Guillaume***, ch.-l. de c. de 3014 hab., situé sur le flanc d'une colline de 262 m., est dominé par la *forêt de Sillé* et le bois de Pezé.

En face de la gare, la *rue du Commandant-Levrard* conduit à la *place de la République.* Au fond de cette place, à dr., il faut suivre la *rue Dugas* qui, se continuant par celle *du Pont-d'Enfer*, puis par la *rue du Château*, mène à l'église et au château.

**L'église Notre-Dame**, primitivement romane, a un clocher

reconstruit en 1899 (en dessous, joli *portail* du XIII^e s. avec sculptures). A l'int., *crypte* du XII^e s.

Le **château** (derrière l'église, par la *rue Alphrède-Maret*) existait dès le XI^e s.; ses dernières constructions remontent au XV^e s. Il a conservé des restes imposants (s'adr. au concierge du collège; pourboire). On remarque le *donjon*, énorme masse de pierre (58 m. de haut, 14 m. de diamètre; murs de 3 m. 50 d'épaisseur) divisé en 3 étages. Par les baies de l'étage supérieur, vue magnifique. 3 autres *tours* découronnées sont reliées entre elles par des bâtiments plus modernes, qui servent de *collège* et de *justice de paix*; une des tours, restaurée, est occupée par la *mairie*.

[Le ch. de fer de Sillé à Mamers (50 k.) dessert (22 k.) **Fresnay-sur-Sarthe***, ch.-l. de c. de 2693 h., dans un site pittoresque. *L'église Notre-Dame* (XII^e s.) a un portail roman avec deux vantaux en chêne (XVI^e s.), divisés en 28 panneaux pour les deux côtés (à dr., épisodes de l'Évangile, les Apôtres, et abrégé du *Credo* en lettres gothiques; à g., *arbre de Jessé* et les 12 rois de Juda). Du *château*, au fond de la *place du Château*, il ne reste que deux tours rondes découronnées, précédant un joli *jardin public*, qui domine en terrasse la Sarthe et sa vallée (vue magnifique). — On peut descendre ensuite à la base de la colline. Là, le paysage est charmant; la Sarthe baigne de gros rochers, qui portent de vieilles murailles tapissées de lierre.

De Fresnay, on peut faire l'excursion de *Saint-Léonard-des-Bois* et de *Saint-Céneri-le-Gérei* (12 et 17 k. 1/2 par la route), sites pittoresques des *Alpes-Mancelles*.]

255 k. *Rouessé-Vassé* dans le vallon de la Vègre (*château* ruiné; *église* du XII^e s. avec clocher moderne).

261 k. *Voutré*, dans la vallée de la Vègre. — On longe sur la dr. la *chaîne des Coëvrons* (alt. maxima 357 m.), qui a une riche minéralogie, des bois de pins et des landes sauvages. Puis on franchit l'Erve.

270 k. **Évron***, ch.-l. de c. de 4089 hab.. De la gare, on prend la *rue de l'Hôtel-de-Ville*, qui amène à la *place* du même nom, d'où la *rue de la Fontaine*, à dr., conduit à l'église.

**L'église** fut fondée au VII^e s., à l'endroit même où, dit-on, quelques gouttes du lait de la Vierge, rapportées de Terre-Sainte, avaient opéré un insigne miracle. Les parties les plus anciennes de l'édifice (XI^e s.) sont la tour fortifiée, avec ses *hourds*, et la nef. Le reste de l'église date du XIV^e s. On entre par la petite *porte latérale* S., surmontée de deux écus, l'un aux armes de Blois, l'autre à celles de Châteaubriant.

Bas-côté dr. : statues tumulaires (mutilées) de deux chevaliers et de deux dames du temps de saint Louis. — Nef : boiseries de l'*orgue*, au-dessus de l'ancien *siège abbatial*; belles **tapisseries** du XVI^e s.; charmantes sculptures de pierre, anciennes. — Chœur (il est magnifique; XIII^e et XIV^e s.):

à l'entrée, colonnettes avec sculptures d'une grande finesse; au fond, derrière l'autel et sur le tailloir des gros chapiteaux, rangée de dix statuettes parmi lesquelles l'*Annonciation*, *Nativité*, *Circoncision*, *Fuite en Égypte;* au-dessus des arcades, frise délicatement sculptée; 5 anciennes **verrières** (XIVe et XVIe s.); **maître-autel** à la romaine, en marbre bleu, avec bas-relief en marbre blanc, de Lecomte, et bronzes ciselés; *grille* en fer forgé, aux armes abbatiales.; aigle du *lutrin* en cuivre (XVIIIe s.). — Pourtour du chœur : tableau (Marie, santé des infirmes); 2e chap., curieuse peinture sur bois du XVIe s. (*Adoration des Mages*); 3e, statue tumulaire de l'abbé Jean de Favières († 1482); 4e (chapelle absidale), *Vierge* du XIIIe s. tenant son divin Fils et une fiole, avec la devise : « *Notre-Dame de l'Épine, priez pour nous* »; reliquaire en vermeil contenant, dans une ampoule d'étain, le lait miraculeux; 7e, tombe d'un moine du XVe s. (Dom Chastelet, chambrier de l'abbaye). — Entrée de la chapelle Saint-Crépin (au-dessus de la porte, sculptures relatives à la fondation légendaire de l'église). — La *chapelle Saint-Crépin* (XIIe s.), des styles roman et gothique primitif, est très intéressante. Sa voûte en « cul-de-four » est ornée de **fresques** anciennes (têtes maladroitement restaurées), divisées en tableaux par des bandes brunes (au centre le *Christ bénissant*, d'allure byzantine). Curieux chapiteaux.

On sort de l'église et de la chapelle Saint-Crépin par une porte du XIIe s., près de laquelle est posée debout une pierre tombale du XIVe s. Traversant une cour et passant une voûte, on se trouve sur une place qui ramène, à dr., devant l'église. On regagne la gare par la *rue de la Perrière*, à g.

[**Sainte-Suzanne** et **Grottes de Saulges**. — Route de voit., 7 k. 1/2 S.-E., jusqu'à Sainte-Suzanne (voit. publ.); 15 k. 1/2 S. de Sainte-Suzanne à Saulges. Il est préférable de prendre à Evron une voit. priv. pour l'ensemble de l'excursion (10 à 12 fr. env.).

7 kil. 1/2. *Sainte-Suzanne**, ch.-l. de c. de 1387 hab., est une petite ville ancienne, devenue village, pittoresquement située sur un promontoire qui domine l'Erve. On fera le tour de ses **remparts** (charmants points de vue) et l'on visitera (une rue à dr. de l'église y amène) son **vieux donjon**; c'est, à dr. d'une esplanade intérieure, gazonnée, une masse imposante du XIIe s., avec des murs hauts de 40 m., épais de 4 m. et percés de meurtrières. A l'extrémité de l'esplanade, est le **château**, reconstruit sous Louis XIV, dans le style Renaissance. Derrière, une belle *tour* à toiture aiguë (XVe ou XVIe s.) est un reste de l'ancien château.

De Sainte-Suzanne à Saulges, la route traverse *Chammes* (3 k. 1/2), puis la *forêt de Moncor*. — 8 k. *Saint-Jean-sur-Erve* (auberge; tram. à vap. pour Laval). — 12 k. *Saint-Pierre-sur-Erve*, petit v. dans un site charmant (petite église et vieux pont de pierre). On laisse la rivière à dr. et, 2 k. plus loin, on trouve à dr. un chemin qui conduit au *moulin de la Roche-Brault* (clefs de la Grotte à Margot ; celles de la Grotte Rochefort, sa voisine, sont à Saulges, mais, l'été, le gardien y attend souvent les visiteurs ; envoyer le cocher s'informer et, si le gardien n'y est pas, continuer jusqu'à Saulges).

15 k. 1/2. *Saulges* * a une *église* renfermant (à dr. de la grande porte) un tableau attribué au Titien et un bas-relief du XV^e s. En face de l'église, *chapelle Saint-Céneré*. — A 15 min. N.-O. du bourg, **oratoire de Saint-Céneré**, dans un paysage ravissant. — On prend à l'hôtel Léveillé (petit *musée*) les clefs de la grotte Rochefort et un guide (1 fr.).

La **grotte Rochefort** (1 k. 1/2) s'ouvre par une étroite fissure ; elle est éclairée à l'acétylène. Dans une grande salle, des veines de la pierre, au plafond, figurent des serpents ; des couloirs tapissés de stalactites et stalagmites, puis un escalier à pic, sans danger, aboutissent à un lac minuscule et à d'autres salles, aux belles pétrifications. La clef de la **grotte à Margot**, du même genre, se trouve au moulin de la Roche-Brault. De nombreux débris préhistoriques, de l'époque du grand ours et du mammouth, ont été trouvés dans ces grottes qui sont également accessibles de Laval, par le tram. à vap. de St-Jean-sur-Erve.

**Jublains** (14 k. N.-O. d'Évron, voit. priv. : 6 fr. ; à 4 k. d'Évron, magnifique *château du Rocher*) est célèbre par ses ruines romaines. Ce petit v. occupe l'emplacement de l'ancienne cité des Aulerces-Diablintes ; c'était le *Nœodunum* reconstruit et fortifié par les Romains, saccagé vers l'an 270, lors d'une invasion des Francs et des Germains. Le **castrum** ou camp en est auj. la principale curiosité (mon. hist. : 20 c.) ; il est formé d'une 1^re *enceinte* en petit appareil et briques, flanquée de tours. Au centre, une 2^e *enceinte*, renfermant la *forteresse*, est construite en énormes pierres de taille. Aux angles de cette forteresse, sont des chambres ayant servi de *magasins* ; au centre, un quadrilatère de murailles entoure l'*impluvium*, qui recueillait l'eau de la pluie. Enfin les restes de 2 petits *bains chauds* se voient également dans l'enceinte du camp. Les autres débris de Jublains, dont le sol a fourni de nombreuses médailles, sont peu importants ; un *théâtre* était situé en hémicycle, sur le penchant d'un coteau (à peu de distance de l'église), et la terre en recouvre auj. les gradins.]

276 k. *Néau*.

282 k. ***Montsurs***, ch.-l. de c. de 1591 hab., dans la vallée de la Jouanne (restes du *château*).

289 k. **La Chapelle-Anthenaise** (✕ pour Mayenne et Domfront).

295 k. *Louverné*. — A g., ligne de Sablé.

301 k. **Laval** * Ⓑ, V. de 30 356 hab., ch.-l. du dép. de la Mayenne, sur les deux rives de la rivière de ce nom. On visite le Musée d'art, un petit Muséum, le Vieux et le Nouveau-Château, diverses églises intéressantes et de vieilles maisons.

De la gare, la *rue de la Gare* (à g., *ch. de fer départementaux*) aboutit à la *Place de la Préfecture* (demander à la *préfecture* le permis de visite pour le Vieux-Château, qui doit être prochainement rendu public).

Par la *rue de la Paix*, à dr., la plus animée de Laval (*théâtre* et principaux hôtels), on arrive au *Pont-Neuf*, construit dans les dernières années du 1er Empire. Du milieu du pont, charmant panorama : à g., sur l'ancien donjon (tour ronde à toiture conique), sur le Nouveau-Château, qui l'avoisine, blanc et rectangulaire, sur le clocher de la cathédrale et le *Pont-Vieux* (barrage sur la Mayenne) : à dr., le paysage est fermé par le viaduc du ch. de fer vers Vitré, qui franchit la vallée.

Traversant le Pont-Neuf, on débouche sur la *place de l'Hôtel-de-Ville*, où l'on voit la **statue d'Ambroise Paré** (par David d'Angers), le fondateur de la chirurgie française.

La *rue de l'Hôtel-de-Ville* (au fond de la place, à g.), puis la *rue du Jeu-de-Paume*, à dr., conduisent *place des Arts*, où est le **Muséum** (public les jeudi et samedi, les 1er et 3e dim. du mois, de 1 h. à 5 h. ; tous les j. en s'adr. au concierge, pourboire). Il renferme des collections d'histoire naturelle, de paléontologie et diverses curiosités d'archéologie et d'art.

Sortant du muséum, on continue à monter la place des Arts jusqu'à la *place du Palais*, bordée par le **Nouveau-Château**, converti en *palais de justice*. C'est une vaste construction de la Renaissance, en partie défigurée par des remaniements ultérieurs (jolies lucarnes ouvragées, sur la *cour-jardin* qui le précède, et bas-reliefs du XVIe s.).

Tout à côté, une ruelle, qui passe sous une arcade, conduit à l'entrée du **Vieux-Château** des comtes de Laval (permis de visiter donné à la préfecture), auj. occupé par la prison, et qui doit être bientôt désaffecté pour recevoir la bibliothèque publique. On y remarque : le *donjon*, tour cylindrique du XIIe s. (magnifique charpente, que recouvre un toit conique); ses murs ont 5 mèt. d'épaisseur à l'étage inférieur ; un escalier tournant conduit à la salle haute (vaste cheminée). La *chapelle seigneuriale* (restaurée), en contre-bas de l'aile g. du château, date du XIe s.

A l'autre extrémité de la place du Palais est la **cathédrale**. Les parties les plus anciennes de l'édifice, tel que le clocher roman qui la surmonte et dont le sommet est moderne, semblent être de 1110; le transept et la nef sont de 1180. L'ensemble a subi de nombreux remaniements. — Le *portail latéral N.*, devant lequel on se trouve, a été commencé à la Renaissance (XVIe s.) et refait en partie de nos jours; à dr., un second *portail* est moderne (style pseudo-roman); à g., l'abside de l'église est du gothique flamboyant.

A l'int., le monument est bizarre d'aspect, par suite de la superposition de ses différents styles. — La nef est sans bas-côtés (à g., *tombeau* avec statue *de Guillaume Ouvroin*, évêque de Rennes en 1347 et fondateur du chapitre de Laval). — Le chœur, de style roman, restauré, a 4 grosses colonnes avec curieux chapiteaux et arcades de briques; c'est la partie la plus ancienne de l'édifice. Derrière un petit autel moderne, juxtaposé, beau **maître-autel** en marbres de couleur (XVIII<sup>e</sup> s.). — Au pourtour du chœur, *clefs de voûte* sculptées. Derrière le grand maître-autel, à la chapelle absidale, est un autre bel *autel* ancien, avec **triptyque** à volets du XVI<sup>e</sup> s., attribué au peintre flamand Pieter Aartz, dit Lange Pier.

[De la cathédrale on pourrait aller, par la *rue Renaise* (au n° 16, *tour Renaise*, curieux vestige des anc. fortifications), visiter l'*église Notre-Dame des Cordeliers* (XIV<sup>e</sup>-XV<sup>e</sup> s.), avec 6 autels en marbre, à retables (XVII<sup>e</sup> s.), et vaste maître-autel, du même style, occupant toute la largeur du chœur. — Plus loin, par la *rue de Rennes* (quelques vieilles maisons) on trouverait, *rue de Beauvais*, à g., l'ancienne *église Saint-Martin* (XI<sup>e</sup> s.; souvent fermée), qui est romane, avec tour moderne, et renferme des restes de fresques anciennes, des XII<sup>e</sup>, XV<sup>e</sup> et XVII<sup>e</sup> s.]

Sortant de la cathédrale par le transept dr., ou la contournant extérieurement, on se trouve sur son autre face, qui donne *place Hardy*, où est la **porte Beucheresse**, reste de l'enceinte fortifiée. La place Hardy est reliée par la *rue Marmoreau* (au fond, à g.) à la *place de Hercé*, sur laquelle l'ancienne *halle aux toiles*, construite au XVIII<sup>e</sup> s., a été remplacée en 1903 par une bâtisse en fer et briques, dite *Galeries de l'Industrie*, où se tiennent les expositions industrielles et agricoles.

Sur la g. de la place de Hercé est le **Musée d'art** (public les dim., jeud., et jours fériés; t. les j. en s'adr. au gardien, pourboire), qui occupe un joli petit palais construit par Ridel en style grec. On y accède par un escalier de chaque côté duquel sont placés des groupes en bronze, par *Gardet* : Combat d'un bison et d'un léopard; Tigre et tortue. Au-dessous des fenêtres, des hauts-reliefs, par *Lenoir* et *Allard*, figurent l'Agriculture et la Naissance de Vénus. Les statues de la Peinture et de la Sculpture, par *Allard* et *Tony Noël*, surmontent la façade.

1<sup>re</sup> SALLE (belles colonnes en stuc; au-dessus des portes, médaillons par *Maurice Chabas*, figurant les Arts), consacrée surtout aux œuvres du peintre *Charles Landelle*, né en 1821 à Laval. Ce sont (de dr. à g.) une série de petites études et « pochades » très jolies d'impression; puis des tableaux : Marchande d'oranges; Tribunal du Cadi à Alger; Tissage à Biskra; Poterie à El-Kantara; Première escarmouche; Scène idyllique; Femmes de Tlemcen; Aveugle de Biskra; Intérieur d'une maison juive à Constantinople; Portrait de l'artiste par lui-même dans sa jeunesse, et Portrait de ses fils; Naïade; Jérusalem au clair de lune. — Sculpture (de dr. à g.) : *Tony Noël*, Orphée; Fuite en Égypte; *Léo-*

*nard*, Hébé; *Molitor*, St Jean-Baptiste; *Contan*. La Calligraphie (plâtre); *Tony Noël*, Tombeau de Reber; *Astruc*, Moine en extase. — Sur les murs: vieilles tapisseries d'Aubusson.

PETITE SALLE à dr. — Dessins, gravures, fusains et aquarelles.

PETITE SALLE à g. — *Félix Barrias*, Les Croisés apercevant Jérusalem.

GRANDE SALLE DU FOND. — De dr. à g.: *Haquette*. Pêcheurs. — *Anaïs Beauvais*. Le Liseur. — *Evry*. Paysage suisse. — *Winter*. Tondeur de moutons. — **Guillonnet. La Horde**. — *Baillet*. Vitré. — *Beauvais*. Vignes l'hiver. — *Gœthals*. Bords de la Mayenne. — *Luminais*. Les Sonneurs. — **Isabey. Plage d'Etretat en 1863**. — *Chantron*. Madeleine. — *Ch. Landelle*. « Bienheureux ceux qui pleurent, parce qu'ils seront consolés. »; « Bienheureux ceux qui ont le cœur pur, parce qu'ils verront Dieu ». — **Pils. Le Vendredi Saint à Rome**. — *Tancrède Abraham*. Vallée de la Cuisance. — *P. Flandrin*. Campagne de Rome. — *Durand Brager*. Coucher de soleil. — *Oudry*. Chèvres. — *Chabas*. Idéal pays. — *Chaplin*. Dormeuse (dessin). — *Lenepveu* Pie IX. — **Jouvenet. Deux médaillons**. — *Lenepveu*. Catacombes de Rome. — **Moreau de Tours. Le Drapeau**. — *Worms*. Sérénade. — **Jobbé Duval. Marine** (Côtes de Bretagne) — *Anaïs Beauvais*. La Mort par les fleurs. — **Meissonier, Petit Portrait.**

[Derrière le musée s'étend le **parc** public **de la Périne**, qui descend jusqu'à la rivière.]

Revenant du Musée à la place Hardy, on prend à l'abside de la cathédrale, un peu après la porte Beucheresse, la *rue de la Trinité*, (*maisons* à sculptures en bois: nos 6, 8, avec jolies statuettes de la Vierge et de saints). — La rue de la Trinité se continue par la *Grande-Rue* où l'on trouve, à g. en descendant, la *maison du Grand-Veneur* (n° 68), dont la façade, de la Renaissance, est divisée en 3 fenêtres à colonnettes et couronnée par une frise ornée de têtes.

En bas de la Grande-Rue est le *Pont-Vieux*, dit aussi *Pont-de-Mayenne*, du XVIe s., aux arches gothiques. A g., belle vue sur la tour du vieux donjon (2 fenêtres de la Renaissance, rajoutées à cette époque); à dr., joli clocher de l'église d'Avénières.

Ayant traversé le Pont-Vieux (on irait par la *rue Sainte-Anne* à l'*église Saint-Michel*, fondée en 1347, avec un portail du XVe s.), on prend en face de soi la *rue du Pont-de-Mayenne*, où l'on rencontre, à dr., **l'église Saint-Vénérand**, des XVe et XVIe s. (dans les transepts dr. et g., belles *verrières* du XVIe s.; à la chapelle absidale, joli groupe en marbre de l'Adoration de la Vierge).

Un peu plus loin dans la rue du Pont-de-Mayenne, au n° 96, *maison* ancienne à pignon et à poutres sculptés. — Puis, la *rue des Trois-Croix* (1re à g.) ramène à la Préfecture, à la rue de la Paix et, de là, aux hôtels ou à la gare.

[En prenant, au Pont-Vieux, le *quai d'Avénières* (rive dr. de la Mayenne), on arrive (1 k.) à **Avénières**, qui a une intéressante **église**, fondée en 1140, avec clocher et *flèche* de pierre de 1534, richement sculptée (restaurée de nos jours). A l'int., qui est en partie du XII<sup>e</sup> s., en partie de la Renaissance, on remarque : la *Madone* ancienne et vénérée du maître-autel, sous un chêne feuillu en or. Les statues en bois du Sauveur et de saint Christophe (au bas de la nef); dans le transept S., une toile du XVI<sup>e</sup> ou du XVII<sup>e</sup> s. représentant la *Condamnation de Jésus-Christ* et, au-dessous, un tableau sur bois du XVI<sup>e</sup> s. (*le Christ mort entre les bras de sa Mère et les deux donateurs*) ; une *pyramide en marbre noir*, élevée en 1816 à la mémoire de 14 prêtres, décapités à Laval en 1794.

En prenant, au Pont-Neuf, la route de Changé, qui remonte la rive dr. de la Mayenne, on passe sous le viaduc du ch. de fer et l'on atteint (2 k.) la petite **église de Priz**, enclavée dans un jardin, entre la route et la Mayenne. C'est un curieux édifice roman, avec chaînes de briques, dont une grande partie paraît remonter au commenc. du XI<sup>e</sup> s. A l'int. : un *calendrier* du XIII<sup>e</sup> s., avec peintures allégoriques, sur l'arcade qui encadre le chœur; deux *statues tombales* du XIII<sup>e</sup> s.; sculptures sur bois de la Renaissance.

De Laval on peut faire l'excursion des *grottes de Saulges* par le tram à vap. de *Saint-Jean-sur-Erve* (32 k. en 1 h. 1/2 env. : 2 fr. 45 et 1 fr. 45. — De Saint-Jean à Saulges, route de voit., 7 k. 1/2, V. ce nom].

Au delà de Laval le ch. de fer franchit la Mayenne sur un **viaduc** (belle vue à g.) de 9 arches, long de 180 m. et haut de 28 m.

310 k. *Le Genest.*

[L'ancienne **abbaye de Clermont** (4 k. O.), convertie en château (on visite), fut fondée en 1150, et enrichie, en 1230, par Emma de Laval, veuve de Mathieu de Montmorency. L'*église* (fin du XII<sup>e</sup> s., remaniée au XVII<sup>e</sup>) renferme les **tombeaux** (XIV<sup>e</sup> et XV<sup>e</sup> s.) des sires de Laval. Le *cloître* et les bâtiments d'habitation datent du XVII<sup>e</sup> ou du XVIII<sup>e</sup> s. Ancien *logis de l'abbé*, du XV<sup>e</sup> s., et *salle basse*, à trois nefs romanes. A côté de l'abbaye, bel étang et *château* moderne.]

318 k. *Port-Brillet* (forge), sur les bords d'un étang que le ch. de fer traverse en remblai.

322 k. *Saint-Pierre-la-Cour*. On franchit la ligne de partage des eaux des vallées de la Mayenne et de la Vilaine. A dr., grand *étang de Paintourteau* (68 hect.).

336 k. **Vitré*** (⨯ de la ligne Paris-Brest pour Fougères, Pontorson et le Mont Saint-Michel; *changement de train*), V. de 10 775 hab., sur un coteau dominant la vallée de la Vilaine, est resté une des villes de France qui ont le mieux conservé leur physionomie du moyen-âge ; la Renaissance y a laissé aussi de nombreuses marques.

Devant la gare, de style pseudo-gothique, s'étend la *place de la Liberté*, où l'on voit à dr. les deux principaux hôtels. — Face à la gare, on prend la *rue Garangeot*, qui croise bientôt la **rue Poterie**, à dr. (curieuses *maisons* à étages saillants sur piliers et, à son extrémité, curieux carrefour), puis la *rue Saint-Louis*, à g. On prend cette dernière (à l'angle, *maison* de la Renaissance, avec fenêtre grillée), et l'on croise la **rue Beaudrairie**, une des plus étranges de

Vitré avec ses antiques *maisons* à pignon (au n° 25, à g., maison avec buste sculpté à la façade). — La rue Saint-Louis, que l'on continue, amène à la vaste esplanade qui précède le château.

Le **Château** (50 c. pour une pers.; 25 c. par chaque pers. en plus; publ. les 1er et 3e dim. du mois et jours fériés) est un magnifique spécimen de l'architecture militaire du moyen-âge. Il a été élevé à la fin du XIe s., rebâti au XIVe et au XVe, et restauré de nos jours. — La *porte d'entrée* s'ouvre sous la **tour du Châtelet**, par un arc ogival avec consoles figurant des lions; elle est flanquée de 2 tours à mâchicoulis gothiques élégants, à toitures coniques, et, à g., d'une 3e *tour* carrée, plus mince au sommet qu'à la base. A g. de ce groupe central, est celui de la **tour Saint-Laurent** ou **donjon**; à dr. est la *tour des Archives*, puis une échappée sur la vallée de la Vilaine. — Passant sur le pont-levis et sous la tour du Châtelet, on se trouve dans la *cour intérieure* du Château (à dr., porte romane, en plein cintre, de la chapelle du château primitif). A g., on a la face intérieure de la tour Saint-Laurent, puis, devant soi, une série de tours reliées entre elles par le rempart : *tour de l'Argenterie*, *tour Plombée* (reliée à la précédente par une jolie galerie gothique, et avec un petit *belvédère* de la Renaissance), *tour de Montafilant*, et tour des Archives (à dr.). — Dans la tour Saint-Laurent est installé le **musée** (nombreux objets d'art et d'archéologie; peintures et sculptures; au 2e étage, *cheminée de la Renaissance*, attribuée à Jean Goujon; au sommet, belle **vue** sur Vitré).

Sortant du château, on prend en face de soi, à g., la *rue Notre-Dame* (pas d'écriteau), parallèle à la rue Saint-Louis; on arrive en quelques instants à un marché en fer et briques, derrière lequel se trouve Notre-Dame.

L'**Église Notre-Dame** (XVe-XVIe s.), remarquable monument du style gothique flamboyant, est comme hérissée de ses clochetons à crochets et dominée par un beau *clocher* moderne, de même style, haut de 62 m. — A la façade principale, *porte* de la Renaissance, en style grec. — La *face latérale* de dr. est la plus belle, avec sa riche architecture, ses clochetons et ses pignons; on y voit une *chaire* à prêcher extérieure (fin du XVe s.).

A l'int., on remarque le chœur qui est incliné vers la dr.; la nef est voûtée en bois, avec frise sculptée. — Au bas-côté dr. : (3e travée), superbe **vitrail** de la Renaissance (*Entrée de J.-C. à Jérusalem*); (4e travée) *retable* ancien en bois sculpté; (5e travée) bon *vitrail* moderne et *tableau* avec l'ancien clocher foudroyé de l'église. — Dans la sacristie (derrière le chœur), **triptyque** précieux, du XVIe s., formé de 32 petits tableaux de cuivre émaillé. — Au bas-côté g., chapelle Saint-Sébastien, avec *retable* de l'époque Louis XIII; dans la chap. des fonts-baptismaux, *tombeau* (1498) d'un prêtre de Vitré.

Continuant à suivre, le long de l'église, la rue Notre-Dame, on y voit deux *maisons* de la Renaissance, dont la plus intéressante est au n° 27, à dr. (porte ornementée; dans la cour intérieure, portes, fenêtres et lucarnes ouvragées), l'autre au n° 16, et l'on arrive à la *place de la Halle-aux-Grains*.

Sur cette place on voit: à dr., une vieille *tour* de l'enceinte, dont l'ensemble est détruit de ce côté; à g., l'entrée de la promenade du Val (*V.* ci-dessous), près de vieilles maisons à ardoises.

[De l'autre côté de la *halle aux grains*, la *rue Bertrand-d'Argentré* irait à la nouvelle *église Saint-Martin*, moderne, de style pseudo-roman, surmontée de la statue dorée du saint.

La **rue de Paris** (face à la halle aux grains) a des *maisons anciennes* (aux n^os^ 21 et 23, *maison Pichon*; au n° 26, *maison du Grand-Monarque*, avec un buste effrité de Louis XIV; au n° 28, *maison Fuselier*, avec escalier de la Renaissance et tourelle, dans la cour). La rue de Paris aboutit au cimetière (gros *clocher* isolé de l'ancienne église Saint-Martin).]

Prenant, place de la Halle-aux-Grains, la **promenade du Val**, on descend le long des remparts. Les **remparts**, détruits sur l'autre face de la ville, sont bien conservés de ce côté; leur sombre pierre schisteuse ressemble à de la galette feuilletée. On laisse successivement à g. 3 *tours* rondes, puis une *tour* d'angle carrée, pour arriver à une allée transversale, d'où l'on a une jolie vue sur la vallée de la Vilaine.

Suivant cette allée vers la g., on descend bientôt la **rue du Rachapt**, pittoresque et rappelant les vieilles villes d'Auvergne. — A son entrée, à g., en face d'une croix, *porte-poterne* qui ramènerait directement en ville et à la gare. — On passe sous la masse imposante du château, et on se trouve dans la ville basse.

[La *rue Pasteur*, à dr., conduirait à l'*hôpital Saint-Nicolas* et à sa **chapelle** (maîtresse-vitre flamboyante du XV^e^ s.; voûte en bois; curieux *maître-autel* ancien, en bois sculpté et doré, avec petites niches garnies de glaces, d'où sortent divers personnages sacrés; à dr. du maître-autel, *vitrail* ancien; beau *tombeau* d'un chanoine († 1500); anciennes fenêtres grillagées des religieuses)].

La *rue des Augustins*, à g., contourne la base extérieure du château et ramène à la *place Saint-Yves* (à l'entrée de la *rue d'En-Bas*, *tour* des anciens remparts), d'où un boulevard planté d'arbres, à g., conduit à la gare.

[De la place Saint-Yves, on peut encore aller voir, par des marches et par la *rue de Rennes*, l'**église Sainte-Croix**, reconstruite au XIX^e^ s., qui a un beau *maître-autel*, en bois sculpté et doré.]

Vitré possède un joli **parc public**, situé à l'entrée de la route des Rochers (*V.* ci-dessous).

[Le **Château des Rochers** (6 k. S.-E. ; voit. priv. : 6 fr. ; *excursion recommandée* ; on peut s'y rendre aussi par la station d'Argentré, du ch. de fer de Vitré à Châteaubriant, qui est à 4 k. S.-O. des Rochers) fut la demeure de Mme de Sévigné.

On s'y rend de Vitré par la *rue de la Liberté*, la *rue Châteaubriant*, à dr., le pont sur du ch. de fer, puis *l'avenue Pierre-Landais*, à g., qui conduit au *boulevard des Rochers* que l'on suit vers la dr. La route (route d'Argentré) passe devant le *parc public*, à dr., laisse à g. (2 k.) la *chapelle* abandonnée *de Saint-Étienne* ; puis on longe (à g., 4 kil.) le parc du château des Rochers. Une route qui bifurque à g. longe bientôt le mur des jardins et aboutit à la cour-jardin du château (belle vue sur la vallée arrosée par la Vilaine). On trouve à dr. la jardinière chargée de conduire les visiteurs (pourboire).

Le château, construit au XIVe s., remanié au XVIIe, puis au XVIIIe s., est extérieurement demeuré à peu près semblable à ce qu'il était au temps de Mme de Sévigné. Elle y séjourna neuf fois, de 1654 à 1690.

A dr. de la cour-jardin sont les *communs* (XVIIIe s.) ; dans le fond est le **château**, d'aspect massif et pittoresque ; à g., une belle grille, donnant accès dans le jardin français, relie le château à la *chapelle*, sorte de rotonde octogonale construite en 1671 par l'abbé de Coulanges, oncle de la marquise (belle *Annonciation* : lustre de cuivre en forme de fleur de lis ; fauteuils et prie-Dieu.)

Dans le château, la **chambre** dite de **Mme de Sévigné** renferme (pancarte explicative en français et en anglais) des portraits de famille ; une table-bureau et accessoires ; une toilette, avec boites à poudre, à mouches et pot à eau minuscule ; une vitrine avec autographes ; un lit à baldaquin avec un couvre-lit brodé par Mme de Grignan, fille de la marquise. Les peintures murales sont modernes.

La chambre donne sur le **jardin français**, dessiné par Le Nôtre (beaux cèdres plantés en 1806 ; orangers et charmilles de tilleuls datant de l'époque de la marquise ; cadran solaire sur lequel Mme de Sévigné fit inscrire : ULTIMAM TIME. — Redoutez la dernière).

Un mur en hémicycle, avec curieux *écho double*, précède le **grand parc** ; à défaut des mêmes arbres, les mêmes allées subsistent avec les mêmes noms : l'*allée du Mail*, les *allées de la Solitaire* et de *l'Infini*, l'*Humeur de ma mère* et l'*Humeur de ma Fille*. Au bout de l'allée du Mail, kiosque de *la Capucine*, où Mme de Sévigné aimait à aller rêver.]

De Vitré à Rennes, R. 3 ; — à Saint-Malo, R. 4 ; — à Dinard, R. 5 ; — à Lamballe et à Saint-Brieuc, R. 6 ; — à Guingamp, R. 10 ; — à Lannion, R. 12 ; — à Morlaix et Roscoff, R. 13 ; — à Brest, R. 15.

Au delà de Vitré, laissant à g. la ligne de Brest, le ch. de fer de Fougères-Pontorson, franchit la Vilaine sur un viaduc de 9 arches, puis gagne la vallée pittoresque de la Cantache.

343 k. *Gérard*, ham.

349 k. *Balazé*.

355 k. *Châtillon-en-Vendelais* ; à dr., *manoir des Roussières*, près d'un vaste étang.

361 k. *Dompierre-du-Chemin*, où se voient les rochers du *Saut-*

*Roland*, que le Paladin, méprisant les défis de l'esprit malin, aurait franchis deux fois avec son cheval ; la 3e fois, il roula dans l'abîme. Près de là est la *Pierre Dégouttante*, dont les gouttes d'eau sont les larmes de la « dame » inconsolable du paladin Roland.

364 k. *La Brebitière*, station qui dessert *Luitré* (1 k. à dr.).

367 k. **La Selle-en-Luitré** (✕ pour Mayenne). A l'église, *croix* processionnelle du XVIIe s. — On longe un affluent du Couesnon, puis le Couesnon, que l'on franchit.

373 k. **Fougères***, ch.-l. d'arr., V. de 20 952 h., sur une colline (136 m. d'alt.) dominant le cours du Nançon. Ses anciennes fortifications, leurs tours, leurs tourelles, les toits d'ardoises de ses vieilles maisons et ses jardins en terrasses forment un ensemble des plus romantiques. L'industrie de la cordonnerie et l'exploitation des carrières de granit des environs sont importantes.

En sortant de la gare (50 m. env. jusqu'au château; on peut se faire conduire, 30 c., par un omnibus d'hôtel jusqu'à la place Gambetta) on trouve à dr. un carrefour de 4 voies. Montant la 2e à dr., dite *boulevard de la Gare*, on parvient à une bifurc. des *rues de Paris* et *du Tribunal*. Cette dernière amène bientôt à un nouveau carrefour, où l'on voit à g. la *place d'Armes* (petit square), le *Tribunal* (ancien hôtel de la Bélinaye, construit en 1738), et, en face de soi, la **place Gambetta**. Traversant la place Gambetta, on prend le *boulevard de Rennes* planté d'arbres, qui, coupant en remblai les prairies ombragées du Nançon, redescend vers le château en contournant la ville, que l'on voit en partie.

A l'extrémité du boulevard de Rennes est la *place Raoul II*, dominée par la muraille d'enceinte du **château**, et à g. de laquelle, au bout de la rivière qui bouillonne, est l'entrée de la vaste ruine féodale (s'adr. au gardien ; pourboire). — On passe d'abord sous la *tour Hallay-Saint-Hilaire* (XIIe s.; à dr., logis du gardien), puis on pénètre dans l'*enceinte* proprement dite du château, qui affecte la forme d'un grand triangle. Toute cette enceinte intérieure est couverte d'arbres et de gazon. — Commençant par la g. le tour de l'enceinte, on rencontre d'abord la *tour du Cadran*, puis la *tour Raoul* et la **tour Surienne** (refaites au XVIe s. et réparées de nos jours). Dans la tour Surienne, on voit un curieux *musée de chaussures* et une *salle de sculpture* (du sommet de la tour, belle vue sur les églises Saint-Sulpice et Saint-Léonard). — La **tour Mélusine** vient ensuite (1242; petit *musée* archéologique, médailles, tableaux, faïences, etc., dans 4 étages; du sommet de la tour, 63 m. à pic, *vue magnifique*). — On termine le tour de l'enceinte par la *tour du Gobelin*, la *tour Guibé* et la puissante **tour de Coigny** (chapelle avec porche à colonnes du XVIIIe s.).

Sortant du château (la *rue de la Pinterie* remonterait directement en ville), on revient sur ses pas à la place Raoul II et on prend, à g., la suite de la route par laquelle on est venu, jusqu'à une bifurc. De là on continue par la *rue du Château*, à g., en suivant la base extérieure de l'énorme muraille. On passe presque aussitôt sous l'ancienne *poterne*, qui surplombe la route avec ses deux tourelles, puis en-dessous de la tour Mélusine et devant la tour Surienne; on se trouve alors en face de l'église Saint-Sulpice.

**Saint-Sulpice** ne fut, jusqu'au XIe s., qu'une simple chapelle sous le vocable de N.-D.-des-Marais. Elle fut reconstruite à partir de 1410 dans le style flamboyant (curieuses gargouilles sculptées); la nef ne fut terminée qu'en 1490. Le chœur, commencé au XVIe s., n'a été achevé qu'à la fin du XVIIIe. Une flèche aiguë, en ardoises, surmonte le monument et est fortement inclinée. — A l'int., on remarque: à dr. de la porte ouvrant dans le bas-côté g., la petite *chapelle de N.-D.-des-Marais*, avec la statue retrouvée de la Sainte; en haut du bas-côté g. et du bas-côté dr., 2 autels avec *retables* sculptés dans le granit (peinture maladroite); le *maître-autel*, de l'époque Louis XIV; derrière le maître-autel, bonnes peintures du XVIIe s. (*Assomption* et *Sacrifice d'Abraham*).

Au delà de l'église, on continue à suivre la rue du Château et on parvient à la **porte Saint-Sulpice**, flanquée de 2 tours et couronnée de mâchicoulis. C'est la seule qui subsiste de l'ancienne *enceinte* de la ville. — S'avançant, avant de franchir la porte, de quelques pas à dr., dans la *rue du Fos-Quérally*, on voit distinctement, sur le faîte de la colline qui porte Fougères, les débris de **remparts** de cette enceinte, à pic sur le vallon.

Franchissant la porte Saint-Sulpice, la *rue de la Fourchette* amène à la *rue de la Pinterie* (*maisons* du XVe s., sur piliers de pierre et de bois) qui est fort raide et remonte en ville à la *place du Théâtre*. De cette place (en face de soi, l'on regagnerait directement le square de la place d'Armes, la place Gambetta et la gare) on prend à dr. la *rue Nationale*, où se trouve un *marché couvert* (derrière, dans la petite *rue de l'Horloge*, n° 8, se voient les restes de l'*Auditoire*, construit vers 1492; **tour** octogonale **du beffroi**, où est le timbre de l'horloge, fondu en 1304). La rue Nationale débouche sur le parvis de l'église Saint-Léonard.

**L'église Saint-Léonard** fut bâtie de 1407 à 1444, remaniée vers 1586 et terminée en 1637 par la construction de la tour. Le portail et le porche ont été refaits de nos jours dans le style flamboyant. On remarque extérieurement les gargouilles et la balustrade (Renaissance) du bas-côté dr. — A l'int., sous le porche : dans la chap. de dr., *Résurrection de Lazare* par Dévéria ; dans la chap. de g., *Assomption* par le même, et *monument* aux morts de 1870-71, par Colombo. — Dans l'église, sur le premier mur de dr. et de g., 4 autres tableaux de Dévéria (*Descente de croix* et *Résurrection*, *Adoration des Mages* et *Jésus au milieu des docteurs*) en assez triste état ; dans le 1er vitrail de dr. et de g., débris de belles **verrières** anciennes.

En sortant de l'église on voit à dr. l'**Hôtel de Ville** (xve s.). — Entre ce monument et le portail de l'église s'ouvre un joli **jardin public** (*Enfant jouant avec une panthère*, marbre) établi sur un vaste bastion semi-circulaire, avec terrasse et vue magnifique.

Revenu au parvis de l'église, on a devant soi la courte *rue de Pommereuil*, qui descend *place Lariboisière* (à g.). Au milieu de cette place, **statue** en bronze, par Récipon, **du général Lariboisière** (né à Fougères), en face de laquelle la *rue Rallier*, suivie de la *rue du Maine*, ramène à la gare.

[A 9 k. N.-O., au **Châtellier**, site pittoresque, d'où l'on voit le Mont Saint-Michel.

A 2 k. N.-E., **forêt** domaniale **de Fougères**, avec dolmen à demi renversé (la *Pierre du Trésor*). Près des ruines d'un couvent fondé en 1440, alignement de 80 pierres appelé *Cordon des Druides*. Dans la partie N. de la forêt (à 1 k. au S. de Landéan et à 7 k. N. de Fougères), on peut visiter, au bord de l'avenue de Clairdouet, à 50 m. env. de la route, les **celliers de Landéan**, construits, dit-on, en 1173 par Raoul II de Fougères, pour y soustraire ses richesses et celles de ses vassaux aux troupes de Henri II d'Angleterre. Près des celliers, le dolmen du *Monument*. Sur l'autre rive du Nançon, beau *château* moderne *de la Villegontier*.]

Au delà de Fougères, le ch. de fer passe sous la ville, par un *tunnel* de 286 m., qui débouche dans la vallée du Nançon.

382 k. *Saint-Germain-en-Coglès* (à l'église, croix processionnelle du xviiie s.; vieux *manoir* de *Marigny* ; galeries couvertes du *Rocher Jacault*). — On entre dans la vallée de l'Oysance.

387 k. *Saint-Étienne-en-Coglès* (*église* en partie romane, avec flèche du xiie s.).

390 k. *Saint-Brice-en-Coglès*, ch.-l. de c. de 1899 h. (deux *châteaux*, l'un du moyen-âge, l'autre du temps de Henri IV). — On se rapproche de l'Oysance (gracieux paysages).

398 k. *Tremblay*, à 2 k. à g. (*église* des xie et xiie s. ; maisons sculptées, dont l'une, de 1578, est surmontée d'une tourelle). — On franchit un méandre de l'Oysance sur 2 ponts que sépare le *tunnel de la Hongrais*.

403 k. **Antrain***, ch.-l. de c. de

1550 h., entre le Couesnon et l'Oysance. Le Couesnon, de son cours capricieux, sépare la Bretagne de la Normandie. — *Église* des XIIe et XVIe s. — A 1 k. S., *château de Bonnefontaine*, du XVIe s.

On suit la vallée de l'Oysance, puis celle du Couesnon.

414 k. **Pontorson** * (*point d'accès du Mont Saint-Michel*; ⚔ pour Avranches, Folligny et Granville, pour Saint-Malo, Dinan-Dinard et Lamballe), ch.-l. de c. de 2585 h., à l'embouchure du Couesnon (petit *port*), dans l'anse la plus la plus reculée de la baie du Mont Saint-Michel, et à l'entrée de vastes marais. — *L'église*, romane par sa nef et son portail (remanié de nos jours), est, pour le reste, du style gothique. A l'int., important *retable* en pierre, de la Renaissance, très mutilé (scènes de *la Passion*).

De Pontorson à Dol, à Saint-Malo, à Dinan-Dinard et à Lamballe, R. 6.

De Pontorson on se rend au Mont Saint-Michel par un tram. à vap. (11 k. en 30 m. : 1 f. 15, 85 c., 55 c.). — L'été, des voitures publiques (prix variable) font aussi le service du Mont; enfin on trouve à la gare et aux hôtels des voitures particulières pour le même trajet (9 k. par la route; dep. 6 fr. 1 chev., 10 fr., 2 chev.).

Le train dessert les stations de *Moidrey*, *Beauvoir* (église du XVIIIe s.) et *la Caserne*; au delà de celle-ci, on ne tarde pas à apercevoir la célèbre abbaye. La voie s'engage sur le remblai appelé « la digue », qui relie le Mont Saint-Michel au continent. A g., le Couesnon, endigué et canalisé, coule lentement dans d'immenses grèves, où paissent des moutons dits « près-salés ».

La *baie du Mont Saint-Michel* est un des parages les plus curieux des mers françaises. Lorsque la marée, aussi rapide qu'un cheval au galop, remonte en écumant la pente presque insensible des plages de Saint-Michel, elle transforme soudain toute la baie en une nappe d'eau grisâtre et pénètre au loin dans les embouchures des rivières, jusqu'au pied de la colline d'Avranches et des quais de Pontorson. Au reflux, les eaux se retirent avec la même rapidité jusqu'à 12 k. du rivage, laissant à nu la grande plage déserte, sillonnée par le cours de ces rivières, qui se modifie de temps à autre et forme, çà et là, des fondrières où il peut être dangereux de s'engager.

11 k. (de Pontorson). **Le Mont Saint-Michel** * est un v. de 235 hab., groupé en amphithéâtre sur une colline granitique de forme ronde et de 900 m. de circuit, haute de 75 m. à la plate-forme de l'église, et s'élève dans la baie formée par la réunion des côtes de Normandie et de Bretagne. Le sommet de la colline est occupé par l'ensemble des constructions de l'ancienne abbaye, que dominent la flèche (moderne) de son église et la statue dorée de St-Michel.

3 à 4 h. suffisent pour visiter

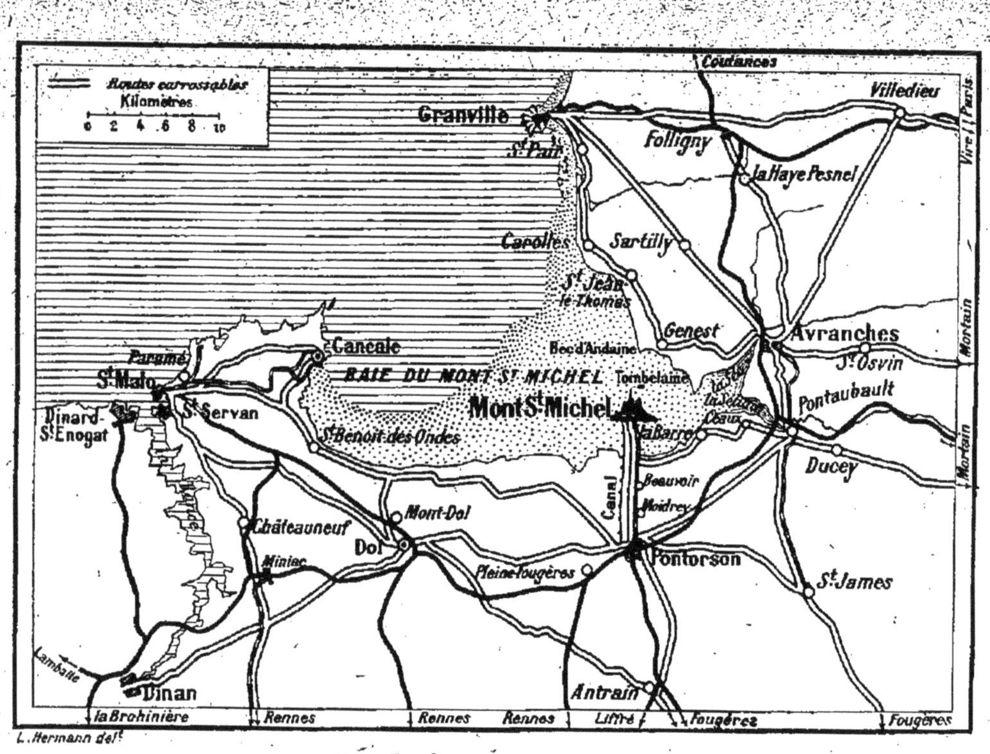


VOIES D'ACCÈS AU MONT SAINT-MICHEL

le Mont. Mais il est préférable d'y coucher, afin de contempler, du haut des remparts, l'*admirable spectacle de la marée montante* ainsi que le lever et le coucher du soleil.

Au commenc. du VIIIe s., une apparition de l'archange St-Michel, dont St Aubert, évêque d'Avranches, aurait été favorisé, en 708, fut l'origine du premier sanctuaire élevé sur le Mont Saint-Michel, qui s'appela d'abord *Mont-Tombe*. Quelques chapelains furent attachés par St Aubert au service de son oratoire, qui ne tarda pas à devenir un lieu de pèlerinage. La sainte colline eut à soutenir, par la suite, de nombreux sièges, soit de la part des Anglais, pour s'en emparer, soit de celle des Français, pour la reprendre.

Au XVIIe s., l'abbaye devint un lieu de détention pour les moines indisciplinés, puis une prison d'État où furent enfermées, au XVIIIe s., de nombreuses victimes des lettres de cachet. Après la Révolution, on fit de nouveau du Mont Saint-Michel une maison de détention; cette destination, qui lui fut maintenue jusqu'en 1863, donna lieu à des mutilations regrettables. Enfin les bâtiments de l'abbaye et les remparts devinrent la propriété de la Commission des monuments historiques, chargée de pourvoir à une restauration générale qui n'est pas encore terminée. (Pour plus de détails, *V* la *Monographie du Mont Saint-Michel*, 50 c.)

En arrivant, on a devant soi la *tour de l'Arcade* et la *tour du Roi*; une passerelle en bois amène à la **porte de l'Avancée**, la seule ouverte dans le rempart, et par laquelle on entre en ville.

On se trouve alors dans une première cour, où l'on voit : à g., le *Corps de Garde* et l'*Avancée*, muraille crénelée; à dr., le bureau du tram, ainsi que les *Michelettes*, deux bombardes abandonnées par les Anglais en 1434.

Franchissant une seconde porte (**porte du Boulevard**), on pénètre dans une seconde cour dite *cour du Boulevard*; puis, par une troisième porte, dite **porte ou logis du Roi**, on entre dans la ville proprement dite. La porte du Roi (XVe s.) a conservé sa herse de fer, ses mâchicoulis et les *armes de la ville*, bas-relief représentant des vagues où nagent des saumons, abondants dans ces parages.

Prenant en face de soi la **Grande-Rue**, on monte par une pente fort raide, entre des maisons à pignons et à façades surplombantes, la plupart des XVe et XVIe s. : toutes les boutiques sont occupées par des aubergistes, cafés, débits, marchands de photographies, cartes postales, faïences, souvenirs divers. On passe devant le bureau de tabac (à g.) et la *poste et tél.* (à dr.) avant d'atteindre la petite église paroissiale.

Cette **église** fut fondée en 1440, sur l'emplacement du premier oratoire élevé à Saint-Michel, au VIIIe s. Le chœur a été ajouté au XIXe s. A g. de la porte d'entrée, *statue* moderne de *Jeanne d'Arc*, sans valeur. — A l'int. : devant le chœur, *pierres tombales* encastrées dans le sol; dans le chœur, deux *fauteuils* en bois sculpté, œuvre de prisonniers enfermés dans l'abbaye qui, au dernier siècle, servait de lieu de détention; dans le bas-côté dr., *Vierge Noire*, dite Notre-Dame de Mont-Tombe (ancien nom du Mont Saint-Michel), érigée dans la crypte de l'abbaye en 1865, en souvenir de Notre-Dame de Sous-Terre (d'où sa couleur noire), qui y était vénérée avant la Révolution; *chapelle Saint-Michel* (nombreux ex-voto); dans la sacristie, *couronne de St-Michel* (moderne) et *épée du général Lamoricière.*

Au delà de l'église apparaissent, à g., quelques jardins en escalier. Sur le pilier de la porte du premier après l'église, on lit « *logis Tiphaine* » et on voit au-dessus la **maison** (très restaurée) que Du Guesclin fit bâtir, en 1366, pour sa femme, Tiphaine Raguenel.

Continuant à monter la Grande-Rue, qui est maintenant entrecoupée de marches, on arrive à un palier avec une croix. La bifurc. de dr. et celle de g. conduisent pareillement à l'entrée de l'abbaye, que défend une enceinte de murailles crénelées.

Visite de l'Abbaye. — **L'Abbaye** (visible de 8 h. mat. à 6 h. s., du 1er juin au 15 sept.; de 9 h. à 11 h. et de midi à 4 h. à partir du 16 sept.) avait pour toute communication avec l'extérieur la porte fortifiée qui s'ouvre sous le donjon ou **Châtelet**, entre deux hautes et étroites tourelles (commenc. du XVe s.), et d'où part un escalier intérieur à pic, dit **escalier du Gouffre**. Montant cet escalier, on arrive à la **salle des Gardes**, du XIIIe s., voûtée, avec une vaste cheminée; à dr. est une petite cour avec la loge des gardiens qui font visiter le monument. La visite se fait par groupes et dure une heure env.; elle est gratuite, mais une légère rémunération au gardien est d'usage; diverses parties de l'abbaye étant en cours de restauration, l'itinéraire est parfois un peu modifié.

Par un escalier de 90 marches, dit **escalier abbatial** puis **Grand-Degré**, on monte immédiatement aux étages supérieurs : à g. on a le vaste logis, intérieurement ruiné, des **bâtiments abbatiaux**, demeure des anciens abbés, commencé vers 1250 et continué au XVIe s.; à dr. est l'église. On passe sous deux **ponts** : le premier est crénelé; par le second, entièrement couvert, l'abbé allait officier à l'église. En haut de l'escalier est la plate-forme en terrasse du **Saut-Gauthier**, ainsi nommée d'un prisonnier qui, dans un accès de folie, se précipita dan le vide (75 m. d'alt.; vue magnifique sur la côte dans la direction de Pontorson).

L'**église**, commencée en 1020, fut achevée en 1135; il reste de cette époque la nef et le transept. La façade a été rajoutée au XVIIIe s., dans le style grec, et d'anciens chapiteaux romans y ont été encastrés. Elle donne sur une seconde *plate-forme* d'où la vue s'étend sur le cours jaunâtre du Couesnon, qui se creuse son lit dans le sable jusqu'à la pleine mer; à l'horizon, à g., la baie et les rochers de Cancale; à dr., la pointe de Carolles.— Rentrant dans l'église, on en gagne le **chœur**, reconstruit en style ogival flamboyant, de 1450 à 1521, sur l'emplacement de l'ancien chœur roman écroulé; au-dessus des arcades du chœur, beau *triforium* délicatement sculpté. Dans la 1re chap. de dr. est un *bas-relief* (XVIe s.) représentant les 2 Evangélistes; dans la 1re chap. de g., deux autres figurent Adam et Eve chassés du Paradis et la Descente du Christ aux Enfers.

Prenant dans la 2e chap. de dr. un escalier à vis, on s'élève jusqu'à la **plate-forme** extérieure **de l'abside** (panorama sur le fond de la baie et sur Avranches). On remarque les énormes arc-boutants cintrés qui soutiennent les murs du chœur; sur l'un d'eux passe un escalier de pierre aux rampes ajourées, dit **escalier de dentelle**, qui mène à la balustrade supérieure. — L'ensemble de l'église est dominé par une **flèche** moderne, que surmonte un *Saint Michel* doré *terrassant le Démon*, par Frémiet. La statue est à 70 m. au-dessus du sol de l'église, à 145 m. au-dessus de la mer.

Redescendant dans l'église et l'ayant traversée, on continue par la visite de « la Merveille ». La **Merveille** a 3 étages; commencée en 1203 et terminée en 1264 elle représente l'enceinte claustrale proprement dite. C'est là que vivaient les religieux, loin du monde, et n'ayant pour spectacle que la vue de la mer et de ses grèves sablonneuses. L'architecture de « la Merveille» résume ce qu'avait à la fois de plus robuste et de plus gracieux l'art normand du XIIIe s.

A l'étage supérieur, à peu près de plain-pied avec l'église, c'est d'abord le cloître où l'on pénètre. Le **cloître**, universellement célèbre, fut achevé en 1228, et restauré de 1877 à 1881 par l'architecte Corroyer. Il forme un rectangle long de 25 m., sur 14 de large, et est orné de 227 colonnettes. Entre les arceaux qui reposent sur ces colonnettes sont des *sculptures*, rosaces, bas-reliefs, inscriptions, frise de petites roses, d'une infinie délicatesse et d'une merveilleuse variété; on y remarque : vis-à-vis de la porte d'entrée, dans l'entre-colonnement, 2 petites *têtes d'abbés* (restaurées); dans la frise, en face la fenêtre qui ouvre au couchant sur la mer, 4 autres *têtes*, peut-être celles d'artistes ayant travaillé au cloître, d'une charmante expression. On voit encore dans le cloître, à dr. de la porte d'entrée, le ***lavatorium***, sorte de lavabo où les moines lavaient leurs pieds, pour certaines cérémonies, ainsi que les corps des morts.

[Du cloître, une porte conduit

au petit *musée* du **Chartrier** (permission spéciale nécessaire).]

Au bout du cloître est l'ancien **réfectoire** des moines, de 1225; il a 59 fenêtres, longues et étroites. On voit dans le mur de dr. la *chaire à prêcher*, en pierre, qui servait à faire la lecture à haute voix pendant le repas.

Du réfectoire on rentre dans le cloître et on descend à l'étage inférieur. On passe par de sombres salles, creusées à moitié dans la roche et à l'aspect sinistre; on voit successivement: l'ancien **promenoir des moines**, des premières années du XIIe s., aux piliers épais et trapus (le cloître charmant, dont on sort, l'a remplacé un siècle après); la **galerie de l'Aquilon**, où siffle le vent; des **cachots** sans jour où furent détenus des prisonniers politiques, parmi lesquels Barbès (dans ce dernier cachot une chaîne de fer est encore scellée à la muraille); — le **charnier** ou **cimetière des moines**, où les corps étaient mis dans de la chaux, pour être rapidement détruits; — la **chapelle Saint-Etienne**, du XIIIe s. (nervures à la voûte); — l'ancienne **chapelle mortuaire de Notre-Dame-des-Trente-Cierges**, où était adorée jadis la Vierge Noire, et maintenant occupée par une immense *roue* en bois qui servait, au siècle dernier, à monter les vivres aux prisonniers. On mettait dans la roue cinq ou six d'entre eux, qui la faisaient tourner comme une roue d'écureuil, enroulant autour d'un treuil le câble qui passait par la brèche ouverte sur le vide. C'est par cette brèche, au-dessous du Saut-Gauthier, que Barbès tenta inutilement de s'évader. Enfin, dans un de ces sous-sols, était une cage de fer aujourd'hui disparue, où, entre autres prisonniers, mourut, rongé par les rats, le gazetier Dubourg, qui avait écrit contre Louis XV.

On traverse encore la **chapelle** souterraine **Saint-Martin**, qui servit longtemps de citerne, et, par un corridor noir, on gagne la **crypte des Gros-Piliers** (XVe s.) qui soutient de ses énormes colonnes, de 5 m. de tour, le chœur de l'église supérieure (deux chapelles de cette crypte sont converties en citernes contenant 1 200 ton. d'eau). — Puis on rentre dans « la Merveille » par la **salle des Hôtes**, ou **des Etrangers**, qui se trouve sous le réfectoire Cette salle, bâtie vers 1215, longue de 35 m., est divisée en 2 nefs par d'élégantes et hautes colonnes, avec chapiteaux ornés de feuillages, d'où partent vers la voûte huit nervures. On y voit deux vastes cheminées. — On passe dans la **salle des Chevaliers**, située sous le cloître. Elle fut bâtie de 1215 à 1220 et a, comme la salle des Hôtes, 2 grandes cheminées; sa longueur est de 26 m., sa largeur de 18. Elle est divisée en 4 nefs, de largeur inégale, par 3 rangs de colonnes cylindriques avec beaux chapiteaux; aux joints des nervures, qui en jaillissent sont des clefs sculptées. Cette salle portait primitivement le nom de salle du Chapitre; elle devint salle des Chevaliers après l'institution des Chevaliers de l'Ordre de Saint-Michel (par Louis XI, en 1469), qui y tinrent leurs premières assises.

A l'étage inférieur de « la Merveille » (3ᵉ étage à partir du haut) sont le **cellier** (sous la salle des Chevaliers) et l'**aumônerie** (sous la salle des Hôtes). Le cellier a trois nefs et ses piliers carrés supportent les colonnes de la salle des Chevaliers; ils sont barbouillés d'un badigeon blanc. On l'appela par raillerie, *Montgommerie*, depuis une tentative infructueuse faite par l'Anglais Montgommery, en 1591, de s'emparer par surprise du Mont Saint-Michel. L'aumônerie, où se termine la visite, a 2 nefs; c'est là que les moines recevaient les indigents assistés par eux.

On sort par la petite cour où est le logis du gardien et que l'on nomme *cour de la Merveille*; on se retrouve dans la salle des Gardes et à l'escalier du Gouffre.

[De l'abbaye on peut aller visiter le *musée du Mont Saint-Michel* (musée privé : 1 fr. par pers.) Il faut alors, en sortant, tourner à g. et suivre à mi-côte la petite ruelle qui aboutit au musée (écriteaux indicateurs). On y voit : un panorama de bataille sur les grèves du Mont; des figures en cire représentant les détenus célèbres dans leurs cellules; des curiosités diverses; quelques tableaux; une collection de coqs de montre). Du musée on peut redescendre directement au tram par des escaliers. Sinon on revient à l'abbaye afin de faire le tour des remparts.]

Tour des remparts. — Sortant de l'escalier du Gouffre, on passe sous l'arcade de la *Barbacane*, qui s'ouvre en face, et on prend la ligne des **remparts**. Quelques marches que l'on monte amènent à la *tour Claudine*, accolée à la base de « la Merveille » et d'où l'on redescend à l'*échauguette du Nord*, puis à la **tour du Nord** (1255-1260) qui fait l'angle du rempart. C'est de cette tour que *la vue est plus belle* sur la pleine mer; c'est ici qu'il faut venir pour jouir du spectacle de la marée montante et du coucher du soleil. Le rempart tourne ensuite vers la dr., et le chemin de ronde est entrecoupé de marches; un peu avant le second palier, à dr., restes de l'*enceinte du* XIVᵉ s. Puis on rencontre un *bastillon* d'angle, que suit la *tour Boucle* (cafés). Un peu au-dessous des remparts, à g., c'est ensuite la *tour Basse* (on est au niveau des toits des maisons de la Grande-Rue) et la *tour de la Liberté*. Après être passé sous la toiture couverte qui protégeait le guet et qui recouvre le sommet de la tour de l'Arcade, on redescend par un escalier, à dr., à la porte de la ville. — Si l'on continuait à suivre plus loin le rempart, on trouverait des escaliers qui remontent au musée et à l'abbaye.

Tour du Mont. — Le tour extérieur du Mont demande 45 min. env.; durant la pleine mer il peut se faire en bateau (1 fr. par pers.). La promenade à pied, au contraire, ne peut avoir lieu que quand la mer s'est retirée. Elle se pratique facilement dans premiére partie; vers la fin elle peut devenir assez difficultueuse; on revient alors sur ses pas par le même chemin. Il faut aussi éviter de se laisser couper le chemin par la marée montante (s'enquérir, avant de partir, de l'heure du flot).

Sortant de la ville, on tourne vers la dr. et on voit, au bord de la grève, le bâtiment de la *gendarmerie*, construit en 1828 pour loger le détachement de soldats envoyé dans l'île quand l'abbaye devint prison; là, ou à peu près, s'élevaient jadis les *Fanils* ou magasins de bouche de l'abbaye Puis on rencontre la *tour Gabriel* (1534), surmontée en 1627 d'une petite tourelle. La côte devient rocheuse, avec des escarpements à pic, parmi lesquels on atteint la **chapelle Saint-Aubert** (XIIIe ou XIVe s.)

Franchissant les rochers en bas de l'escalier qui conduit au seuil de la chapelle, on aperçoit bientôt un autre petit édicule carré; c'est le *puits* ou *fontaine Saint-Aubert*, source d'eau douce où l'on descendait de l'abbaye par un chemin à demi ruiné. Cette face du Mont est couverte d'arbres et de taillis; en se reculant un peu sur la grève, on aperçoit dans son ensemble, au-dessus du bois, toute la face latérale de « la Merveille »; les ongues et étroites fenêtres que l'on voit à l'étage supérieur sont celles du réfectoire des moines, le mur qui suit est celui du cloître, et les deux cheminées de pierre qui le surmontent sont celles de la salle des Chevaliers.

Continuant à suivre la grève on trouve, là où le rempart recommence à plonger dans la mer, la *fontaine Saint-Symphorien*, qui coule goutte à goutte de la muraille même. C'est à cet endroit que l'on est parfois obligé de s'arrêter et de revenir sur ses pas, car le sol, miné par les eaux souterraines, perd de sa fermeté. Il faut, si l'on tient à poursuivre, choisir, afin d'éviter les risques d'enlisement, les endroits où le sable paraît le plus sec, quitte à s'éloigner un peu de la muraille; si l'on voit de l'eau jaillir sous ses pieds, comme d'une éponge qu'on presse, on cherchera immédiatement un autre passage. Dans ce parcours, sur le pan de mur qui suit la tour Basse, on remarque un *bas-relief* sculpté, représentant un lion héraldique avec un écusson sous la patte: ce sont les armes de Robert Jollivet, 30e abbé du Mont.

L'ilot granitique de **Tombelaine** est à 3 k. env. du Mont Saint-Michel. Un *guide* est *nécessaire* pour s'y rendre et indiquer dans les sables les passages sûrs.

## ROUTE 3.

## DE PARIS A RENNES

374 k. en 6 à 7 h. — 41 fr. 90 ; 28 fr. 25 ; 18 fr. 45.

336 k. de Paris à Vitré (R. 1, 2).

Au delà de Vitré, on laisse à la dr. la ligne du Mont Saint-Michel, par Fougères ; à g., ligne de Châteaubriant. Le ch. de fer côtoie la Vilaine.

346 k. *Les Lacs*. — On franchit la Vilaine.

353 k. *Châteaubourg*, ch.-l. de c. de 1 230 hab. — 358 k. *Servon*.

363 k. *Noyal-Acigné*. — Le ch. de fer croise la route de terre près de *Cesson* (maisons du XVIe s.; *château de Cucé*, avec parc de 52 hect.)

374 k. **Rennes*** Ⓑ (✕ pour Saint-Malo, Redon et Châteaubriant), V. de 74 676 hab., ch.-l. du dép. d'Ille-et-Vilaine, ancienne capitale de la Bretagne, archevêché, grand commandement militaire du 10e corps, est située à 54 m. d'alt., au confluent de l'Ille et de la Vilaine. La Vilaine divise, de l'E. à l'O., la ville en deux parties inégales, réunies par 6 ponts. Relativement moderne, elle a été reconstruite après le grand incendie de 1720, qui dura sept jours et n'épargna qu'un petit nombre des anciennes rues étroites et tortueuses dont les dernières se retrouvent aux alentours de la cathédrale. En son ensemble Rennes conserve l'aspect un peu sévère et froid de l'ancienne cité parlementaire ; ses grandes places et ses rues rigides rappellent Versailles.

Devant la vaste cour de la gare (omnibus des hôtels, trams électriques, commissionnaires et voitures de place) s'étend la *place de la Gare* (à g., le Champ de Mars), d'où l'*avenue de la Gare* conduit en 5 min. au quai de la Vilaine, en passant devant le *lycée* (moderne, style Louis XIII) et devant le Palais Universitaire (angle du quai, à gauche).

Le **Palais Universitaire** (1849-1855) renferme, outre les facultés (sauf celle des Sciences, qui a son bâtiment spécial sur la rive en face), des collections de minéralogie, d'histoire naturelle et d'archéologie, un de nos meilleurs musée de tableaux, et des sculptures. Le fronton de l'entrée principale, sur le quai, par Barré, représente *la Bretagne entourée des attributs des Lettres, des Sciences et des Arts*.

Le **Musée** est public le jeudi et le dim. de midi à 4 h. en hiver, à 5 h. en été (entrée quai de l'Université) ; les autres jours de 10 h. à 4 h. en s'adressant au gardien-chef (pourboire), rue Toullier, derrière le palais. — La sculpture, la géologie et l'histoire naturelle occupent le rez-de-chaussée, la peinture le 1er étage, l'archéologie le 2e.

REZ-DE-CHAUSSÉE. — **Salle de sculpture.** — De dr. à g. : *Bourgeois*. Guillaume Budé. — *Marochetti*. La Pauvre Mère, l'Ange de la Charité, l'Aveugle, groupes du tombeau de Mme de Lariboisière. — *Barré*. La Madeleine. — *Dolivet*. Mignon (plâtre). — *Lanno*. Noé. — *Quinton*. La Défense du territoire. — *J. Gourdel*. La Petite Fille au chien. — *Quinton* Mort de Diagoras de Rhodes (bas-relief, plâtre). — *P. Gourdel*. Le Petit Savoyard — *Aubé*. Gambetta. — *Lanno*. Lesbie (marbre). — **Rodin. Buste de femme** (marbre). — *Chapu*. Jeanne d'Arc. — *Travaux*. La Rêverie. — **David d'Angers. Buste de Lamennais.** — *Dubois*. Joueur d'onchets. — *Thomas*. La Pensée. — *Théodore Boucher*. L'Age d'or. — *Inconnu*. **Jeune fille caressant un lévrier**, charmant ouvrage florentin. — *Molchnecht*. Statue colossale de Louis XVI. — *Mme Cazin*. Les Évangélistes (bas-relief). — *Aimé Millet*. Mercure. — *Leofanti*. Pro Patria mori. — *Chapu*. Berryer.

Au milieu de la salle : — *Blanchard*. Bethsabée. — *Dubois*. La Charité (moulage). — *Falguière*. La Femme au paon (moulage). — *Longepied*. L'Immortalité. — *Falguière*. Diane (moulage). — **Rude. Pêcheur napolitain.** — *Boisseau*. Le Génie du Mal. — *Dolivet*. Madeleine. — *Escoula*. Printemps. — *Pech*. Guido Monaco d'Arezzo. — *Saint-Marceaux*. La Vigne (plâtre). — *Quinton*. L'Étoile du berger. — *Boucher*. Antique et Moderne. — *Captier*. Hébé. — *Mercié*. David vainqueur. — *Jouffroy*. Secret à Vénus. — *Frémiet*. Chatte. — *Barrias*. Premières funérailles.

**Galerie de géologie.** — Ce musée réunit : 1° tous les éléments géologiques qui entrent dans la composition du bassin de l'Ouest ; les divers éléments de l'écorce terrestre ; 2° une série comparée des matières premières utiles à l'industrie et à l'agriculture. La galerie renferme aussi des coquillages et quelques tableaux.

Au fond, à g., SALLE DE BRETAGNE : minéralogie et géologie. On remarque des *dents de Mastodonte* et de *Dinothérium*, fort bien conservées et provenant des environs de Rennes.

Au centre de la galerie, SALLE DE SCULPTURE COMPARÉE : moulages antiques, du moyen âge et de la Renaissance ; figures de cathédrales. — **Coysevox. Bas-reliefs** en bronze : « La France triomphante sur mer » et « La Bretagne offrant à Louis XIV le projet de sa statue équestre », qui décoraient, sur la place du Palais-de-Justice, le piédestal de la statue équestre de Louis XIV détruite à la Révolution.

A dr., SALLE D'HISTOIRE NATURELLE : collection de crustacés, oiseaux empaillés, insectes et papillons.

On monte au 1er étage par un escalier au bas duquel se voient une statue de Descartes, par *Barré*, et un tableau (Jésus dans le désert, attribué à *Lesueur*).

1er ÉTAGE. — Palier (d'où part l'escalier du Musée archéologique). — Collection d'estampes ; peintures ; *Arnould de Vuez*, St Bonaventure prêchant au Concile ; *Jobbé-Duval*, La Fiancée de Corinthe.

On entre dans une étroite galerie.

**Galerie.** — 169 cadres contenant une précieuse **collection de dessins** originaux, provenant pour la plupart de la collection de M. de Robien, et quelques tableaux anciens ou modernes (plusieurs copies) ; statuettes et moulages.

Au milieu de cette galerie, une porte à dr. donne entrée dans le **musée de peinture** proprement dit, comprenant 6 salles.

1re SALLE. — Tableaux anciens. — De dr. à g. : *Panniciati*. Arrivée des Mages. — *Le Guide* (?). Assomption. — *Casanova*. Attaque de voleurs pendant la nuit. — *Peter Neefs le Vieux*. Intérieur d'une église gothique. — *Poussin*. Ruines d'un arc de triomphe. — *Zeeghers*. St Ambroise. — *Jean de Arellano*. Fleurs dans un vase. — *Van Kessel*. Paysage. — *J. Kierings*. Création de l'homme. — *Zeeghers*. St Jean l'Evangéliste. — *A. Coypel*. Jupiter et Junon sur le mont Ida. — *Van Loo*. Portrait de la comtesse de la Villetéart. — *Winants*. Paysage. — *Casanova*. Un ouragan. — *Delorme*. Intérieur d'un temple protestant. — *Franck le Jeune*. Jésus chez Simon le Pharisien. — *Vuchel*. Un larcin. — *Winants*. Paysage. — *Van Mieris*. Une dame à sa toilette. — **J. Cousin. Jésus aux noces de Cana** (c'était le fond d'autel de l'église Saint-Gervais à Paris; on sait que J. Cousin demeurait sur cette paroisse et qu'il avait peint des vitraux pour l'église). — *Vildens*. Chasse au sanglier. — *D. Teniers le Jeune*. Intérieur de cabaret — *Rembrandt*. Jeune femme à laquelle une vieille coupe les ongles (retouché). — *Le Nain*. La V., Ste Anne et l'Enf. J. auxquels des anges présentent des fruits. — *Van Tol*. Vieillard se coupant les ongles. — *Leermans*. Le Trompette et la Servante. — *Casanova*. Voyageurs surpris par un orage. — *Van Herp*. La V. au chardonneret. — *Ad. Brauwer*. Buveurs dans une grange. — *Van der Bent*. Paysage. — *D. Dumoutier*. Portrait d'une femme âgée. — *Van der Werff*. Moïse sauvé des eaux. — *Éc. Bolonaise*. Les Pèlerins d'Emmaüs. — *Heemskerk*. St Luc peignant la V. — *Van Laer*. Cheval attaché à la porte d'une auberge. — *Béga*. Port de Marseille. — *Zeeghers*. St Marc. — *Palomino de Velasco*. Vision de St Antoine. — *Wouwerman*. Marché aux chevaux. — *Herman*. Paysage. — *Porbus le Jeune*. Portrait de Charron, écrivain du temps de Henri IV. — *Casanova*. Rupture d'un pont. — *Snyders*. Dogue blessé. — *Le Nain*. Le Nouveau-né. — *Bon Bollogne*. Enfants jouant avec des oiseaux. — *Fr. Quesnel*. La maréchale d'Ancre. — *Claude Gellée*. Paysages.

Au milieu de la salle, sculpture : *Delaplanche*. La Musique. — *Barré*. Bustes (en bronze) de Leperdit et de Triquety. — *Moreau-Vauthier*. La Fortune. — *Dubois*. Chanteur florentin. — *Delaplanche*. La Danse. — Vitrine de porcelaines de Sèvres.

2e SALLE (à g. de la précédente). — Tableaux anciens. — *Barbieri*. Jésus descendu de la croix et pleuré par la V. — *Fêti*. Paysage avec figures. — *Van Dyck* (?). Ste Famille. — *Huysmans*. Paysage avec figures et animaux. — **Jordaëns. Christ en Croix** (une des belles œuvres de ce maître). — *Rubens* (?) (en collaboration avec *Snyders*). Chasse aux tigres et aux lions. — *Van der Faës*. Portrait de Charles Ier enfant et du comte d'Arandel. — *Ph. de Champaigne*. La Madeleine. — *Carlo Lotti*. La Femme adultère. — **Véronèse. Persée délivrant Andromède** (ce magnifique tableau, qui a été gravé, faisait autrefois partie de la collection du roi). — *Schwartz*. Crucifiement. — *Le Tempestino*. Marine. — **De Crayer. Élévation de la Croix** (ancien fond d'autel d'une église des Jésuites en Belgique). — *L. Giordano*. Martyre de St Laurent. — *Ferdinand (fils)*. Présentation de la V. au Temple. — *Jean Jouvenet*. Jésus au Jardin des Oliviers. — *Toulouze*. Éros et Aphrodite. — *Le Bassan*. Pénélope. — *Gaspard de Crayer*. La Résurrection de Lazare. — *A. Ricci*. Ste Barbe. — *Honthorst*. St Pierre renie le Christ. — Sculpture : *Mercié*. Buste de Marie-Antoinette.

3e SALLE. — Tableaux modernes. — *Baader*. Le Rappel des Abeilles. — *Médard*. La Création. — *Godeby*. La Crèche. — *Jacquand*. Dernière scène des mémoires du comte de Comminges. — *Alfred Didier*. Mort de

Fiesque. — *Mélingue.* Hoche vendant des gilets dans un café. — **Harrison. Novembre.** — *Jolin.* Mort de Charles de Blois après la bataille d'Auray.

On revient sur ses pas, traversant les deux salles précédentes, pour reprendre, à dr. de la 1re salle où l'on est entré, la 4e salle.

4e SALLE (à dr. de la salle d'entrée). — Tableaux anciens et modernes. — *Inconnu.* Bal à la cour des Valois. — *Maltèse.* Natures mortes. — *Lucatelli.* Paysage. *Lévy.* La Mort de St Jean-Baptiste. — *École française.* La Femme entre deux âges. — *Claude Vignon.* Ste Catherine, martyre. — *J. Restout.* Orphée aux enfers. — *Nitsch.* Boudeuse. — *Fougerat.* Portrait de Mme Fougerat. — *Carrache.* Martyre de St Pierre et St Paul. — *Bompard.* Le Repos du modèle. — *Ch. Lebrun.* Descente de croix. — *Ferdinand fils.* Le Christ en croix. — *Noël Coypel.* Résurrection du Christ. — Petits tableaux de l'école de *Van der Meulen.* — *Ch. Meynier.* Alexandre le Grand cédant Campaspe au peintre Apelles. — **Desportes. Chasse au loup.** — *Lehmann.* Consolatrix Afflictorum. — *Ch. Natoire.* St Étienne prêchant. — *Tintoret.* Le Massacre des Innocents.

5e SALLE. — Tableaux modernes. — **Feyen-Perrin. Après la tempête.** — *Duvau.* Messe en mer. — *E. Boudier.* Dernières feuilles. — *Maréchal.* Le Tour (dernier baiser). — *A. Durand.* Pastel. — *Boudin.* Marine. — *Dusson.* Un soir sur les bords du Loir. — *Leroux.* Le Nouveau-né. — *Van Dargent.* Le Retour des champs. — **J. Lemordant. Joie grave.** — *Saintin.* L'Anse d'Erquy. — *Bersent.* Louis XIV bénissant son petit-fils. — *Le Roux.* Berger étouffant un lion.

De cette salle monte l'escalier du musée archéologique (*V.* ci-dessous).

6e SALLE. — Tableaux modernes. — *Voillemot.* Velléda. — *Chaigneau.* L'Hiver. — *Louis Roger.* Le Fils prodigue (triptyque). — *Bourgogne.* Nature morte. — *Bloch.* Combat de Château-Gontier. — *Ségé.* Les Pins de Plédéliac. — *Couder.* L'Enlèvement du Dauphin. — *Isembart.* Le Matin. — *René His.* Rive fleurie. — *Pinguilly l'Haridon.* Les Mouettes. — *Hall.* Classe manuelle. — *Berteaux.* Attentat contre Hoche. — *Nobillet.* Mare aux iris. — *Lafond.* Le Matin. — *Vuagnat.* A la fontaine. — *Depaux.* Basse-cour. — *Meslé.* Intérieur. — *Blin.* Le Matin dans la lande. — *Guillemot.* Sapho et Phaon. — *Feyen-Perrin.* Nymphe endormie. — *L. Mouchot.* Bazar au Caire. — *Blin.* La Creuse. — *Pelouze.* A travers bois. — *Jadin.* Relais de chasse. — *Ginain.* Le cheval de soumission. — Belle pendule Louis XIII. — 2 bronzes : la Musique et la Poésie, par *Barrias.* — *Pujol.* Le Départ de Noémi. — *Marquis.* Saint Louis sortant du Châtelet.

Revenant à la 5e salle, on monte au 2e étage. — Sur le palier : dessins représentant diverses habitations curieuses de Rennes, auj. disparues ; chaise à porteurs du XVe s.

2e ÉTAGE : — **Musée archéologique** (5 000 objets dont une partie, faute de place, n'est pas exposée).

1re SALLE. — Antiquités égyptiennes ; antiquités grecques et étrusques (150 pièces, dont 120 provenant de la collection Campana) ; antiquités celtiques (env. 350 haches en pierre polie ou taillée) ; épées en bronze trouvées à Rennes ; torques (moulages imitant l'or), bracelets, armes, bijoux, ustensiles divers en bronze (375 pièces) ; antiquités romaines et gallo-romaines ; bornes milliaires et inscriptions lapidaires ; cités lacustres (250 pièces). La plupart des antiquités celtiques ont été trouvées en Bretagne.

Antiquités franques et mérovingiennes ; armes du XVIe s. jusqu'à nos jours ; ivoires (4 statuettes. Re naissance et **Christ** provenant du Louvre); émaux (splendide **plat Jean de Court**); numismatique (10 000 médailles ou monnaies).

Souvenirs de la Révolution, dont écharpe portefeuille et autographes de Leperdit, maire de Rennes; assignats, insignes patriotiques.

**Céramique** (PETITE SALLE à g. de la précédente). — Terres cuites; carrelages: faïences de Delft, Rouen, Nevers, Strasbourg, Quimper, parmi lesquelles: un **bénitier** de grande dimension et une **fontaine** de salle à manger (Rouen, XVIIIe s.).

Derrière le Musée, on pourra visiter: *rue Toullier*, l'**église des Toussaints**, ancienne chapelle des Jésuites (1624-1657); renfermant trois beaux retables d'autels; rue Vasselot, n° 34, dans la *cour des Carmes*, un escalier à balustres de bois, accolé à des maisons à galeries, ancienne dépendance du *couvent des Carmes*.

Suivant à g. le *quai de l'Université*, on passe devant le *pont de Berlin* (ainsi nommé en souvenir de l'entrée de l'armée française dans la capitale de la Prusse, en 1806) et l'on arrive au **Palais du Commerce** dont l'aile droite, seule construite, renferme l'*école régionale des Beaux-Arts*, le *cercle militaire*, le *bureau central des postes et télégraphes*. Sur la place, **statue de Le Bastard**, sénateur, ancien maire de Rennes, en bronze, par Dolivet.

En face, le *pont de Nemours*, que l'on franchit, aboutit à la *rue* commerçante *de Rohan*, qui par la *rue Volvire* (1re à dr.) mène à l'hôtel de ville et aux *galeries Méret* (1852), appelées vulgairement *les Arcades*, avec cafés et magasins. On y trouve le **Théâtre**, de 1855 (à la façade, en demi-rotonde, statues des *Muses* et d'*Apollon*, par Lanno).

**L'Hôtel de Ville**, construit en 1734 sur les dessins de Gabriel, est surmonté d'un beffroi rond avec dôme en plomb. Un péristyle, orné de colonnes en marbre rouge, précède un escalier qui conduit à la *salle des concerts*.

Derrière le théâtre et les galeries Méret est la *place du Palais*, avec un jet d'eau au centre.

Le **Palais de Justice** (s'adr. au concierge; pourboire), forme un quadrilatère régulier. Commencé pour le Parlement, en 1618, sur les dessins de Jacques De Brosse, il a été achevé par Cormeau vers 1654. Le faîte des pavillons porte de jolies statues modernes en plomb (*l'Eloquence, la Justice, la Force, la Loi*), par Lenoir. De chaque côté du perron, statues médiocres (1840) des jurisconsultes *D'Argentré, La Chalotais, Toullier* et *Gerbier*.

A l'int. (l'ordre de visite n'est pas toujours rigoureux quand les tribunaux siègent): *Salle des Pas-Perdus* (1er étage), remarquable par ses vastes dimensions et son plafond de bois avec ornements dorés. — *Grand' Chambre du Parlement*, avec plafond peint par Coypel (admirables boiseries; délicates peintures décoratives par Érard;

charmantes *tribunes* dans lesquelles les dames assistaient aux séances. — 1re *Chambre*, richement décorée par Jouvenet, qui a peint le plafond et un *Christ* auj. enlevé (tapisseries modernes des Gobelins). — 2e *Chambre*, décorée par Ferdinand, en 1706. Cabinet du 1er Président (jolies peintures d'Érard, restaurées par Gosse). — 3e *Chambre* (belles peintures de Jobbé-Duval et boiseries dorées). — *Cour d'assises* (sculptures sur bois, de grand style, XVIIe s., recouvertes d'un badigeon brun).

[De la place du Palais, on peut, si l'on est pressé, gagner, par la *rue Nationale*, continuée sous les noms de *rue La Fayette*, *rue de Toulouse* et *rue de la Monnaie*, la cathédrale et la porte Mordelaise (p. 46), puis r v nir à la gare.]

De la place du Palais, si l'on veut visiter la ville en détail, on suivra l'itinéraire suivant :

A l'angle g., en bas de la place, se détache la *rue Saint-Georges* ; au n° 3, dans la cour de l'ancien *hôtel de la Moussaye*, jolie façade de la Renaissance en bois sculpté. Presque en face, une courte rue conduit à l'église Saint-Germain.

**L'église Saint-Germain** appartient, dans ses plus anciennes parties, au style ogival flamboyant. La tour est de 1519. Sur le côté opposé de l'église, portail de 1606. — A l'int., *orgue* dont le buffet est supporté par des cariatides en bois. Bas-côté dr. : chapelle de Ste-Anne (statue de *Ste Anne*, par Gourdel). Transept dr. : très belle *verrière* ancienne ; copie d'un tableau d'Ingres, *le Christ remettant les clefs à St Pierre* ; *le Christ au jardin des Oliviers*. Au-dessus du *maître-autel* monumental, belle fenêtre flamboyante (*vitraux* du XVIe s.) ; derrière l'autel, copie ancienne de la *Descente de croix*, d'après Rubens ; à dr. de l'autel, reliquaire pseudo-gothique,

Sortant de l'église Saint-Germain par la même porte, on revient rue Saint-Georges, au bout de laquelle on aperçoit la *caserne Saint-Georges* occupant les bâtiments de l'ancienne abbaye de ce nom (1018), reconstruits en 1670 par Madeleine de La Fayette, abbesse de Saint-Georges.

Revenant place du Palais, on prend, du même côté de la place, la *rue Hoche*, qui longe le monument (*chapelle* moderne *de la Visitation*), puis la *rue Saint-Melaine* (1re à dr. après la chapelle), qui conduit à la *place Saint-Melaine* et à Notre-Dame.

**Notre-Dame**, ou *St-Melaine*, est un mélange des styles les plus divers, depuis le style roman jusqu'à celui du XVIIe s. La *tour* fut surélevée au XIVe s. et refaite en partie en 1672 ; un dôme moderne, avec statue dorée, en défigure le sommet. — Sous le *porche*, du XIe s., *tombeau du curé Meslé*, par Valentin. — A l'int., nef du XIIIe s., coupée et séparée du chœur par une arcade romane, d'aspect byzantin; dans le transept dr., *statue* de Ste Philomène, du XVII^e s., et effigie en cire de Ste Septimie.

A dr. de l'église on voit **l'*Archevêché***, construit au XVII^e s. par l'abbé d'Estrades, et l'*hôpital général* (jolies boiseries de la chapelle, 1767; *cloître* du XVII^e s., dont les arcades sont richement décorées; s'adr. au concierge, pourboire.)

Place Saint-Melaine commence **la promenade du Thabor**, à l'entrée de laquelle sont les *Archives départementales*, et qui a été formée d'une partie des anciens jardins des Bénédictins de Saint-Melaine. Au milieu d'un carré entouré d'arbres, *statue de Du Guesclin* (1825). Un peu au delà, *colonne* érigée à la mémoire de Vanneau et de Papu, deux Rennais, tués à Paris aux journées de Juillet 1830.

Du carré Du Guesclin, une double rampe conduit aux allées supérieures du Thabor et au *chêne de Saint-Melaine*, plusieurs fois séculaire. L'*allée des Chênes* aboutit aux *serres*. Dans les *parterres*, **Enlèvement d'Eurydice**, et **Chasse de Diane**, beaux groupes par Lenoir. Au delà des parterres, *jardin botanique*.

Revenant au chêne de Saint-Melaine, on descend au *jardin suisse* (pont, cascades et, au milieu d'une pelouse, **Repos de Diane**, par Lenoir). Une allée en pente et des escaliers, avec fontaines, redescendent en ville, à la *rue de Belair*.

La rue de Belair, que l'on prend à dr., amène en quelques min. au **square de la Motte**, bordé à dr. par la *caserne du Bon-Pasteur* et par la *Préfecture*, qui occupe l'ancien hôtel Le Cornulier. Au n° 1 de la *rue de Fougères*, *hôtel de Montboucher*, où mourut La Chalotais; au n° 3 de la place de la Motte, *hôtel de Cuillé* où, en 1788, siégea le Parlement en lutte contre le pouvoir. — La *rue Victor-Hugo*, qui fait suite à la rue de Belair, ramène au palais de justice.

Traversant la place du Palais on suit, en face de soi, la *rue Nationale*, qui prend presque aussitôt le nom de *rue La Fayette*. Entre la rue La Fayette et la *rue de Toulouse*, la *rue du Champ-Jacquet* (2, à dr. après la place du Palais) remonte à une petite place bordée de vieilles maisons et au milieu de laquelle s'élève **la statue** en bronze, par Dolivet, **du maire Leperdit**.

[En reprenant la rue de Toulouse, on arriverait directement à la cathédrale et à la porte Mordelaise (p. 46)].

Continuant à suivre la rue du Champ-Jacquet, on trouve au n° 19, à l'angle de la *rue Le Bastard*, l'*hôtel de Robien*, bel édifice du XVIII^e s., morcelé, avec élégante tourelle d'angle.

La *rue de la Motte-Fablet*, qui fait suite à la rue Le Bastard, amène en quelques pas à un carrefour. A dr. on aperçoit l'ancienne *église de la Visitation* (1659), occupée auj. par un entrepôt de vins; à g. est la place Sainte-Anne.

Sur la **place Sainte-Anne** se tient le *marché de la boucherie* et s'élève la nouvelle **église Saint-Aubin**, où l'on voit : un *tableau* ancien de N.-D. de Bonne-Nouvelle, qui est l'objet d'une grande vénération; un ex-voto en argent; les statues de Ste Anne et St Aubin, par Barré. — Parmi les *maisons* de la place Sainte-Anne, on remarque celle du nº 9, qui, décorée de poutres sculptées, porte la date de 1586; plusieurs autres maisons anciennes se voient *rue Saint-Michel* (côté de la place opposé à l'église), entre autres au nº 9 et au nº 13 (celle-ci de 1580).

De la place Sainte-Anne, la *rue Saint-Louis* (côté dr. de la place en sortant de l'église) conduit au *carrefour Jouaust* et à l'église Saint-Étienne.

**L'église Saint-Etienne** est l'ancienne chapelle du couvent des Augustins, établis à Rennes en 1665. A la façade, *statues* de St Etienne et de St Augustin. — A l'int. : grand *maître-autel* à baldaquin (XVIIe s.); dans le chœur, *peintures murales* par Jacquier; beaux *vitraux* modernes par C. Lavergne.

Sortant de l'église on trouve, derrière le petit pâté de maisons qui borde le carrefour Jouaust, la longue **place des Lices** (*halles*), où l'on remarque au nº 34 **l'hôtel du Molan**, construit en 1689 par le jurisconsulte Pierre Hévin (inscription et médaillon dans le vestibule, où l'on peut entrer, et grand escalier intérieur). — Du côté dr. de la place (celui par lequel on est arrivé), une ruelle étroite, qui passe sous la porte Mordelaise, conduit à la Cathédrale.

La **Porte Mordelaise** date du XVe s. et est flanquée de grosses tours à mâchicoulis. Elle est un spécimen intéressant de l'architecture militaire du moyen âge et un souvenir historique; c'est par cette porte, en effet, que les ducs de Bretagne et les évêques faisaient leur entrée dans la ville.

La **Cathédrale** ou **Saint-Pierre**, du style pseudo-ionique, élevée en 1787 à la place d'un monument plus ancien qui croulait, continuée en 1811, a été achevée en 1844. — La façade est surmontée de 2 *tours*, hautes de 40 m. et décorées de colonnes. Ces tours, achevées en 1700, furent commencées au XVIe s. (par Anne de Bretagne, dit-on), ainsi qu'en témoignent les portes latérales et les niches du rez-de-chaussée, qui sont du style Renaissance.

A l'int., dont l'ornementation est fort riche, on voit : — Bas-côté dr., dans la chapelle qui précède le transept, **retable** en bois sculpté et doré, chef-d'œuvre allemand du XVe s. C'est un des plus importants de ce genre qu'il y ait en France, par sa grandeur, le nombre des scènes (*Vie de la Vierge*) et des

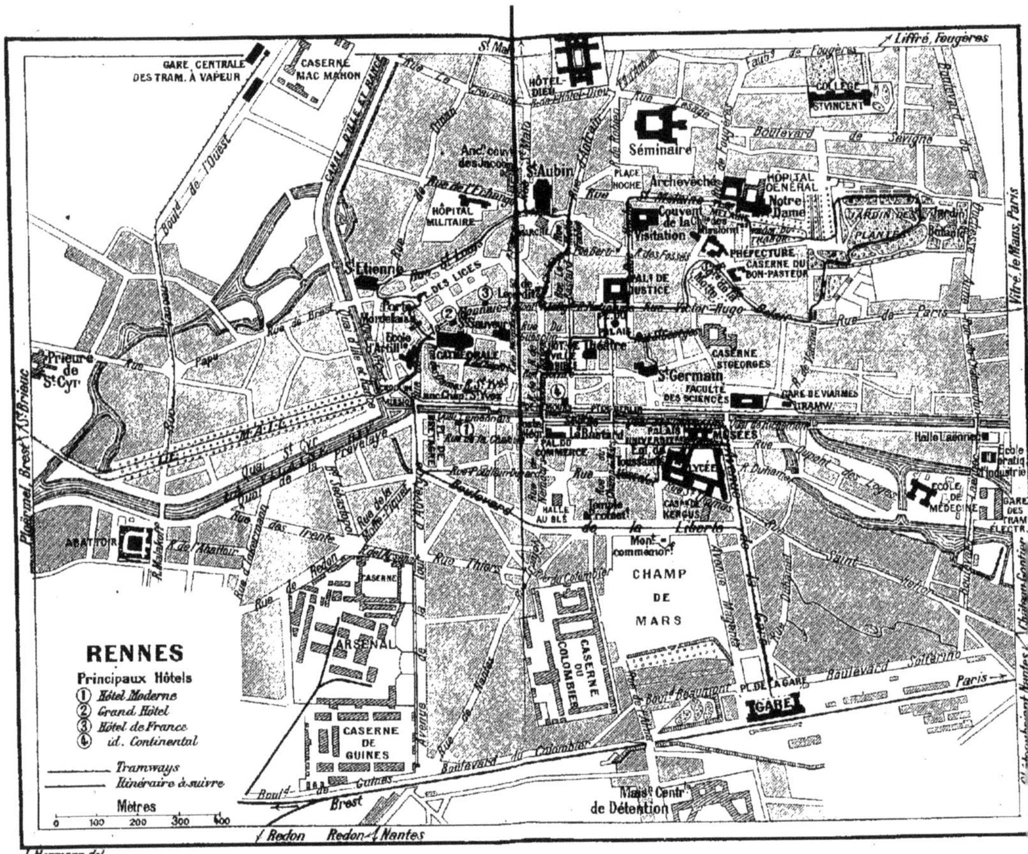
RENNES
Principaux Hôtels
① Hôtel Moderne
② Grand Hôtel
③ Hôtel de France
④ id. Continental
Tramways
Itinéraire à suivre
Mètres
0 100 200 300 400
GARE CENTRALE DES TRAM. À VAPEUR
CASERNE MAC MAHON
HÔTEL-DIEU
Liffré, Fougères
COLLÈGE ST VINCENT
Séminaire
Boulevard de Sévigné
HÔPITAL GÉNÉRAL
Notre Dame
Archevêché
PLACE HOCHE
St Aubin
HÔPITAL MILITAIRE
Visitation
PRÉFECTURE
CASERNE DU BON-PASTEUR
JARDIN DES PLANTES
St Étienne
PL. DES LICES
PALAIS DE JUSTICE
Rue Victor-Hugo
Rue de Paris
Vitré, le Mans, Paris
Prieuré de St Cyr
CATHÉDRALE
Théâtre
CASERNE ST GEORGES
St Germain
FACULTÉ DES SCIENCES
GARE DE VIARMES TRAMW.
PAL. DU COMMERCE
PALAIS UNIVERSITAIRE MUSÉES
LYCÉE
Halle Laënnec
École pratiq. d'Industrie
ÉCOLE DE MÉDECINE
GARE DES TRAM. ÉLECTR.
HALLE AU BLÉ
CASERNE KERGUS
Quai St Cyr
ABATTOIR
Boulevard de la Liberté
Mont. commémor.
CHAMP DE MARS
CASERNE
ARSENAL
CASERNE DU COLOMBIER
CASERNE DE GUINES
Boulevard Solférino
PL. DE LA GARE
GARE
Paris
Boulevard du Colombier
Boul. de Brest
Mais. Centr. de Détention
Redon
Redon Nantes
Ploërmel, Brest, St Brieuc
L. Hermann, del.

personnages, et la beauté de l'exécution. L'*autel* est garni de sculptures de la même époque. — L'abside et le pourtour du chœur sont ornés de *peintures* par Le Hénaff (à l'abside : *Jésus-Christ, entouré de ses Apôtres, donne les clefs à St Pierre*; au pourtour du chœur : suite de personnages, évêques ou moines des anciens diocèses de Rennes). — Transept g. : à l'autel, *Mariage de la Vierge*, *Salutation angélique* et *Assomption* par Langlois ; au-dessus, *Adoration de la Vierge et de l'Enfant-J.* par Jobbé-Duval ; *tombeau*, avec statue agenouillée, du cardinal Brossay-Saint-Marc, par Valentin ; *tombeau*, avec statue couchée, de l'archevêque Gonindard, par le même. — Beau *buffet d'orgue*.

[Autour de la cathédrale sont un certain nombre de vieilles maisons et de monuments divers : — Prenant la *rue des Dames* (à g. du portail en sortant de l'église), on arrive *rue Saint-Yves*, où l'on trouve d'abord, à dr., l'ancienne *chapelle Saint-Yves* convertie en magasin. Au nº 14 de la même rue est le *Conservatoire de musique et déclamation*; aux nᵒˢ 6 et 8, deux *maisons* anciennes avec sculptures en bois ; au nº 3, *hôtel des Ventes*. On arrive *place du Calvaire*, où l'ancienne *église des Calvairiennes* (1676) est occupée par un marchand de vins en gros ; sa vaste rotonde, avec dôme recouvert d'ardoises, abrite intérieurement une curieuse galerie circulaire supportée par des cariatides en bois sculpté (on peut demander à entrer). — La *rue de Montfort*, en face, conduit à l'**église Saint-Sauveur**, d'ordre dorique, achevée vers 1628. On y voit à l'int. : un beau *buffet d'orgue*, provenant de l'ancienne abbaye des Bénédictines de Saint-Georges ; une belle *chaire* (fer forgé et doré) ; un riche *maître-autel* à baldaquin ; dans le bas-côté dr., un *tableau votif* (la V. et l'Enf. Jésus préservant de l'incendie, en 1720, le quartier des Lices) ; des *vitraux* modernes, dont l'un (bas-côté g.) représente un épisode du siège de Rennes par les Anglais (1357). — Revenant place du Calvaire, on prend à dr., la *rue du Chapitre* : au nº 6, *hôtel de Blossac* ; au nº 5, *cour* intérieure avec curieux escalier de bois à balustres ; au nº 20, *maison* avec grosses têtes sculptées ; au nº 22, *maison* à écailles d'ardoise. Enfin, *rue Saint-Guillaume*, entre l'abside de la cathédrale et la rue de la Monnaie, une curieuse **maison double** du XVIᵉ s., dite à tort maison de Du Guesclin, a des étages saillants et des poutres ornées de personnages sculptés.]

De la place de la Cathédrale ou *place Saint-Pierre* (au nº 19 est né La Motte-Piquet), la *rue de la Monnaie* (vers la g. en sortant de la cathédrale) passe devant l'*école d'artillerie*, ancien hôtel de la Commission des États de Bretagne (1732), et descend au carrefour de la *Croix-de-Mission* ; là se réunissent la Vilaine et le canal d'Ille-et-Rance, qui est la rivière d'Ille canalisée. De ce carrefour, traversant la Vilaine, on regagne la gare par la *place de Bretagne*, le *boulevard de la Liberté* et le *Champ de Mars* (*monument aux soldats morts pour la patrie*).

[A 3 k. S.-O., **château de la Prévalaye** (on visite difficilement le château, mais on peut parcourir le parc en s'adressant au garde). On prend à Rennes le *quai de la Prévalaye* (rive g. de la Vilaine), au *pont de la Tour-d'Auvergne*, et on rencontre le pont-viaduc du chemin de fer, puis, un peu plus loin, le *moulin du Comte*. On arrive à une grande avenue, conduisant à une demi-lune d'où rayonnent d'autres belles avenues. De là on aperçoit le petit manoir de *la Prévalaye* (la *Prée-Vallais*), où est une chambre où coucha Henri IV. Le beurre de la ferme a donné son nom à tous les beurres des environs. — Pour revenir à Rennes, on peut prendre l'une ou l'autre des avenues aboutissant à la demi-lune. Celle de l'E. mène à la ferme de *Sainte-Foix*, où se trouve (à g.) un vieux chêne sous lequel Henri IV s'est, dit-on, reposé. Il n'existe plus que le tronc desséché. — Au delà de la Prévalaye, sur la route de Redon, les **bords de la Vilaine** deviennent de plus en plus pittoresques. De la hauteur où s'élève le *moulin de Bagatz*, on découvre un magnifique horizon.

A 10 k. N.-E., **forêt de Rennes** (2959 hect.), desservie par les trams à vap. de Rennes à Fougères et de Rennes à Antrain et Pleine-Fougères. Le point central est l'*Etoile de Mi-Forêt* (15 kil. de Rennes), où se croisent 8 routes (station des trams.)

**De Rennes à Redon** (🚂. 72 k. en 1 h. 30 à 2 h. : 8 fr. 05,5 fr. 45. 3 fr. 55). — On laisse à dr. la ligne de Brest et de Saint-Malo.

16 k. *Bruz* (ancien *manoir* du jurisconsulte Toullier ; restes du château de *Cicé* ; menhir haut de 3 m., près de l'embouchure de la Seiche ; mine de galène argentifère de Pont-Péan). La station est au ham. de *la Bihardaye* (*château* moderne, de style Louis XIII). A 2 k. O., près du confluent de la Vilaine et du Meu, **château de Blossac**, du XVIIIe s., entouré d'eaux vives, de jardins et de bois (dans la chapelle, tombeau de la Bourdonnaye).

On franchit la Seiche sur le viaduc de Pierrefitte, puis la Vilaine en aval du confluent de la Seiche, près des beaux rochers du *Boël*. A g., au delà de la rivière, *bois de Laillé* (futaies aux magnifiques sapins) et *château*.

17 k. *Laillé*. — Ruines du *château-fort de la Réauté*, sur la rive g. de la Vilaine, bordée de rochers pittoresques.

21 k. *Guichen-Bourg-des-Comptes*. — *Bourg-des-Comptes* a une *église* moderne. A 2 k. S., **château du Boschet** (XVIIe s.), au milieu de jardins dessinés par Le Nôtre. — *Guichen*, ch.-l. de c. de 3765 hab., est à 5 k. N.-O. Son territoire s'étend jusqu'aux bords de la Vilaine (*châteaux de Bagatz*, XVe s., et *du Gay-Lieu*, XVIIIe s.).

On franchit la petite rivière de Canut ; au delà tunnel de *la Trotinais* (170 m.). Puis on traverse la Vilaine sur le *viaduc de Cambrée*.

30 k. *Pléchâtel-Lohéac*. A *Pléchâtel*, calvaire du XVIe s. A 9 k. O., *Lohéac*, station du ch. de fer de Ploërmel

37 k. **Messac** (✕ pour Châteaubriant et Ploërmel). La station est établie sur la Vilaine (1 k. O. du bourg), au *port de Messac*. — *Église*

en partie romane, avec tour ogivale moderne. — *Manoirs du Harda* et de *la Coëffrie*. — Ancienne commanderie de Templiers, au v. du *Temple*. — Un beau *pont* fait communiquer Messac avec le *port de Guipry* (*N.-D. de Bon-Port*, chapelle de 1644, et (3 k.) *Guipry*.

Au delà des *landes de Cormerée*, la voie franchit la Vilaine sur le *viaduc de Corbinières*, pont biais haut de 22 m., puis traverse la colline de Corbinières dans un *tunnel* de 700 m.

49 k. *Fougeray-Langon*. — *Fougeray* (12 k. E.), ch.-l. de c. de 3815 hab. (*église* en partie romane ; cloche de 1477 ; *croix* du cimetière, XIIIe s.; donjon et belles salles de l'ancien *château*). — *Langon* (1 k à dr. de la gare), possède une *église*, des XIe et XVe s., (deux absides romanes), et la **chapelle de Sainte-Agathe**, auj. désaffectée et mon. hist. Elle est regardée comme un temple gallo-romain, dédié à Vénus, que représente une *fresque* extrêmement curieuse de l'abside en cul-de-four.

On franchit la Vilaine.

52 k. *Beslé*, ham. en face de *Brain* (au cimetière, groupe de la Renaissance ; logis abbatial d'un ancien prieuré, XVe et XVIIIe s.).

56 k. *Masséroc* (⚔ pour Châteaubriant). — On traverse des marais ; dans la saison des pluies, le lac ou *Mer de Murin* présente une nappe d'eau de 164 hect.

65 k. *Avessac* (ancien camp, IXe s.) — On joint la ligne de Nantes à Brest.

71 k. Redon (R. 20).

**De Rennes à Ploërmel, par Plélan** (61 k.; route de voit.; tram à vap. jusqu'à Plélan, 36 k. en 2 h. : 2 fr. 70 et 1 fr. 80); au delà, route de voit. et voit. publ. : 2 fr. — 14 k. *Mordelles*, ch.-l. de c. de 2350 hab. — On franchit le Meu.

17 k. *Bréal* (au cimetière, *croix* du XVIe s.).

36 k. **Plélan***, ch.-l. de c. de 3635 hab., sur la lisière S.-E. de la forêt de Paimpont.

[**La forêt de Paimpont** est vaste de 6070 hect. et renferme 14 étangs, qui ont ensemble plus de 300 hect. Dès le XIIe s., les poèmes des trouvères et les romans de chevalerie ont célébré, sous le nom de *Brocéliande*, cette forêt mystérieuse. C'est là qu'après avoir quitté la cour du roi Arthur, le devin Merlin, issu d'un « démon incube » et d'une religieuse, vécut avec Viviane « sa mie », sous l'empire d'un charme invisible. — Pour visiter la forêt, en partie défigurée par les coupes réglées qui y sont faites, on suivra la route de Ploërmel pendant 3 k. 1/2, jusqu'aux **forges** de Paimpont, fondées en 1633 et situées, ainsi qu'un *château* moderne, au bord d'un bel *étang* ombragé d'arbres séculaires.

Puis on continue la route pendant 1 k. 1/2, jusqu'à une bifurc. à dr., longue de 5 k 1/2, qui amène au petit v. de **Paimpont**, situé en pleine forêt, près d'un autre *étang*. **L'église**, ancienne chapelle d'une abbaye, appartient pour la majeure partie au XVe s. Le portail O (statue de la Vierge foulant au pied le dragon) et la rose du croisillon S. datent du XIIIe s. Le *maître-autel* est orné de riches sculptures en chêne doré (XVIIe s ). L'église possède un reliquaire en argent, renfermant les reliques de St-Méen, et un beau *Christ en ivoire*. Dans la nef et surtout dans la sacristie, belles *boiseries* en chêne sculpté. Les dépendances modernes de l'abbaye sont affectées au presbytère et à l'école.

De Paimpont on peut revenir à Plélan par une route directe (6 k. 1/2), ou aller voir : — au N.-O de la forêt et sur sa lisière (7 k. 1/2 de Paimpont ; belles routes forestières), la *fontaine de Baranton*, dont quelques gouttes d'eau répandues sur le perron de Merlin, opéraient d'incroyables prodiges. Quand on l'entend mugir c'est, dit-on, un signe d'orage prochain, et, dans les temps de sécheresse, on s'y rend processionnellement pour demander la pluie; — à 6 k. N. de Paimpont, par la route de Gaël, on croise une route qui, à g., va vers *Concoret*, et qui amène à dr. (1 k. 1/2) **au château de Comper**, bâti sur le roc et bordé par un vaste *étang*, démantelé en 1598 par ordre de Henri IV, en partie brûlé pendant la Révolution et restauré depuis (4 tours reliées par de hautes courtines; restes d'une chapelle du xv$^e$ s.; salle où d'Andelot avait établi un prêche en 1558.]

Au delà de Plélan, la route de Ploërmel passe (39 k. 1/2 de Rennes) aux forges de Paimpont (*V.* ci-dessus), puis (42 k.) à *Beignon* (église de 1550, avec de jolis *vitraux*, des sablières sculptées et de belles boiseries). — 45 k. *La Ville-Quinio*, ham. — La route descend vers la vallée de l'Oyon, que l'on franchit au *Pont-Garnier*.

51 k. Une bifurc. à dr. conduit (2 k.) au beau **château** féodal **de Trécesson**, du xv$^e$ s. (chambre voûtée du châtelain, décorée de peintures).

52 k. *Campénéac*. — 57 k. *Gourhel*.

61 k. **Ploërmel** (R. 22).

De Rennes à Saint-Malo, R. 4; — à Dinan et Dinard, R. 5; — à Saint-Brieuc, R. 7; — à Guingamp, R. 11; — à Lannion, R. 13; — à Morlaix R. 14; — à Brest, R. 17.

## ROUTE 4.

## DE PARIS A SAINT-MALO

456 k. en 7 h. env. — 42 fr. 65; 28 fr. 50; 18 fr. 80.

(*N.-B.* — On se rend aussi de Paris à Saint-Malo par Folligny et Pontorson, 398 k. en 8 h. env.; mêmes prix. On pourra suivre cette voie soit à l'aller, soit au retour afin de visiter, de Pontorson, le Mont Saint-Michel.)

374 k. de Paris à Rennes (R. 1, 2, 3). — 387 k. *Betton*.

394 k. *Saint-Germain-sur-Ille* (pierre à bâtir; à 1 kil. S.-E., *château du Verger-au-Coq*, xvi$^e$ s.); — De gracieux paysages se succèdent de chaque côté de la voie, qui franchit quatre fois le canal (rivière d'Ille).

399 k. *Saint-Médard-sur-Ille*. A l'église, calice et ciboire de la Renaissance; menhir de la *Grande Pierre* ou *Roche du Diable*, haut de 3 m. 60.

403 k. *Montreuil-sur-Ille*.

408 k. *Dingé*.

416 k. **Combourg***, ch.-l. de c. de 5204 hab., sur le bord de l'étang du même nom, à 1 k. 1/2 à g. de la station, a des *maisons* du xvi$^e$ s. — Son célèbre **château**, construit en 1016, agrandi aux xiv$^e$ et xv$^e$ s., restauré de nos jours a vu s'écouler l'enfance de Chateaubriand.

A l'int. (on visite le mercr. de 1 à 5 h.): dans le *vestibule* peintures, et *buste de Chateaubriand*, par *David d'Angers*. Dans le salon et la salle à manger, *buste de Françoise de Foix*, comtesse de Chateaubriand, par *d'Espinay*, et belles fresques représentant Alain, duc de Bretagne, ainsi que son fils Briand, ancêtre de la famille. Dans la *bibliothèque*, table à écrire et fauteuil de l'auteur du *Génie du Christianisme*, ainsi que le squelette d'un chat, ayant rapport à cette vieille légende d'après laquelle un comte de Combourg apparaît quelquefois dans le château sous la forme d'un chat noir (le squelette a été retrouvé dans la tour dite *Tour du Chat*). En haut, *chambre de Chateaubriand*, convertie en musée : dans une vitr., parchemins et autographes précieux ; *petit lit de fer* où l'illustre vieillard est mort à Paris ; meubles d'une extrême simplicité.

Après avoir franchi le ruisseau de Bourlidou, on côtoie l'*étang de Trémignon.*

424 k. *Bonnemain.* — La voie traverse la vallée des *Ormes*, puis suit la vallée de la Hirlais jusqu'à *Baguer-Morvan* (à 5 k. S.-O., beaux **étangs de Beaufort**). — On joint à g. le ch. de fer de Dinan, avant de franchir le ruisseau de Guioult.

**432 k. Dol** * Ⓑ (⨯ pour Pontorson et le Mont Saint-Michel, pour Dinan et Lamballe), ch.-l. de c. de 4708 hab., à g. de la station, et à 6 k. en ligne droite au S. de la baie du Mont Saint-Michel.

L'*avenue de la Gare* conduit en 10 min. env. à une place derrière laquelle est la *Grande-Rue*, que l'on traverse obliquement pour arriver à la cathédrale.

La **cathédrale**, dans ses plus anciennes parties remonte au XIIIe s., au XVe et au XVIe dans les plus récentes. On débouche sur le flanc S. — Un premier *porche*, très beau (1405-1429) se détache du corps de l'édifice et est orné de 38 bas-reliefs ; un peu plus loin, un petit *porche* du XVIe s. est décoré de fines sculptures, en partie restaurées. La façade principale de la cathédrale est flanquée de deux *tours* des XIVe-XVe s., dont l'une est inachevée. La face N. de l'église, garnie de parapets crénelés, se reliait jadis aux remparts de la ville. — On entre par le grand porche S.

L'int. est haut de 21 m., large de 30, long de 100 ; le chœur est entouré de 9 chapelles. L'aspect général est celui d'un long et étroit vaisseau. — Transept dr. : grande fenêtre avec verrière moderne. — Transept g. : tombeau de l'évêque Thomas James, † 1504, et de ses deux frères, chanoines de Dol ; il ne reste d'intact que la sculpture décorative ; les statues ont été enlevées. Ce tombeau, monument de premier ordre, a été l'occasion de la venue en France de la célèbre famille florentine des Juste. — Chœur : 76 *stalles* basses du XVe s. et *trône épiscopal* de la Renaissance, ornés de panneaux sculptés ; magnifique *fenêtre*, haute de 9 m. 50 sur 6 m. 50 de larg., qui conserve presque intacte sa riche **verrière** du XIIIe s. Sept meneaux la divisent en huit séries de médaillons. Dans le réseau se déroule la scène du *Jugement dernier*. Les médaillons représentent, à g., des sujets de l'Ancien Testament : le *Sacrifice d'Abraham*, l'*Incendie de Sodome*, etc. ; plus au centre, ce sont l'*Annonciation*, la *Visitation*, la *Naissance du Sauveur*, puis un grand nombre de scènes de la *Passion* ;

vers la dr., la *Légende de St-Samson*; enfin des *Scènes des Martyres*.

On peut monter sur les toits (s'adr. au bedeau qui habite une maison voisine et qui, l'été, se tient d'ordinaire dans la cathédrale; pourboire) : belle vue sur le Mont Dol et la campagne environnante.

De la cathédrale on rejoint la *Grande-Rue*, qui conserve plusieurs vieilles *maisons* à porche, dont les plus anciennes sont du XIIIe s. En la remontant on remarque, avant la *mairie*, la *maison des Plaids*, remaniée au XVIe s. (au rez-de-chaussée, arcade romane aveuglée; au 1er étage, deux arceaux romans et deux baies du XVe s., par lesquelles on signifiait au peuple les arrêts de la justice).

La Grande-Rue se termine sur une éminence formant esplanade, où s'élève la *halle*. Au milieu de la place, deux colonnes de granit, courtes et trapues, à lourds chapiteaux, sont les seuls restes de l'église Notre-Dame.

[**Menhir du Champ-Dolent**. Après avoir croisé le ch. de fer au-dessus de la gare, on suit pendant 1 k. la route de Combourg, et l'on arrive à une bifurc. à dr. de laquelle on aperçoit *Carfantain* et son église (moderne). Les deux branches de la bifurc. conduisent au menhir; si l'on prend à dr., il faut marcher 500 m., jusqu'à une traverse que l'on prend alors à g.; si l'on prend à g., on trouve la traverse à dr., au bout de 500 m. A égale distance à peu près entre les deux routes, s'élève dans un champ la **pierre du Champ-Dolent**, magnifique menhir haut de 9 m. 30, qui s'enfonce, dit-on, de 7 m. dans le sol et qui a 8 m. 70 de tour. Il est surmonté d'une croix.

**Marais de Dol et le Mont Dol** (3 k. N.). — Une *digue*, longue de 36 k. et dont l'origine remonte au XIIe s., préserve des inondations de la mer tout le pays (jadis forêt envahie par la mer) désigné sous le nom de **marais de Dol** (15 000 hect.). Ces marais, aujourd'hui terres fertiles, sont remplis d'arbres renversés, qui se trouvent assez souvent à une petite profondeur, et qui sont nommés par les habitants *bourbans*, *canaillons* et *couërons*; la plupart sont des chênes; ils ont conservé leur forme et souvent même leur écorce. Un long séjour dans la vase a modifié leur substance; lorsqu'on les retire, le bois est noir et mou; mais, exposé à l'air, il devient très dur et d'un excellent emploi dans l'ébénisterie.

Le **Mont Dol**, qui domine cette vaste plaine, est une éminence granitique haute de 65 m. et de 2 k. de tour. Le village du même nom (*église* avec tour du XVe s., nef du style de transition, bénitier en granit) se trouve sur le versant O. On voit au sommet du mont (vaste panorama) : une *fontaine* qui ne tarit pas; l'empreinte que l'un des pieds de l'archange St Michel y laissa, dit-on, lorsque, de ce rocher, il s'élança d'un bond sur celui qui porte son nom; une *chapelle* et une *tour*, surmontée d'une statue de la Vierge.

De Dol à Pontorson, au Mont Saint-Michel, à Dinan et à Lamballe, R. 6.

Le ch. de fer, au delà de Dol (belle vue à g. sur la cathédrale, à dr. sur le Mont Dol), croise plusieurs canaux du marais de Dol.

442 k. *La Fresnais*, à 6 k. S.-O. du petit port d'échouage de **Vivier-sur-Mer** * (quelques baigneurs; parcs à huîtres).

447 k. **La Gouesnière-Cancale** (✕ pour Miniac et pour Dinan) dessert *la Gouesnière*, à 1 k. 1/2 à g., (*château de Bonaban*, du XVIIIe s., dans une admirable situation) et *Cancale* (9 k. N.; voit. publ. : 1 fr.; on s'y rend aussi de Saint-Malo, par tram à vap.

456 k. Saint-Malo, St-Servan et Paramé-Rochebonne.

### SAINT-MALO

**Saint-Malo** *, V. de 11 486 hab., ch.-l. d'arr., port de mer sur la Manche et place de guerre, est bâti sur un îlot de granit commandant l'embouchure de la Rance. Scellée au roc dans son enveloppe de remparts que dépassent la flèche de son église et les demeures de ses anciens armateurs, la ville a gardé son aspect à la fois pittoresque et sévère des anciens jours de gloire. La plupart de ses maisons datent des XVIIe et XVIIIe s. Çà et là, une inscription rappelle un des grands hommes que Saint-Malo a vus naître. C'est auj. une des villes les plus fréquentées de France pendant l'été. Sa vogue a débordé sur les localités voisines : Paramé, Saint-Servan et Dinard.

La *gare* est au faub. industriel du *Talard* (hôtels, restaurants, cafés). On a : en face de soi, Saint-Malo; à dr., Paramé; à g., Saint-Servan (trams, omnibus et fiacres pour ces trois endroits). — Entre la gare et Paramé s'étend un autre faub., celui de *Rocabey*, formé de maisons de commerce, de chantiers de construction, de terrains, de casernes, et d'une *église* avec 2 tours inachevées).

Pour gagner Saint-Malo (1 k. env.) on prend devant soi le **boulevard Louis-Martin**, établi entre le réservoir intérieur du port et un bassin à flot, sur une digue sans abri, et qui aboutit à la porte Saint-Vincent.

La **porte Saint-Vincent** (2 portes jumelles; l'une du commenc. du XVIIIe s., l'autre moderne avec armoiries), est précédée d'une petite place où se trouve une station de voitures et celle des trams Paramé-Cancale et Saint Servan. A dr., un *square* est orné de la statue de Chateaubriand, en bronze, par Aimé Millet. Derrière le square est le **Casino**, important monument avec salle des fêtes, café, théâtre, salons de lecture, bibliothèque, salle de petits chevaux, *musée breton* (50 c.), cercle. Près du Casino, établissement de bains chauds.

1° VISITE DE LA VILLE. — Par la porte Saint-Vincent on entre dans la ville proprement dite, la ville close. On se trouve tout de suite place Chateaubriand, bordée à dr. par le château et ombragée de platanes. C'est l'endroit le plus fréquenté; des hôtels et cafés la bordent ou l'avoisinent. Dans l'un d'eux, l'*hôtel de France*, est la chambre où naquit Chateaubriand. — Au fond de la place, de ce même côté, on pourrait prendre aussitôt, par la porte Saint-Thomas, le *tour des remparts* (V. 2°).

Sur la place Chateaubriand s'ouvre la **rue Saint-Vincent** (au n° 3, *maison de la famille Lamennais*). — On laisse à g. la *rue de la Poissonnerie*, menant au *marché au poisson*, et l'on arrive à un carrefour (à dr. est la *rue Jean-de-Châtillon*, au n° 2 de laquelle une maison du XVI° s., à façade de bois, vit naître *Duguay-Trouin*; à l'extrémité de cette même rue, dans la cour de la Houssaye, *maison du Cheval-Blanc*, où descendit, en 1491, Anne de Bretagne).

Revenant au carrefour et prenant, à g. de la rue Saint-Vincent, la *rue Porcon-de-la-Barbinais*, on voit bientôt à dr. une arcade sous laquelle passe la *rue des Halles*, qui longe le flanc de l'ancienne cathédrale.

La première construction de la **Cathédrale** date du XII° s. La façade est de la Renaissance et du XVIII° s. La tour centrale (belle vue du sommet; s'adr. au gardien, pourboire) est du XV° s.; elle a été couronnée, en 1759, d'une belle *flèche* en pierre.

A l'int., l'église semble composée de deux églises différentes, mises bout à bout : une première église à voûtes basses, formant le commencement de la nef, et une seconde qui s'élève pour former le transept et le chœur. La première partie est la partie la plus ancienne; la seconde est du XIV° s. et de la Renaissance. Le chœur se termine par un chevet droit, de travers par rapport à la nef. — Dans la nef, à g., 1er pilier : *St Malo prêchant les Druides*, par Louis Duveau; 2°, *le Christ tombant sous la croix*, par Doutreleau; 3°, *Ascension* et, à côté, *Descente de Croix*, de Santerre, d'après Titien. A dr., 2° pilier : *le Christ en croix*; 3°, *le Christ descendu de la croix*. Face à la chaire, *Christ* en ivoire. — Au pavé de l'entrée du chœur, inscription en mosaïque rappelant le souvenir de Jacques Cartier. — Au maître-autel, trois belles statues en marbre blanc (*St Benoît*, la *Foi* et *St Maur*), provenant d'un ancien couvent de Bénédictins anglais. — Au bas côté dr., chapelle de la Vierge et tableau allégorique du XVIII° s. (*Bataille de Lépante*).

Sortant par le grand portail, on se trouve *rue de la Paroisse* (*poste et tél.*). Un peu à dr. est la *place de l'Hôtel-de-Ville*.

L'**Hôtel de Ville**, de 1840 (dans le vestibule, statue d'Hercule, par *Vasselot*), renferme la *bibliothèque* (médailles et monnaies anciennes) et le **musée** (public le jeudi et dim., de 1 h. à 4 h.; t. les j. en s'adr. au concierge, de 9 h. à 6 h., pourboire).

REZ-DE-CHAUSSÉE. — Cabinet du maire : portrait de Guy Louvel-Dupart, 1er maire constitutionnel de Saint-Malo. — Salle des mariages avec

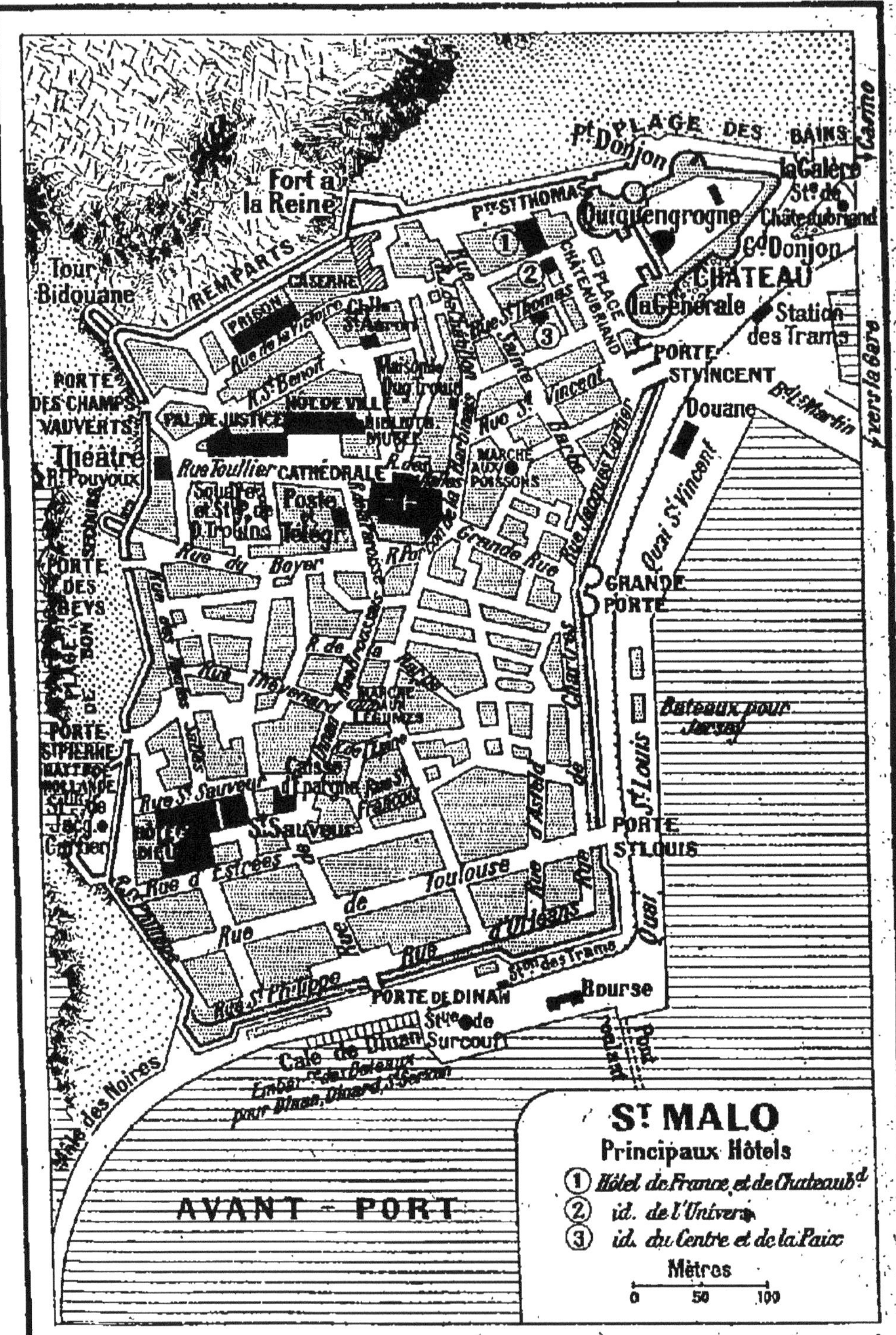


L. Hermann, del.

portraits de Malouins célèbres : Duguay-Trouin, Moreau de Maupertuis, Surcouf, Charles Toullier.

1er ÉTAGE. — Salle des estampes. — Salle des Fêtes, renfermant l'Innocence et l'Amour, marbre par *Protheau*, et des tableaux : *Paul Biva*, Chrysanthèmes. — *Tardieu*. Le Guerrier hésitant entre l'Amour et la Renommée — *Trémisot*. Saint-Malo. Concarneau. — *Doutreleau*. Funérailles de Chateaubriand. — *Jundt*. Fleurs de Mai. — Intérieur lapon. — Les Grèves de Saint-Énogat. — *Fischer*. Procession en Basse-Bretagne. — Œdipe et Antigone. — Grotte de Fingal. — *Marzotte*. La Femme adultère — *Despagnes*. Bataille de Saint-Cast. — *Perrot*. Découverte du Canada par Jacques Cartier. — Clémence d'Auguste. — *Chintreuil*. Effet de brouillard. — *Perrot*. Prise de Rio-de-Janeiro. — *Arondel*. Prise du château de Saint-Malo par les Malouins. — *Guillemot*. Clémence de Marc-Aurèle. — *Marquis*. Transport à Caen du corps de Guillaume le Conquérant. — *Penot*. Explosion à Saint-Malo de la machine infernale. — *Blondel*. Zénobie. — *Wattier*. Pallas protège Diane contre les Amours. — *Mayer*. Napoléon III, en rade de Brest, visite le vaisseau-école. — *Harcouët*. Prise du Kent par Surcouf. — Galerie des portraits : Lamennais, Surcouf, Jacques Cartier, Duguay-Trouin, l'abbé Trublet, Moreau de Maupertuis, Grout de Saint-Georges, Mahé de la Bourdonnais, Chateaubriand, Desilles, le médecin Broussais, Porcon de la Barbinais, Lamennais, l'abbé Huchet et Boursaint ; Eudore et Cymodocée, bas-relief par *Tenerari* ; buste de Félix Faure.

2e ÉTAGE. — 1re salle : objets historiques relatifs à la ville de Saint-Malo ainsi qu'à des Malouins célèbres ; débris du navire la *Petite-Hermine*, sur lequel Jacques Cartier alla découvrir le Canada ; belle collection d'algues marines ; globe terrestre pris par Robert Surcouf sur le vaisseau anglais le « Kent », le 7 oct. 1800. Très intéressante *collection d'autographes* de Surcouf, Chateaubriand, Lamennais, Béranger, Jacques Cartier, Napoléon ; souvenirs de Sainte-Hélène. — 2e salle : section de géologie, paléontologie et minéralogie. — 3e salle : collection de poissons, crustacés, polypiers, coraux, madrépores, éponges, plantes marines ; ethnographie et géologie ; objets d'archéologie préhistorique, grecque, gallo-romaine et du moyen-âge ; gravures et portraits. — 4e salle : coquillages ; oiseaux ; ethnographie

La *rue Toullier*, sur laquelle s'ouvre la place de l'Hôtel-de-Ville, longe à g. le *square Duguay-Trouin* (au centre, **statue** en marbre **de Duguay-Trouin** par Molchnecht, 1829). La *sous-préfecture* et le *tribunal* sont reliés à l'hôtel de ville.

En continuant, droit devant soi, la rue Toullier et en tournant ensuite, soit à dr., soit à g., on arrive aux remparts, qui dominent la mer, et à la porte des Champs Vauverts (à dr.) ou à la porte des Beys (à g.). On a en face de soi les deux rochers du Grand-Bey et du Petit-Bey (V. ci-dessous).

2e TOUR DES REMPARTS. — C'est la promenade classique de Saint-Malo. Afin de la faire dans son entier, il faut la commencer à la porte Saint-Vincent et à la place Chateaubriand.

A dr. de la place (en entrant en ville) est le **Château**, qui sert auj. de caserne. Son enceinte forme un carré dont un des côtés s'allonge en triangle hors de la ville, ce qui a fait donner à cette pointe avancée le nom de *la Galère* (*V.* le plan) ; deux grosses tours renforcent cette pointe, dites *petit* et *grand donjon* (XIVe et XVe s.). C'est la face opposée à celle où l'on se trouve. — Deux autres *tours* donnent sur la place Chateaubriand. Elles furent bâties en 1498, par la reine Anne ; celle de dr. s'appelle *la Générale* et celle de g. *Quiquengrogne*, parce que la reine Anne y fit graver cette inscription : QUI QU'EN GROGNE, AINSI SERA, C'EST MON BON PLAISIR. Entre ces deux tours s'élève la haute masse du *donjon central*, avec deux petites tourelles à son sommet.

Contre la tour Quiquengrogne, au fond de la place Chateaubriand, s'ouvre la **porte Saint-Thomas,** qui donne accès à la **1re plage des bains**, et où un escalier, à g., monte aux remparts.

Les **remparts** datent, du côté de la pleine mer, du XIVe et du XVIe s., sauf quelques modifications ultérieures. L'accès en est libre. Le chemin de ronde des vieilles murailles offre une vue magnifique, captivante par la variété des paysages et les aspects de la mer, qui se modifient à chaque tournant et selon les heures de la marée Sur cette partie du littoral, les marées, doublées en hauteur par le flot de l'Océan qui vient se superposer à celui de la Manche, peuvent s'élever, lors des équinoxes, à 15 m. au-dessus de la basse mer.

Montant par l'escalier de la porte Saint-Thomas, on a d'abord à ses pieds la plage des bains, que domine le château ; plus loin, vers la dr., on voit la **Grande-Grève**, dont on suit la courbe vers Paramé, et l'*îlot de Rochebonne* ; en face de soi, on a l'îlot du **Fort National.** — Suivant vers la g. les remparts, dont la base repose sur une grève rocheuse, on passe devant la *prison*, puis, au delà d'un angle avancé en mer (*tour Bidouane*), au-dessus de la **porte des Champs-Vauverts.** De là, on voit les 2 îlots du Grand-Bey et du Petit-Bey et, plus loin en mer : l'île Cézembre (fort ; ruines d'un couvent) et le *phare du Jardin*. Par temps clair, on distingue sur l'horizon, vers la dr., les îles Chausey ; on voit nettement, à g., la longue bande du cap Fréhel.

L'**îlot du Grand-Bey** porte le **tombeau de Chateaubriand.** On y va, à marée basse, par une chaussée partant d'une plage de sable fin, qui est la **2e plage des bains**. Un petit chemin, avec escalier taillé dans le roc, mène au sommet (débris de fortifications et d'une chapelle ; belle vue d'ensemble sur Saint-Malo). « Il y a longtemps, écrivait Chateaubriand, en 1828, au maire de Saint-Malo, que j'ai le projet de demander à ma ville natale de me concéder, à la pointe du Grand-Bey, un petit coin de terre, tout juste suffisant pour contenir mon cercueil. Je le ferai bénir et entourer d'une grille de fer. Là, quand il plaira à Dieu, je reposerai sous la protection de mes concitoyens. » Son vœu a été exaucé. Le tombeau consiste en une pierre sans inscription, entourée d'une grille et surmontée d'une croix de granit. A côté sont des débris de fortifications.

Sur le **Petit-Bey**, que l'on gagne pareillement lorsque la mer s'est retirée, est un ancien fort. — C'est entre les deux Beys que viennent aborder, à marée basse, les bateaux de Dinard.

Continuant le tour des remparts par le chemin de ronde, on dépasse la **porte des Beys**, la **porte Saint-Pierre**, et on arrive à une esplanade, dite *batterie de Hollande*, où se trouve la **statue** en bronze **de Jacques Cartier**, par Bareau, élevée par souscriptions recueillies au Canada. On voit en face de soi Dinard, l'embouchure de la Rance et, plus sur la g., Saint-Servan.

Les remparts, à partir de cet endroit, furent reconstruits sur les plans laissés par Vauban, de 1708 à 1734, et ont été restaurés depuis. — Dépassant la petite jetée ou *môle des Noires*, que l'on a sous ses pieds, on atteint la **porte et cale de Dinan** (**statue de Surcouf**, par Caravaniez; embarcadère, à marée haute, des bateaux de Dinan et de Dinard; station terminus des trams de Paramé et de Saint-Servan).

Suivant toujours le faîte des remparts, qui dominent des *quais* plantés d'arbres, on voit successivement la Bourse, le pont roulant qui relie Saint-Malo à Saint-Servan (*V.* ci-dessous), la **porte Saint-Louis**, l'embarcadère des bateaux de Jersey, la **Grande-Porte** (2 grosses tours à mâchicoulis), puis l'on se retrouve porte Saint-Vincent et place Chateaubriand.

[On peut encore aller voir à Saint-Malo un certain nombre de maisons anciennes : *rue du Boyer*, n° 28 (*maison du* XVIe s., à écailles d'ardoises); — *place Broussais*, n° 14 (bel *hôtel* du XVIIIe s.); — *rue de l'Épine*, n° 5 (*maison natale*, du XVIIe s., d'André Désilles, qui périt à Nancy, en 1790, victime de son dévouement en voulant éviter l'effusion du sang dans une émeute); — *rue Saint-François*, n° 5 — (*maison* du commenc. du XVIIe s., qui renferme de curieuses *boiseries*); — *rue des Cordiers*, n° 2 (*restaurant de la Pomme d'Or*, dans une maison en bois). — **L'église Saint-Sauveur**, rue du même nom, date de 1731; elle a de nombreux retables d'autels en bois peint et doré.]

Le **port** comprend 2 *bassins à flot*, l'un pour Saint-Malo, l'autre pour Saint-Servan; des écluses maintiennent l'eau à un niveau constant. Ils sont précédés du *port de marée*, qui assèche à marée basse, et qui est abrité par le môle des Noires (petit *phare* à feu fixe).

Tous les ans, au mois de mars, une flotille de goëlettes va pêcher la morue à Terre-Neuve, à Saint-Pierre et Miquelon.

### SAINT-SERVAN

On se rend à Saint-Servan : — *A.* De la gare, par le tram (15 c.) ou en fiacre (1 fr.); — *B.* De Saint-Malo par le tram (30 c. et 20 c.), en fiacre (1 fr. 25), ou à pied : soit par la Porte Saint-Vincent et la *digue de réduction*, soit par le pont roulant (5 c. et 10 c.), situé sur le quai, près de la Bourse.

**Saint-Servan** *, ch.-l. de c. de 12 597 hab., est situé sur la rive dr. de la Rance ; son aspect, vu de Saint-Malo, est peu avenant, mais à l'int. de la ville sont de nombreux jardins. C'est un lieu de villégiature moins mondain et plus calme que Saint-Malo, plus distant aussi de la pleine mer.

Le **pont roulant** dépose les voyageurs à l'extrémité d'une digue, que l'on suit jusqu'au *fort de Naye*. A dr. on a l'*Anse des Sablons*, encerclée par la ville et par la presqu'île que termine le *fort de la Cité* ; au delà, on voit Dinard. Au fort de Naye, on prend la *Grande-Rue*, qui amène *place Alexandre-III* (à g., *temple protestant* en tôle ondulée), puis monte *place Bouvet* (*marché*) et à l'hôtel de ville.

L'**Hôtel de Ville** (s'adr. au concierge ; pourboire) renferme au 1er et au 2e étage quelques tableaux modernes, des toiles du peintre servannais Meslé et des marines représentant des combats livrés, sous la République et sous le 1er Empire, par l'amiral Pierre Bouvet. En avant de l'édifice, **buste de Pierre Bouvet**, par Ogé.

La Grande Rue se continue par la *rue Ville-Pépin*. A g., *chapelle* de l'important *collège* universitaire ; à dr., une *avenue* plantée d'arbres conduit à l'ancien **sémaphore**, voisin de la *chapelle Saint-Joseph* et entouré d'un jardin (belle vue de la plateforme ; s'adr. au gardien).

La rue Ville-Pépin aboutit à la **place Carnot**.

[De la place Carnot, en suivant plus loin la rue Ville-Pépin, qui incline vers la g., et en y prenant la *rue du Chapitre*, à dr., on parviendrait en 10 min. env. à la petite **plage de bains des Fours-à-Chaux**, dans une anse, très abritée, de la Rance. En face de la plage, on a la pointe de la Vicomté ; à dr., au milieu de la Rance, est le **rocher Bizeux**, surmonté d'une *statue de la Vierge*, par Caravaniez ; à g., on voit, de l'autre côté de la rivière, les clochers de la Richardais et de Pleurtuit. — **La plage du Rosais** fait suite à la plage des Fours-à-Chaux, dont la séparent quelques rochers ; elle est dominée par l'*hôpital du Rosais*, fondé en 1712.]

De la place Carnot, la *rue Lepailleur*, à dr. (au n° 4, *maison* qui fut le berceau des *Petites-Sœurs des Pauvres*, instituées par l'abbé Lepailleur et par Jeanne Jugan) amène à l'église.

L'**Église** paroissiale (1742-1840) est laide extérieurement, avec ses formes épaisses et sa tour carrée (40 m. de haut) que surmonte un dôme rond. — A l'int., elle ne manque pas d'un assez grand style. Sa forme est celle d'une basilique romaine, terminée en hémicycle, avec bas côtés séparés de la nef par une double colonnade. Tout le long de la nef court une frise de **fresques** peintes sur fond or, par Louis Duveau. Sous l'orgue, à dr., *statue* colossale du *Christ*, par Caravaniez, exécutée en huit jours. — Dans la nef : **chaire** en pierre blanche, du sculpteur Valentin, supportée par Satan ; autel et table de communion en marbre blanc. — A l'abside : chapelle de la Vierge et *Assomption*. — Dans les chapelles des bas côtés : plusieurs beaux *retables* anciens en bois sculpté, principalement dans la 1re chap. de dr. (*plaque de marbre* à la mémoire du curé Georges, † 1840, qui fit achever l'église), et dans les 2e et 4e de g.

Sortant de l'église par le grand portail, on se rend, par la *rue de la Fontaine*, à g., au port militaire ou **port Solidor**, en passant sous la voûte du *commissariat de la marine*. Du quai (*arsenal* à g.) on aperçoit en face de soi la tour Solidor.

**La tour Solidor** (s'adr. au gardien ; pourboire) sur un rocher à l'embouchure de la Rance, fut bâtie, en 1384, par le duc Jean IV, qui luttait contre les prétentions de Josselin de Rohan, évêque de Saint-Malo, à la souveraineté de cette ville. Elle se compose de 3 tours réunies en triangle, précées de meurtrières et couronnées de mâchicoulis. Le sommet a été restauré. L'intérieur, qui a servi de prison, renferme 3 étages avec d'anciennes cheminées et, aux étroites embrasures des fenêtres, les niches, bien conservées, des veilleurs. Il y a 104 marches jusqu'au faîte. — Au pied de la tour Solidor est le petit **port Saint-Père**, d'où partent les *bateaux de Dinard* (grand bac à vap. et « vedettes » automobiles).

De là, par la *rue d'Aleth*, on monte vers la g., sur la colline où s'élevait l'antique cité gallo-romaine d'Aleth. *Place Saint-Pierre*, où elle aboutit, on voit la petite *chapelle*, reconstruite (l'abside ronde en est devenue la façade), *de Saint-Pierre d'Aleth* ; derrière celle-ci, sur les glacis gazonnés du fort, est le *puits des Sarrasins*, creusé, dit-on, par les Sarrasins échappés à Charles-Martel.

On regagne Saint-Malo en prenant, face à l'entrée de la chapelle, la *rue de la Cité* (pas d'écriteau) ; on incline bientôt à dr. avec la *rue Beau-Rivage* (pas d'écriteau), en contournant l'anse des Sablons. La *rue des Hauts-Sablons*, à g., lui fait suite (petite place plantée d'arbres, *hôtel des ventes* et **plage de bains**), puis devient *rue des Bas-Sablons*.

La *rue Amiral-Magon* (1re à dr. dans la rue des Bas-Sablons) remonterait à l'hôtel de ville, derrière lequel on trouve le

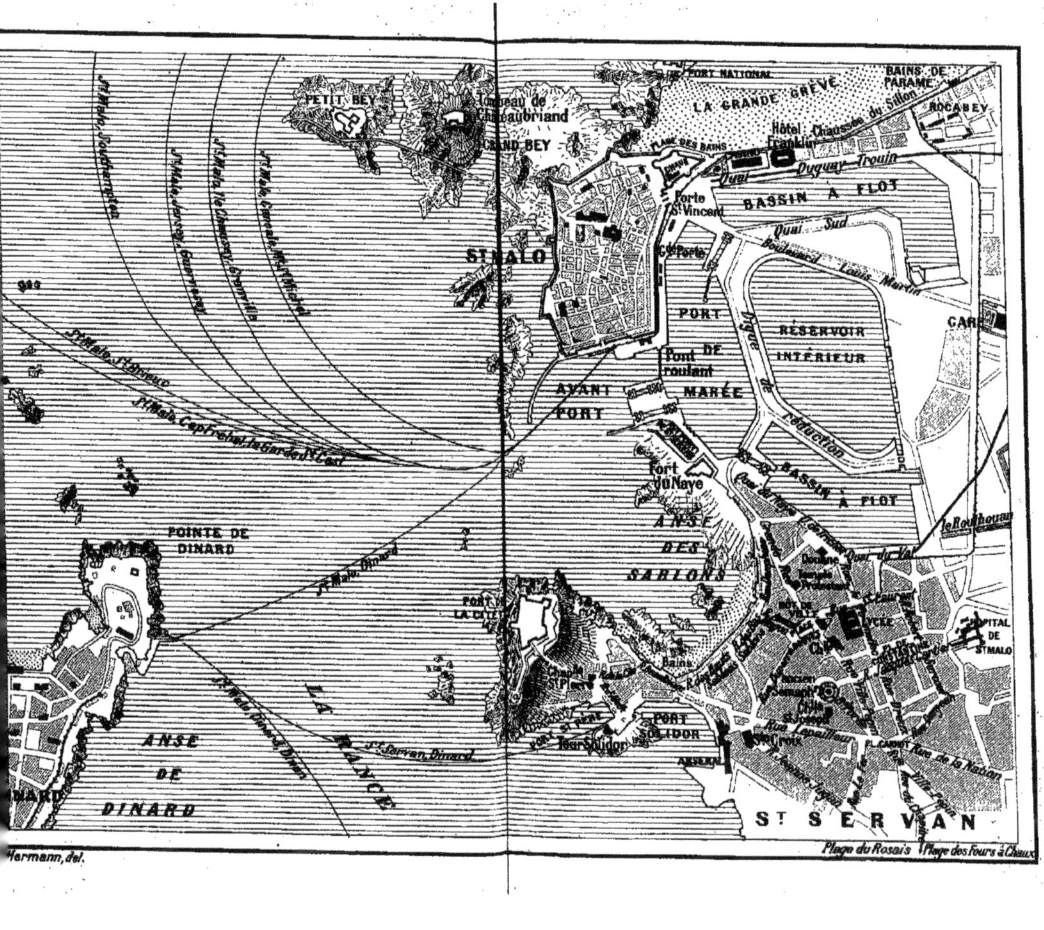

PETIT BEY
Tombeau de Chateaubriand
GRAND BEY
PORT NATIONAL
LA GRANDE GRÈVE
BAINS DE PARAMÉ
ROCABEY
Chaussée du Sillon
Hôtel Franklin
PLAGE DES BAINS
Quai Duguay-Trouin
BASSIN À FLOT
Porte St Vincent
Quai Sud
Boulevard Louis Martin
St MALO
PORT DE MARÉE
RÉSERVOIR INTÉRIEUR
GARE
Pont roulant
AVANT PORT
Digue de réduction
Fort du Naye
BASSIN À FLOT
le Routhouan
ANSE DES SABLONS
Quai du Val
Douane
Temple Protestant
LYCÉE
HOPITAL DE St MALO
Semaphore
Bains
Chapelle St Pierre
PORT SOLIDOR
Tour Solidor
Ste Croix
Rue Lepailleur
Rue de la Nation
St SERVAN
POINTE DE DINARD
ANSE DE DINARD
LA RANCE
PORT LA CITÉ
St Malo, Southampton
St Malo, Jersey, Guernesey
St Malo, Granville, Mont St Michel
St Malo, St Brieuc
St Malo, Cap Fréhel, le Guildo, St Cast
St Malo, Dinard
St Malo, Dinan
St Servan, Dinard
Hermann, del.
Plage du Rosais
Plage des Fours à Chaux

ram de Saint-Malo.— Sinon, continuant la rue des Bas-Sablons qui prend ensuite le nom de *rue Dauphine*, on se retrouve place Alexandre III, d'où on revient à pied par le pont roulant.

### PARAMÉ — ROCHEBONNE

Tram à vap. : 30 c. de la porte Saint-Vincent à Paramé-ville; 20 c. à Paramé-Casino et Paramé-Rochebonne.

**Paramé***, commune de 4826 hab., forme en quelque sorte une dépendance directe de Saint-Malo. Le vieux bourg de Paramé, situé à 5 k. de Saint-Malo, lui est aujourd'hui complètement relié par une série d'hôtels, de pensions de famille et de riches villas, parfois baroques, s'étendant le long d'une immense grève sablonneuse que l'on peut suivre à pied et que longent, à quelque distance, la route et le tram.

Le **Grand Hôtel du Casino**, qu'avoisinent le *théâtre* et le *cercle*, en marque à peu près le milieu. La plage, dite jusque-là **plage de Paramé**, prend ensuite le nom de **plage de Rochebonne**. Sur l'une et sur l'autre se presse, en été, la foule des baigneurs.

A **Rochebonne**, où sont les principales agences de location, le tram (✕ pour Rothéneuf, *V.* ci-dessous), tourne vers la dr. et gagne *Paramé-ville* (*église* moderne en granit bleu, de style pseudo-roman; l'ancienne église a été transformée en *hôtel de ville*).

[A 1 k. E. de Paramé, **Saint-Ideuc**, lieu de villégiature des Malouins, est groupé autour d'une *église* (1721) qui s'élève sur une place ombragée de tilleuls (on y remarque : dans le chœur, 3 vastes retables peints et dorés, reliés par des boiseries du XVIII^e s.; la *grille* de la table de communion, bel ouvrage de serrurerie de même époque; un tableau ancien figurant l'*Adoration des Mages*; de curieux fonts-baptismaux du XVII^e ou XVIII^e s.]

### Environs de Saint-Malo.

**Rothéneuf***, 6 k. 1/2 N.-E. (tram à vap. jusqu'à Paramé-Rochebonne, *V.* ci-dessus, et, pendant l'été, de Paramé-Rochebonne à Rothéneuf : 25 c.). On suit la route de Paramé jusqu'à Rochebonne (3 k.) où se détache à g. celle de Rothéneuf et où l'on change de tram. La route s'élève (à dr. clocher de Saint-Ideuc), et l'on ne tarde pas à retrouver et à dominer la mer à g. Une grève de sable, qui n'est que la fin de celle de Paramé et de Rochebonne dont la sépare une pointe rocheuse, s'étend jusqu'à un cap avancé en mer (*pointe* et *fort de la Varde*) que contourne le tram, laissant la route à dr. Il la rejoint à la *plage du Val* (cabines, hôtel, villas à louer), pour s'arrêter, un peu au delà, aux premières maisons du bourg de Rothéneuf.

On entre dans le village par un chemin étroit, entre des maisons, qui donne dans une rue transversale. Prenant vers la g., on gagne, par un sentier où il y a une croix, un promontoire de **rochers** noirâtres et pittoresques dont quelques-uns ont été ridiculement sculptés par un habitant du pays. On aperçoit de là, vers la dr., un gros promontoire qui s'allonge dans les flots: c'est la *presqu'île de Bénard*, qui porte un sémaphore et que suivent deux îlots, le *Petit* et le *Grand-Chevreuil* (tour en ruines).

Revenant au bourg, on en suit la rue principale jusqu'à l'*église*, en face de laquelle un chemin descend au **havre de Rothéneuf ou anse du Lupin**, abritée et charmante, et qui s'ouvre en mer par un étroit goulet entre la pointe de Rothéneuf et la presqu'île de Bénard. Dans le fond, on voit le village de la Guimorais. — Une agréable promenade consiste à gagner à pied (5 k. env. all. et ret.) le joli **bois du Lupin** et le petit *moulin* que l'on aperçoit à l'extrémité de la baie.

A 1/2 k. env. de Rothéneuf, sur la route de Saint-Ideuc, à un carrefour, ancienne *maison* familiale de *Jacques Cartier* (armoiries à g. du portail).

**Cancale : *A.* Par la route**, 14 k. On suit la route de Paramé jusqu'à Paramé-ville. Là, on prend la route de Pontorson qu'on laisse à dr. au bout de 1 k. 1/2. On longe ensuite, à dr., le *château de la Mettrie*, puis on traverse, 2 k. plus loin, le cours d'eau qui fait mouvoir plus bas le moulin du Lupin (*V.* ci-dessus).

10 k. *Saint-Coulomb* (à l'*église*, statues d'un tombeau des sires du Plessis).

[De Saint-Coulomb on peut aller : 1 k. 1/2 S.) aux ruines du *château du Plessis-Bertrand*, bâti au XIIIe s. par la famille Du Guesclin et démantelé par ordre de Henri IV ; — au *château de Néermont* ou *de la Fosse-Hingant* (1 k. O.) qu'habita le jeune Désilles qui périt à Nancy, en 1790, et où fut organisée, en 1793, la conspiration de la Rouërie ; — à **La Guimorais** * (2 k. 1/2 N.-O.), petit v. qui domine l'anse du Lupin, et d'où l'on peut faire de belles excursions à la *pointe du Meinga* ainsi que tout le long des grèves solitaires qui s'étendent vers l'E. Entre la *pointe du Nez* et la *pointe du Nid*, se voit en mer l'ancien *fort Du Guesclin*, dont la première construction remonte à 1056 ; rasé après les guerres de la Ligue, il fut reconstruit en 1758 et a été déclassé depuis. Il renferme un puits creusé dans le roc, profond de 40 m.]

Au delà de Saint-Coulomb la route traverse un vallon verdoyant. — 14 k. Cancale (*V.* ci-dessous).

*B.* **Par le tram** (16 k. : 1 fr. 20 et 85 c. pour Cancale-ville ; 1 fr. 25 et 90 c. pour la Houle, port de Cancale). Le tram part de la porte Saint-Vincent ; il suit la route de Paramé jusqu'à Paramé-ville et emprunte ensuite celle de Pontorson, jusqu'à la halte de *Saint-Méloir-des-Ondes*. Puis il remonte au

N., vers la *station de Saint-Coulomb* (*V.* ci-dessus) qui est à 1 k. 1/2 S. du bourg. — A dr., ruines du château de Plessis-Bertrand (*V.* ci-dessus).

16 k. **Cancale** *, ch.-l de c. de 6 549 hab., célèbre par ses huîtres et par ses rochers, occupe une admirable situation sur une côte élevée d'où l'on découvre une vue étendue. La rue par laquelle on entre à **Cancale** aboutit à l'*ancienne église*, en ruines (*mausolée* de William-llamon Vaujoyeux, fondateur de l'hospice de Cancale).

Un peu en deçà de la vieille église, à dr., une rue fort rapide, la *rue du Vaubandet*, descend vers le port de la Houle. Cette rue conduit d'abord à une grande place où se trouve la nouvelle *église St-Méen* inachevée; derrière l'église, belle vue sur la rade de Cancale et, au loin, sur le Mont Saint-Michel, qui est à 25 k. — On descend ensuite rapidement vers le port.

**La Houle** *, port d'échouage, est habité exclusivement par des pêcheurs. C'est de la Houle que partent les innombrables bateaux qui vont draguer les huîtres; celles-ci seront, au retour, jetées par-dessus bord dans les **parcs**. Chaque pêcheur, à son retour, sait juger, par des points de repère, qu'il est parvenu au-dessus de son propre emplacement A marée basse, on voit les parcs se dessiner en bordure du rivage, et on peut louer des sabots pour les parcourir. La petite pêche se pratique toute l'année; la grande pêche a lieu en avril, sous la surveillance d'un navire de l'Etat.

Au N. de la Houle, se dressent les célèbres **rochers de Cancale**, masses noires, abruptes, à peu de distance de la terre ferme, mais que l'on ne peut gagner à pied sec.

[De Cancale on peut faire une belle excursion à la **pointe du Grouin**. — *A* (route directe : 3 k. et 1 k. 1/2 à pied jusqu'à la pointe). La route se dirige vers *Saint-Jouin*, puis passe à *la Pintelais*, pour cesser 1 k. plus loin. Un chemin de piétons conduit jusqu'à la pointe (*V.* ci-dessous).

*B* (6 à 7 k. à pied, de la vieille église de Cancale à la pointe, p. l'all.; 4 k. 1/2 au retour). On gagne, derrière la vieille église, le hameau de *la Broustière* et la *pointe de la Chaine*, d'où l'on a une belle vue sur toute la côte, sur les rochers de Cancale et sur l'*île des Rimains*, dont le fort a été construit par Vauban. De là on se se dirige, par le sentier des douaniers, vers *Port-Briac*, petite plage de galets entourée de rochers, puis vers la grève voisine de *Port-Pican*. Après avoir contourné la *pointe de la Châterie*, on parvient à l'*anse de Port-de-Mer* où est une belle plage de sable. On longe ensuite le *chenal de la Vieille-Rivière*, compris entre la côte et les rochers sauvages de l'île *des Landes*. — Du haut de la pointe du Grouin (43 m. d'alt.) un *immense panorama* se déroule, par temps clair, depuis le cap Fréhel (à g.) jusqu'au Mont Saint-Michel (à dr.). A l'extrême pointe il y a un sémaphore et une *grotte* étroite, profonde de 30 m., haute de 10, où la marée s'engouffre avec fracas. — On revient à Cancale par la route directe qui passe à la Pintelais et à Saint-Jouin (prendre à Saint-Jouin la bifurc. de g.).]

**Dinard, Saint-Énogat, Saint-Lunaire et Saint-Briac.** Un grand bateau à vapeur (50 c., 30 c. et 25 c.), ainsi que de petits bateaux automobiles dits « vedettes » (25 c.), font de Saint-Malo le service de Dinard. On s'embarque à la porte de Dinan et, à marée basse, au rocher des Beys.— De Dinard, un tram à vap. conduit à Saint-Enogat et à Saint-Lunaire. — Pour la descrip. de ces trois localités, *V.* les noms à l'*Index*.

**Dinan** (excursion recommandée) **par le cours de la Rance.** Durée du trajet, all. ou ret. 2 h. env.; départs tous les jours, soit par « vedettes » (2 fr. voyage simple; 3 fr. 50, all. et ret.), soit par grands bateaux (prix variable). Pour les heures, qui dépendent de la marée, *V.* les affiches. — Pour la description du trajet (il est pris à rebours) et de Dinan, *V* R 6.

**Le Mont Saint-Michel.** — On peut faire en une journée, par le ch. de fer, l'excursion all. et r. du Mont Saint-Michel. Mais nous conseillons aux touristes d'y coucher; outre l'abbaye, les remparts et la ville qui forment une curiosité unique en France, ils y verront le coucher et le lever du soleil, et l'inoubliable spectacle de la mer montante. — Des billets simples sont délivrés toute l'année, de Saint-Malo puro le Mont, au prix de 6 fr. 10, 4 fr. 20 et 2 fr. 70; des aller-et-retour, valables 3 jours, de la veille des Rameaux au 31 oct., au prix de 8 fr. 15, 6 fr. 15 et 4 fr. 25. Le tram de Pontorson au Mont Saint-Michel est compris dans le prix de ces billets. — Pour la description du Mont Saint-Michel, *V.* ce nom.

**Cap Fréhel.** L'excursion se fait: soit par Dinard et la route de terre (*V. Environs de Dinard*, R. 5); soit par bateaux, l'été (consulter les affiches).

Un service régulier de bateaux (*V.* horaires et affiches) relie Saint-Malo à l'**Ile de Jersey** (pour sa description, *V.* la *Monographie des Iles anglaises*: 1 fr.). — D'autres excursions en mer, aux **Iles Chausey** (*V.* la *Normandie*) ou dans la rade, (**île Césembre**), sont annoncées, l'été, par voie d'affiches.

## ROUTE 5.

## DE PARIS A DINARD

### SAINT-ÉNOGAT, SAINT-LUNAIRE, SAINT-BRIAC

471 k. en 8 à 10 h. : 44 fr. 90; 30 fr. 30; 19 fr. 75. — Les trains sont acheminés sur Dinard, soit par Rennes et Dol (R. 1, 2, 3, 4), soit par Rennes et la Brohinière (R. 1, 2, 3, 8). En outre, pendant l'été, quelques autres trains sont dirigés de Paris sur Dinard par Folligny et Pontorson. Les trois lignes se rejoignent à Dinan.

*N.-B.* — On peut aussi gagner Dinard de Saint-Malo, en passant en bateau entre ces deux localités (V. ci-dessus).

450 k. Dinan (R. 6).

460 k. *Pleslin-Plouër.* — *Pleslin* est à g. (près de *Carnier*, alignement de menhirs en quartz blanc). *Plouër** est à dr., à 4 k. de la station, à 1 k. de la Rance, que domine le village.

465 k. *Pleurtuit** possède une église moderne, avec tour et flèche du XIV$^{e}$ s. et une belle *verrière.* Dans les environs, ancien *manoir de la Vieuxville* et, sur une lande, au *Bois-Thomelin*, champ de courses de Dinard.

471 k. **Dinard*** forme avec *Saint-Énogat* une com. de 4 787 hab., dont un grand nombre d'Anglais et d'Américains. C'est un séjour coquet et riant, qui doit sa célébrité à sa magnifique situation, à la beauté de ses plages et à la douceur de son climat, permettant de cultiver dans les jardins le figuier, l'araucaria, les myrtes, les palmiers et les camélias. Les baigneurs et les touristes y affluent du 1$^{er}$ juillet à la fin sept., mais surtout entre le 1$^{er}$ août et et le 8 sept., époque des courses et des régates. La seconde quinzaine de ce dernier mois offre plus de tranquillité; un certain nombre de grands hôtels ferment leurs portes et les autres offrent des prix plus modérés.

1° Si l'on arrive à Dinard par le chemin de fer, on débouche sur une grande place (fiacres et omnibus de ville; quelques hôtels et restaurants ; à g., tram de Saint-Énogat, Saint-Lunaire et Saint-Briac). On prend, face à la gare, une courte avenue aboutissant *avenue de la Gare*, que l'on suit à dr. jusqu'au **boulevard Féart.** — En continuant à suivre les rails du tram, on irait à l'*embarcadère des bateaux* de Saint-Malo et Saint-Servan.

Le boulevard Féart, à g., amène au centre de la ville, à la rue Levavasseur (6$^{e}$ à dr.; V. ci-dessous) et, en continuant à le suivre, à la plage des bains et aux Casinos (V. ci-dessous).

2° Si l'on arrive à Dinard par le bateau de Saint-Malo ou de Saint-Servan, on monte la *Grande-Rue*, qui prend à la cale de débarquement, à g., jusqu'à un *carrefour* avec une *horloge*, point terminus du tram de Saint-Énogat, Saint-Lunaire et Saint-Briac. A dr. de ce carrefour, *rue Faber*, est le *temple protestant*, dans un charmant jardin (jolis vitraux à l'int.) ; en face de soi, on a la **rue Levavasseur** (plusieurs hôtels et agences de location) qui amène **rue du Casino**, puis boulevard Féart. L'une et l'autre de ces 2 voies transversales conduisent, à dr., aux Casinos situés tous deux au bord d'une belle plage en hémicycle, fermée à dr. par la *pointe du Moulinet*, à g. par la *pointe du Grouin*.

Le **High-Life Casino** comprend une salle de théâtre et de bal dont la scène a été décorée par Chéret, un café-restaurant, une salle de billard, un salon de jeu, des salons de lecture et de piano. A l'étage supérieur est une terrasse. Le **Grand Casino**, à g., a une façade arrondie avec colonnade en portique. Il a cercle, petits chevaux, théâtre et salle d'armes, et est voisin du bel *Hôtel-Royal*. — Un peu plus loin est l'*hôtel Crystal* avec une tour haute de 45 m. (50 c.).

Reprenant le boulevard Féart qui traverse Dinard dans toute sa largeur, on gagne la *place de l'Église* (*église* moderne, sans intérêt), voisine de *l'hôtel de ville*, ancienne villa donnée à la ville par M. Levavasseur, avec un *jardin* ouvert au public.

[De la place de l'Église on va à la **plage** et aux **Ruines du Prieuré**. On prend au delà de l'église, dans l'axe du boulevard Féart, la route de Lamballe, qui passe devant le *couvent des Sœurs Trinitaires* (à g. ; pension de famille); la 1re route à g. après le couvent (*croix de pierre* au carrefour) descend au Prieuré (la façade est sur le 1er chemin de g, donnant sur cette route).

Le *Prieuré* fut fondé en 1324 par les frères Olivier et Geoffroy de Montfort. La chapelle ogivale (on peut visiter; pourboire à la personne qui vous conduit), en ruines, est ornementée de lierre et de feuillages ; elle renferme, à dr. et à g. du chœur, dans des enfeux, les *tombeaux* de chevaliers de Montfort avec statue tombale) et une *statue de la Vierge*.

Derrière le Prieuré s'étend la *plage* du même nom, avec cabines, d'où la route, ou un chemin étroit qui longe la grève et monte ensuite entre des murs de jardins, ramènent place de l'Église.]

De l'église, on peut : 1° par la *rue Pichot*, qui prend entre celle-ci et l'hôtel de ville, regagner la gare ; — 2° descendre aux bateaux par la Grande-Rue, qui fait angle avec le boulevard Féart. La Grande-Rue longe la mer en corniche, sans la voir le plus souvent, à cause des maisons dont elle est bordée ; on remarque à dr. une villa avec statues de bois à la façade et l'on passe, à g., devant le *Grand Hôtel* de Dinard, pour se retrouver au carrefour avec l'horloge et au port, quelques minutes après.

**Saint-Énogat** porte le nom d'un des premiers évêques de Saint-Servan. Le bourg a pris auj. de l'importance par la construction de plusieurs hôtels et des *villas de la Mer*, assemblage de chalets et de villas de diverses dimensions, dominant en terrasse une plage où l'on se baigne, et qui se louent aux étrangers. Saint-Énogat et Dinard sont reliés par de nombreuses avenues qui confondent presque les deux pays. — L'*église* de Saint-Énogat est moderne, sauf le clocher.

### Environs de Dinard.

**Pointe de la Vicomté** (3 k. S.-E.). On prend, à l'église de

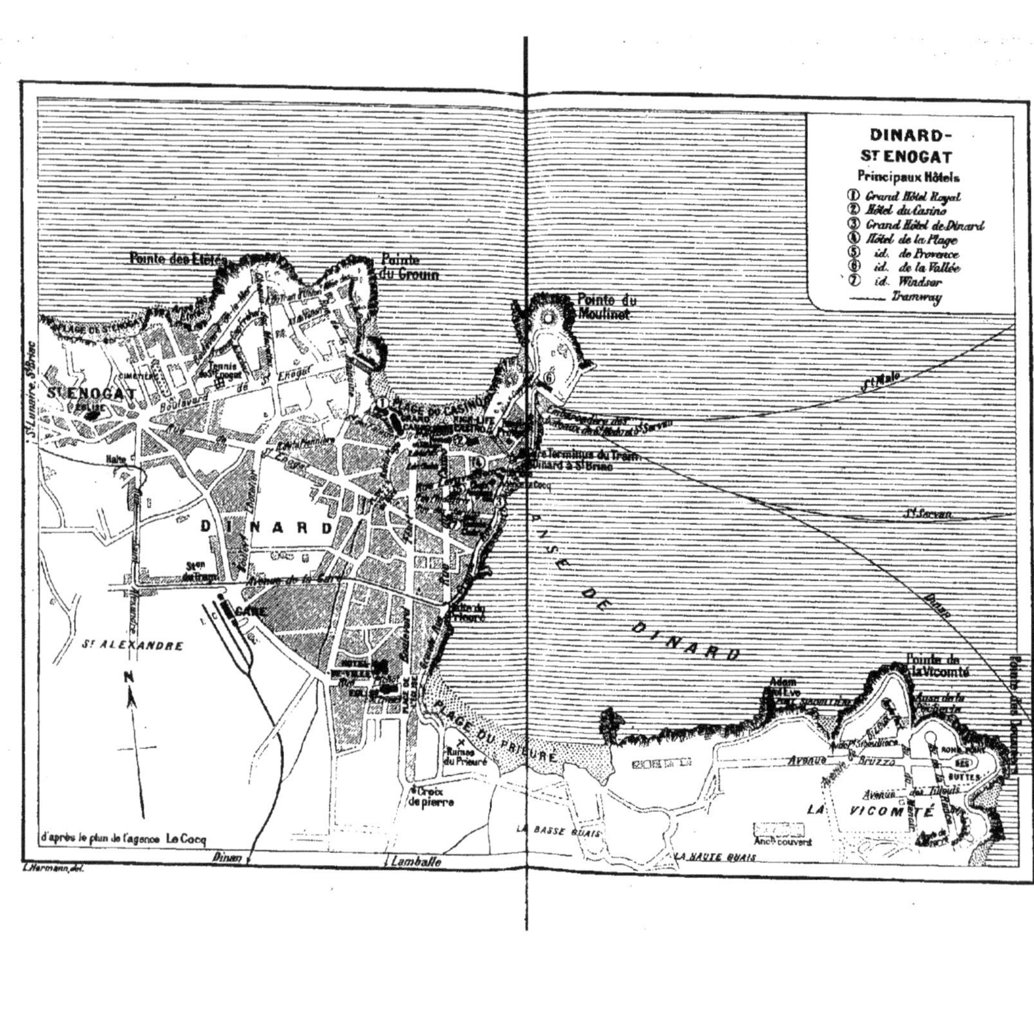
DINARD-
St ENOGAT
Principaux Hôtels
① Grand Hôtel Royal
② Hôtel du Casino
③ Grand Hôtel de Dinard
④ Hôtel de la Plage
⑤ id. de Provence
⑥ id. de la Vallée
⑦ id. Windsor
Tramway
Pointe des Etétés
Pointe du Grouin
Pointe du Moulinet
St ENOGAT
DINARD
PLACE DU CASINO
Boulevard de St Enogat
Avenue de la Gare
GARE
St ALEXANDRE
N
ANSE DE DINARD
PLAGE DU PRIEURÉ
Ruines du Prieuré
Croix de pierre
Pointe de la Vicomté
Avenue Bruzzo
LA VICOMTÉ
LA BASSE QUAIS
LA HAUTE QUAIS
St Malo
St Servan
Dinan
Lamballe
St Lunaire, St Briec
d'après le plan de l'agence Le Cocq
L.Hermann, del.

Dinard, la route de Lamballe que l'on suit jusqu'au 1er chemin à g. (croix de pierre au carrefour). Ce chemin passe près des ruines du Prieuré (*V.* ci-dessus) et descend à la plage de ce nom, pour se relever ensuite parmi les champs et les vergers (sur le sommet de la côte, *château du Tertre-Féart*). Après avoir traversé le hameau de *la Guais*, le chemin bifurque au delà d'un lavoir. On prend la branche de g., qui s'élève jusqu'à l'entrée de l'ancien domaine de *la Vicomté*, mis en lots qui commencent à se bâtir.

On voit à dr. les vastes bâtiments d'un couvent moderne, abandonné, et l'on arrive à une belle allée transversale, plantée d'arbres. A dr. et à g. sont deux hôtels-restaurants; en face de soi l'on va, un peu plus loin, à un rond-point découvert (*pointe des Douaniers*) d'où l'on a une vue étendue sur la Rance, sur le rocher Bizeux (statue de la Vierge) et, de l'autre côté de la rivière, sur la petite plage des Fours-à-Chaux, dépendante de Saint-Servan. Les ombrages sont nombreux et agréables; à l'extrémité g. de la grande allée est un frais vallon, planté de hêtres, qui descend jusqu'à la grève, et, à l'extrémité dr., un *château*, ancien manoir restauré, dans le parc duquel on peut d'ordinaire circuler.

**La Richardais** (4 k. 1/2 S.-E.). Même départ que ci-dessus, par l'église et la route de Lamballe; à la croix de pierre, le chemin de g., qui descend à la grève du Prieuré et va à la Vicomté, conduirait aussi à la Richardais, en bifurquant à dr. au hameau de la Guais. C'est le plus accidenté, et l'on aura moins de fatigue en continuant la route de Lamballe jusqu'à (2 k.) une triple bifurc. à la *Ville-ès-Meniers*. Celle de g., puis une autre, à dr., amènent à *la Richardais*, petit port sur la Rance, site charmant avec une *plage de bains*. On y peut loger dans plusieurs auberges, dans quelques villas, ou chez l'habitant. — Cette excursion peut facilement se combiner, à l'aller ou au retour, avec celle de la Vicomté (*V.* ci-dessus).

**Etangs de la Crochais** (10 k.; ch. de fer jusqu'à Pleurtuit). Départ par l'église de Dinard et la route de Lamballe, que l'on quitte à la bifurcation de la Ville-ès-Meniers pour suivre, droit devant soi, la route de Pleurtuit (6 k; station du ch. de fer) et continuer, en croisant la voie ferrée, jusqu'à *Trémereuc*. Là, on prend un chemin près de l'église, qui conduit (1 k. 1/2) à la rivière du *Frémur*, dont on suit le cours jusqu'à deux beaux *étangs* aux rives boisées. Le second se trouve près de la ferme et de l'ancien *château de la Crochais*. On regagne directement la route de Dinard, près de Pleurtuit.

**Saint-Jacut et Saint-Cast** (17 k. E. jusqu'à Saint-Jacut et 25 k. jusqu'à Saint-Cast. Voit. publ. médiocre, à la fin de la journée, toute l'année, pour Saint-Cast : 2 fr. 50; en descendant à Beaussais : 1 fr. 50, on est à 4 k. S. de Saint-Jacut. L'été, une autre voiture va jusqu'à Saint-Jacut même. Bureaux de l'une et de l'autre à la cale des bateaux de Saint-Malo). Départ par l'église de Dinard et la route de Lamballe, qui tourne à dr. (2 k.) à la bifurc. de la Ville-ès-Meniers. On traverse peu après le ch. de fer, puis le *bois de Pontual* (toutes les routes que l'on croise vont à dr. vers Saint-Lunaire et Saint-Briac, celles de g. vers la Rance). Au delà du ham. de la *Ville-ès-Meniers* (6 k. : à 1/2 k. sur la route de Saint-Briac, *chapelle de l'Epine*) on traverse dans un vallon la petite rivière du Frémur, qui baigne à 200 m. de la route, à dr., les ruines du *château de Pontbriand*, et l'on atteint (10 k.) **Ploubalay** (*église* moderne).

13 k. *Beaussais* (descendre ici pour Saint-Jacut si l'on est venu par la voiture de Saint-Cast), où se détache, à dr., au fond d'un golfe profond, la route de Saint-Jacut que l'on aperçoit sur la g. du golfe, à l'extrémité d'un haut promontoire ; sur la dr., on voit Lancieux. — Pour la descript. de Saint-Jacut, *V.* R. 7.

De Beaussais (à *Trégon*, 3 dolmens), la route de Saint-Cast suit encore, durant 1 k. 1/2, celle de Lamballe ; puis, bifurquant à dr., elle rejoint le tram à vap. de Plancoët à Saint-Cast, et arrive au Guildo (17 k.) sur la rivière de l'Arguenon. Les belles ruines du château du Guildo sont sur la rive dr. ; on s'y rend par un chemin (750 m.) qui prend sur la route, à dr., avant de passer le pont (pour la descript. des ruines, *V.* R. 7). — Au delà du pont, sur la rive g. de la rivière que l'on passe, on se fera conduire par quelqu'un du pays aux Pierres Sonnantes.

La route monte au v. de *Notre-Dame-du-Guildo* (à dr., *château du Val*), puis, après une bifurc. à g. (21 k.) vers Matignon et le cap Fréhel, rencontre (24 k.) un chemin à dr. (nombreux écriteaux) qui descend, par un vallon ombragé, à la petite anse de la Garde-Saint-Cast (R. 7) et à la station balnéaire qui s'y est groupée.

Si, au contraire, on veut aller au bourg même de Saint-Cast et à sa vaste plage en amphithéâtre, il faut suivre tout droit la route. Elle amène sur la place de l'église (25 k. de Dinard) et se prolonge jusqu'au bourg de l'Isle, à l'extrémité de la baie. — Pour la descrip. de Saint-Cast, *V.* R. 7.

**Cap Fréhel** (38 k. 1/2 par la route directe). L'itinéraire est le même que le précédent, par Ploubalay, Beaussais et le Guildo, jusqu'à l'embranchement de la route sur Matignon, 3 k. après le bourg de Notre-Dame-du-Guildo (21 k. de Dinard). — 24 k Matignon (R. 7). — De Matignon au cap Fréhel, 14 k. 1/2 (voit publ. l'été), *V.* R. 7).

Des bateaux partant de Dinard et de Saint-Malo font aussi par mer, durant l'été, l'excursion du cap Fréhel (*V.* les affiches).

**Dinan et cours de la Rance.** L'excursion de Dinan peut se faire : 1° par ch. de fer, (21 k. S. : 2 fr. 55, 1 fr. 60 et 1 fr. 05 ; billets d'all. et ret., valables 2 jours : 3 fr. 55, 2 fr. 55 et 1 fr. 65) ; — 2° par la route 19 k. ; — 3° par bateau, en remontant la Rance. Pour ce dernier itinéraire, *V.* R. 6 (il est décrit à rebours, de Dinan à Dinard). Durée du trajet à l'all. ou au ret. 2 h. env. ; départs tous les j., soit par « vedettes » (2 fr. un voyage simple, 3 fr. 50 l'all. et ret.), soit par grands bateaux (prix variable). Pour les heures, qui dépendent de la marée, *V.* les affiches. — Le mieux est de faire un des voyages par la route ou par le ch. de fer, et l'autre par le bateau.

**Saint-Lunaire et Saint-Briac** 4 et 8 k. O. ; tram à vap. en 30 et 45 m. : 70 c. et 40 c. pour Saint-Lunaire, 1 franc all. et ret. ; 1 fr. 15 et 65 c. pour Saint-Briac, 1 fr. 50 et 1 fr. 25 all. et ret.). Le tram, qui suit presque constamment la route, part du haut de la Grande-Rue, au-dessus de la cale des bateaux de Saint-Malo. Il dessert d'abord Dinard-gare, puis Saint-Énogat. Il passe ensuite à proximité de la petite **plage**, en formation, **de Port-Blanc** et arrive à :

4 k. **Saint-Lunaire** *, b. de 1413 hab. A g. de la station est l'*église* moderne, et plus loin le bourg proprement dit, où l'on voit **l'ancienne église**, des XI° et XIV° s., désaffectée. A l'int. : *bénitier* du XIV° s. et *tombeau de St-Lunaire* (XIII° ou XIV° s.) supporté par des sculptures romanes ; *pierres tombales*, en relief, d'un seigneur de Pontual et de sa femme (sur le sol, devant le chœur) ; *tombeau* d'une dame du XIV° ou du XV° s. (mur de dr.) tenant un chapelet sur sa poitrine ; *tombeau* d'un seigneur de Pontbriand et de sa femme (même époque ; mur de g.). Dans le cimetière qui entoure l'église, *croix* en pierre, du XIV° ou du XV° s.

5 k. *Station du Décollé*, desservant le bourg balnéaire, formé au bord de la mer, et composé de villas et d'hôtels (*Grand-Hôtel de la Plage*, *Casino* et *bains de mer*) ; il se prolonge jusqu'à la **pointe du Décollé** (*croix de granit* ; *tir aux pigeons* : *grotte des Sirènes* : 30 c. d'entrée).

Après ce premier groupe se trouve la nouvelle **plage de Longchamp** (halte du tram), avec l'*hôtel de Paris*.

Le tram, au delà de la halte de Longchamp, parcourt des

dunes où les Anglais pratiquent le jeu de golf. On aperçoit, à dr. de la halte de *la Faïencerie*, l'*hôtel* isolé *des Panoramas*.

La station terminus de *la Chapelle* (petit *hôtel-restaurant*) dessert le hameau de ce nom (à dr.) et le petit centre balnéaire de *la Ville-Hüe* (de la **pointe de la Garde-Guérin**, beau panorama).

Laissant à dr. la route de la Chapelle et de la Ville-Hüe, on suit celle que l'on a en face de soi, et l'on dépasse à dr. une petite baie où se trouve, dans une presqu'île, un *château* moderne en briques, avec tourelles. A l'entrée du b. de Saint-Briac on remarque (à dr.) un vieux *moulin* à vent, souvent reproduit par la peinture et la photographie.

8 k. **Saint-Briac*** doit son nom à un saint ermite irlandais; c'est une petite station balnéaire située à l'embouchure et sur la rive dr. du Frémur, qui s'y jette dans la mer par un large estuaire. — *L'église*, moderne et sans style, est accolée à une tour en granit de 1671; extérieurement on distingue, sous le vitrail du transept de dr. et sous celui de chacune des 2 chapelles latérales de l'abside, des maquereaux sculptés, très effrités, provenant de l'ancien édifice, construit avec les offrandes des pêcheurs.

De l'église, une rue conduit, à g., vers le petit *port* d'échouage, à l'embouchure du Frémur; il est protégé par une jetée minuscule et dominé par la **Croix des Marins**, érigée sur l'emplacement d'un dolmen, dont plusieurs pierres entassées lui servent de base. — De cette croix, belle vue sur la baie, ses ilots, sur l'île des Ebihens et sa tour. Un chemin qui prend à dr. passe au sommet de la falaise et suit les découpures de la côte. On aperçoit au loin, à g., le cap Fréhel et, près de la côte, l'**île d'Agot**.

[Si, de la Croix des Marins, on descend au bord du Frémur, on peut le franchir à pied à marée basse, en bac à marée haute, et se rendre (2 k.) à **Lancieux** *, qui possède une jolie *plage*, dans une petite anse. De l'ancienne *église* il ne subsiste qu'un clocheton, dans le cimetière, et un débris de sculpture représentant une sirène. — On peut revenir à Saint-Briac (le trajet est plus long ; 6 kil. env.) par le fond de l'estuaire du Frémur, le *moulin de Rochegoude* et le ham. de *Vau-Piard*.]

## ROUTE 6.

## DE PONTORSON A LAMBALLE

PAR DINAN

91 k. en 2 h. 30 env. — 10 fr. 20, 6 fr. 90, 4 fr. 50. — *N.-B.* Dinan, qui est d'autre part station de la ligne Paris-Dinard (R. 5) se trouve, par cette dernière voie, la plus directe, à 450 k. de Paris (8 à 10 h. env. : 45 fr. 45, 29 fr. 35, 19 fr. 10).

Après avoir quitté Pontorson, le ch. de fer traverse le Couesnon.

6 k. *Pleine-Fougères*. Près de

la métairie de l'*Ile Saint-Samson*, cuve baptismale en granit, du VIe s. A 300 m. de là, borne de la *Roche-Buquet*, qui marquait la limite entre la Bretagne et la Normandie.

13 k. *La Boussac*.

[A 3 k. S., ruines pittoresques du **château de Landal** (XVe s. ; donjon restauré) au milieu des bois et sur le bord d'un étang. Tout auprès, *château* moderne, en face duquel 4 étangs superposés déversent leurs eaux, entre deux coteaux pittoresques, en faisant tourner des moulins. Non loin de la maison du garde est une *source minérale*.

Dans le voisinage de ces ruines **chapelle de Broualan**, fondée en 1485, tourelle octogonale, appliquée au flanc S. de la nef ; campanile charmant ; autels en granit, délicatement sculptés.]

On dépasse, à g., *Epiniac* (*église* en partie du XIIe s., avec bas-relief du XVIe s. représentant la Mort de la Vierge, et belles boiseries du XVIIe s. entourant la cuve des fonts-baptismaux). — On joint à dr. la ligne de Rennes à Saint-Malo.

22 k. **Dol** Ⓑ *V. R. 4* (✕ pour Rennes et Saint-Malo).

27 k. *Roz-Landrieux*.

30 k. *Plerguer* (restes de l'abbaye du Tronchet ; château et beaux étangs de Beaufort).

36 k. **Miniac** (✕ pour La Gouesnière-Cancale). Le bourg est situé à 2 k. S.; *château* du XVIIIe s, sur l'emplacement d'un château-fort en ruines ; *manoir* du XVe s., à côté de la *chapelle de la Mare* (1629).

[A 4 k. par le chemin de fer de la Gouesnière, **Châteauneuf** * possède les ruines d'un ancien *château*. — A 4 k. O. de Châteauneuf, **Saint-Suliac** *, petit port sur la Rance, avec église du XIIIe s. Sur la route, *mont Garrot*, haut de 72 m.]

40 k. *Pleudihen* * est à 1 k. 1/2 de la station (dolmen du *Bois-du-Rocher*; sur le bord d'un étang à moitié desséché, *château de la Bellière*, du XVIe s., avec magnifiques cheminées, et où mourut Tiphaine Raguenel, 1re femme de Du Guesclin).

On traverse la vallée de la Rance sur le **viaduc de Lessard**, long de 90 m., haut de 33 m.

44 k. *La Hisse*, halte. — On laisse à dr. le v. de Saint-Samson et le ch. de fer de Dinard, puis on franchit le vallon de l'Argentel sur un pont métallique haut de 32 m.

50 k. **Dinan** * Ⓑ (✕ pour la Brohinière et pour Dinard), ch.-l. d'arr. de 10534 h., est bâti sur le sommet et sur le versant d'une hauteur escarpée qui domine de près de 75 m. la rive g. de la Rance. De ce côté surtout son site est pittoresque. Les environs offrent de multiples excursions.

La gare est reliée par la *rue Thiers* à la **place Duclos**, où s'élève l'**Hôtel de Ville**, qui renferme la *bibliothèque* et le *musée* (s'adr. au concierge, pourboire ; objets de curiosité et d'archéologie, giberne de la Tour d'Auvergne, belles pierres tumulaires. Il doit être prochainement transféré dans le château). — On peut visiter aussi à l'hôtel de ville la *salle des Fêtes* ou *de l'Odéon*, qui renferme des portraits divers et quelques tableaux.

Sur la place Duclos, à g., s'ouvre la *rue de la Croix*, dans laquelle la *maison de Du Guesclin* (7e à dr.; un écusson l'indique) a été récemment rebâtie.

De la place Duclos, la *Grande-Rue* (la plus étroite) conduit à l'église Saint-Malo.

**L'église Saint-Malo** a une nef qui a été construite de 1855 à 1865, dans le style du XVe s. Le chœur et le transept (1490), offrent un beau spécimen de la dernière période ogivale. — A l'int. : au bas de la nef, deux *bénitiers* en granit (XVe s.), l'un supporté par Satan; *chaire* sculptée; *statue de St Malo*, par Savary, au-dessus du *maître-autel*. Au pourtour du chœur, à dr., tableau d'Archenault (*le Christ victorieux de la Mort et du Péché*); chapelle suivante : *tombe* d'un évêque de Rennes, † 1855. Dans les chapelles du chœur et des bas-côtés, charmantes petites crédences de pierre (lavabos et niches pour les saintes huiles).

Continuant la Grande-Rue, on dépasse à g. la jolie *porte* ogivale (XVe s.) de l'ancien **couvent des Cordeliers** (s'adr. au concierge) fondé au XIIIe s. et occupé par le *petit séminaire* (arcades d'un cloître du XVe s.; porte du XIVe ou du XVe s.; tourelle et petit bâtiment avec 2 lucarnes de la Renaissance).

De la **place des Cordeliers** maisons à porches) on gagne, par la *rue de la Lainerie*, la **rue** rapide et tortueuse **du Jersual** qui offre un aspect saisissant avec ses maisons du XVIe s., et qui aboutit à la **porte du Jersual** (XIVe ou XVe s.).

Au delà de cette porte, la rue se continue par la *rue du Petit-Fort*, qui aboutit à un *pont* gothique (embarcadère des bateaux de Saint-Malo et Dinard; *port* sur la Rance et bateaux pour promenades). — De là, le regard embrasse dans son ensemble la masse imposante du viaduc sur lequel la route de Dol franchit la vallée de la Rance et qui relie la ville au bourg de *Lanvallay*. Ce **viaduc** (10 arches de 16 m. d'ouverture), en granit, a une longueur de 250 m.; sa hauteur est de 40 m. au-dessus du chemin.

De la tête du pont, on suit à dr. la *rue du Port* et, prenant un escalier qui commence sous le viaduc, on remonte en ville par des allées en zigzags, qui amènent au sommet du **viaduc** (belle vue sur la vallée de la Rance), puis au **jardin anglais** ou **square de la Duchesse-Anne**. Au centre de ce square, qui s'étend derrière l'église Saint-Sauveur, sur l'emplacement d'un ancien cimetière, et qui forme terrasse du côté de la Rance, *colonne* en granit surmontée du *buste de Ch. Néel*, maire de Dinan (1762-1851). De la terrasse et surtout de la plate-forme de l'ancienne **tour**

**Sainte-Catherine,** qui en forme un angle, on découvre une vue magnifique sur le viaduc et la vallée de la Rance.

L'**église Saint-Sauveur** a une belle façade romane (XIIe s.), du style flamboyant dans sa partie supérieure; la porte principale est ornée de *sculptures* en partie restaurées (au tympan, le *Christ bénissant*). Le mur extérieur de dr. (XIIe s.) présente une charmante chapelle (XVe s.). La tour porte une flèche de 1779 (57 m.). — A l'int., la nef est voûtée en bois (*chaire* en fer forgé, à dr.); un seul bas-côté de la fin du XVe s. Le *maître-autel* est de la fin du XVIIIe s. Les chapelles absidales rayonnantes sont ornées de clefs de voûte à pendentifs et de jolies *crédences* sculptées dans le mur. Dans la chapelle à dr. de la chapelle centrale: *tombeau* de l'abbé Brajeul (médaillon en marbre). Au transept g.: **cénotaphe** en granit, renfermant le cœur de Du Guesclin. Au bas-côté g.: belle *verrière* du XVe s. et curieux *bénitier* (XIIe s.) en granit noir.

Traversant la place qui est devant l'église, on prend à dr. la petite *rue de la Larderie*, puis à g. la *rue de la Haute-Voie* (charmante *porte Renaissance* de l'ancien *hôtel* des Beaumanoir, appelé le *Vieux-Couvent*), qui mène presque aussitôt à la **rue de l'Horloge.**

Prenant à g. cette rue (maisons à porches), on trouve à dr. la **tour de l'Horloge** (fin du XVe s.), massive, avec flèche d'ardoises. L'horloge a été donnée à la ville par la reine Anne, en 1507. De la galerie en plomb de la flèche (s'adr. au gardien; pourboire), on découvre un admirable panorama.

Au delà de la tour, on rencontre (1re rue à g.) le *casino-théâtre*. Plus loin, la *rue de Léhon*, continuation de la rue de l'Horloge, est bordée à g. par le *collège*, ancien monastère de la Victoire (1628), restauré en 1877, qui compta Chateaubriand et Broussais parmi ses élèves. La rue de Léhon aboutit à la **porte Saint-Louis,** de 1620, qui donne accès à la promenade des Petits-Fossés (*V.* ci-dessous). On aperçoit à g. la *tour Penthièvre* et la *tour du Sillon*; à dr. se dresse la **tour de Coëtquen,** une des plus fortes de l'enceinte de la ville.

De la porte Saint-Louis, la *rue du Château* mène en quelques pas au château.

Le **Château,** construit par les ducs de Bretagne, de 1382 à 1387, a été récemment acquis par la ville pour y installer le musée. D'importants travaux y sont en cours d'exécution. Le château forme une énorme masse entourée de fossés. Un pont conduit au portail et à la première cour, à dr. de laquelle s'élève un corps de bâtiment qui servait autrefois de caserne et d'infirmerie. Sur la g., se trouvent le corps de garde et la courtine conduisant à la tour de Coëtquen. Puis on franchit un second pont, d'une seule arche, et on descend dans une cour basse sur laquelle s'ouvrait l'entrée principale, du style ogival, et d'où le regard embrasse dans toute sa hauteur le **donjon** ou **tour de la Reine-Anne** (34 m. de haut et 4 étages. A l'étage inférieur : anciens cachots; au 1er étage : *cuisines et salle à manger* des anciens châtelains; au 2e : *salle du Duc* avec cheminée large de 4 m., *salle des Gardes*, contiguë à la précédente, et *chapelle* où une petite logette servait d'*oratoire* à la princesse; au 3e : *salle du Connétable* ; au 4e : *poste du Guet* et *salle d'Armes*). De la plate-forme du sommet, vue étendue.

Sortant du château, on reprend la rue du Château que l'on continue jusqu'à la **place Du Guesclin**, plantée de tilleuls et ornée de la **statue** équestre **de Du Guesclin**, par Frémiet (1902). Cette place, qui fut en 1359 le théâtre d'un combat singulier entre Du Guesclin et un chevalier anglais, est bordée par le *palais de justice*, à dr., et se prolonge par la **place du Champ** du côté de la *rue de la Ferronnerie*, à l'entrée de laquelle, à g., est la *maison natale* de l'académicien *Duclos*. — La *rue du Marchix* ramène place Duclos.

[Place Duclos, derrière l'hôtel de ville, commence la belle **promenade des Petits-Fossés**, que bordent d'un côté les ruines des vieux remparts. Ces **remparts**, élevés à partir du XIIIe s., renforcés à diverses époques, ont autour de la ville plus de 2 k. 1/2 de développement; ils étaient défendus par 24 *tours*, dont il subsiste une quinzaine (nous en avons déjà rencontré une partie en cours de route, ainsi que deux des portes dont ils étaient percés : celle du Jersual et la porte Saint-Louis, voisine du château). Vers le milieu de la promenade des Petits-Fossés, que borde, de l'autre côté, le *val Cocherel*, s'élève une *colonne* en granit avec le *buste*, en marbre, *de Duclos*].

De la place Duclos on remonte, par la rue Thiers, vers la gare.

[Au point où la rue Thiers tourne à g., commence, à dr., la **promenade des Grands-Fossés**, précédée du préau gazonné de *Pall-Mall*, et où l'on trouve d'autres tours de l'enceinte : la *tour de la Hunaudaye*, la *tour Vaucouleurs*, la *tour Beaumanoir*, puis la **porte Saint-Malo** (XIVe et XVe s.) d'où part la route de Dinard].

### Environs de Dinan.

**Fontaine minérale** (1 k. 1/2 N.-E.). On sort de Dinan par la porte Saint-Malo et l'on suit la rue du même nom (à dr., vieille chapelle romane d'un *prieuré*). La 2e rue à dr. aboutit à l'*allée de la Fontaine*, bordée de tilleuls, et qui, à son extrémité, descend en zigzags dans le joli vallon de l'Argentel, encadré de collines granitiques, d'arbres, de prairies, et traversé par le viaduc du ch. de fer. La *fontaine minérale* fournit une eau légèrement gazeuse, bonne pour l'estomac. On peut regagner Dinan en suivant le vallon qui aboutit à la Rance.

**Léhon** (1 k. 1/2 S.). Sortant de Dinan par la porte Saint-Louis, on suit la *rue Beaumanoir*, au bout de laquelle on trouve 2 sentiers : celui de g. conduirait à la colline du Mont-Parnasse (*V.* ci-dessous) ; l'autre, coupé d'escaliers en pierre, mène au v. de *Léhon* qui forme, sur la rive g. de la Rance, comme un faubourg de Dinan. Léhon est dominé par les ruines pittoresques de son **château** (XIIe ou XIIIe s.), au sommet d'une éminence où l'on monte par une allée plantée de sapins. Des huit tours rondes qui le flanquaient, il reste quelques ruines couronnées de lierre. A milieu de l'enceinte, *chapelle Saint-Joseph*, moderne. De la plate-forme du sommet, belle vue sur la Rance, le village de Léhon, les ruines et le prieuré.

Le **prieuré** fut fondé vers l'an 850 par Nominoé, roi des Bretons, en l'honneur de St Magloire dont les reliques venaient d'être transportées de Jersey à Dinan. Mais les parties plus anciennes de l'église et des bâtiments actuels ne remontent qu'au milieu du XIIIe s. L'*église*, restaurée et servant auj. de paroisse, forme un rectangle, sauf l'addition d'une chapelle du XIVe s., désignée sous le nom de *chapelle des Beaumanoir* et servant de sacristie. Le bénitier est formé d'une ancienne *cuve baptismale*. Huit *stalles* du XVe s., provenant de l'abbaye, présentent les effigies peintes de la Vierge et de plusieurs saints. Signalons encore : dans la nef, deux tombes du XIIIe s.; dans le chœur, deux panneaux en bois sculpté du XVe s.; les *verrières*, dont la principale représente les principaux épisodes de l'histoire du prieuré; des tombes de chevaliers et d'abbés; les *pierres tumulaires* de Jean de Beaumanoir, compagnon d'armes de Du Guesclin, d'une châtelaine de Beaumanoir, d'un prieur de l'abbaye de Léhon (quelques-unes ont été transportées au musée de Dinan.)

Extérieurement, des arcs-boutants d'une grande légèreté relient l'église à de massifs contreforts, qui reçoivent les arcades d'un **cloître** du XVIIe s. Le *réfectoire* qui lui est attenant est plus ancien, et la porte S. du monastère annonce le XVe s.

On peut, après avoir passé la Rance au delà de l'église de Léhon, sur un pont pittoresque de 5 arches, revenir à Dinan (20 min.; promenade recommandée) en descendant la rive dr. de la rivière, bordée de beaux arbres et de rochers; c'est ce qu'on appelle le *Tour des Prés*.

**Le Mont-Parnasse** (1 k. S.). —

La rue Beaumanoir, qui commence à la porte Saint-Louis et que l'on suit pour aller à Léhon, rencontre à son extrémité, à g., un sentier pierreux qui descend vers la Rance et conduit au pied du *Mont-Parnasse*, petit promontoire faisant saillie au milieu d'une vallée profonde, et où l'on monte par une allée d'arbres. Du sommet (*villa* avec statue d'Apollon), on découvre de beaux points de vue.

**Croix du Saint-Esprit** (1 k. S.-O.). — On sort de Dinan par la rue des Rouairies, qui commence place Duclos et que suit la *route de Brest*. 1 k. au delà de Dinan on voit, sur le versant d'une colline, l'*asile des aliénés*, fondé en 1835, avec sa chapelle. Entre l'hospice et la route de Brest se trouve la *croix* en granit *du Saint-Esprit*, du XIV^e s. (Annonciation, Couronnement de la Vierge, Nativité, la V. et l'Enf. J., la Trinité).

**Châteaux de la Coninnais, de la Garaye et menhir de Saint-Samson** (5 k. N). — On sort de Dinan par la porte Saint-Malo. A 1 k., près de la route du même nom, se trouve au bord d'un petit étang le *château de la Coninnais*, du XV^e s. (élégantes tourelles; entrée décorée de cariatides; salles lambrissées, meubles anciens et tableaux de diverses époques), dans un site pittoresque, et entouré de jardins en amphithéâtre (*grotte*, avec statue de St Pierre, au fond de laquelle jaillit une fontaine). Près de la porte de la cour, joli pavillon de la Renaissance. — Une belle avenue, bordée de hêtres, précède les ruines gothiques, aux fines sculptures drapées de lierre, du *château de la Garaye* (XVI^e s.), situé sur le territoire de la com. de *Taden* (église du XV^e s.), à 1 k. du château de la Coninnais. — A 3 k. N. de la Garaye, sur le territoire de *Saint-Samson* (*château de Carheil*), le *menhir*, appelé la *Pierre-Longue*, est à moitié enfoui dans le sol et incliné fortement sur sa base, au milieu d'un bois.

**Corseul et Montafilant** (10 k. N.-O.; ch. de fer jusqu'à Corseul). La station du ch. de fer est à 2 h. 1/2 du bourg. Pour la descrip. de Corseul et de Montafilant, *V. Corseul*.

**Descente de la Rance vers Dinard et Saint-Malo** (28 k. env. jusqu'à Saint-Malo; bateau t. l. j., soit par « vedettes » : 2 fr. un voyage simple, 3 fr. 50 all. et ret., soit par grands bateaux, prix variable; traj. en 2 h. env. Les heures de départ dépendent de la marée; consulter les affiches. Escales facultatives en cours de route. On s'embarque en bas de la rue du Jersual, près du vieux pont). Du bateau on découvre d'abord, en arrière, l'immense viaduc de Dinan à Lanvallay, puis on dépasse à dr. le *château de Grillemont* et le joli v. de *Landeboulou*, pour atteindre les carrières de granit de *la Courbure*. Après avoir

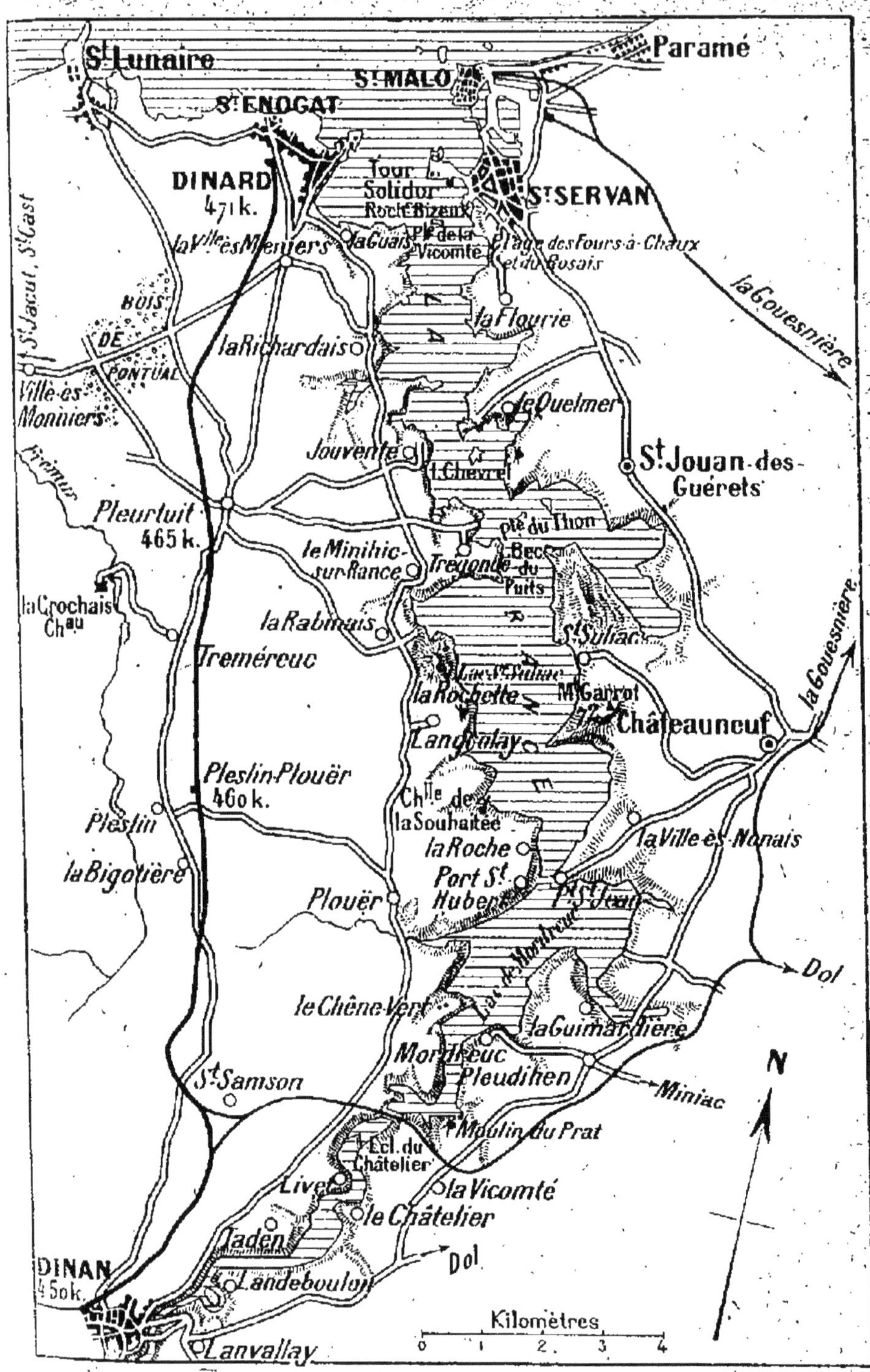


COURS DE LA RANCE.

longé à g. la *muraille de l'Œuvre*, digue par laquelle on avait tenté de drainer le marais de la Pètrolle, la rivière s'élargit au-dessous de Taden dont on voit, à g., le clocher du XVe s.

La Rance se resserre à nouveau avant les villages du *Châtelier* à dr., et de *Livet* à g. Les superbes **rochers de Fournoy**, dominés par le *moulin de Trompe-Souris*, et d'autres rochers taillés à pic, couronnés par un moulin à vent, précèdent l'**écluse du Châtelier** (escale). Sur la dr., *pointe de Lessard* et bloc de roc, haut de 15 m., connu sous le nom de la *Demoiselle*, ou *potence des Dinâmmas*.

On passe sous le beau viaduc de Lessard (ligne de Dinan à Dol et Saint-Malo) et on laisse à g. le *manoir du Petit-Châtelier*, à dr. le *havre de Morgrève*, que domine le *moulin du Prat*. Puis la riv. s'épand (10 k. de Dinan) en une belle nappe d'eau, dite **plaine de Mordreuc**, longue de 5 k. et qui atteint 2 k. de large. — A dr. sont les campagnes de Pleudihen, à g. les collines boisées de **Plouër** (station du ch. de fer de Dinard) et les bosquets du *Chêne-Vert* (grotte aux Fées, chêne séculaire, fortifications en ruines, château moderne).

Le **port Saint-Hubert**, à g., et le *port Saint-Jean*, à dr., terminent par une *écluse* (escale; pont d'une rive à l'autre) la nappe d'eau de Mordreuc.

Au delà, le bateau s'engage dans un défilé dominé à dr. par les *bois de la Basse* et de la *Haute-Motte* et le ham. *de la Ville-ès-Nonais*, à g. par le *château de la Roche*, aux tourelles couvertes de lierre, et la *chapelle de la Souhaitée*, but de pèlerinage. En face, le Mont Garrot, haut de 72 m., semble barrer la rivière, qui s'épanouit au contraire, en formant le beau **lac de Saint-Suliac**, bordé de rochers escarpés. — Sur la hauteur, à g., se montrent *Langrolay* et les moulins à vent de *la Rochette*; sur la rive dr., petit port de Saint-Suliac; plus loin à g., le clocher de **Minihic-sur-Rance** ' s'élève au-dessus d'une petite anse où l'on se baigne.

La Rance se resserre une fois de plus entre la *pointe du Thon* et le *bec du Puits* (19 k. de Dinan) en face de l'*île aux Moines* et de **Saint-Jouan des Guérets** à dr. (villas; dans l'*église* style pseudo-roman, *bénitier* en marbre blanc orné de 4 têtes à oreilles d'âne; dans le cimetière, vieil *ossuaire*).

C'est enfin l'*île Chevrel*, où paissent des moutons, la *pointe de l'Égorgerie* à dr. (maison où toute une famille fut assassinée), la pointe de *Cancaval* à g. et le v. de la Richardais. On aperçoit devant soi Saint-Servan, dont on se rapproche en laissant à g. la petite *anse du Pissot*; à dr., non loin du *rocher du Poulet*, une petite tour de pierre indique l'*écueil des Zèbres*. On passe devant la plage des Fours-à-Chaux, dépendante de Saint-Servan, et près du rocher Bizeux, qui est au milieu de l'eau et que surmonte une Vierge; puis on contourne la pointe de la Vicomté en laissant à dr. Saint-Servan et la tour Solidor, pour déboucher dans l'anse de Dinard, qui se découvre aux regards ainsi que Saint-Malo.

—

Au delà de Dinan, le ch. de fer de Lamballe laisse à dr. *Quévert* (ruines du *château de la Brosse*).

59 k. **Corseul** (à 2 k. 1/2 à dr.). *L'église* paroissiale renferme un *bénitier* en granit, du XIIe s. et un *cippe* romain (plaque funéraire) consacré à une femme nommée *Silicia*.

[A 1 k. 1/2 S.-E. de Corseul, le ham. de *Haut-Bécherel* possède les ruines d'une *tour* octogonale, construite en petites pierres régulières, couverte en partie par le lierre, et qui serait le *Fanum Martis* ou temple de Mars de la table Théodosienne. Au pied, ont été découvertes de nombreuses antiquités.

A 2 k. N.-O. de Corseul, sur une colline escarpée, entre le ruisseau de Camboeuf et l'un de ses affluents, ruines du **château de Montafilant** (XIIe s.), consistant dans une muraille qui sert d'enceinte à une ferme et dans une chapelle habitée par le fermier.]

68 k. **Plancoët** * (⛝ pour Saint-Cast), ch.-l. de c. de 2170 hab., bâti en amphithéâtre sur les deux rives de l'Arguenon, avec un petit *port*. *L'église Saint-Sauveur*, moderne, de style pseudo-roman, a conservé un *bénitier* rond, orné de cariatides très frustes. *L'église de Nazareth* possède une statuette en pierre de la Vierge (pèlerinage), trouvée en 1621. — Du haut des tertres de *la Janière* et de *Brandfer* (91 m.), beau panorama.

De Plancoët à Saint-Jacut, La Garde-Saint-Cast, Saint-Cast et le cap Fréhel, *V.* R. 7.

Au delà de Plancoët, le ch. de fer franchit l'Arguenon dont il remonte quelque temps la rive g.

76 k. *Landébia* (*église* du XVe s., avec beau portail; *fontaines de Saint-Eloi* et *de Saint-David*, buts de pèlerinage; ruines du *château de Plessis-Tréhen*).

[A Landébia commencent les *forêts de la Hunaudaye* et *de Saint-Aubin*. A 5 k. S. de la station (à g.), sur la route de Landébia à *Saint-Igneuc*, une avenue de 1 k., prenant à g. de la route et longeant un bois, amène aux belles ruines du château de la Hunaudaye (*V.* ce nom).

Le ch. de fer coupe les forêts de la Hunaudaye et de Saint-Aubin.

91 k. Lamballe, *V.* R. 8. (⛝ avec la ligne Rennes-Paris et Saint-Brieuc-Brest).

—

ROUTE 7.

## DE PLANCOËT A SAINT-JACUT, A SAINT-CAST ET AU CAP FRÉHEL.

Tram départemental pour Saint-Cast, 19 k. en 54 min. (1 fr. 45 et 1 fr.), passant à 5 k. S. de Saint-Jacut (pendant l'été, service de voit.). — De la station de Matignon, route de voit., 14 k. 1/2 jusqu'au cap Fréhel (voit. publ., l'été).

De Plancoët (station de la ligne Pontorson-Lamballe; R. 6), le ch. de fer départemental de Saint-Cast s'élève vers le N. et dessert d'abord *Saint-Lormel* (église moderne), dont dépend le *château de l'Argentaye* (1840; tableaux, armures, riche bibliothèque, objets antiques trouvés à Corseul).

6 k. *La Ville-Génouan* (allée couverte), ham. où le tram rejoint la route de Dinard à Saint-Cast et où l'on descend pour Saint-Jacut.

[**Saint-Jacut-de-la-Mer** *; service de corresp. pendant l'été) est à 5 k. N., à l'extrémité d'une longue presqu'île se terminant par une pointe rocheuse, entre la *baie de Lancieux* à dr. et celle *de l'Arguenon* à g. C'est une petite station balnéaire, simple et tranquille.

Le bourg est traversé dans toute sa longueur par la Grande-Rue, où sont les hôtels, et qui aboutit à l'*église* où une inscription perpétue la mémoire de *dom Lobineau*, historien de la Bretagne (1667-1727), mort au monastère de Saint-Jacut. Sa *tombe* est dans le cimetière voisin, surmontée d'une sorte de menhir. Un peu plus loin, l'ancien monastère des Bénédictins a été remplacé par un couvent, auj. sécularisé, et occupé par une vaste pension de famille. — Au delà on gagne la pointe de la presqu'île, ses petites grèves, ses rochers, et l'on voit à dr. Lancieux, à g. Saint-Cast, en face de soi l'**île des Ebihens** et sa tour.

Cette île (12 à 15 hect.) est entourée de bancs de roches appelés *les Haches* et l'on s'y rend presque à pied sec, à marée basse; il s'y trouve une ferme et une large tour fortifiée, construite en 1697 pour servir de phare (à l'int., chambres et cachots voûtés), ainsi qu'une *colonne* en granit de la même époque.]

Au delà de la Ville-Génouan, le tram suit la route de Dinard à Saint-Cast et arrive (7 k.) au **Guildo**. — Un chemin qui prend à dr., avant le pont, conduit (750 m.) aux belles **ruines du château du Guildo**, dont les murailles pittoresques dominent l'estuaire de l'Arguenon. Ce château, que Richelieu fit démanteler, occupe, selon la tradition, l'emplacement de la maison où se réfugièrent le prince Chramme et sa famille, et qui fut brûlée avec eux par ordre de Clotaire. — De l'autre côté du *pont* (156 m. de long; belle vue sur les ruines de Guildo), on se fera conduire par quelqu'un du pays (10 min. env.) aux **pierres sonnantes**, qui se trouvent sur la rive g. de la rivière, au bord de la grève.

9 k. *La Grohendais*, station au delà de laquelle la route de terre, laissant à g. une bifurc.

vers *Saint-Pôtan*, puis un autre vers Matignon, se dirige directement sur la Garde-Saint-Cast et sur Saint-Cast.

13 k. **Matignon** *, d'où se fait l'excursion du cap Fréhel (*V.* ci-dessous).

17 k. **Saint-Cast** *, station desservant le bourg de *Saint-Cast*, situé sur une hauteur (2 *églises* : l'ancienne, qui est abandonnée, avec un clocher trapu du XII<sup>e</sup> s., et la nouvelle, avec vitrail représentant la

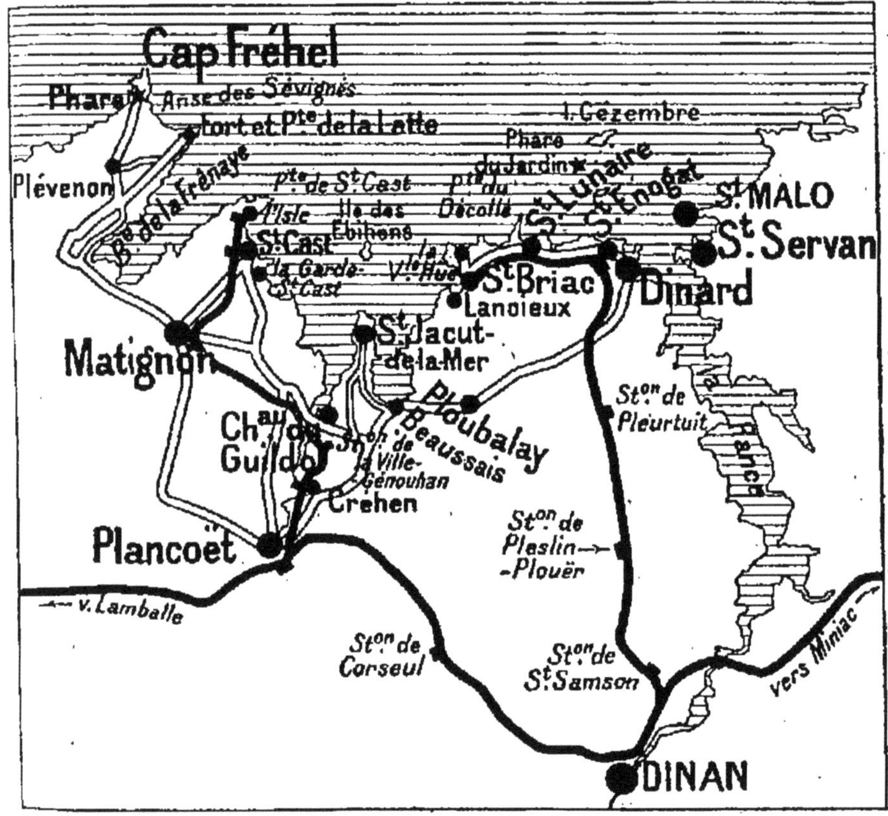


célèbre bataille de Saint-Cast), et **la Garde-Saint-Cast** *, petite station balnéaire, à 2 k. à g., dans un site tranquille et verdoyant, bien abrité, d'où l'on peut faire une jolie excursion à la *plage des Quatre-Vaux*, près de l'embouchure de l'Arguenon.

18 et 19 k. **La Tour Blanche** et **l'Isle Saint-Cast.** Ces 2 stations desservent le bourg balnéaire proprement dit, des plus fréquentés, qui s'étend avec ses chalets et ses hôtels le long d'une vaste grève en amphithéâtre, entre la *pointe de la Garde* à dr., et la pointe de Saint-Cast à g. — De la **Pointe de Saint-Cast** (45 m. au dessus des flots) la vue est fort

belle : à dr., sur l'île de Ebihens, Saint-Lunaire et la côte vers Saint-Malo ; à g., sur la baie de la Frênaye et le fort de la Latte, proche du cap Fréhel.

A mi-côte entre le bourg balnéaire et le bourg d'en haut, *colonne de granit* (groupe qui représente le léopard britannique terrassé par un lévrier) érigée le 11 sept. 1858, jour anniversaire de la victoire gagnée à cet endroit sur les Anglais, par le duc d'Aiguillon, un siècle avant.

[De Saint-Cast la principale excursion est celle du **Fort de la Latte** et du **Cap Fréhel**. On peut se faire transporter en bateau à voile (4 k. env.) de l'autre côté de la baie de la la Frénaye jusqu'au Fort, et de là gagner à pied (5 k.) le cap Fréhel. — Sinon, on va prendre la route de terre à Matignon (4 k. de Saint-Cast, ch. de fer départemental ; pendant l'été, voit. publ. de Saint-Cast au cap Fréhel : 2 fr. 50 ; all. et ret. 4 fr.).

De Matignon au cap Fréhel, 14 k. 1/2 ; voit priv. : 15 fr. env. ; voit. publ. venant de Saint-Cast, l'été : 3 fr. all. et ret.

De Matignon, la route descend vers la *baie de la Frénaye* (sur la côte, à 1 k. de la route, *chapelle Saint-Germain-de-la-Mer* où l'on se rend en pèlerinage). Le fond de la baie est séparé en deux parties par une butte élevée que l'on franchit.

Au fond de la seconde partie de la baie de la Frénaye, d'où la mer se retire à 4 k. à marée basse, est le petit port de *Port-à-la-Duc* (bifurc.).

La bifurc. de g., qui remonte aussitôt sur le sommet de la côte, et celle de dr., qui longe la grève et passe à *Porte-Nieux*, peuvent être prises également. Celle de g. est plus longue ; celle de dr. est plus pittoresque et plus courte, mais la route est moins bonne. — Elles se rejoignent au bout de 3 k. env., à une nouvelle bifurc. Là, le chemin de dr. conduirait au fort de la Latte (écriteaux) ; il faut prendre celui de g.

10 k. 1/2. *Plévenon**. Un chemin à dr. mènerait encore au fort de la Latte, mais on continue à suivre tout droit (à dr. de la route, vieux *calvaire*, suivi d'un calvaire moderne) On ne tarde pas à entrer dans l'immense **lande de Fréhel**, très giboyeuse (chasse gardée), qui étend à perte de vue sa rase bruyère. La route la traverse durant 3 k., jusqu'au cap Fréhel.

Le **Cap Fréhel** est précédé d'un *phare* (22 m. de haut, 34 m. au-dessus des flots). Derrière les bâtiments du phare, il y a un restaurant (ouvert l'été) et un *sémaphore*. Le cap (72 m. d'alt.) est coupé à pic sur les flots, qu'il surplombe, et il est impossible de descendre à sa base. Il est curieux par l'aspect des roches qui le forment et qui ont l'air de briques rouges entassées, semblables à des ruines. — A g., dans une baie bordée par une falaise rectiligne comme un mur, s'ouvrent des *grottes* intéressantes, où l'on descend par un sentier très pénible, avec l'aide d'un des gardiens du phare ou du sémaphore (rémunération), et que l'on ne peut atteindre qu'à marée basse. — A dr., un sentier plus praticable amène en face de la *petite*, puis de la *grande Fauconnière*, énorme rocher en forme de tour penchée, ou de pagode indoue, où nichent les mouettes et les cormorans. Plus loin sur la dr., se détache a pittoresque silhouette du fort de la Latte.

Du cap Fréhel il y a deux itinéraires pour se rendre au fort de la Latte. L'un, le plus intéressant si l'on ne craint pas une marche de 5 k., est de suivre le faîte de la falaise, par l'*anse des Sévignés* (fissure du *Trou de l'Enfer* [*Toul-an-Ifern*] étroite, longue et profonde, au ras du sol, et s'avançant de 1 k. dans les terres), et de gagner ainsi le fort. La voit. viendra vous retrouver à 1 k. du fort, près du *Doigt de Gargantua* (rocher en lame de couteau, debout sur la lande), en passant par Plévenon et *en prenant les clefs, en cours de route au ham. de la Roche.* — Sinon, il faut refaire soi-même, avec la voiture, le tour par Plévenon (4 k. 1/2 de Plévenon au Fort de la Latte).

Le **Fort de la Latte**, bâti en 937, fut sous Louis XIV, en 1689, réparé et augmenté, et prit alors son nom actuel. Il est auj. propriété privée. — Le promontoire sur lequel il s'élève est séparé de la terre par deux précipices, sur lesquels sont jetés le *pont de l'Avancée* et le *Grand-Pont*. Au centre du fort se dresse un *donjon* circulaire, à deux étages. A côté de l'une des tours est une statuette de St Hubert, qui passe pour attirer à elle tous les chiens enragés de la contrée.

On regagne directement la route de Matignon en laissant à dr., à 2 k. 1/2 en deçà du fort, la bifurc. de Plévenon.]

## ROUTE 8.

## DE PARIS A SAINT-BRIEUC

476 k. en 8 à 10 h. — 50 fr. 20, 33 fr. 85, 22 fr. 10.

374 k. de Paris à Rennes (R. 1, 2, 3). — Laissant à g. la ligne de Redon, la voie traverse la Vilaine, près du point où s'embranche, sur la dr., la ligne de Saint-Malo.

386 k. *L'Hermitage-Mordelles*. *Mordelles* (voit. de corresp.), est à 6 k. S. — *L'Hermitage*, à dr., a une *église* en partie romane; le portail S. est de 1627, et l'abside, servant de sacristie, porte à sa clef de voûte un écusson du XVe s., aux armes des Du Boberil. *Croix* anciennes, près de la mairie et au cimetière.

396 k. **Montfort-sur-Meu***, ch.-l. d'arr. de 2 509 hab., au confluent du Meu et du Garun.

Les seuls restes des fortifications consistent dans une belle *tour* cylindrique à mâchicoulis (XVe s.), servant de prison. — *Promenade des Douves* et *du Tribunal*. — L'*église Saint-Jean-Baptiste* est moderne. A l'int., les deux retables des autels latéraux sont ornés de *bas-reliefs* : à g., sujets relatifs à la Vierge; à dr., Vie de St Nicolas et célèbre Miracle de la Cane qui, pendant 300 ans, revint chaque année, avec sa couvée, voltiger devant l'image de St Nicolas.

406 k. **Montauban***, ch.-l. de c. de 3 268 hab., sur un coteau dominant la vallée du Garun, à 1 k. N. de la gare, située près de l'*étang de Chaillou*. — Le **château**, sur la lisière de la forêt de Montauban, à 1 k. 1/2 N., a des ruines qui paraissent dater du XIVe ou XVe s. Dans la partie la plus intacte, encore habitée, un portail ouvre entre 2 belles *tours* de la 1re moitié du XVe s.

On remonte la rive dr. du Garun.

411 k. **La Brohinière** Ⓑ (✕ pour Dinan et Dinard, R. 5,

pour Ploërmel, et pour Loudéac et Carhaix par ch. de fer départemental).

416 k. *Quédillac* (dans l'*église*, romane et du xv^e s., dalles tumulaires à effigies). — On franchit la Rance et on laisse à 1/2 k. à g. *Saint-Jouan-de-l'Isle* (*halle* du xviii^e s.)

420 k. **Caulnes** *, ch.-l. de c. de 2 428 hab., sur une hauteur, à dr. *Église* des xii^e et xv^e s., avec clocher de 1769. Dans une salle de la *mairie*, objets antiques trouvés à Caulnes.

428 k. **Broons** *, à 3 k. S. (voit. de corresp. : 40 c.), a une *église* avec portail du xv^e s. — A 1/2 k. N., sur la route de Saint-Brieuc, une *colonne* en granit (1840), haute de 10 m., marque l'emplacement du château de la Motte-Broons, où naquit Du Guesclin (1321).

La voie franchit la Roselle, la Rieulle, puis l'Arguenon.

439 k. **Plénée-Jugon**, station desservant Plénée et Jugon.

[A 5 k. N.-E. de la stat. (voit. de corresp. : 75 c.). **Jugon** *, ch.-l. de c. de 527 hab., sur l'Arguenon. *Église* moderne (clocher pyramidal du xiii^e s., renfermant un beau *crucifix* en ivoire. *Maisons* curieuses des xiv^e et xv^e s.]

**Plénée** est à 4 k. S.-O. de la station. L'*église* est moderne, avec une grosse tour du xiii^e s. — A 4 k. 1/2 S. de Plénée, ruines du *château de la Moussaye*, reconstruit au comm. du xvi^e s. et situé sur un monticule escarpé. — A 7 k. S.-O de Plénée (route, puis chemins de traverse), ruines de **l'abbaye de Boquen** (ordre de Citeaux), fondée en 1137, et située sur la lisière N. de la *forêt de Boquen*. On remarque l'église et la salle capitulaire, de style roman, sauf le chœur de l'église, qui est du xiv^e s. — On peut se rendre aussi de Collinée (station du ch. de fer de Saint-Brieuc à Moncontour) à l'abbaye de Boquen.]

On traverse l'Arguenon, les ruisseaux du Gast et du Gouëssant, puis on joint à dr. le ch. de fer de Dinan.

455 k. **Lamballe** * (✕ pour Dinan, Dol et Pontorson, R. 6), ch.-l. de c. de 4 391 hab., sur la rive dr. du Gouëssant, au pied et sur le versant de la colline de Saint-Sauveur que couronne l'église Notre-Dame. — C'est de Lamballe que l'on se rend ordinairement aux plages du Val-André et d'Erquy. (*V.* ci-dessous).

La *cour de la Gare* débouche en face d'hôtels et de cafés bordant le *boulevard Antoine-Jobert*, au bout duquel on tourne à dr. pour entrer dans la ville par la *rue Mouëxigné*. Cette rue (à dr., avant le pont sur le Gouëssant, *poste et tél.*) aboutit à la *rue Courbe* (route de Paris à Brest) qui traverse la ville de l'E. à l'O.

Presque immédiatement à dr., on trouve la *rue Bario*, à g., qui monte à la **place Cornemuse**, long quadrilatère irrégulier, où se tient le marché, et centre de Lamballe (quelques *vieilles maisons*).

A l'extrémité g. de cette place est l'**église Saint-Jean** (1420-1465; tour octogonale du xvii^e s.); à l'int., en bas de la nef, à dr., *bénitier* carré (1415), et à l'entrée du bas-côté à g., au-dessus d'un bénitier, joli *bas-relief* en marbre blanc (St Martin) du VIII<sup>e</sup> s.

Du côté opposé de la place Cornemuse, une rue en pente rapide monte à Notre-Dame.

L'**église Notre-Dame** est bien située, sur un rocher à pic, et soutenue par une grande muraille imitant une courtine fortifiée. De la plate-forme qui précède la façade, vue magnifique Notre-Dame fut consacrée vers 1220. La *tour* carrée qui s'élève au centre a été refaite en 1695; une restauration générale du monument a eu lieu en 1856. La *porte* de la façade est de la fin du XII<sup>e</sup> s.; au-dessus on voit les armes de Bretagne, surmontées d'un casque à cimier.

A l'int., la nef, basse d'abord, s'élève aux transepts et au chœur, rebâti en 1371 par Charles de Blois. Autour du chœur, qui est incliné, court, au 1<sup>er</sup> étage, une élégante galerie à jour. — Au chevet, fenêtre flamboyante. — En haut du bas-côté dr., charmante **boiserie** d'un ancien **buffet d'orgue** de la Renaissance, disposée en forme de jubé, avec figurines peintes. — Dans le transept g., *effigies funéraires* d'un chevalier du XIV<sup>e</sup> s. et de sa femme.

Face au flanc g. de l'édifice, commence une belle **promenade**, au bout de laquelle on distingue encore l'emplacement des fossés de l'ancien château, et d'où la vue s'étend au loin. Par l'extrémité de la promenade, à g., on redescend place de Cornemuse, d'où l'on peut directement regagner la gare.

Si l'on veut poursuivre sa visite (3/4 d'h. env.), on reprend aussitôt à dr. la *rue Basse* (pas d'écriteau), où sont de *vieilles maisons*, et qui, tournant vers la g., descend vers le *champ de foire*, qu'on laisse à g. On laisse ensuite à dr. le *couvent des Ursulines*, à g. un important *haras* (on peut visiter), et l'on arrive à Saint-Martin.

L'**église Saint-Martin** fut bâtie en 1084 et érigée en paroisse en 1120. Elle fut remaniée aux XV<sup>e</sup> et XVI<sup>e</sup> s. Le clocher est de 1555. Le *porche latéral*, par lequel on entre, est précédé d'un curieux auvent en bois, avec poutres sculptées; il porte la date de 1519. — A l'int., *cuve baptismale* avec inscription. La nef a gardé ses arcades du XI<sup>e</sup> s., en forme de fer à cheval, avec, au-dessus, de petites fenêtres. Le chœur (autel et *retable* en bois sculpté), ainsi que le transept, est gothique.

Revenant sur ses pas, on reprend la rue Basse, ou, traversant le champ de foire vers la dr. dans toute sa longueur, on trouve à son extrémité une rue à g. qui ramène place Cornemuse.

[**Ruines du château de la Hunaudaye** (16 k. 1/2 E.). On prend la route de *la Poterie*, d'où l'on bifurque à g. par la route de *Pléven*, pour traverser, parallèlement au ch. de fer de Dinan, une région désertique (108 m. d'alt.); 6 k. au delà de la Poterie, on croise la route de *Plédéliac* et on ne tarde pas à traverser, dans sa partie la plus étroite, la forêt de Saint-Aubin. On longe ensuite cette forêt, qui borde la route à dr., puis celle de la Hunaudaye, à g. A 3 k. 1/2 de Saint-Aubin, on trouve la route de Landébia à *Saint-Igneuc*, que l'on suit vers la dr., durant 1 k. 1/2. Une avenue, à g., longeant un bois, aboutit (1 k.) aux belles et sauvages ruines, envahies par le lierre et les ronces, du *château de la Hunaudaye*, bâti en 1378. Il en subsiste des tours et des murailles énormes, ornementées çà et là de sculptures dans un creux vallon voisin d'un petit affluent de l'Arguenon.

**Les Ponts-Neufs** (9 k. N.-O.). On traverse Lamballe, d'où l'on sort par la rue Basse et l'église Saint-Martin. La route se dirige vers le N.-O., traverse *Andel* et, 2 k. après, bifurque à g. vers le Gouëssant, qui s'épanouit en une belle nappe d'eau, maintenue, sur une largeur de 80 m., par la *chaussée des Ponts-Neufs*; le trop plein de l'étang s'échappe sur des rochers, en cascades pittoresques. Œuvre des Romains, cette chaussée fut refaite en 1240 par le duc Jean Ier le Roux, réparée au XVIe et au XVIIe s.

**Le Val-André et Erquy** (16 k. au Val-André, par Dahouët, et 15 k. 1/2 par Saint-Alban et Pléneuf; 9 k. de Pléneuf à Erquy; voit. de corresp. : 1 fr. 80 pour Val-André et 2 fr. 50 pour Erquy).

*A*.—On traverse Lamballe, d'où l'on sort par la rue Basse, au bas de laquelle la route prend à dr. Elle se dirige vers le N., laisse successivement, à dr., une route allant à Plancoët et 2 routes allant à *Saint-Aaron*, puis, à g., une route vers *Planguenoual*.

A 9 k. 1/2 de Lamballe, la route se bifurque :

1° L'embranch. de g., au delà d'un second carrefour au ham. du *Poirier*, conduit au Val-André, en passant par (13 k. 1/2) le pittoresque petit port de **Dahouët** * que fréquentent, l'été, quelques baigneurs.

2° L'embranch. de dr. conduit au Val-André par *Saint-Alban* (église du XVe s., avec un petit clocher double, et coupée intérieurement par une belle arcade ogivale) et par (13 k. 1/2) **Pléneuf** *, gros bourg sur une hauteur, autour duquel se déroule un immense panorama (de Pléneuf à Erquy, *V.* ci-dessous).

15 k. 1/2 ou 16 k. **Le Val-André** * est une station balnéaire très animée, qui s'ouvre sur la baie de Saint-Brieuc et s'étend, sur une largeur de près de 2 k., au bord d'une vaste grève de sable où sont rangés de nombreux chalets de toutes tailles, des hôtels, et le grand couvent des religieuses du Sacré-Cœur, qui reçoit aussi les baigneurs. La **plage** s'appuie au S. (à g. en regardant la mer) à un petit promontoire, au revers duquel est le port de pêche de Dahouët.

Elle se termine vers la dr. par la *falaise du Château-Tanguy*, haute de 72 m., et par de beaux rochers qui, à marée basse, relient à la terre l'**île du Verdelet**, semblable à un cône volcanique. Un petit sentier taillé dans le roc, dit *chemin de la Linguare*, contourne l'extrémité de la falaise.

*B.*— A Pléneuf (*V.* ci-dessus), la route de Lamballe à Erquy se détache de celle du Val-André et continue vers le N.-O. A 2 k. 1/2, à dr., un embranchement conduirait au *château de Bien-Assis* (on peut visiter), du XVIe s., avec tourelles et enceinte fortifiée.

22 k. 1/2. **Erquy**', petite station balnéaire, est situé au fond de la *rade* de ce nom, que protègent, au S., la *pointe rocheuse de la Houssaye* et, au N., le cap d'Erquy (68 m. d'alt.). – L'*église*, surmontée d'un clocher en pyramide et voûtée en bois, est du XIVe s. (vieux *bénitier* roman; grand *retable* avec statues; tableau ancien de l'*Assomption*). — Le *port* sert à l'embarquement des grès roses, exploités en pavés, que fournissent les magnifiques falaises du cap d'Erquy, auj. presque entièrement détruites.

La côte N. du **Cap d'Erquy**, qui regarde la pleine mer, est cependant restée encore admirable. Pour s'y rendre (3 k. d'Erquy; *excursion à faire à marée basse*), on suit la route qui longe à peu de distance le fond de la baie, vers un joli *château* moderne entouré d'un bois de pins. Là, on monte au petit ham. de *Tu-ès-Roc* et au *sémaphore*, qui est bâti à g., sur un curieux amoncellement de roches. En face du sémaphore, un sentier descend dans la *lande de la Garenne* et croise bientôt un chemin, que l'on prend vers la g., et qui passe devant une maisonnette; au delà de celle-ci on arrive à un vallon solitaire, qui incline rapidement vers la mer, à dr., en longeant un lavoir qu'alimente la *fontaine de Lourtoué*. En haut de ce vallon, et au bord du chemin que l'on quitte, une double ligne de fortifications en terre, encadrant un fossé de 80 m. de long, et des retranchements encore visibles, portent le nom de *camp de César*. — Dépassant la fontaine de Lourtoüé, on débouche sur une grève semée de galets roses et verts, qu'il faut suivre à g., à mer basse. On y rencontre le **couloir de l'Ermitage**, puis la **grotte de Galimoux**, qui s'ouvre entre des parois perpendiculaires. De superbes rochers, curieusement inclinés, semblent des troncs d'arbres pétrifiés, couchés par le vent.]

De Lamballe à Dinan, Dol, Pontorson et le Mont Saint-Michel, R. 6.

Après Lamballe, le ch. de fer se dirige directement vers l'O.

466 k. *Yffiniac*, à 3 k. à dr. de la station, est desservi par le ch. de fer de Saint-Brieuc à Collinée, que l'on croise. — On aperçoit bientôt, à dr., la baie de Saint-Brieuc et l'on franchit

l'Urne, puis le vallon rocheux du Gouëdic, sur un *viaduc* de 7 arches, long de 134 m., haut de 39, d'où l'on domine celui des ch. de fer départementaux.

476 k. **Saint-Brieuc*** Ⓑ (✕ pour Loudéac, Pontivy et Auray, pour Collinée, pour Guingamp par Binic, Étables, Portrieux et Saint-Quay), V. de 22 198 hab., ch.-l. du départ. des Côtes-du-Nord et siège d'un évêché, est situé à 89 m. d'alt., sur une sorte de promontoire entre les deux vallées du Gouëdic et du Gouët, à 3 k. de la mer.

En sortant de la gare (à dr., *gare des ch. de fer départementaux*), on trouve le *boulevard Charner*, que l'on suit vers la dr., jusqu'au *boulevard National* que l'on prend à g. Il amène au **Champ de Mars**, à g. (*monument des soldats morts pour la patrie*), et à la place Du Guesclin, à dr.

Entre les deux, et à leur extrémité, est la petite **église Saint-Guillaume**, rebâtie en 1854 (à l'int., au bas de la nef, deux *fresques* de Gouézou : St Brieuc et St Guillaume).

L'église donne sur la **place Saint-Guillaume**, où s'ouvre vers la g. la *rue Saint-Guillaume*, la plus commerçante de la ville, et qu'il faut suivre jusqu'à son extrémité; là, on prend la *rue Charbonnerie* (2e à g.), puis la rue *Saint-Gouëno* (1re à g.). Celle-ci amène (au n° 2, maison Renaissance) à un carrefour (à g. *rue de Rohan*, avec la *poste et tél.*) d'où la *rue Saint-Gilles*, en face (pas d'écriteau), conduit à l'abside de la cathédrale.

Longeant à dr. le monument, on arrive à la **place de la Préfecture**, où sont réunis la cathédrale, l'hôtel de ville (musée), l'**évêché** et la **préfecture**; elle est ornée de la *statue* en bronze, par Ogé, *de Poulain Corbion*, procureur de la Commune pendant la Révolution.

La **cathédrale Saint-Étienne** fut commencée au XIIIe s. Deux sièges qu'elle subit, en 1375 et 1394 nécessitèrent d'importantes réparations. Au XVIIIe s. des reconstructions partielles eurent lieu. Enfin de grands travaux d'entretien et des reconstructions nouvelles durent y être faits à la fin du XIXe s. et, plus récemment, en 1903. La façade principale est flanquée de 2 *tours*, semblables à des donjons.

A l'int., la 1re partie de la nef a de lourdes colonnes (XIIIe s.), qui deviennent plus sveltes aux transepts et au chœur (commenç. du XVe s.). Au-dessus de la porte, beau *buffet d'orgue* (1540). — Dans le bas-côté dr. : *tombeau* en granit de l'évêque A. Le Porc de la Porte, † 1620. *Chapelle* renfermant le **tombeau de St Guillaume** (belle statue du XVe s., sur un sarcophage moderne) et un autel avec retable sculpté par Corlay (*Ascension du Christ*, peinture); sur le mur qui fait face au retable, 2 *statues* anciennes; au mur du fond, tableau ancien (*Évangéliste*) et *tombeau* de l'évêque

Le Mée, † 1858. — Dans le transept dr.: *statue tumulaire* (médiocre) de l'évêque Le Groin de la Romagère, † 1841; belle *rosace* de la fenêtre, avec vitraux modernes; *tombeau* et *statue* de l'evêque Martial, † 1863. — Autour du chœur, au 1er étage, délicate galerie sculptée (xve s.). Dans le pourtour du chœur (à partir de la dr.) : 1re chap., *tombeau* d'évêque; 2e, tombeau de l'évêque David, † 1882, avec *statue* par Chapu; chap. absidale, *statue de la Vierge*, en albâtre (xve s.); en face, adossé au maître-autel de la nef, *tombeau* avec *statue* couchée de l'évêque Caffarelli, † 1815 et inhumé dans l'enfeu d'un de ses prédécesseurs, l'évêque Boisgelin, † 1633.

L'**Hôtel de Ville** renferme le **Musée** (public les jeudis et dim., de 2 h. à 4 h.; t. l. j. en s'adr. au concierge, pourboire).

Le musée occupe : un vestibule, avec *sculptures* diverses ; au 1er étage, une salle de *peinture* avec bons tableaux modernes et quelques tableaux anciens ; dans la salle, quelques sculptures (*Rodin*, fragment des Portes de l'Enfer, plâtre; *Brunet*, Messaline, très beau marbre) ; — au 2e étage, un petit musée d'*histoire naturelle*, d'*ethnographie* et *archéologique*.

Repassant devant la cathédrale on trouve, derrière le *marché*, la **rue Saint-Jacques**, qui commence au no 17 de la *place du Martray* et qui a des *maisons anciennes* (nos 6 et 8). — Revenant ensuite sur ses pas, on prend, au no 7 de la place du Martray, la **rue Fardel** : après le no 10 (au no 1 d'une petite rue latérale), charmante *maison d'angle* avec 2 saints à sa façade; au no 15, maison de style Renaissance, connue sous le nom d'*hôtel des ducs de Bretagne*, et construite en réalité en 1572 par un nommé Yvon Collon, ainsi que l'indique l'inscription qui est à dr. sur la façade. On peut encore signaler les nos 18, 17, 21 et 23, 32 et 34.

A l'extrémité de la rue Fardel, en tournant à dr., on trouve la *rue Notre-Dame*.

[Si l'on prend vers la g. la rue Notre-Dame et si on la suit jusqu'à la *rue Ruffelet* (1re à dr.), on atteint par cette dernière la jolie **fontaine de Saint-Brieuc**, qui est adossée à l'*oratoire de Notre-Dame-de-la-Fontaine*, construit par Margot de Clisson, en 1420 (la fontaine est de cette époque), et reconstruit sous Louis-Philippe (à l'entrée de la chapelle, à dr., *bas-relief* en albâtre, du xve s.; tombe de l'évêque Fallières).

De là, on a en face de soi le **Tertre de Bué**, surmonté d'une *statue de la Vierge*, par Ogé (belle vue).

On revient ensuite à la fontaine de Saint-Brieuc, puis à son point de départ, en haut de la rue Fardel.]

Prenant la rue Notre-Dame vers la dr., puis la *rue Quinquaine* (pas d'écriteau) qui lui fait suite, on descend à la *place du Gouët*, que l'on traverse, pour prendre en face de soi la *rue Houvenagle* (la rue Charbonnerie, 1re à dr., ramènerait rue Saint-Guillaume et place Du Guesclin). puis la *rue Saint-Michel*, aboutissant à :

**L'église Saint-Michel**, moderne, qui a la forme d'une basilique romaine, avec 2 tours carrées (à l'int. : *statues* par Barré et *fresques* médiocres).

La *rue Lamennais*, à dr. de l'église (en regardant le portail), amène à la **Promenade du Palais-de-Justice** (*buste de Villiers de l'Isle-Adam*, par Le Goff). Derrière le **Palais de Justice**, on domine le ravin profond du Gouëdic, où serpente le ch. de fer départemental du Légué et de Portrieux, et que traverse, sur un viaduc, celui de Moncontour et Collinée (*gare* d'arrêt à l'extrémité du jardin).

La Promenade ramène place Du Guesclin.

[**Tour de Cesson** (3 k. 1/2 N.-E. et station du ch. de fer de Collinée). On prend, place Du Guesclin, la *rue du Gouëdic* que l'on descend jusqu'à la rivière de ce nom ; après l'avoir traversée on peut prendre le 1er chemin à g., ou suivre encore la route de Lamballe, pendant 1 k., et tourner alors à g. Les deux routes se rejoignent un peu avant *Cesson*, qui est situé sur un promontoire dominant les flots. La *tour* (propriété privée ; on peut visiter) est au milieu d'un beau parc planté de sapins ; élevée en 1395, elle fut à demi détruite en 1598 par ordre de Henri IV. L'extérieur est circulaire et l'intérieur hexagonal.

**Le Légué, Sous-la-Tour et Bains de Saint-Laurent** (jusqu'à Sous-la-Tour, ch. de fer départemental, t. les h., traj. en 25 min. : 50 c. ; ensuite chemin de piétons, 1 k. 1/2 env. jusqu'aux bains de Saint-Laurent). La ligne, accrochée au flanc du coteau, contourne la vallée du Gouëdic, puis s'abaisse, après le viaduc de Souzain, jusqu'au *port du Légué* (station).

*Le Légué* est un petit port encaissé entre deux rangs de collines élevées, long de 900 m. et asséchant à marée basse, qui fait un important commerce de cabotage. — *Sous-la-Tour*, où cesse la voie ferrée, a des restaurants et guinguettes, et est dominé d'une façon pittoresque par la tour de Cesson, d'où son nom (*V.* ci-dessus ; on peut s'y faire conduire en bateau).

Le sentier qui, au delà de Sous-la-Tour, contourne la côte, passe près d'un petit *phare*, puis au-dessus de la première *plage de bains*, dite de l'*Anse-aux-Moines*. — Poursuivant le sentier, on redescend à la *plage de Saint-Laurent*, aux nombreuses cabines.

**Grève des Rosaires** (6 k. N.) Sortant de Saint-Brieuc par la place du Gouët et la rue du Légué, on bifurque à g. par la route de Plérin. On traverse le Gouët, et on remonte l'autre versant du vallon, à 86 m. d'alt. (à dr. *chapelle N.-D. de Bon-Secours*, en partie du XVIe s.), jusqu'à Plérin (2 k. 1/2). Là, 2 routes (l'une de 3 k. 1/2, l'autre de 4 k.) conduisent à la *grève des Rosaires*, longue de 3 k., qui s'ouvre entre les *rochers de Guérinel* (à dr., et ceux *du Poissonnet* (à g.).

On peut faire cette excursion en prenant à Saint-Brieuc le ch. de fer de Portrieux jusqu'à Plérin.

**De Saint-Brieuc à Collinée.** — 🚂 départemental, 43 k. en 2 h. env. : 3 fr. 50 et 2 fr. 20). Après avoir contourné la vallée du Gouë-

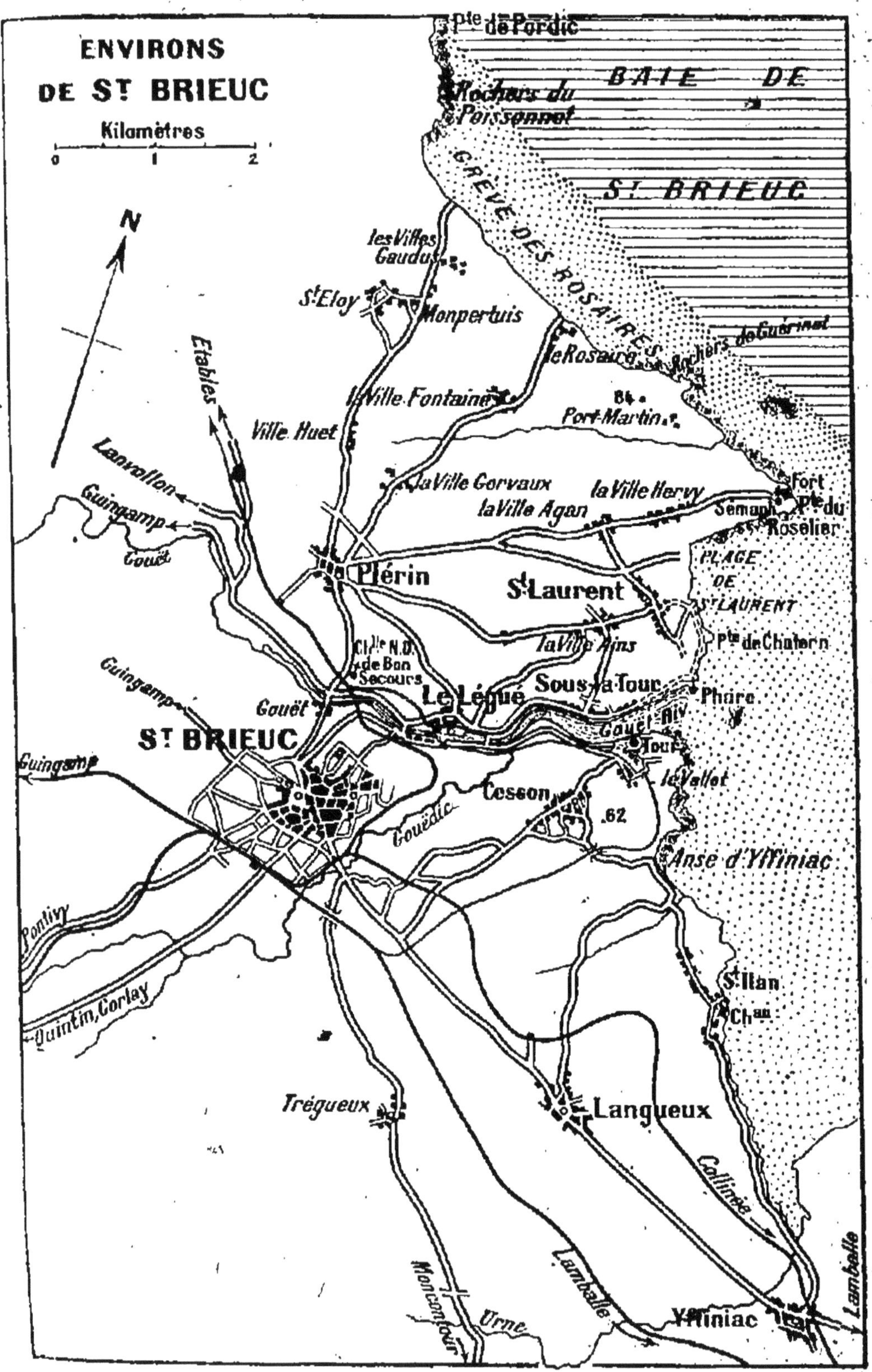
ENVIRONS
DE St BRIEUC
Kilomètres
0
1
2
N
Pte de Pordic
BAIE DE
St BRIEUC
Rochers du Poissonnet
GRÈVE DES ROSAIRES
les Villes Gaudu
St Eloy
Monpertuis
Etables
le Rosaire
Rochers de Guérinet
la Ville Fontaine
84
Port-Martin
Ville Huet
Lanvollon
Guingamp
Gouët
la Ville Gorvaux
la Ville Hervy
la Ville Agan
Fort
Sémaph.
Pte du Roselier
PLAGE DE St LAURENT
Plérin
St Laurent
Pte de Chatorn
la Ville Ains
Chlle N.D. de Bon Secours
Guingamp
Sous-la-Tour
Phare
Gouët
Le Légué
St BRIEUC
Gouët Riv.
Tour
Guingamp
le Vallet
Cesson
.62
Gouëdic
Anse d'Yffiniac
Pontivy
St Ilan
Chau
Quintin, Corlay
Trégueux
Langueux
Collinée
Moncontour
Lamballe
Urne
Yffiniac
Lamballe

dic, la ligne se détache de celle du Légué, qu'elle laisse à g., et franchit le Gouëdic sur un *viaduc*, — — 6 k. *Cesson* (*V.* ci-dessus). — 7 k. *Saint-Ilan*, au bord de l'anse d'Yffiniac, et où se trouve une *colonie pénitentiaire agricole*. — 8 k. *Coquinet*, sur la grève. — 9 k. **Yffiniac,** au fond de la *baie* de ce nom (le flot, à mer basse, se retire à 7 k.). — 14 k. *Pommeret*, à 2 k. à g. (*chapelle N.-D. de la Rivière*, du XIVe s.). — 19 k. *Quessoy*, à 2 k. 1/2 à dr., renommé pour ses poires.

27 k. **Moncontour***, sur le penchant d'une colline, à la rencontre de deux vallées profondes. On y voit l'*église Saint-Mathurin*, du XVIe s. (*clocher* Renaissance; à l'int., *autel* en marbre, belle *balustrade en fer forgé*, splendides **verrières** de 1537 et 1538). — On montera ensuite au sommet de la colline (218 m. d'alt.; *château des Granges*; vue magnifique).

31 k. *Plémy*. — Le ch. de fer atteint 247 m. d'alt., à la station de la *chapelle N.-D. de la Croix* (33 k.) et 340 m. à l'observatoire de *Bel-Air* (37 k.; *chapelle N.-D. de Bretagne*), au point culminant des **montagnes du Méné**.

43 k. **Collinée***, ch.-l. de c. de 774 hab., est situé dans les montagnes du Méné, près de la source de l'Arguenon et de la Rance. On y voit encore de vieilles maisons du commenc. du XVIIe s. — Des hauteurs de Collinée, on découvre la forêt de Boquen; sur la lisière N. de cette dernière, à 8 k. env. (routes difficiles; une bonne carte ou un guide du pays sont indispensables), on trouve les ruines de l'abbaye du même nom].

De Saint-Brieuc à Paimpol, par Binic, Étables, Portrieux, Saint-Quay et Plouha, R. 9; — à Loudéac et Pontivy, R. 10; — à Guingamp, R. 11; — à Plouaret et Lannion, R. 13; — à Morlaix R. 14; — à Brest, R. 17

## ROUTE 9.

## DE SAINT-BRIEUC A PAIMPOL

PAR BINIC, ÉTABLES, PORTRIEUX, SAINT-QUAY ET PLOUHA.

départemental jusqu'à Plouha, 30 k. en 1 h. 40 env. : 2 fr. 30 et 1 fr. 55. — Route de voit. de Plouha à Paimpol, 16 k. (à 10 k. de Plouha, voit. publ. de Plouézec à Paimpol).

Le ch. de fer contourne la vallée du Gouëdic, puis traverse, sur le *viaduc de Souzain*, le ravin profond du Gouët. On s'élève ensuite dans un paysage abrupt et pittoresque. — On passe à la halte de *Colvé*.

6 k. *Plérin*, au point culminant de la ligne (106 m.). A l'entrée du bourg, qui est sur la dr., belle *croix* en granit du XIVe s.

10 k. *Pordic*, sur une hauteur (église de 1855, avec un clocher de forme pyramidale), à 3 k. de la *pointe* de ce nom. *Chapelle du Vaudic*, avec un chevet du XIVe s.

14 k. **Binic*** est un port de cabotage de 2305 hab., presque tous marins. La station est sur une première *plage*, un peu vaseuse, où se trouve l'hôtel de la Plage. On voit devant soi s'ouvrir la *baie* et le *port*, éclairé par un phare à feu fixe et protégé par 2 *jetées*.

Traversant la rivière de l'Ic,

on gagne le bourg, qui s'aligne à g. de la baie. L'*église*, bâtie au XIXe s., a des voûtes arrondies et renferme un tableau de *Saint Louis*, des boiseries et statues par Corlay et de nombreux ex-voto. — Au delà du bourg et à g. de la baie, un passage entre des rochers, appelé *le Goulet*, conduit à une seconde *plage*, dite *de l'Avant-port*.

[De Binic, on peut remonter le cours de la rivière de l'Ic jusqu'à (2 k.) la *chapelle Saint-Gilles*. De là, en laissant à dr. *Lantic*, on gagnerait (6 k. 1/2 de Binic) **la chapelle N.-D. de la Cour** (1420 à 1442), qui renferme de magnifiques *verrières*.]

Au delà de Binic, le ch. de fer s'écarte de la mer et dessert les 2 haltes de *Lantic* et de *Plourhan*.

19 k. **Etables***, ch.-l. de c. de 2 127 hab., à dr. de la station, possède une *église* avec un porche gothique, des voûtes basses et des parties anciennes, romanes et ogivales. Le clocher et l'abside sont du XVIIIe s.

Il y a 2 **plages** à Étables. L'une, la plus importante, celle **du Godelin**, est à dr. du bourg, à 1 k. 1/2 env., au pied de hautes falaises dénudées. La côte qui la domine est bâtie de villas. — La seconde plage, dite **du Moulin**, à cause du *moulin de Caruhel* qui l'avoisine, est à g. du bourg, à 1 k. 1/2 env. (route de Portrieux); elle s'ouvre à l'extrémité d'un délicieux vallon qui rappelle la Normandie.

On peut aller de l'une à l'autre de ces plages (1/2 heure env.) : soit en gravissant la falaise qui les sépare et où l'on voit la petite *chapelle de N.-D. de l'Espérance*; soit, à marée basse, en suivant la grève où se creusent, en dessous de cette chapelle, plusieurs belles **grottes**.

22 k. **Portrieux*** est un petit port de cabotage et de refuge, dans une baie entourée de maisons et d'hôtels. — Portrieux, qui se relie à Saint-Quay, soit par une route qui passe sur la falaise, à quelque distance de la mer, soit par un sentier qui côtoie la mer, est devenu, ainsi que ce dernier pays, un centre balnéaire considérable.

Le sentier qui va de Portrieux à Saint-Quay en suivant la mer prend à l'amorce de la *jetée*, à g. de la baie, près du bureau du port. Il monte sur la falaise, puis redescend à la **plage de la Comtesse** (cabines; bains de mer chauds). Remontant sur la falaise, de l'autre côté de la plage, il passe devant l'**île de la Comtesse** et arrive, au delà, au *sémaphore* de la *pointe de Saint-Quay* (près de la côte, *roches de Saint-Quay*, chaîne de récifs, et petite *île Harbour*).

23 k. **Saint-Quay*** forme avec Portrieux un centre balnéaire important (*V.* ci-dessus : *Portrieux*). Le ch. de fer s'arrête à l'extrémité g. du bourg, près d'une grève avec hôtel et cabines. On tourne à dr. pour venir au pays même, où se trouvent un *couvent*, qui reçoit en

pension les baigneurs, et une église moderne.

Les plages sont nombreuses (*Grande-Grève*, *grève Noire*, *grève des Fontaines*, *grève des Châtelets*, *grève Saint-Marc*,

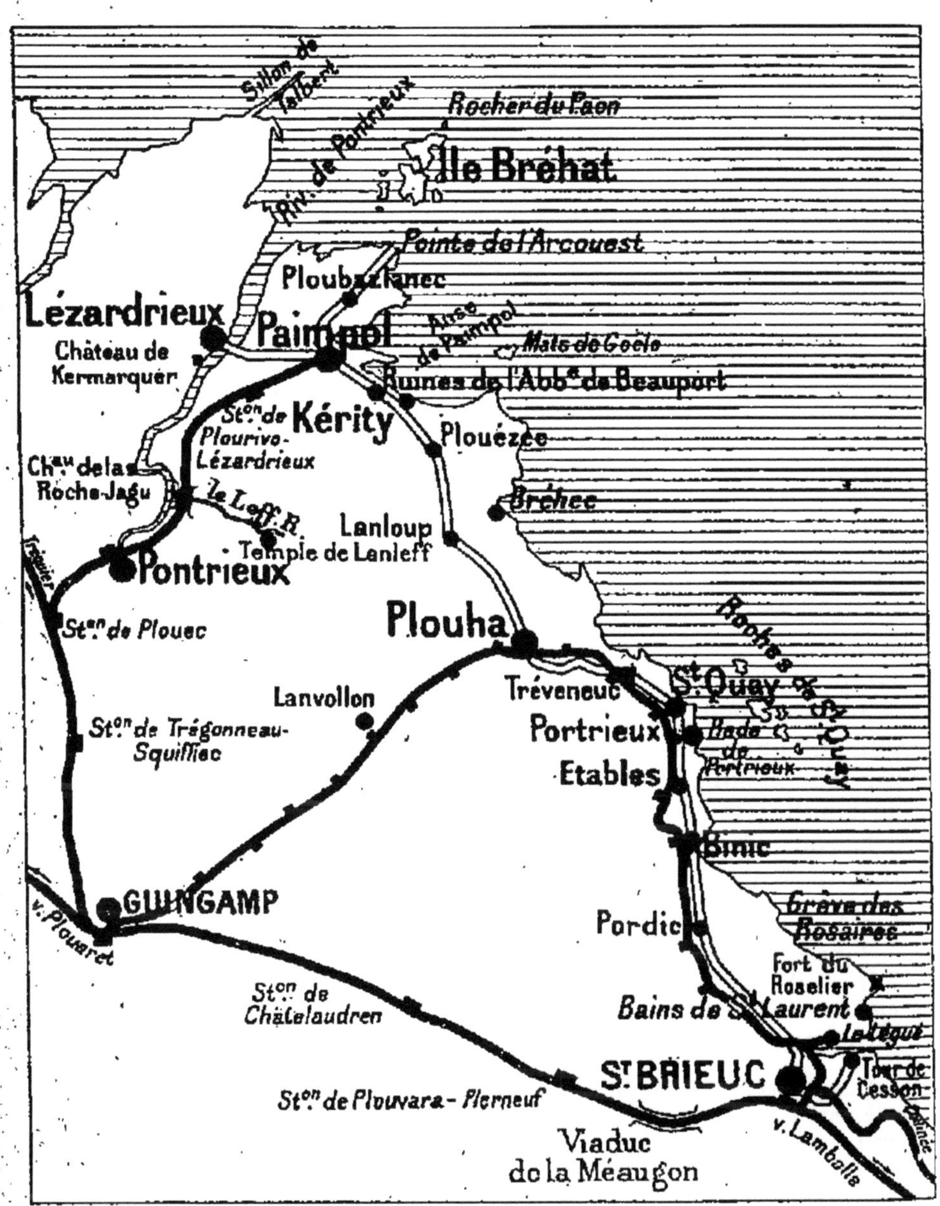


*grève de l'Isnain*, avec rochers rongés par la mer qui les creuse en *grottes*).

26 k. *Tréveneuc* (*calvaire*, *château* moderne *de Pommorio*). — De Tréveneuc, deux routes se dirigent vers la mer : l'une, à dr., mène (2 k.) à la *pointe du Bec-de-Vir*; l'autre, à g. (1 k. 1/2) à la belle **plage du Palus***.

30 k. **Plouha***, ch.-l. de c. de 4 459 hab., au point d'intersection de cinq routes qui y forment autant de rues. Sur *la place* de l'*église* (moderne), *monument du peintre Hamon* (1821-1874).

[A 5 k.1/2 O., **chapelle Kermaria-an-Isquit**, du XIIIe s., un des pèlerinages les plus fréquentés de la Bretagne. Au transept S., joli *porche* (XIVe s.) surmonté d'une salle dans laquelle se tenait l'*auditoire de justice*. — A l'intérieur : petit *triptyque* en marbre blanc sculpté (XIVe s.), représentant deux scènes de la Passion et la Mise au Tombeau; statues des Apôtres et de Notre-Dame de Kermaria; caveau sépulcral; curieuse peinture murale représentant une *danse macabre* (XVe s.).]

De Plouha, le ch. de fer, faisant un coude brusque, redescend vers *Lanvollon* et Guingamp. Il doit être ultérieurement prolongé vers Paimpol, d'où un courrier vient deux fois par jour jusqu'à Plouézec (10 k. de Plouha : *V.* ci-dessous).

La route de Paimpol continue vers le N.-O., à 2 k. env. de la mer.

5 k. *Lanloup* (la route passe à 1/2 k. du bourg, qui est à dr.; *église* du XVIe s.; vieux *calvaire* dans le cimetière).

[A 1 k. 1/2 N.-E., par le chemin de piétons, à 2 k. 1/2 par la route de voit., **anse de Bréhec**, avec petite *plage de bains* (auberge).

La route traverse un vallon dont les eaux se déversent dans l'anse de Bréhec, puis elle bifurque. Celle de dr. est plus courte mais plus dure que celle de g.

10 k. **Plouézec*** (voit. publ. deux fois par j. pour Paimpol : 75 c.). *Église* moderne, dont le clocher, très élevé, sert de point de repère aux navires (à int., lutrin sculpté par Corlay).

[A 3 k. N.-E., havre de **Port-Lazot** où des bateaux se livrent à la pêche des huîtres et au dragage des sables calcaires; il s'y trouve une petite *plage* de bains.]

12 k. A dr. (500 m. env.), *chapelle Sainte-Barbe*, du XVIe s.

13 k. Étang et abbaye de Beauport, dans un paysage ravissant. — 14 k. Kérity. — 16 k. Paimpol (*V.* ces noms).

## ROUTE 10.

## DE SAINT-BRIEUC A LOUDÉAC ET PONTIVY

72 k. en 2 h. env. — 8 fr. 15, 5 fr. 55, 3 fr. 55.

Le ch. de fer laisse à dr. la ligne de Brest et remonte le vallon du Gouëdic.

8 k. *Saint-Julien*, halte (à 1 k. à dr., menhir de *la Ville-Thiénot*).

[A 3 k. N.-E. (à g.), derrière un petit bois qui est à dr. de la route d'Yffiniac, **Camp de Péran**, dit aussi des *Pierres brûlées*. Ce camp, attribué aux premiers habitants de l'Armorique, aux Romains par quelques-uns, est situé sur un plateau élevé (belle vue), entre la vallée du Gouëdic et celle de l'Urne. Ses murs de pierres sèches ont 600 mètres de développement. Les fouilles révèlent l'existence de charbons et de cendres, et l'on trouve des matières vitrifiées dans l'int. du parapet; l'ext., au contraire, est intact.]

10 k. *Plaintel*, à 3 k. 1/2 S. de la station (*monument* commémoratif d'un accident de chemin de fer qui, le 26 juillet 1896, coûta la vie à 12 pèlerins se rendant à Sainte-Anne-d'Auray).

18 k. **Quintin*** (ch. de fer en construction pour Corlay et Rostrenen; voit. publ. pour ces deux localités), ch.-l. de c. de 3 198 hab., est à 1 k. 1/2 de la station (omn. : 40 c.) La ville, étagée en amphithéâtre et baignée par le Gouët qui y forme un *étang*, présente un coup d'œil pittoresque.

Le **Château** (on ne visite pas), démoli après les guerres de la Ligue, fut rebâti en 1662. De cette reconstruction, il subsiste un pavillon dont l'architecture rappelle le palais du Luxembourg à Paris. Les autres bâtiments ont été élevés vers 1775.

La rue qui contourne le château, à dr., monte à une place sur laquelle s'ouvre à g. la *rue au Lait*, dont deux maisons, du XVIe s., portent des inscriptions. Au fond de la place, à dr., une courte rue (maison de 1611) conduit à l'église Notre-Dame, inachevée, reconstruite dans le style du XIIIe s. Elle possède les *reliques de St Thuriau* et un morceau de la *ceinture de la Vierge*, apporté de Jérusalem, après la croisade de 1248, par Geoffroy, premier seigneur de Quintin.

Derrière l'église, la *porte Neuve* (XIVe ou XVe s.) est un débris des fortifications. Du côté opposé à la porte, un autre fragment de muraille est lié aux restes de la *chapelle N.-D. de la Porte*, qui servent d'habitation. — En face de la rue de l'église, de l'autre côté de la place, la *Grande-Rue* conduit à la *mairie*, à l'*hôpital* (1752) et au *cimetière* (curieux *ossuaire* du XVIIe s.).

[**De Quintin à Rostrenen** (39 k par la route ou 43 k. par 🚃 départemental en 2 h.; 3 fr. 30 et 2 fr. 20; le ch. de fer et la route desservent les mêmes localités). — 2 k. 1/2 (par la route). A dr., *château de Robien* du XVIIIe s. — 9 k. On traverse la rivière d'Août, affluent de l'Oust. — 12 k. *La Croix*, ham. avec *chapelle* de 1715. — 14 k. 1/2. *Le Haut-Corlay*, sur une colline, à dr., à 220 m. d'alt.

15 k. **Corlay***, à 172 m. d'alt., sur le Sulon qui y forme un étang. La ville doit son origine à un château possédé pendant six siècles par la maison de Rohan, et démantelé en 1599. — *Église* des XVe et XVIe s. — *Chapelle Sainte-Anne*, des XVe et XVIe s.

Corlay est célèbre par sa race chevaline et ses *courses* bretonnes.

22 k. Ham. de *Kerlédec*, à g., où s'embranche la route de la chapelle Saint-Eloi (1 k.; *V.* ci-dessous).

23 k. **Saint-Nicolas-du-Pélem***, ch.-l. de c. de 2 973 hab. Dans l'*église*, du XVe s., beau *vitrail*. — A 2 k. 1/2. N., *Bothoa*, avec, dans l'église, une *maîtresse-vitre* du XIVe s. — A 2 k. S.-E., **chapelle Saint-Éloi**, avec élégant clocher; on y amène les

chevaux, le 24 juin, afin de les mettre sous la protection du saint.

29 k. *Plounévez-Quintin* (*chapelle N.-D. de Kerhir*, de 1596).)

30 k. Rostrenen (*V.* ce nom].)

De Quintin, le ch. de fer se dirige vers la *forêt de Lorges*, qu'il commence à longer à (22 k.) la halte du *Pas*.

28 k. *Plœuc-l'Hermitage*, en forêt, à 245 m. d'alt. et près du carrefour de *Bel-Orient* (à 1 k. N., beau *château de Lorges*, renfermant des tapisseries des Gobelins).— *Plœuc* est à 6 k. à g.

35 k. **Uzel***, ch.-l. de c. de 1261 hab., sur une colline, à 3 k. à dr. de la station (omn. : 50 c.).

49 k. **Loudéac*** (⚔ pour Carhaix et pour Saint-Méen), ch.-l. d'arr. de 5 782 hab., est à un k. env. de la gare (omn. : 30 c.), à la rencontre de cinq routes.— Ces routes se croisent à l'*église Saint-Nicolas* (1728-1759). A l'ext., sorte de chaire à prêcher; à l'int., belle chaire, maître-autel avec deux anges attribués à Corlay. — *Chapelle N.-D. des Vertus*, du XIII^e^ s. — La *forêt de Loudéac* est vaste de 2 700 hect.

[De Loudéac à la Brohinière et à Carhaix, *V.* : R. 10.]

On franchit l'Oust, puis on longe un étang (*château de Carcado*).

62 k. *Saint-Gérand* (église romane). — La voie longe, à g., puis franchit le canal de Nantes à Brest.

72 k. Pontivy (*V.* R. 25; ⚔ pour Auray).

## ROUTE 11.

## DE PARIS A GUINGAMP

🚂 506 k. en 8 h. 1/2 à 10 h. env. — 55 fr. 65; 36 fr. 20; 23 fr. 60.

476 k. de Paris à Saint-Brieuc (R. 1, 2, 3, 8). — Le ch. de fer, laissant à g. la ligne de Loudéac et Pontivy, franchit la vallée rocheuse du Gouët (482 k.) sur le beau **viaduc de la Méaugon** (59 m. de haut, 228 m. de long).

495 k. **Châtelaudren***, ch.-l. de c. de 1466 hab., à 1 k. à dr. dans la vallée du Leff, qui y forme un *étang*. — L'*église Saint-Magloire* a des *vitraux* anciens, restaurés, et un *retable* d'autel sculpté par Corlay. — La *chapelle Notre-Dame des Vertus*, sur une butte, fondée au XV^e^ s., agrandie aux XVI^e^ et XVII^e^ s., possède : un *retable* en bois sculpté, de 1589; une *Vierge* en albâtre du XV^e^ s.; des **fresques** très intéressantes du XV^e^ s., qui malheureusement s'effritent (*la Création, le Paradis terrestre, le Déluge, le Sacrifice d'Abraham*, etc.).

506 k. **Guingamp*** Ⓑ (⚔ pour Paimpol et Tréguier, pour Saint-Brieuc par Plouha, pour Carhaix). V. de 9 252 hab., dans la belle vallée du Trieux.

L'*avenue de la Gare* aboutit à la *rue Saint-Nicolas* (route de Paris-Brest), que l'on suit vers la g. On arrive à une vaste place où l'on voit, à g., la *promenade du Vally*, sur l'emplacement du premier château de Guingamp, et les restes du second **Château** du xv$^e$ s. (il était flanqué de 4 grosses tours, dont l'une est détruite ; une autre a été surélevée pour servir de salle d'asile). A dr. de la place est l'*Hôtel-Dieu* (à l'int., *chêne* centenaire); sur la place, jolie façade de la *chapelle* (xvii$^e$ s.).

La rue Saint-Nicolas se continue par la *rue Notre-Dame* où l'on trouve, à g., l'église N.-D. de Bon-Secours (à côté, *maison* Renaissance avec tourelle).

**L'église N.-D. de Bon-Secours** a été bâtie du xiv$^e$ au xvi$^e$ s. — La **face latérale** est percée de 2 belles *portes* avec porches, dont l'un est orné d'une statue de S$^{te}$ Anne, dont l'autre, refait, forme chapelle, et renferme la statue vénérée de *N.-D. du Halgouët* ou *de Bon-Secours*, dont la fête a lieu la veille du 1$^{er}$ dim. de juillet. — La **façade principale**, du xvi$^e$ s., offre un *portail* richement sculpté et orné des *statues des Apôtres*; elle est flanquée de 2 tours carrées : la **tour de l'Horloge**, du xiv$^e$ s., et la **tour Plate**, du xvi$^e$ s. — La *tour centrale* est du xiv$^e$ s., ainsi que son clocher, haut de 60 m.

A l'int., dans la nef, on remarque l'opposition des deux styles, gothique et Renaissance. Les piliers sont surchargés de sculptures (*statues* des *Vertus Cardinales*). Sur les 4 piliers précédant le chœur, des têtes et bras d'hommes, têtes de femmes et d'animaux, sortent des fûts des colonnes. — Au bas-côté dr. : *orgue* avec boiseries du xvii$^e$ s. ; enfeu et *statue de Pierre Morel*, évêque de Tréguier en 1385, transporté ici en 1401 ; **tombeau** avec statue couchée, **de Roland Phélippes**, sieur de Coëtgourheden, sénéchal de Charles de Blois (xiv$^e$ s.). — Au bas-côté g. : *tombeaux* modernes de curés ; **chapelle de la Vierge**, avec *triptyque* (Renaissance italienne). — Au transept g. : *armoire aux reliques*, du xvii$^e$ s., et confessionnal sculpté; *chapelle des Morts*, avec peintures par Le Hénaff. — Le chœur a été élevé de 1462 à 1481, il a 2 rangs de *galeries* à jour superposées et plusieurs cryptes, auj. fermées. — *Vitraux*, offerts par les principales familles de Guingamp : l'un, dans le bas-côté dr., représente la cérémonie du *couronnement de N.-D. de Bon-Secours*, en 1857, par 5 évêques; un autre figure la *bataille de Patay* (un certain nombre de personnages sont des portraits de Guingampais, tués ou blessés en 1870-71).

Continuant, au sortir de l'église, à suivre la rue Notre-Dame, on arrive *place de la Pompe* (vieilles maisons), où se trouve la **fontaine de la Pompe**, de la Renaissance. Réparée en 1745, ouvrage charmant, mélange du sacré et du profane, elle se compose de 3 vasques superposées, ornées de figurines en plomb repoussé. La 2$^e$ vasque est supportée par 4 chevaux marins ailés; quatre nymphes jetant l'eau par les mamelles soutiennent la 3ᵉ, que domine une statue de la Vierge (refaite en 1745, par Corlay), du pied et de la tête de laquelle s'échappent des jets d'eau.

[A 1 k. S., au delà du ch. de fer de Brest, **Sainte-Croix**, sur la rive dr. du Trieux, doit son origine à une **abbaye** d'Augustins, fondée vers 1135 et convertie en ferme (*portail* du xvᵉ s.: *église*, reconstruite en partie de 1748 à 1750, mais dont le transept et le chœur appartiennent au style ogival primitif; *manoir abbatial*, construit au xviᵉ s., avec tour hexagonale.)

A 1 k. N.-O., à dr. de la route de Runan, **chapelle Saint-Léonard** (se munir de la clef) sur une hauteur d'où l'on a une jolie vue. Fondée au xiiᵉ s., restaurée en 1356, refaite en 1806, elle a conservé 4 piliers romans.

A 3 k. O., par une route qui prend à l'*église Saint-Michel*, à g. de la route de Brest, et qui coupe le ch. de fer de Paimpol, puis celui de Brest (1/2 k. après ce dernier, prendre un chemin à dr.), *Grâces* a conservé la **chapelle de N.-D. de Grâces**, bâtie de 1507 à 1521, dans le style gothique flamboyant (à l'int., curieuses *sablières* sculptées).

A 3 k. N.-O., **château de Carnabat** ou **Kernabas**. Bâti au xviiᵉ s., près d'un petit affluent du Trieux, il renferme une *galerie de portraits*, un mobilier et des tapisseries de l'époque Louis XIII, un curieux tableau du règne de Henri III. Les *jardins*, en terrasse, passent pour avoir été dessinés par Le Nôtre.

**Le Ménez-Bré** (12 k. 1/2 O.) est un sommet isolé de 302 m. d'alt., d'où l'on découvre un immense panorama. Il est couronné par la *chapelle Saint-Hervé*: une *fontaine* sacrée est à 300 m. env. du sommet.

**Toul-Goulic ou Perte du Blavet** (28 k. 1/2 S.; voit. priv.: 12 à 15 fr. On peut faire aussi cette excursion de Rostrenen [17 k.], de Plounèvez-Quintin [6 k.], ou de Saint-Nicolas-du-Pélem [8 k.]).

En sortant de Guingamp on passe le ch. de fer de Brest, un peu avant lequel on a pris, près d'un moulin, la bifurc. de dr.; on côtoie le Trieux pendant 5 k., puis on le traverse et, presque aussitôt, un de ses affluents.

11 k. **Bourbriac** *, dans une région montagneuse. L'*église* a une *flèche* de 1501 et un *porche* sculpté; à l'int., *mausolée* (xviᵉ s.) à la mémoire de St Briac et *crypte*).

26 k. *Lanrivain* * (on peut y demander un guide pour Toul-Goulic). *Ossuaire* du xvᵉ s. et *calvaire* à personnages, de 1548. — De Lanrivain, une route qui prend à dr., en deçà du b., et en coupe une autre après 1/2 k., amène, en passant devant la *chapelle* et la *fontaine Saint-Antoine*, à un pont sur le Blavet (2 k. 1/2).

On traverse le pont et, quittant la voit., on descend, à g., dans les prairies qui longent la rive dr. du Blavet. La vallée se resserre en un étroit défilé et (15 min. env.) on arrive à un chaos de rochers où la rivière bouillonne avec bruit, puis disparaît. C'est *Toul-Goulic*.

**De Guingamp à Carhaix** (ch. de fer départemental, 54 k. en 2 h. 1/4 env.: 6 fr. 05, 4 fr. 10, 2 fr. 65). On remonte la vallée de Trieux, puis celle d'un de ses affluents. — 12 k. *Moustérus-Bourbriac*. Bourbriac. (*V.* ci-dessus) est à 7 k. à g. de la station; *Mousterus* est à 1 k. à dr. (à l'église, *chaire* sculptée; *calvaire* dans le cimetière).

19 k. *Pont-Melvez*. — A 4 k. S.-O. de Pont-Melvez, *Bulat-Pestivien* c chapelle de **N.-D. de Bulat**, de la Renaissance (xviᵉ s.; *porche*

sculpté; beau *clocher*, à la base duquel des sculptures représentent des squelettes; beau *calvaire* et vaste *piscine* sacrée). Le Pardon a lieu le 8 sept.

24 k. *Plougonver*. — On suit un affluent de l'Hières ou Aven, puis cette rivière.

34 k. **Callac**, ch.-l. de c. de 3 430 h. (foires importantes).

41 k. *Le Pénity*. — 44 k. *Carnoët-Locarn*.

54 k. Carhaix (*V*. R. 16; ✕ pour Morlaix, Châteaulin, Rosporden et Saint-Méen).]

De Guingamp à Plouaret et Lannion, R. 15; — à Morlaix et à Brest, R. 14 et 17.

## ROUTE 12.

## DE PARIS A PAIMPOL ET A TRÉGUIER

### PAR GUINGAMP

### DE PARIS A PAIMPOL

(changement de train à Guingamp) 543 k. en 9 h. à 10 h. 1/2 env. — 57 fr. 80, 39 fr., 25 fr. 40.

**506 k.** de Paris à Guingamp (*V*. R. 1, 2, 3, 8, 11). — Le ch. de fer de Paimpol se dirige vers le N. Il dépasse *Trégonneau-Squiffiec* (516 k.).

521 k. **Plouëc** (✕ pour Tréguier). — *Chapelle de la Trinité*, du XVIe s., avec peinture figurant la légende de St Jorand.

526 k. *Pontrieux-halte*, pour les voyageurs sans bagages et plus proche du bourg que la station. — On débouche dans la vallée du Trieux, que l'on franchit sur un *viaduc* de 6 arches.

527 k. **Pontrieux*** (la station est à 1 k. au delà du bourg [omn : 30 c.], que dessert en outre la halte ci-dessus), ch.-l. de c. de 2 006 hab., dans un joli site, est baigné par le Trieux (petit *port*).

[**Château de la Roche-Jagu** (5 k. N.). De Pontrieux, on laisse à g. la route de Pommerit et, passant sous le viaduc du ch. de fer, on longe, pendant 1 k., la rive g. du Trieux; puis on s'en éloigne. — Le *château de la Roche-Jagu*, à mi-côte et entouré de grands arbres, se fait remarquer par ses grandes *cheminées* ornementées. On entre par une porte voûtée (énorme grille de fer). Une tourelle, avec mâchicoulis, est surmontée du *beffroi*. *Chapelle*, de style ogival.

**Lézardrieux, Paimpol et île Bréhat, par le Trieux** (25 k. N.-E.; 6 fois par mois, heures variables avec la marée, *V*. les affiches. Durée du trajet, variable avec le remorquage, 1 h. 30 env. jusqu'à l'île Bréhat: 2 fr. voyage simple, 3 fr. all. et ret. Escale à Lézardrieux et à Loguivy). La rivière, au delà de Pontrieux, serpente, dominée à dr. et à g. par des hauteurs qui atteignent 94 m. d'alt. et longée (rive dr.) par le ch. de fer de Paimpol.

4 k. Embouchure du Leff, à dr.: sur la côte de g., *ruines* de l'ancienne forteresse de *Fry-an-daoudour* ou *Frinaudour* (Nez dans l'eau) — 5 k. 1/2. Château de la Roche-Jagu (*V*. ci-dessus), dont on voit sur la rive g. les hautes cheminées. Le Trieux forme comme un lac, de 2 k. 1/2 de large, avant de passer sous le magnifique pont suspendu de Lézardrieux (12 k. 1/2), qui est à 4 k. 1/2 E. de Paimpol. — 18 k. Le Trieux débouche

dans la mer entre la pointe de Loguivy, à dr., et l'île à Bois, à g. On dépasse le *phare de la Croix* et l'on aborde sur la côte O. de Bréhat (*V.* ce mot), dans l'anse de la Corderie, ou sur la côte S., au Port-Clos; selon le gré des voyageurs.]

Le ch. de fer, au delà de Pontrieux, suit la rive dr. du Trieux, large fleuve ou mince rivière selon la marée.

532 k. *Frinaudour*, passage à niveau, au delà du *viaduc* qui franchit le Leff. — Un peu plus loin, au milieu des arbres, de l'autre côté de la rivière, château de la Roche-Jagu (*V.* ci-dessus).

537 k. *Plourivo-Lézardrieux*. — A 3 k. 1/2 à g., Lézardrieux et pont suspendu de Lézardrieux (*V.* ces mots).

545 k. **Paimpol***, ch.-l. de c. de 2 737 hab., est agréablement situé au fond d'une vaste baie bien abritée, d'où la mer se retire, à marée basse, à 4 k. de distance, ne laissant qu'un étroit chenal indiqué par des balises. On peut se baigner au v. voisin de Kérity (*V.* ci-dessous).

De la gare, on gagne la place principale de Paimpol ou **place du Martray**; à l'angle de l'hôtel Continental, *maison* à tourelle, du XVe s. A ce même angle commence la *rue de l'Eglise*, qui amène à l'église, à g.

L'**église** a un clocher de 1768, avec flèche de pierre, une belle fenêtre flamboyante, au chevet, et une rosace du XIVe s. — A l'int., à dr. du chœur: *triptyque* du XVIe s. (scènes de la *Passion*; panneau central sculpté; 2 panneaux peints); à g., *autel de N.-D. de Bonne-Nouvelle*, avec *Vierge* et *sculptures*, modernes dans l'ensemble, anciennes pour la niche qui renferme la Vierge; *tableaux* anciens, dont un *Christ au tombeau*, attribué à Valentin (dernier pilier, à dr. du chœur).

De l'église on revient à la place du Martray.

A l'autre extrémité de cette place on trouve le **port**, où quelques débits, curieux à observer, réunissent les pêcheurs lors de leur départ ou de leur retour d'Islande (pêche de la morue, extrêmement dure et pénible, et qui a fait la célébrité de Paimpol). Des écluses maintiennent à flot les goëlettes.

[**Tour de la Découverte**, à 2 k. N. env., en face de Paimpol, sur la côte dr. de la baie et au faîte d'une butte rocheuse plantée de pins (on s'y rend par la route de Ploubazlanec). La vue est admirable sur la baie de Paimpol.

**Kérity et Abbaye de Beauport** (3 k. S.-E.). On prend à Paimpol la route qui longe le fond du port.

2 k. *Kérity**, sur la petite *anse de Beauport*.

3 k. A g. de la route, *abbaye de Beauport* (en partie habitée; on ne visite pas l'int.), fondée en 1202. Presque tous les bâtiments qui subsistent datent du XIIIe s.: le grand réfectoire est un remarquable édifice de 1269. Du dehors, on voit la façade (percée de 2 fenêtres gothiques) de l'ancienne *chapelle*. — Un peu au delà de l'abbaye, à dr. de la route, est le pittoresque **étang** de Beauport, au pied d'une colline couverte de bois.

**Pointe de l'Arcouest et île de Bréhat** (route de voit., 6 k. N.-E. jusqu'à la pointe de l'Arcouest, voit. publ. : 1 fr. ; 2 k. de l'Arcouest à Bréhat, bateau à voile : 25 c.). — On sort de Paimpol par la rue ou route de Ploubazlanec, qui laisse à dr. la tour de la Découverte.

3 k. *Ploubazlanec*. Dans le cimetière : curieux *ossuaire* et *mur des Disparus en mer*. — A 1 k. à dr. de Ploubazlanec, *chapelle de Perros-Hamon* (sous le porche : *mur des Disparus en mer*).

6 k. **Pointe de l'Arcouest**, où l'on embarque pour Bréhat. La durée de la traversée dépend du vent et peut varier de 10 à 40 min. — On aborde sur la côte S. de l'île, au *Port-Clos*, à 800 m. env. du v. de Bréhat.

**L'île de Bréhat** (984 hab.) est fréquentée, l'été, par des artistes et par de nombreux étrangers ; elle a des côtes découpées et environnées de récifs. Elle mesure 3 k. 1/2 du N. au S. et 1 k. 1/2 dans sa plus grande largeur.

Du v. de *Bréhat** (*église* de 1700), où l'on déjeune d'ordinaire, on continue à traverser l'île vers le N. et l'on passe, sur une étroite chaussée, l'isthme reliant les 2 moitiés de son territoire, qui est comme coupé en deux à cet endroit. — Sur la g., s'ouvre *l'anse de la Corderie* dominée par la *chapelle Saint Michel*. La route conduit, de ce côté, jusqu'au bord de la côte, au *sémaphore*. — Un autre chemin mène, vers la dr., à l'extrémité N. de l'île, au *phare du Paon*, près duquel le *rocher du Paon* ou *du Pan*, ébranlé par la marée montante, se soulève et retombe sur un autre rocher.

Parmi les îlots qui entourent Bréhat, sont : l'*île Modez* (chapelle), à 2 k. en face du sémaphore : l'*île Béniguet* (île Bénie), qui est habitée, à 1/2 k. de la côte S.-O., et sa voisine, l'*île Raguenez* ; l'*île Verte*, îlot à 1 k. au large de l'île Béniguet, et où subsistent les débris d'un monastère ; les *îles Logodec, Gardenno* et *Raguenez meur*, sur la côte E.

**Pont du Trieux, Lézardrieux et Tréguier** (5 k. O. jusqu'à Lézardrieux, 15 k. jusqu'à Tréguier ; voit. publ. de Paimpol à Tréguier : 2 fr.). On sort de Paimpol par la rue de l'Eglise et l'on traverse (3 k. 1/2) le ham. de *Kergrist*, avant de descendre au pont de Lézardrieux (4 k. 1/2).

Le **pont suspendu** de Lézardrieux relie les deux rives du Trieux. D'aspect grandiose par sa hardiesse et par la beauté du paysage qui l'entoure, il est long de 254 m. d'un seul jet ; les câbles de fer dont il est formé s'appuient, à chaque extrémité, sur deux arches de pierre. Les navires de 100 tonn. passent dessous à pleines voiles.

5 k. **Lézardrieux***, ch.-l. de c. de 2 100 hab., aligne ses maisons autour d'une vaste place rectangulaire, au bout de laquelle est l'*église*, des XVII^e et XVIII^e s., avec clocher à jour ; à l'int., dans le chœur, voûte de bois avec clefs de voûtes.

De Lézardrieux, 2 routes conduisent à Tréguier :

1° L'une, plus longue de 1 k. 1/2 (bifurc. de dr.), passe par *Pleumeur-Gautier* (10 k. de Paimpol ; dans l'église, reconstruite en 1900 : belle *chaire*, de 1751 ; *autel* sculpté ; *Christ en croix*, dont l'expression de tristesse est proverbiale dans le pays environnant) et *Trédarzec* (14 k., église avec clocher du XVII^e s.).

2° La seconde route (bifurc. de g.) ne traverse que des hameaux.

13 k. Bifurc. où se rejoignent les 2 routes, au-dessous de Trédarzec.

14 k. On débouche dans la vallée du Jaudy. — 15 k. Tréguier (*V.* ci-dessous).

*N.-B.* — On peut se rendre aussi à Tréguier par le chemin de fer départemental, en prenant la bifurc. de Plouëc (*V.* ci-dessous). Une ligne directe doit être établie ultérieurement].

De Paimpol à Saint-Brieuc, par Plouha, Saint-Quay, Portrieux, Etables et Binic, V. R. 9.

#### DE GUINGAMP A TRÉGUIER

🚂 départemental. — 15 k. de Guingamp à Plouëc, en 1/2 h. env. : 1 fr. 70, 1 fr. 10, 70 c.; 17 k. de Plouëc à Tréguier, en 1 h. : 1 fr, 50 et 90 c.).

De Guingamp à Plouëc le ch. de fer (ligne de Paimpol) dessert (10 k.) Trégonneau-Squiffiec.

15 k. Plouëc (✕ pour Tréguier; *changement de train*).

18 k. *Runan*, avec une *église* de la fin du xv$^e$ s., restaurée. Sous le *porche*, statues des Apôtres; à l'int., *verrière* ancienne, *retable* en granit à compartiments sculptés (Annonciation, Adoration des Mages, Mise au tombeau, Couronnement de la Vierge). — A la base du clocher, *ossuaire* de la Renaissance.

23 k. *Pommerit-Jaudy*.

[A 2 k. S.-O., sur la rive dr. du Jaudy, *château de Kermézen* (style du xvii$^e$ s.)]

25 k. **La Roche-Derrien***, ch.-l. de c. de 1269 hab., sur la rive dr. du Jaudy, qui s'y élargit en un large estuaire où remonte la marée, de 12 k. au delà. — *Ruines* du château fondé au xii$^e$ s. par le comte Derrien, surmontées d'une *chapelle* du xvii$^e$ ou xviii$^e$ s. — *Église* des xii$^e$ et xiv$^e$ s.; *porche* avec bénitier à têtes d'animaux; à l'int., *orgue* du xv$^e$ s. et, au maître-autel, en chêne sculpté, *retable* de la Renaissance. — Sur la place, *maison* en bois, de 1647.

26 k. *Langazou*. — On franchit le Jaudy, dont on longe ensuite la rive g. On passe près de Minihy-Tréguier (*V.* ci-dessous) et l'on débarque à l'entrée du quai de Tréguier.

32 k. **Tréguier*** (✕ pour Perros-Guirec et pour Lannion), ch.-l. de c. de 3 297 hab., s'élève en amphithéâtre sur une colline baignée par le Jaudy et le Guindy. La flèche de l'ancienne cathédrale domine la ville, qui, avec ses vieilles rues, ses calmes logis et ses jardins intérieurs, a conservé son ancienne physionomie de ville épiscopale.

Que l'on arrive à Tréguier par le ch. de fer de Guingamp ou par la route de Paimpol, on se trouve en bas de la ville, sur le quai du Jaudy. Presque aussitôt derrière la gare, à g., on voit le *calvaire expiatoire*, médiocre monument élevé par souscription privée, en protestation contre la statue de Renan. — Prenant la 1$^{re}$ rue à g. (pas d'écriteau), on monte en ville et l'on débouche sur la **place de l'Eglise**, où se trouve le *monument de Renan*, par Boucher, élevé en 1903 (une femme, qui symbolise le génie grec, inspire le philosophe).

L'**Église**, ancienne cathédrale, commencée en 1339, fut terminée au xv$^e$ s. Elle a 2 *porches* : l'un, sur la face latérale, en bordure de la place et sous la tour qui porte le clocher, est surmonté d'une grande *fenêtre* flamboyante; l'autre à g., sous le portail principal. — Le **clocher** en pierre ajourée, de forme polygonale, est haut de 63 m.; la tour qui le porte est du xv^e s., et la *flèche* proprement dite du xviii^e. — On entre dans l'église par le portail principal, en descendant 15 marches.

L'int., long de 75 m., haut de 18, a 68 fenêtres, dont les vitraux ont été détruits. Dans la nef, beau *buffet d'orgue*. — Au bas-côté dr. : 2 *tombeaux* de chevaliers, du xv^e s., et tombeau d'un abbé; *fonts-baptismaux* du xiv^e s. (dôme moderne). — Au transept dr. : *bénitier* à figurines de granit, du xiv^e s.; grand *tableau en bois sculpté* représentant un Évangéliste; bel *autel* en bois sculpté; grande fenêtre flamboyante. — Dans le chœur : **lutrin et 46 stalles** de chêne, de 1648, avec sculptures multiples (*St Tugdual*, vainqueur d'un dragon, et *St Yves* conduit par un ange). — Au pourtour du chœur : dans la 2^e chapelle (en partant du transept dr.), *tableau* ancien représentant la Naissance du Christ. Jolies *rosaces* aux fenêtres des chapelles, avec vitraux modernes. — Au transept g. : *tableau* moderne (la Vierge, Jésus, Ste Anne et St Jean); *porte* conduisant au cloître (*V.* ci-dessous). — Au bas côté g., **chapelle au Duc** : *autel* en bois sculpté, avec grand *bas-relief* du xvi^e s., à nombreux personnages (au centre *St Yves*, patron des avocats); monument funéraire d'un évêque de Tréguier † 1801; *dalle de granit rose* rappelant la mémoire de Jean V, duc de Bretagne, † 1442, et transféré sous cette dalle en 1451; **tombeau de St Yves**, joli monument de style pseudo-gothique, mais de pierre trop blanche, élevé en 1890. Il a la forme d'une grande châsse; sous le dais est la *statue* couchée du saint; entre les arcades, *statuettes* de saints, d'évêques et de ducs de Bretagne; celles du sarcophage et la statue de St Yves sont de Valentin, les autres d'Hiolin; l'architecture est de Devrez. Un *reliquaire* renferme des débris d'os de St Yves.

Dans le transept g. de la cathédrale s'ouvre la porte du cloître (quand elle est fermée, s'adr. au sacristain; pourboire).

Le **cloître** (1461-1479) encadre une pelouse gazonnée (mauvaise statue de St Yves); un des côtés s'appuie à l'église, les trois autres côtés se composent d'une galerie avec *arcades*, du plus élégant style gothique.

Sortant du cloître et de la cathédrale par le portail principal, on a, tout de suite à dr., l'ancien **Evêché**, occupé auj. par le presbytère. — On entre librement dans une 1^re cour, puis dans une 2^e, pour aboutir à une **promenade** en friche; celle-ci se termine par une *terrasse* dominant la **rivière** de Guindy, qui se jette, vers la dr., dans le Jaudy. On voit, en face de soi, Plouguiel, groupé autour de son église, et le ch. de fer de Tréguier à Lannion et Perros-Guirec. La promenade est sans issue et l'on revient à la cathédrale.

On prend ensuite, derrière l'abside de la cathédrale, la *rue Ernest-Renan*, qui descend au port; elle passe devant la *halle*, à g., et devant la **maison natale de Renan,** à dr. (plaque sur la façade; pour visiter, s'adr. à la boutique, pourboire); au rez-de-chaussée, chambre où naquit le philosophe; en haut, son cabinet de travail). — Le **port** est situé à 6 k. de la mer.

[**Minihy-Tréguier** (1 k. 1/2 S.; sur la route, qui prend dans le haut Tréguier, *tour Saint-Michel* du xv^e^ s. avec flèche du xviii^e^, reste d'une ancienne église) possède une *église* du xv^e^ s., avec portail et tour de 1818. A l'int., *testament de St Yves*, écrit sur un tableau, et restes de son bréviaire, à la sacristie. — Dans le cimetière, tombeau de St Yves, formé d'une table de pierre percée d'une arcade, sous laquelle les fidèles passent à genoux. — C'est au *manoir* voisin *de Kermartin*, reconstruit en 1834, qu'est né, en 1253, *St Yves*, patron des avocats et hommes de loi.]

**De Tréguier à Perros-Guirec et à Lannion** (🚃 départemental; 22 k. jusqu'à Perros-Guirec, en 1 h. 10 env. : 1 fr. 80 et 1 fr. 20; 29 k. jusqu'à Lannion, en 1 h. 20 env. : 1 fr. 95 et 1 fr. 30). Le ch. de fer, contournant la colline de Tréguier, franchit le Guindy.

6 k. *Plouguiel*, sur une colline de 61 m. d'alt. — A 3 k. 1/2 N., **chapelle Saint-Gonery**, des xv^e^ et xvi^e^ s., but de pèlerinage, et surmontée d'une flèche; (à l'int. : voûtes en bois revêtues de peintures; *bahut* du xvi^e^ s., où sont sculptées des scènes de la Vie de St Gonery; *Vierge* en albâtre; chasuble du xvi^e^ s.; cercueil de pierre qui passe pour le tombeau du saint; *châsse* renfermant son crâne; magnifique *mausolée*, de la Renaissance, de Guillaume le Halgouët, évêque de Tréguier, † 1602. La chapelle de Saint-Gonery dépend de *Plougrescant*, qui est situé 1/2 k. plus loin, au centre d'une presqu'île entourée de récifs.

7 k. *Penvenan*, à 1 kil. à dr. — A 3 k. N.-O., **Port-Blanc***, port de pêche sur une grève en avant de laquelle émergent de beaux rochers et de nombreux îlots, dont le principal est l'île Saint-Gildas. — L'*île Saint-Gildas*, où l'on se rend à pied sec, à marée basse, renferme quelques maisons, une ferme et 2 *chapelles*, dont l'une contient la statue et le crâne, fort problématique, de St Gildas. On voit aussi dans l'île un dolmen ruiné, appelé *Lit de St Gildas*. A 1/2 k. en mer au delà de l'île St-Gildas, l'*île des Levrettes*, qui s'y rattache à la basse mer, sert d'entrepôt pour le goëmon.

10 k. *Camlez*, à 2 k. à g. — Une route qui prend à dr. de la station passe (1 k. 1/2) près de l'intéressant *château de Kerham* et conduit à *Trévou-Tréguignec* (4 k. 1/2), non loin de la baie et de la grève de Trestel.

15 k. *Mabiliès*, ham. — A 1 k. 1/2 à dr., **Louannec** (église du xiv^e^ s.; *croix* de 1654) possède une petite *plage* de bains et quelques villas, au fond de la baie de Perros.

18 k. *Petit-Camp* (✕ vers Perros-Guirec ou vers Lannion, R. 13).]

---

## ROUTE 13.

# DE PARIS A PLOUARET, A LANNION, A PERROS-GUIREC ET A TRÉGASTEL

### DE PARIS A PLOUARET

532 k. en 9 h. env. — 56 fr. 55, 38 fr. 20, 24 fr. 90.

506 k. de Paris à Guingamp (R. 1, 2, 3, 8, 11). — Au delà de Guingamp la voie, décrivant un cercle autour de la ville qu'on voit, sur la dr., sous un aspect pittoresque, traverse le Trieux et sa vallée sur un viaduc. Elle laisse à dr. la ligne de Paimpol ; puis on voit à g. la montagne du Ménez-Bré.

521 k. *Belle-Isle-Bégard*, station voisine du ham. de *Sainte-Anne* et d'où on peut faire l'ascension du Ménez-Bré, desservant les deux bourgs de Bégard et de Belle-Isle-en-Terre.

[A 5 k. N.-E. de la station, **Bégard** *, ch.-l. de c. de 4 915 hab., doit son origine à une *abbaye* de l'ordre de Cîteaux, fondée en 1130, reconstruite en partie aux XVIIe et XVIIIe s., et devenue une maison d'aliénés ; cloître ; *maison abbatiale*, servant de presbytère ; *église* dont une partie remonte au XIIe s.

A 8 k. 1/2 S.-O. (voit. de corresp. : 50 cent.) **Belle-Isle-en-Terre** * est le type du vieux bourg breton. — A *Locmaria* (1 k. 1/2 N.), sur une colline plantée de hêtres et de pins, au-dessus d'une fabrique de papier, se trouve une *chapelle* possédant un remarquable jubé du XVIe s., qui sert de tribune. — *Forêts de Coat-an-Nay* (le Bois du Jour), à 3 k. 1/2 S.-E., par la route de Gurunhuel, et *de Coat-an-Noz* (le Bois de la Nuit), à 3 k. 1/2 S., par la route de Plougonver. — A *Locquenvel* (4 k. S.-O.), *église* du XVe s. ; avec jubé, frises sculptées et *vitraux* représentant la légende de *St Envel*.]

Au delà de Belle-Isle-Bégard, le ch. de fer, laissant à dr. *Trégrom* (chapelle du Christ), traverse le Léguer.

532 k. **Plouaret** * (✕ pour Lannion, Perros-Guirec et Trégastel). La station est à 1 k. env. du bourg. — L'*église*, sur une vaste place (*monument de François Luzel*, 1821-1895, par Boucher), est du XVIe s., avec tour et clocher Renaissance. A l'int. : belle fenêtre *flamboyante* du chevet, haute de 10 m. 50 ; table du *maître-autel*, faite d'une pierre de 5 m. 50 de long, provenant sans doute d'un ancien menhir ou dolmen.

[A 6 k. 1/2 S.-O., à l'intersection de la route de Brest, ham. et **chapelle de Kéramanach**, du XVe s. Le portail S. est riche d'ornementation (au tympan, *Vie de la Vierge*). A l'int. : tribune en chêne, avec panneaux représentant *les Apôtres* ; au maître-autel, *retable* en albâtre (Vie et Mort de J.-C. ; XVIe s.) ; *maîtresse-vitre* flamboyante.]

### DE PLOUARET A LANNION

17 k. en 25 min. env. — Billets directs de Paris à Lannion : 58 fr. 35, 39 fr. 40, 26 fr. 65.

540 k. (de Paris). *Kérauzern.* — A dr. de la station, à 1 k. env., **château de Kergrist**, du xve s., remanié ultérieurement, et flanqué de tourelles à toitures aiguës ; un beau *parc* l'entoure (s'adr. au concierge ; pourboire).

[**Moulin de Runfau, vallée du Léguer et château de Tonquédec.** (4 k. 1/2 N.-O ; éviter de se perdre ; observer les écriteaux et notre carte). Le sentier prend un peu au-dessus de la gare, et un écriteau en indique l'entrée. Il descend, à travers des sapins, jusqu'au fond d'un petit vallon, puis remonte, en face, sur une colline dont l'autre versant domine la creuse vallée du Léguer ; il ne reste de l'ancien château de Runfau que la motte et la *chapelle*, du xve s., dont la maitresse-vitre et le portail ont conservé de jolis détails. Le sentier redescend, en pente rapide, au *moulin de Runfau.* — On se trouve alors sur la rive g. du Léguer, qu'il faut suivre dans le sens de l'eau ; sur les deux rives il y a un sentier, et l'on peut passer la rivière, soit ici sur une planche, soit plus loin sur un pont de bois (*moulin* et barrage). — Suivant alors la rive dr., on arrive au pont du Châtel, en pierre, d'où l'on monte, à dr., en quelques minutes, au château de Tonquédec (le bourg est 1 k. 1/2 plus loin). — De Tonquédec, on peut regagner : soit Kérausern, par la route qui passe à Kermorgan (à 1 k. env., chapelle de Kerfons) et à Kergrist ; soit Lannion, par Kermorgan, Kerfons et les Cinq-Croix-de-Granit. — *N.-B. Pour la descrip. de Tonquédec et de Kerfons, V. ci-dessous : Châteaux de Lannion.*]

La voie longe ensuite un affluent du Léguer.

549 k. **Lannion** * (⚔ pour Perros-Guirec et pour Tréguier), ch.-l. d'arr. de 6 010 hab., sur une colline de la rive dr. du Léguer. La rivière, où remonte la marée, y forme un petit *port.*

En sortant de la gare, on tourne à dr. pour gagner le *pont* du Léguer, près duquel s'élèvent l'*hôpital* (1866) et le *couvent des Dames de Saint-Augustin*, dont dépend l'*église Sainte-Anne.* Du pont, on embrasse l'ensemble de la ville et ses quais, en partie plantés d'arbres, et dont la première pierre fut posée en présence du duc d'Aiguillon, en 1762.

Le pont franchi, on a : à dr., l'hôtel de France et le *palais de justice* ; à g., les *promenades.* Une rue, qui s'ouvre en face du pont, monte à la **place du Centre**, sur laquelle sont plusieurs *maisons* du xve et du xvie s. ; la plus curieuse est occupée par un chapelier.

A dr. de la place, à l'entrée de la *rue Geoffroy-de-Pontblanc*, belle *maison* en bois de l'époque Louis XIII, avec cariatides sculptées. Deux maisons plus loin, dans cette même rue, *croix* avec *plaque commémorative* rappelant la mort de Geoffroy Kérimel de Pontblanc, tombé à cet endroit en défendant la ville contre les Anglais (1346).

Enfin, plus loin encore, au delà de l'hôtel de l'Europe, on trouverait le *collège* (ancien monastère d'Ursulines); la *chapelle* a conservé une jolie façade. Puis on revient à la place du Centre.

A l'autre extrémité de la place du Centre est l'*hôtel de ville*, d'où l'on aperçoit l'église.

L'**église Saint-Jean-du-Baly**, des XVI^e et XVII^e s., a une grosse tour de 1519. — A l'int., 5 nefs et bas-côtés se superposent d'une façon bizarre (plusieurs piliers sont inclinés). En haut du bas-côté g., tableau ancien (*St Jean l'Évangéliste*); dans la grande nef, *chaire* sculptée et curieux pilier évidé, reste d'un ancien jubé; 4 grandes statues de bois (*St Joachim*, *Ste Anne*, *St Joseph* et *Ste Marie*), du XVIII^e s.

En contournant le chevet de l'église, on aperçoit en face de soi, sur une hauteur, l'église de Brélévenez.

[**Brélévenez** est séparé de Lannion par un vallon. On s'y rend par la *rue de la Trinité*, qui prend derrière l'église, et qui aboutit à un *étang*. De cet étang, un escalier monumental de 142 marches (à l'entrée, vieux calvaire) monte à l'église (en se retournant, belle vue sur Lannion et ses environs).

L'**église** de Brélévenez, entourée du cimetière (ancien *calvaire* restauré) est pittoresque; bâtie au XII^e s., elle fut remaniée aux XV^e et XVI^e s. (flèche du XVI^e s.). *Porche* latéral, à petites colonnettes (statuette du Père-Éternel). A l'*abside*, ancien *ossuaire*. Un autre *ossuaire* est dans le cimetière, à dr. en arrivant. A l'int., la nef a des voûtes en bois, du XV^e s. (colonnes inclinées); sous le chœur, *crypte* du XI^e s., avec *Saint Sépulcre*, à personnages de grandeur naturelle; pourtour du chœur, *chaire* et *buffet d'orgue* décorés de bois sculptés modernes, avec petits personnages.

**Châteaux de Lannion : Coatfrec, Tonquédec, chapelle de Kerfons, Kergrist et Runfau** (30 k. env., all. et ret.). On peut dans cette excursion se servir, pour l'un des trajets, du ch. de fer de Plouaret, station de Kérausern (*V.* ce mot).

On sort de Lannion par la ville haute et la route de Guingamp.

4 k. *Buhulien*. — On y descend de voiture et on prend, à dr., un chemin à pic qui se dirige vers le Léguer, que l'on franchit (1 k.) près d'un moulin. Remontant ensuite sur l'autre versant, on rencontre, au bout de 1 k. 1/2 env., une ferme qu'il faut traverser pour trouver les ruines de l'ancien **château de Coatfrec**, du XV^e s., au milieu d'arbres.

Revenu à Buhulien, on laisse à g. la route de Guingamp pour prendre celle de (4 k. 1/2) **Tonquédec*** (*église* du XV^e s., restaurée, et tour de 1773; à l'int., le baldaquin de l'autel cache des vitraux du XV^e s.). — Le bourg est à 1 k. 1/2 des ruines de l'ancien **château**, que précède un petit *étang*, et qui couronne la croupe d'un coteau rocheux et boisé. Les ruines sont importantes (s'adr. au fermier qui sert de concierge; pourboire); on entre, par une porte en ogive, dans une 1^re cour, puis dans une 2^e enceinte. Le *donjon* (murs épais de 3 m. 60) domine la vallée. Les *tours*, rondes à l'ext., sont hexagonales à l'int.; on monte dans deux d'entre elles.

Du château de Tonquédec, la route descend vers le Léguer, qu'elle traverse au *pont* de pierre *du Châtel*. — (Avant de traverser le pont, on

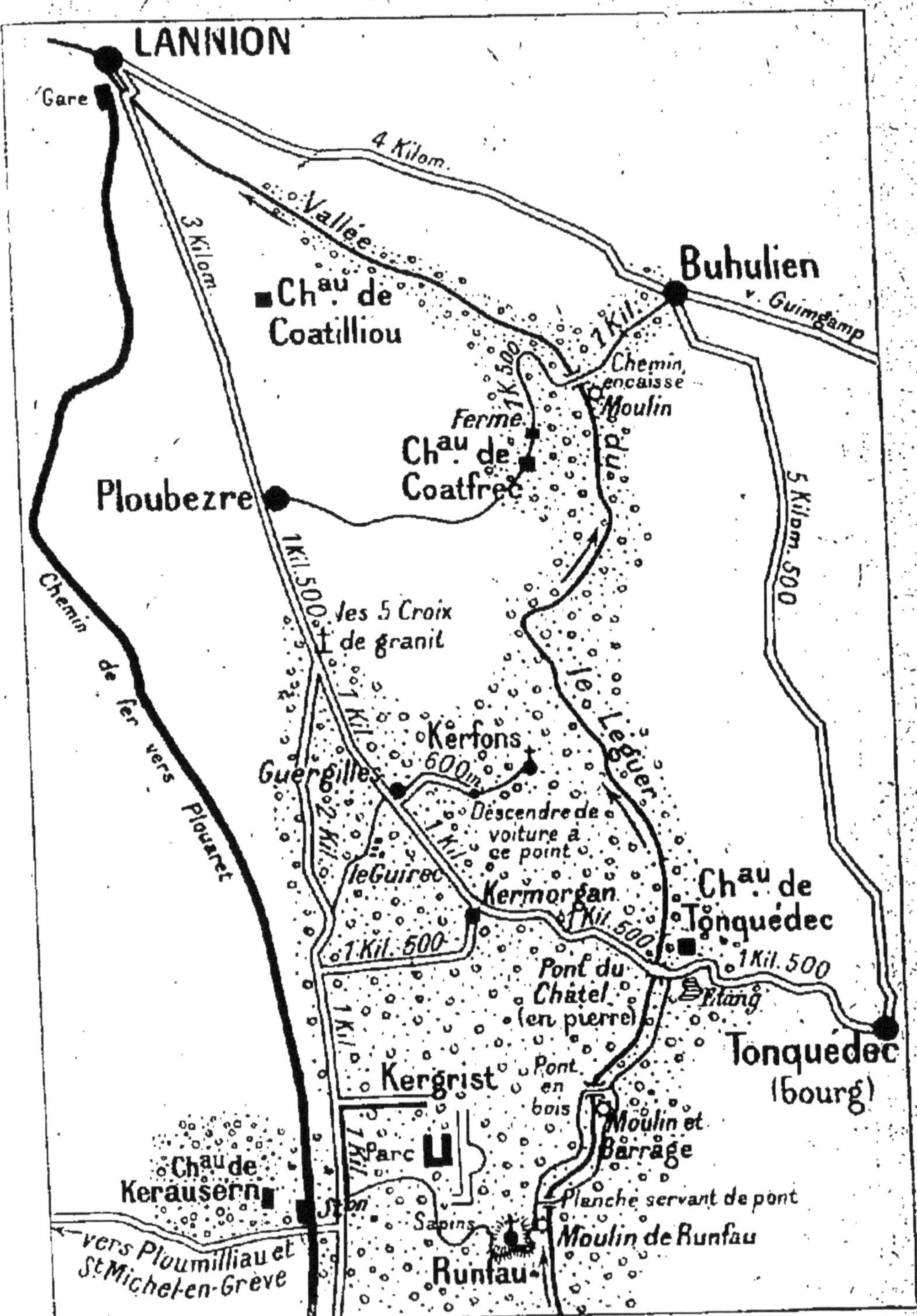


CHATEAU DE LANNION

pourrait prendre à g., sur la rive dr. du Léguer, un chemin de piétons qui, longeant la rivière, conduirait au moulin de Runfau. On reviendrait ensuite retrouver la voiture : 4 k. env. all. et ret.. éviter de se perdre). — Au delà du pont du Châtel, on remonte la côte qui fait face aux ruines de Tonquédec et, après 1 k. 1/2, au ham. de *Kermorgan*, on prend à g. une route de traverse, qui va rejoindre la route de Lannion à Plouaret. On suit celle-ci, vers la g. également, jusqu'au *château de Kergrist* (2 k. 1/2 de Kermorgan ; xve s. ; beau *parc*).

De Kergrist on revient sur ses pas, par la route de Lannion et celle de Kermorgan, où on reprend la route qui vient de Tonquédec et que l'on avait quittée. On la suit, pendant 1 k., jusqu'au ham. de *Guergilles*, où un chemin, à dr., descend (1 k. env.) à la **chapelle de Kerfons**, ou de *Kerfaouez*, de 1559 ; elle est précédée d'une *croix ornée*. A l'int. (la clef est dans une maison voisine) : curieux *jubé* en bois, de la Renaissance, avec colonnes torses et une frise de personnages sculptés ; restes de *vitraux* anciens.

Revenu au ham. de Guergilles, on continue la route et on rejoint, pour la suivre droit devant soi, celle de Plouaret à Lannion, aux *Cinq-Croix-de-Grantt*, érigées, dit-on, en mémoire d'une victoire que les habitants de Ploubezre remportèrent sur les Anglais. — *Ploubezre* (2 k. 1/2 de Guergilles) a une *église* avec tour de 1577. — De Ploubezre à Lannion, 3 k.

**Trébeurden** (11 k. N. O. ; voit. publ. jusqu'à Trébeurden-bourg : 1 fr. 25 ; l'été, jusqu'à la mer).

1 k. 1/2. *Saint-Roch*, ham. avec chapelle du xve s. — 9 k. 1/2. *Trébeurden-bourg*, d'où la route poursuit, pendant 1 k. 1/2, jusqu'aux bains de Trébeurden. Les **bains de Trébeurden**[1] forment une petite station bien protégée contre les vents de N.-E.) avec de jolies grèves de sable, soit à *Trozoul*, soit vers la *pointe de Bihil*. Un *port* de pêche abrite quelques bateaux. — En face de la côte, île de Milio.

On visite de Trébeurden : les *dolmens* de Trozoul et de *Prajou* ; la *chapelle N.-D. de Bonne-Nouvelle*, près de laquelle est une jolie *fontaine* du xviie s. ; le curieux **menhir de Saint-Duzec** (2 k. 1/2 N.-E.)].

## DE LANNION A PERROS-GUIREC ET A TRÉGASTEL

De Lannion à Perros-Guirec, [chemin de fer] départemental. 15 k. en 40 min. env. : 1 fr. et 65 c. — De Perros-Guirec à Trégastel, par La Clarté et Ploumanach, route de voit., 9 k. — De Lannion à Trégastel par la route directe, 15 k. ; voit. publ., l'été : 1 fr. ; voit. priv. : 8 fr. env.

On peut faire en voit. l'ensemble de l'excursion depuis Lannion, en une journée, 32 k., voit. priv. : 10 à 15 fr.

Le ch. de fer contourne la colline de Brélévenez. — 7 k. *Petit-Camp* (✕ pour Tréguier).

12 k. *Pont-Couennec*, au fond de la rade de Perros.

13 k. **Perros-Guirec***, ch.-l. de c. de 2 991 hab., se divise en deux parties : le **port**, où l'on arrive, et qui est situé au fond de l'*anse de Perros* ; le bourg d'en-haut, où l'on s'élève ensuite et où se trouve l'église.

**L'église**, romane, en partie restaurée, est en granit rose de Ploumanach (dôme à fléchette et porche ogival). — A l'int., colonnes avec curieux *chapiteaux* ; dans le bas-côté g., tableau de *St Michel*, par Galland.

[Du cimetière, un chemin mène à un *calvaire*, d'où l'on découvre la baie de Perros et, à 2 k. en mer, l'**île Tomé**.]

Du bourg d'en-haut la route se continue, et redescend, bordée de villas, jusqu'aux **plages de Trestraou, Trestrignel** et **du Hédron**, prolongement de Perros-Guirec, et qui s'arrondissent autour d'une belle anse sablonneuse, ouverte sur la pleine mer (hôtels, bains, cabines, **casino**).

Remontant ensuite sur la côte opposée, à l'extrémité de cette baie, on arrive (2 k. 1/2 de

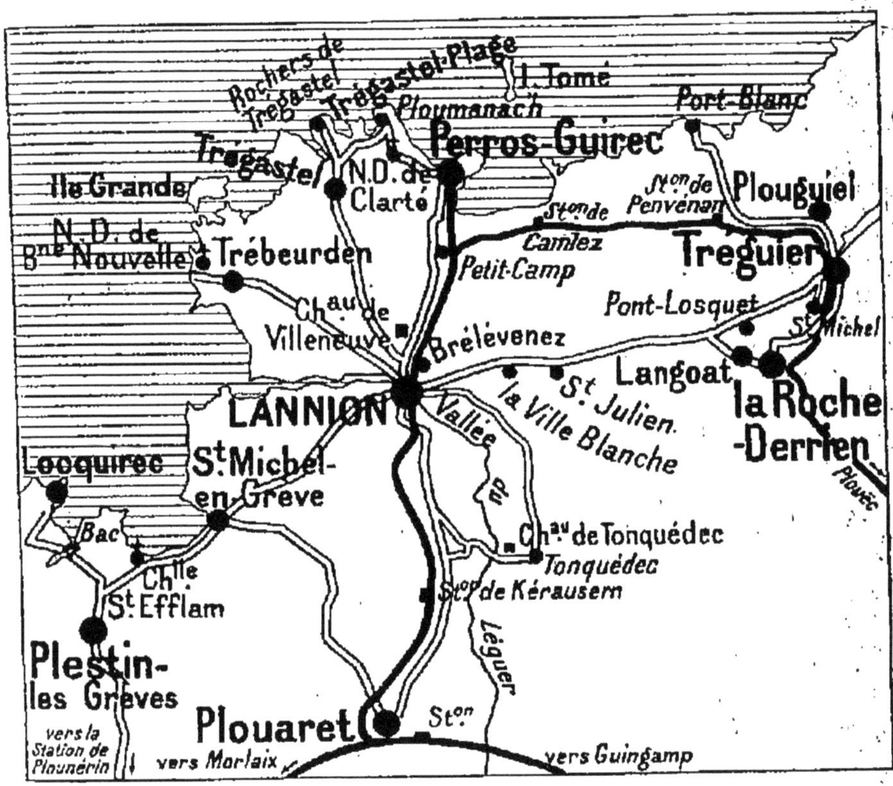


l'église de Perros) au petit ham. et à la chapelle de **Notre-Dame-de-la-Clarté** *. La vue s'étend sur le chaos des roches étranges de Ploumanach.

La route descend vers (1 h. 1/2) **Ploumanach** *, petit ham. célèbre par ses amoncellements de **rochers**, de couleur rose, affectant les formes d'hommes et de bêtes les plus bizarres. La mer s'y creuse de petits havres, où de nouveaux rocs et îlots émergent à marée basse. — On rencontre d'abord, dans une de ces anses, le petit *oratoire de Saint-Guirec*, sur un rocher baigné par le flot. De là il faut gagner à pied, vers la dr., le *phare*, sur un massif de rocs relié à la côte par une arche en pierre (en face, groupe des *Sept-Iles*).

De Ploumanach, on reprend la route de la Clarté pendant 1 k., puis on bifurque à dr., vers Trégastel, en traversant sur des chauss es l'extrémité de deux petites anses, près desquelles sont deux *moulins de mer* et l'hôtel Bellevue. Au bout de 2 k. on rejoint la route de Lannion à Trégastel.

**Trégastel-bourg** * est à 1 k. à g. (*église* des XIIe et XIIIe s., à clocher moderne; curieux *ossuaire* du XVIIe s ; à l'entrée du bourg, vers Lannion, grand *calvaire* moderne en granit, dont le socle forme chapelle, et du sommet duquel on a une belle vue).

**Trégastel-plage** * ou **Sainte-Anne en Trégastel** est à 1 k. 1/2 à dr. C'est une station balnéaire composée d'hôtels, de quelques villas et d'un vaste ex-couvent transformé en pension de famille. En arrivant, on voit à g. de la route, avant le couvent, une « pierre à chapeau », sorte de rocher bizarrement découpé en forme de champignon, puis, à dr. de la route, sur un amas de rocs, la statue ridicule d'un saint personnage (un ermite ou le Sauveur). On parvient ensuite au fond d'une petite *baie*.

Trégastel doit, comme Ploumanach, sa célébrité à ses **rochers** étranges qui ont des formes humaines ou animales, des aspects inattendus. L'un d'eux, nommé le *Dé*, a la forme d'un dé à jouer, ou d'une enclume; peint en blanc, il sert de signal aux bateaux.

La **plage** est couverte de sable fin; des cordons de rocs y forment une foule d'abris naturels.

[De Trégastel à Lannion, 15 k. (voit. publ., de juillet à fin septembre : 1 fr.; voit. priv. : 8 fr. env.).]

## ROUTE 14.

## DE PARIS A MORLAIX

564 k. en 9 h. 30 par express (toutes classes).— 60 fr.15, 40 fr.60, 26 fr.45

532 k. de Paris à Plouaret (R. 1, 2, 3, 8, 11, 13). — Au delà de Plouaret, le ch. de fer laisse à dr. la ligne de Lannion.

540 k. *Plounérin*, station où l'on descend pour Plestin-les-Grèves, Saint-Efflam et Saint-Michel-en-Grève.

[**Plestin-les-Grèves, Saint-Efflam et Saint-Michel-en-Grève** (voit. publ jusqu'à Plestin-les-Grèves, 12 k. N.-O. : 1 fr. 75). La route traverse *Trémel* (4 k. 1/2)

12 k. *Plestin-les-Grèves* *, ch.-l. de c. de 3 903 hab , est, à 2 k. 1/2 de la mer, un petit centre balnéaire. L'*église*, de 1576, agrandie, possède un *porche* avec statues; à l'int., beau *tombeau de Saint-Efflam*, du XVIe s., et nombreuses statues de saints.

La **plage** de Plestin est 2 k. 1/2

plus loin, avec hôtels et villas, à *Saint-Efflam* *, au bord de la baie de Saint-Michel, d'où la mer se retire, à marée basse, à 2 k. — *Chapelle Saint-Efflam* et *fontaine de Toul-Efflam*. — A 2 k. N. de Saint-Efflam, **Pointe de Plestin** (62 m. d'alt.), d'où l'on a une belle vue.

De Saint-Efflam la route suit pendant près de 5 k., le fond de la baie, qui forme la **Lieue de Grève**, et atteint *Saint-Michel-en-Grève**, autre station de bains au bout opposé de la baie. *Église* avec jolie flèche du XVIIe s.; à l'int., *autels* en bois sculpté. — La *grève* de Saint-Michel sert aux courses de Lannion; la marée montante y court avec une grande rapidité.

De Saint-Michel-en-Grève à Lannion, 11 k.]

De Plounérin, la voie longe l'*étang de Trogoff*; on franchit ensuite la vallée du Douron et la route Paris-Brest, sur un *viaduc* long de 121 m., haut de 24 m.

555 k. *Plouigneau*, ch.-l. de c. de 4 369 hab., à 136 m. d'alt. (1 k. à dr. de la station). — *Église* moderne, avec clocher du XVe s.

On découvre, sur la g., la chaîne des monts d'Arrée, puis on débouche sur le gigantesque viaduc de Morlaix, d'où l'on voit en dessous de soi : à dr. les quais et les bateaux du port ; à g. les clochers des églises et les toitures gothiques des maisons de la ville.

564 k. **Morlaix** * (⨯ pour Roscoff, pour Huelgoat et Carhaix), ch.-l. d'ar., V. de 18 086 hab., est pittoresquement situé au fond et sur les pentes d'une vallée profondément encaissée. Le viaduc monumental, qui domine la ville, lui donne un aspect à peu près unique en France.

La gare est située à l'extrémité du viaduc, dans la ville haute ; un *funiculaire*, à g. (en construction), la relie à la ville basse et aboutit place Thiers (*V.* ci-dessous), à la base du viaduc (10 c.; il est préférable de faire à pied la descente).

De la *place de la Gare*, la *rue Gambetta*, en face, amène en quelques min. à la *place Saint-Martin*, à dr., où est l'**église Saint-Martin-des-Champs**, fondée en 1128, rebâtie au XVIIIe s. ; la *tour* à clochetons est de 1850. A l'int., belles colonnes rouges en stuc, nombreuses *fresques* par Puyô et beau *maître-autel* du XVIIIe s.

De la place Saint-Martin, la rue Gambetta descend en ville par un long détour, tandis que s'ouvre immédiatement à g., pour les piétons, une ruelle en escaliers, dite *rue Courte* (sculpteurs sur bois). La rue Gambetta et la rue Courte se rejoignent à quelques pas de la **place Émile-Souvestre.**

Cette place, centre de la ville, n'est séparée que par l'*hôtel de ville*, monument carré (1838), de la **place Thiers**. De la place Thiers, à g., on a en face de soi le **viaduc**, masse de pierre à l'aspect cyclopéen, long de 284 m., haut de 59 m., exécuté en 1861 par l'ingénieur Fenoux et l'entrepreneur Périchon. Il est divisé en 2 étages : l'inférieur a 9 arches, le supérieur

14. A dr. en regardant le viaduc, on voit l'église Saint-Melaine, dont le clocher n'atteint pas la hauteur des arches.

**L'église Saint-Melaine** fut fondée vers 1150 et rebâtie en 1489. La tour et le clocher furent terminés en 1574. Sous le porche du *portail latéral* de dr., joli bénitier à colonnettes. — A l'int., plafond en bois (frise sculptée). Au bas-côté dr., 2 *autels et retables* anciens. Au chœur : tableau de la *Rédemption des âmes*; vitraux modernes; *autel* et *retable* sculptés. Au bas-côté g. : *Descente de croix* ancienne en « trompe-l'œil » ; au bas du bas-côté g., **fonts-baptismaux**, de 1660 (charmant baldaquin octogonal, en chêne sculpté). *Tribune* et *buffet d'orgue* en belles boiseries du XVI^e s.

De l'église Saint-Melaine, redescendant à la place Thiers, on passe sous le viaduc pour arriver au **port** et au *bassin à flot*, précédé d'un petit *monument* du marin *Cornic*. — A dr. est le *quai de Tréguier* (au n° 10, maison Renaissance) ; si l'on continue à suivre le quai, on arrive à une *promenade* aux arbres magnifiques, et à la petite *fontaine des Anglais* ; en face de soi, de l'autre côté du port, *manufacture des tabacs* et *chapelle Saint-Joseph*.

Revenu au viaduc et à la place Thiers, on longe celle-ci du côté g. (côté de l'église Saint-Melaine) et l'on aperçoit l'entrée de vieilles, étroites et pittoresques **venelles** (*venelle au Son*), aux logis antiques (XV^e s.), qui se rejoignent presque par-dessus la rue et sont ornés de petites statuettes sculptées. Après avoir dépassé l'hôtel de ville, qu'on laisse à dr., et suivi un instant la *rue d'Aiguillon*, on traverse en biais la **place de Viarmes**, bordée de maisons anciennes, pour y prendre, à g., la *rue au Fil* ; celle-ci amène **place des Jacobins**, où s'élevait l'ancien *couvent des Dominicains*, fondé en 1237, club des Jacobins pendant la Révolution et auj. *caserne* (belle rosace).

La rue au Fil se continue par la *rue des Vignes*, où se trouve, à dr., l'entrée du musée.

Le **Musée** (public les jeudis et dim., de 1 h. à 4 h. ; les autres j. : 25 c. par pers.) est installé dans l'ex-église du couvent des Jacobins, coupée en son milieu par un étage rapporté, où sont les collections.

On y voit, dans une **Galerie**, de nombreux objets d'archéologie, bahuts, bois sculptés, statues anciennes, et une belle *tête de Pharaon* (à dr.). — Au bout de la galerie, à dr. : **petit Salon**, avec la belle rosace de l'église des Jacobins, garnie de vitraux ; collection de papillons; collection géologique ; curieux *canon* provenant du corsaire « l'Alcide » ; plusieurs tableaux. — 3 **salles** sont ensuite consacrées à la peinture (bons tableaux modernes ; quelques tableaux anciens).

Sortant du musée, on revient place des Jacobins.

De la place des Jacobins, on prend vers la g. la rue d'Aiguillon, que l'on suit jusqu'à son carrefour avec la *rue de Paris*. Laissant celle-ci à g., on traverse, droit devant soi, une petite place et on suit une courte rue, qui amène *rue Basse* (*vieilles maisons* à pignons) où se trouve, à dr., l'église Saint-Mathieu.

**L'église Saint-Mathieu**, reconstruite en 1824, a conservé de l'époque de la Renaissance la grosse *tour* carrée qui la précède. A l'int. : dans le bas-côté g., grand *Christ* en croix ; dans le bas-côté dr., au-dessus du bénitier qui est placé près d'une porte latérale, *bas-relief* en albâtre, du xve s.

On sort par cette porte latérale et on se trouve sur une petite esplanade, avec un *calvaire* et la **chapelle N.-D.-du-Mur**, qui renferme (au maître-autel) une curieuse *Statue ouvrante de N.-D. du Mur* (on l'ouvre les jours de Pardon ; elle renferme à l'int. Dieu le Père et le Christ).

On traverse à nouveau l'église Saint-Mathieu, pour en ressortir dans la rue Basse. Par celle-ci on revient sur ses pas, afin de prendre la *rue du Mur*, qui lui succède.

Au n° 33 de la rue du Mur, **maison** dite **de la Duchesse-Anne**, charmant spécimen de l'architecture du moyen-âge, restaurée, et ornée à sa façade de saints et de grotesques ; à l'int. (entrée 25 c.), *escalier sculpté* et curieuse *courette*.

De la rue du Mur on descend aux *Halles*, près desquelles s'ouvre, à g., la **Grande-Rue**, dont l'aspect rappelle celui de la rue aux Fèvres, à Lisieux. Ses maisons ont conservé leurs anciennes boutiques, qui étalent en plein air leurs éventaires, mercerie, boucherie, etc., sous des auvents d'ardoise (au n° 14, *maison Pouliguen*, avec un escalier sculpté du xve s. n° 9, charmantes statuettes).

La Grande-Rue débouche *rue Carnot*, presque en face de la *rue Notre-Dame* (un peu à g.), aux 2 angles de laquelle se voient l'*homme en chemise* et le *joueur de biniou*.

La rue Carnot et la rue de l'Hospice sont à quelques pas de la place Émile-Souvestre, d'où l'on remonte à la gare par la rue Courte, ou par le funiculaire (en construction), au pied du viaduc.

### Environs de Morlaix.

**Rivière de Morlaix, Carantec et Château du Taureau.** (*Si l'on veut aborder au château du Taureau, il faut se munir, à Morlaix, d'une autorisation délivrée par le bureau d'inscription maritime, quai de Tréguier.*) — On se rend au château du Taureau : soit par la rivière, en barque à voile (prix à débattre ; s'adr. au port) avec la marée favorable ; soit par la route de voit., 15 k. N.-O. jusqu'à Carantec (voit. de corresp. à Morlaix, le matin, ou ch. de fer jusqu'à Taulé-Henvic, ligne de Roscoff, à 8 k. de Carantec). De Carantec au château du Taureau, barque à voile, 2 k.

On sort de Morlaix par la rive g. du port; la route longe la rivière, pendant 3 k. 1/2 (*châteaux de Coatserho, de Neckoat* et *de Kéranroux*, sur la rive dr., et *monastère de Saint-François de Gaburien*).

3 k. 1/2. La route franchit un petit affluent de la rivière de Morlaix, dont elle s'éloigne ensuite pour s'élever sur la hauteur.

6 k. 1/2. La route coupe le ch. de fer de Roscoff, puis bifurque à dr. vers Taulé. — 7 k. 1/2. On laisse à dr. la route de la station Taulé-Henvic. — 9 k. 1/2. On croise de nouveau le ch. de fer de Roscoff. — 10 k. 1/2. Henvic.

15 k. **Carantec** *, petite station balnéaire entre l'estuaire de la rivière de Morlaix et celui de la Penzé. — Du ham. de *la Croix*, à l'extrémité du promontoire qui s'avance en mer, à l'O. du bourg, vue magnifique vers Saint-Pol-de-Léon, vers Roscoff et sur l'**île Callot**, séparée de la terre par la *passe aux Moutons*, que l'on peut, à marée basse, traverser à pied sec.

**Le Château du Taureau**, pour lequel on trouve des barques à Carantec (traversée variable selon le vent; 1/2 h. env.), dresse au milieu des flots sa masse imposante. On y accède par un escalier, baigné par les vagues, et un pont-levis. A l'int.: cachots voûtés, aux murailles humides; logements pour la troupe; petite cour et citerne. En haut est une plate-forme, d'où la vue est admirable.

A g. du château du Taureau (en regardant la côte), l'*île Noire* et l'**île Louet**, pittoresque d'aspect (*phare*).

**Saint-Thégonnec et Guimiliau.** On peut faire, de Morlaix, la visite de Saint-Thégonnec et de Guimiliau (*V.* ces noms) par le ch. de fer de Brest (traj. en 20 et 30 min. env.) ou par la route de Brest (12 et 20 k.).

**De Morlaix à Saint-Jean-du-Doigt, Plougasnou, Trégastel et Pointe de Primel** (16 k. 1/2 N.-E. jusqu'à Saint-Jean-du-Doigt; 1 k. 1/2 ou 4 k., selon route, de Saint-Jean-du-Doigt à Plougasnou; 3 k. ou 4 k., selon route, de Plougasnou à Trégastel-Primel; voit. publ. de Morlaix, tous les matins, pour Plougasnou: 1 fr. 50, passant à 2 k. de Saint-Jean-du-Doigt; l'été, service jusqu'à Saint-Jean-du-Doigt et pour Trégastel-Primel).

On sort de Morlaix par le quai de Tréguier et la rive dr. du port, que l'on suit durant 1 k., pour s'élever ensuite vers la dr., entre les ombrages du parc de Coatserho. — 2 k. on laisse à g. une bifurc., puis à dr. la route de Lanmeur. — 8 k. On descend dans le profond vallon du Dourdu, qui s'élargit, vers la g., en un charmant estuaire.

11 k. Ham. de *Kermouster* et *chapelle*, à g de la route.

11 k. 1/2. Bifurc. La route continue vers Plougasnou (2 k.). — On la quitte pour prendre le chemin de dr., long de 2 k., qui descend dans le frais vallon de St-Jean-du-Doigt.

16 k. 1/2. **Saint-Jean-du-Doigt***, petit v. dans une vallée verte, bien abritée, qui, 1 k. au delà, s'ouvre sur la mer par une jolie *plage*. Son nom lui vient de l'*index* de la main dr. de St Jean-Baptiste, que l'église passe pour conserver. — L'église est entourée du *cimetière* (porte ogivale), où se voit, à g., une exquise **fontaine** ou *château-d'eau* de la Renaissance, qui se compose de vasques superposées à dr., petite *chapelle funéraire*, de 1577.

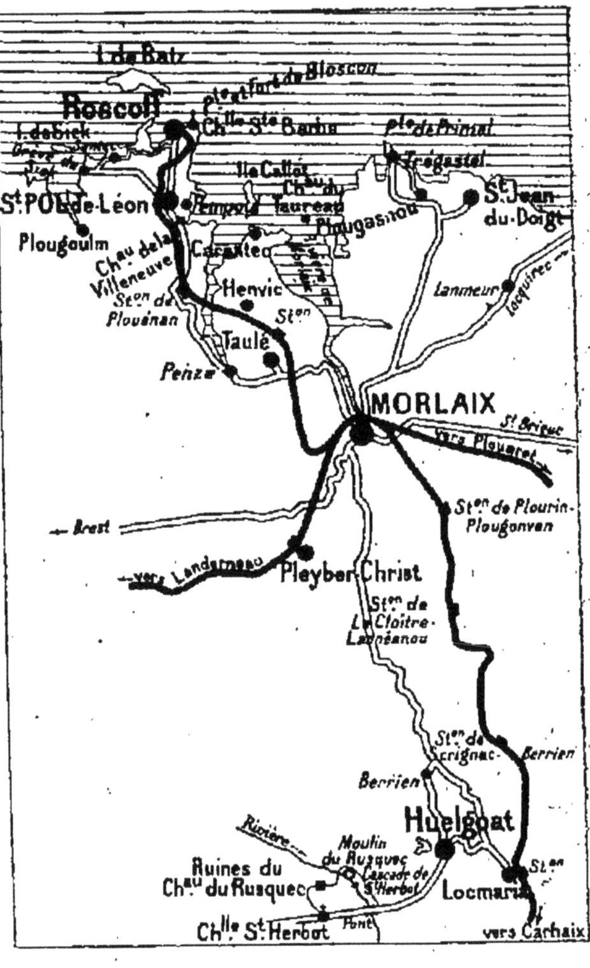


L'**église** (1440 à 1513) est un joli monument du style flamboyant. La tour du clocher a 5 *flèches* en plomb et est ornée de *galeries* à jour ; à sa base, 2 anciens *ossuaires*. On entre par un *porche*, avec 3 bénitiers sculptés. — A l'int. : plafond de bois aux frises sculptées ; sur une poutre, le *Christ en croix* et les deux *Saintes Femmes*. Au bas, à dr., *bénitier* de granit sculpté ; à g., *orgue* avec vieille peinture (Ste Cécile et le roi David). Grand *maître-autel*, peint et doré. Dans le bas-côté g., *fontaine-lavabo* de St Jean-Baptiste, où les pèlerins viennent boire et se laver, le jour du Pardon. A la sacristie, intéressants objets d'art. — Le *Pardon de Saint-*

*Jean-du-Doigt*, qui a lieu les 23 et 24 juin, est très pittoresque.

De Saint-Jean-du-Doigt on se rend à Plougasnou : soit en revenant sur ses pas reprendre la route de Morlaix à Plougasnou (4 k.) ; soit par un chemin de piétons (1 k. 1/2), qui s'élève sur le coteau de g. (en regardant la mer) du vallon de Saint-Jean, un peu au delà du village, et qui, traversant ensuite une haute plaine, passe à côté du curieux petit *oratoire de Pont-an-Glet*.

16 k. 1/2 (de Morlaix; par la route directe). **Plougasnou***, sur un plateau, à 10 min. de la mer, réunit, l'été, un certain nombre de baigneurs. — Sur la place principale s'élève une *église* de la Renaissance, avec restes de gothique flamboyant, dont la tour est ornée d'une belle flèche en pyramide et de 4 clochetons (à l'int. : à dr., avant le chœur, jolie *chapelle gothique*, du XVIe s. ; au chœur, belle rosace; à g. du chœur, grand *retable*).— Derrière l'église, à dr., s'ouvre une route qui descend vers la mer et qui passe devant le nouveau cimetière (à dr. de la route; charmante petite **chapelle funéraire** ancienne). La route aboutit à une *plage* de sable, au delà de laquelle débouche, à dr., le vallon de Saint-Jean-du-Doigt.

De Plougasnou, deux routes conduisent à Trégastel-Primel : l'une (3 k.), plus dure, prend derrière l'église, à g., traverse un plateau, puis descend dans un vallon; elle longe ensuite la grève, jusqu'à Trégastel. — L'autre (4 k.), faisant suite à la route de Morlaix, prend sur la place de l'église, à g., traverse le même plateau, puis s'incline vers une petite baie (2 k.) qu'elle suit jusqu'à Trégastel, où elle se rencontre avec la route précédente, arrivée par le côté opposé.

19 k. 1/2 ou 20 k. 1/2 (de Morlaix; par la route directe). **Trégastel-Primel***, est une petite station balnéaire avec chalets et hôtels. La côte a quelques beaux rochers qui y forment la **Pointe de Primel**, où est une *chapelle*. — De cette pointe, à dr., à 3 k. en mer, émergent les récifs dits les *Chaises de Primel*.

**De Morlaix à Lanmeur et à Locquirec** (13 k. N.-E. jusqu'à Lanmeur, et 9 k. de Lanmeur à Locquirec; voit. publ. à Morlaix, au train du matin : 1 fr. 25 pour Lanmeur et 2 fr. pour Locquirec). On sort de Morlaix par le quai de Tréguier et la rive dr. du port, que l'on suit durant 1 k., pour s'élever ensuite vers la dr., entre les ombrages du parc de Coatserho.

3 k. On laisse à g. la route de Plougasnou. — 5 k. 1/2. On franchit un petit ruisseau, puis (6 k. 1/2) le Dourdu. — La route se relève pour traverser ensuite un haut plateau et laisser à dr. (10 k.) les futaies du parc et du *château de Boisséon*.

13 k. **Lanmeur***, ch.-l. de c. de 2511 h., dont le nom veut

dire *Grande-Lande*, occupe l'emplacement d'une autre ville très ancienne, nommée *Kerfeunteun*, ou *village de la Fontaine*, détruite par les Normands. — *L'église*, reconstruite en grande partie, a gardé une curieuse **crypte** romane, à voûtes surbaissées, avec serpents enlacés sur les faîtes des colonnes (*fontaine* et *statue*, du XIVe s., *de St Mélar* ou Méloir). — *Chapelle de Kernitron* (XIIe et XVe s.).

De Lanmeur, 2 routes, à peu près d'égale longueur (9 k. N.-E.), conduisent à (22 k. de Morlaix) **Locquirec***, port de pêche. Quelques villas, hôtels et auberges y logent les baigneurs. — *Église*, du XIIe s., avec clocher de 1691 (à l'int., aux voûtes, restes des peintures; vieilles statues; *retable* sculpté).

De Morlaix à Roscoff, R. 15; — à Huelgoat et à Carlaix, R. 16; — à Brest, R. 17.

## ROUTE 15.

## DE PARIS A ROSCOFF

Ouest, 592 k. en 10 h. 30 par express (toutes classes). — 65 fr. 30, 42 fr. 70, 27 fr. 85.

564 k. de Paris à Morlaix (R. 1, 2, 3, 8, 11, 13, 14). — De Morlaix, la ligne de Roscoff emprunte celle de Brest pendant 3 k., puis bifurque à dr.

575 k. *Taulé-Henvic*. — *Taulé* est à 2 k. à g. de la station; à 1 k., à dr. sur la route de Taulé, bifurc. vers *Henvic* et vers Carantec (4 k. 1/2 au-delà d'Henvic).

Le ch. de fer, 4 k. plus loin, franchit l'estuaire de la Penzé sur un **viaduc** métallique de 256 m., haut de 50 m.

581 k. *Plouénan*. — A dr. on voit la grande allée d'arbres qui précède le beau *château de Kerlandy*, du XVIIe s.

586 k. **Saint-Pol-de-Léon** *, à 1 k. à dr. de la station (omn. : 50 c.), ch.-l. de c. de 7,846 hab., est une ville aux vastes places et aux grandes rues. Ses magnifiques et célèbres clochers à jour la dominent.

De la gare on arrive directement à la chapelle de Creizker, à dr. de la route.

La **chapelle de Creisker**, fut fondée, selon la légende, au VIe s., par une jeune fille qui, frappée de paralysie pour avoir travaillé un jour de fête de la Vierge, fut guérie par St Kireoc, archidiacre de Léon. Le monument actuel appartient en majeure partie au XVIe s. Les bas-côtés et les 2 *porches* N. et S. sont de la seconde moitié du XVe s. La *façade* S. présente 6 fenêtres splendides, aux frontons aigus. — A l'int., il n'y a de remarquable que la *maîtresse-vitre* et la *rosace* du côté O; aux bas-côtés, anciens enfeux.

Mais la merveille du Creisker est son **clocher**, haut de 77 m. Il s'élève entre la nef et le chœur, écrasant la chapelle de sa masse imposante et svelte à la fois (longues fenêtres ajourées; flèche découpée à jour et flanquée de fléchettes). On peut monter sur la plate-forme de la tour (s'adr. au concierge du collège voisin ; pourboire).

Prenant à dr., en sortant du Creisker, la *rue Verderel*, on trouve l'entrée du *collège de Léon*, bâti en 1787, et on arrive au cimetière, avec *calvaire* de granit, *chapelle* en partie du XV<sup>e</sup> s. et curieux petits *ossuaires* (autour du mur intérieur),

Du cimetière, on revient sur ses pas jusqu'à la *rue des Minimes* (1<sup>re</sup> à dr.), où est l'hôtel de France, et qui amène à la cathédrale.

L'ancienne **cathédrale**, date de 3 périodes : l'époque romane ; le XIII<sup>e</sup> s. et le commenc. du XIV<sup>e</sup> ; le XV<sup>e</sup> s. Le style ogival normand domine dans l'ensemble. — La grande façade O. a une *porte* double (porche avec *terrasse* d'où les évêques bénissaient la foule); une 2<sup>e</sup> *porte*, dite *des Lépreux*, s'ouvre au pied d'une des tours ; une 3<sup>e</sup> porte, dite *porte des Catéchumènes*, est une œuvre simple et élégante du milieu du XIII<sup>e</sup> s. Le mur terminal du transept S. est percé d'une belle rosace, surmontée de la *fenêtre de l'excommunication*. Les 2 **clochers** sont hauts de 55 m. (magnifiques *flèches* en pierre et fléchettes).

A l'int., restauré, on remarque, au bas-côté dr. : une **verrière** de 1560 (*Jugement dernier* et *Œuvres de Miséricorde*). — Dans le chœur, **stalles** délicatement sculptées, datant de 1512 ; *maître-autel* en marbre, de 1770 ; derrière le maître-autel, *palmier* en forme de crosse, portant à son extrémité le Saint-Sacrement. — Au transept dr. : superbe rosace (vitraux modernes). Deux tableaux, les *Saintes Femmes* au pied de la croix et copie de Rubens, représentant la *Fondation de l'ordre des Minimes par St François-de-Paule*, qui foule aux pieds des crosses d'évêques et des couronnes. Aux voûtes, *peintures anciennes*, en partie détruites par un badigeon ultérieur. — Dans le pourtour du chœur : beaux *tombeaux d'évêques*, anciens et modernes. A la 3<sup>e</sup> chapelle, **fresque** symbolique (XVI<sup>e</sup> s.), **de la Trinité** (3 faces humaines réunies par le front, ayant 3 nez, 3 bouches, 3 mentons et seulement 3 yeux). A la chap. absidale, *dalles tumulaires*. A la dernière chap avant le transept g. fresque ancienne restaurée, du *Jugement dernier* ; *tombe* d'Amice Picard (1599-1652), à qui sa sainteté valut le don des miracles. — Au transept g., en partie roman : chapelle avec *retable* en bois peint et doré, du XVII<sup>e</sup> s.— Au bas-côté g. (avant-dernière fenêtre) : **vitrail** du XVI<sup>e</sup> s., représentant le Christ qui sépare les bons des méchants. — Les autres vitraux de l'église sont modernes.

A g. de la cathédrale, l'*hôtel de ville* occupe l'ancien archevêché, bâti de 1712 à 1750, et dont le jardin a été converti en *promenade* publique. Derrière la cathédrale, une ancienne *maison prébendale* (XVIe s.) forme l'angle d'une rue dans laquelle, à dr., la *chapelle Saint Joseph* porte une flèche de 52 m., reconstruite en 1847.

[A 1 k. E., **Pempoul** est le petit port de Saint-Pol-de-Léon ; on peut s'y baigner et l'on y remarque quelques maisons du XVIe s. On peut également y trouver une barque pour l'île Callot, que l'on voit en face de soi, pour Carantec et le château du Taureau (*V.* ces noms).]

Au delà de Saint-Pol-de-Léon, le ch. de fer passe (3 k. de la gare de Saint-Pol) près de l'*allée couverte* de *Kéravel*.

592 k. **Roscoff***, petite ville maritime de 4 732 hab. Son territoire est célèbre par ses *primeurs*, qu'il doit à la chaude influence du courant le *Gulf-Stream* qui baigne ses côtes.

De la gare, on prend un chemin au bout duquel on tourne à g., pour rejoindre la route de Saint-Pol-de-Léon à Roscoff. En prenant cette route vers la g., on irait voir près de l'*hôpital*, de 1573, le légendaire **figuier** ; il se trouve dans l'*enclos des Capucins* (entrée : 25 c.).

Prenant cette route à dr., on arrive dans Roscoff et on aboutit à une jolie place, où s'élève l'église.

L'**église** est surmontée d'un beau *clocher* de pierre, de la Renaissance (1550). — A l'int. : très beaux **bas-reliefs** en albâtre, du XVe s. (*Annonciation, Adoration des Mages, Passion, Résurrection* et *Triomphe de la Vierge*); au plafond, poutres et frises sculptées; *maître-autel* avec retable, sculpté et doré, tableau de l'*Assomption* et beau tabernacle, du XVIIe s.; **fonts-baptismaux**, *tribune* et *buffet d'orgue* anciens.

Presque en face de l'église s'ouvrent 2 rues, conduisant à la mer, aux **plages de bains**, au *laboratoire de zoologie expérimentale*, dépendant de l'Institut de Paris (on peut visiter), et aux barques pour l'île de Batz (*V.* ci-dessous).

Derrière l'abside de l'église, s'ouvre la principale rue de Roscoff, qui va vers le port. Cette rue renferme quelques *maisons* du XVIe s.; l'une d'elles, à g., est dite *maison de Marie-Stuart*. En descendant sur la grève, par une des ruelles qui se détachent du même côté, on voit s'avancer dans les flots une petite tourelle d'angle, dite *tourelle de Marie-Stuart*, près de laquelle la jeune reine, venant d'Angleterre, aurait débarqué en 1548.

Un peu plus loin dans la rue, à g., ruines de la *chapelle Saint-Ninien*.

Le **port**, auquel on parvient ensuite, est protégé par une jetée de 300 m. de long (expédition de légumes pour l'Angleterre). — De l'autre côté du port s'avance en mer la *pointe de Bloscon*, surmontée de la *chapelle Sainte-Barbe*.

[L'île de **Batz*** (barque à voile : 50 c. par passager ; on s'embarque à la grève voisine du laboratoire de zoologie, près l'église ; durée de la traversée variable avec le vent) est séparée du continent par un détroit de 1 k. de large, aux courants violents. Elle est longue de 4 k. de l'E. à l'O., large de 1 k. env., et est entourée, surtout du côté de la pleine mer, d'une chaîne de récifs qui, découvrant à marée basse, augmentent alors son pourtour de 3 000 m. Sa population est de 1 286 hab.; tous les hommes sont marins.

Le bourg principal s'étend autour d'une belle anse qui regarde le continent et forme un petit *port* abrité par un môle ; il est dominé par la flèche de l'église. — Dans la sacristie de l'**église,** moderne, on conserve l'*étole de Saint-Pol*, curieux tissu byzantin en soie, présentant, sur un fond bleu, broché blanc et jaune, une suite de cavaliers alignés (coiffés d'un turban et tenant un faucon sur le poing). — La *chapelle* romane *du Pénity* est à demi ensablée. — Un *dolmen* est surmonté d'une croix. — L'hôtel Robinson occupe une maison du XV<sup>e</sup> s.

Le **phare,** de 1<sup>er</sup> ordre, s'élève sur une butte de 28 m. d'alt. ; il est haut lui-même de 40 m. De son sommet (s'adr. au gardien ; pourboire), la vue est de toute beauté.

On trouve dans l'île de magnifiques grèves de sable, mais elle n'a aucun ombrage et seulement des champs cultivés en légumes, des tamaris et quelques fusains.

Deux îlots dépendent de l'île de Batz : l'*île Verte*, dans le détroit qui est entre l'île et Roscoff, et l'île *Tisauzon* ou *île aux Lapins*, à 1 k. 1/2 E. ; dans celle-ci, on montre le *Toul ar Sarpant* (Trou du Serpent).

**Santec, île et grève de Sieck** (5 k. 1/2 jusqu'à Santec, voit. publ. pendant l'été : 50 c.). *Santec**, à 1 k. de la mer, est voisin de vastes dunes de sables. Les paysans portent encore le « calaboussen », sorte de casque de drap qui leur vient des anciens Celtes. — A 1 k. O. de Santec, par une route sablonneuse, *grève* et (1 k. 1/2 au delà) *île de Sieck*, reliée à la terre, à marée basse.]

## ROUTE 16.

## DE MORLAIX A CARHAIX,

### PAR HUELGOAT

[train] départemental, 49 k. en 1 h. 45 env. — 5 fr. 50, 3 fr. 70, 2 fr. 40.

Au départ de la gare de Morlaix, le ch. de fer de Carhaix passe sur le viaduc qui domine la ville, puis laisse à g. la ligne de Paris, pour remonter le charmant vallon du Jarlot.

10 k. *Plougonven-Plourin*. — La voie s'élève à travers des landes jusqu'à 250 m. d'alt., pour franchir la chaîne des Monts d'Arrée.

17 k. *Le Cloître-Lannéanou*. — On laisse à dr. les sauvages **rochers du Cragou.**

26 k. *Scrignac-Berrien*. — La voie traverse le bois de *Beuc'h Coat*, puis elle suit la vallée de l'Aulne, aux eaux brunes.

34 k. **Huelgoat-Locmaria.** — *Locmaria* est un petit v. à 1 k. à dr. de la station. — Huelgoat est à 6 k. O. (à dr. ; omn. des hôtels, 1 fr. ; all. et ret., le même j., 1 fr. 50) :

La route de Huelgoat remonte parallèlement au ch. de fer, pendant 1/2 k., puis tourne vers la g., pour suivre le vallon de la Rivière d'Argent. — 2 k.1/2. On franchit la rivière au *pont Mikaël*, ou Michel, et on laisse à dr. 2 routes. Le trajet se continue dans un superbe paysage, au milieu de grands bois. — 200 m. avant la borne n° 24, à g. de la route, s'ouvre le petit escalier du *Gouffre* (*V.* ci-dessous. — Un peu plus loin, carrefour avec écriteaux : l'un d'eux, à dr., indique le chemin de la *Mare-aux-Sangliers* ; puis un autre, au delà, à dr. aussi de la route, le *Camp d'Artus*. (*N.-B. Nous conseillons de reprendre l'itinéraire complet de la promenade depuis Huelgoat; V. ci-dessous*). La route passe ensuite sur un *pont de pierre*, en bas d'une longue côte, au sommet de laquelle on voit l'élégant clocher à jour de Huelgoat.

**Huelgoat***, ch.-l. de c. de 1600 hab., est entouré de montagnes boisées, de ravins, de rochers, qui lui ont valu son surnom de « Fontainebleau breton ». Le bourg, où l'on arrive, est d'aspect noirâtre. — A dr. de la route, par laquelle on irait tout droit à l'étang, est la *place* principale avec l'église.

L'**église** (gothique flamboyant et Renaissance) renferme quelques statues anciennes, dont une, au bas-côté dr., de *St-Yves entre le pauvre et le riche* (il refuse l'argent de celui-ci).

A l'opposé de la place de l'église et en montant, à g. de la route qui vient de la gare, la *rue* ou *route de Saint-Herbot*, on trouverait, à l'extrémité du bourg, la chapelle de N.-D. des Cieux (*V.* ci-dessous).

**Environs de Huelgoat.**

**Étang de Huelgoat, Chaos du Moulin, Pierre Tremblante et Ménage de la Vierge** (on trouve des enfants qui conduisent pour quelques sous). — A l'extrémité g. de la place de l'Église (en regardant l'église), on descend la rue qui lui fait suite et qui passe devant l'hôtel de France; elle amène à la chaussée de **l'étang de Huelgoat**, vaste de 50 hect., qui se déverse, à dr., dans le **Chaos du Moulin**, parmi de gros blocs de rochers arrondis par les eaux, en un site pittoresque.

Quittant aussitôt la route, on prend à dr., après le moulin, un sentier qui passe devant une annexe de l'hôtel de France et qui arrive à un petit bois de hêtres, sur une plate-forme où se trouve la **Pierre Tremblante** (7 m. de long ; plus de 100 000 kilog.) ; elle se laisse imprimer sans peine un mouvement de bascule. — Vers la g., on aperçoit, à quelque distance, un gros rocher dit *le Champignon*.

A dr., le Chaos du Moulin s'est continué par d'autres blocs énormes, formant en dessous d'eux des grottes et des cavernes. Guidé par un homme ou un enfant, on descend, non sans difficulté, au fond d'une de ces grottes, où les rochers travaillés par l'eau prennent des formes diverses : l'un est l'*Oreiller de la Vierge*; d'autres sont les *Fauteuils*; d'autres encore simulent des *Soufflets*, une *Baratte à beurre* et un *Parapluie*. Le tout constitue le **Ménage de la Vierge**. — Suivant la coulée de rochers, on trouve (ou on se fait indiquer) un chemin de bois, qui, longeant le fond du vallon et la rive g. de la rivière (charmants ombrages), aboutit en bas de la côte de Huelgoat, au pont de pierre de la route de la gare.

De là, on revient vers le bourg, par le même chemin ou par la route, ou on continue sa promenade vers le Gouffre, la mare aux Sangliers et le camp d'Artus (*V.* ci-dessous).

**Le Gouffre, Mare aux Sangliers, Grotte et Camp d'Artus** (durée de la promenade : 2 h. env. pour le Gouffre, la mare aux Sangliers et la grotte d'Artus; 1 h. env. en plus, pour le camp d'Artus). De Huelgoat, on gagne le pont de pierre qui est en bas de la côte de la route de la gare, soit directement par cette route, soit par le Chaos du Moulin et le Ménage de la Vierge.

Au delà de ce pont, suivant la route de la gare en tournant le dos à Huelgoat, on trouve bientôt un premier carrefour à g., avec écriteau indiquant le camp d'Artus. Il faut dépasser ce carrefour, puis un second, du même côté, avec écriteau pour la mare aux Sangliers, et aller jusqu'à la borne n° 24 (1 k. 300 de Huelgoat). — 200 m. au delà de cette borne, à dr. de la route, s'ouvre un étroit escalier de pierre qui descend au **Gouffre**, trou béant dans les rochers, où la Rivière d'Argent se précipite avec fracas, d'une hauteur de 8 à 10 m., et disparaît. La chute est surtout belle après les grandes pluies.

De l'escalier du Gouffre, on revient sur ses pas vers Huelgoat, jusqu'au premier carrefour après la borne n° 24; un écriteau, à dr. de la route, indique le chemin de la mare aux Sangliers (1/2 k.).

Ce chemin suit un ravin boisé, arrosé par un ruisselet qui y forme (à g.) la **mare aux Sangliers**, petit bassin transparent, avec un fond de sable fin, sous des sapins touffus. — Passant ensuite le ruisseau sur une passerelle en bois, on rencontre presque aussitôt un chemin. On le suit vers la g. pendant 135 pas, pour y trouver, à 15 m. à dr. (un petit sentier y conduit), l'imposante **grotte d'Artus**. Puis on reprend le chemin jusqu'à une bifurc. (2e à dr.), où un écriteau indique : Camp d'Artus. En laissant cette bifurc. et en continuant, on retomberait sur la route de Huelgoat.

Si l'on veut poursuivre l'excursion, on prend la bifurc. à dr. Le chemin s'élève en pente raide, laissant peu après un autre chemin à g., et côtoyant sur

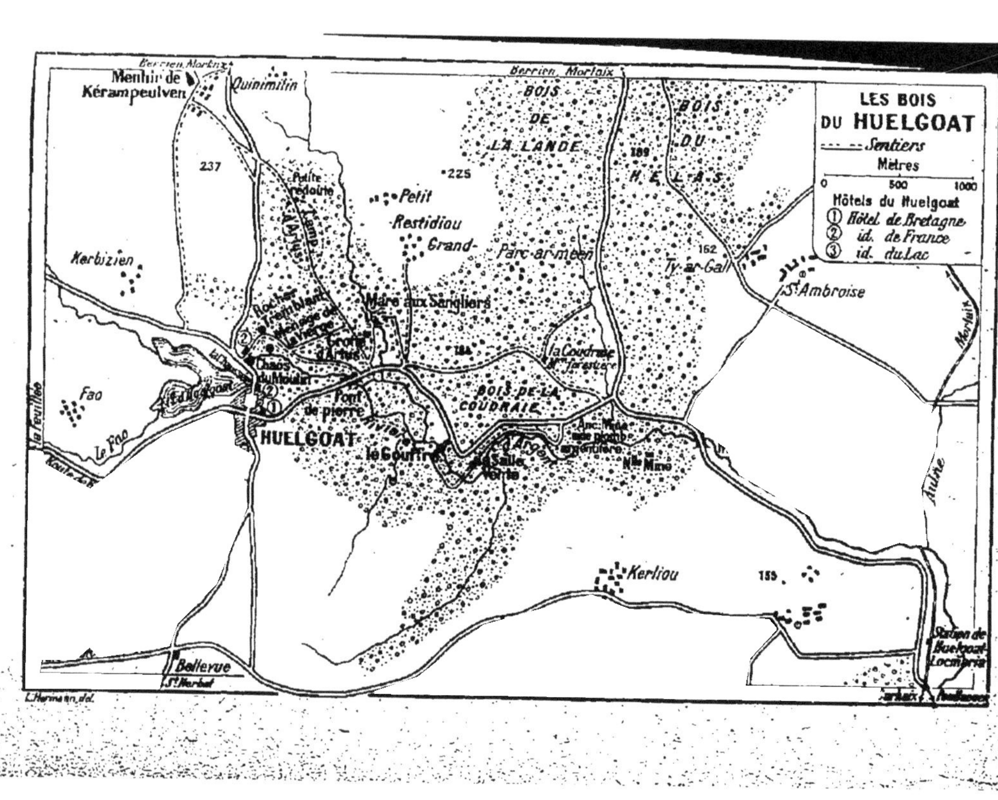

LES BOIS
DU HUELGOAT
Sentiers
Mètres
0 500 1000
Hôtels du Huelgoat
① Hôtel de Bretagne
② id. de France
③ id. du Lac
Menhir de Kérampeulven
Quinimilin
Berrien, Morlaix
BOIS DE LA LANDE
BOIS DU HELAS
237
225
189
162
Petite redoute
Petit Restidiou
Grand-
Parc-ar-meen
Ty-ar-Gall
S.t Ambroise
Kerbizien
Mare aux Sangliers
Grotte d'Artus
Chaos du Moulin
la Coudraie
BOIS DE LA COUDRAIE
Fao
Le Fao
Pont de pierre
HUELGOAT
le Gouffre
Anc. Mine de plomb argentifère
Nlle Mine
Kerliou
Aulne
Morlaix
Bellevue
Station de Huelgoat-Locmaria

la dr. une belle sapinière ; puis il se continue, en terrain à peu près plat, jusqu'à un talus de terre, recouvert de végétation, qu'il coupe (un écriteau, à dr., indique : *Rempart du camp*). Ce talus, et le fossé qui l'accompagne, forment l'enceinte très nette d'un ancien camp, remontant probablement au temps des Celtes, et dit **Camp d'Artus.** — Poursuivant le chemin, on retrouve, 200 m. plus loin, l'autre extrémité de l'enceinte, qui se termine par une *Redoute* de terre (à dr.) ; la vue est en partie cachée par les arbres. On revient ensuite sur ses pas à Huelgoat.

**Chapelle de Saint-Herbot, Ruines et Moulin du Rusquec, Cascades de Saint-Herbot** (7 k. S.-O., jusqu'à la chapelle de Saint-Herbot, puis 3 k. à pied env. pour le Rusquec et les cascades. — Voit. priv. : 5 à 6 fr.). — La route de Saint-Herbot prend dans l'axe de la place de l'Église, de l'autre côté de la route de la gare. Elle monte d'abord à l'*hospice*, et à la **chapelle Notre-Dame-des-Cieux** (XVe s.), qui a des restes de *vitraux* anciens et des *bas-reliefs* sculptés et peints, d'un travail naïf.

La route, au delà, s'élève à 210 m. d'alt., à l'aub. de *Bellevue* (vaste panorama), puis redescend dans un beau vallon, qu'elle suit jusqu'à la vallée transversale de l'Elez. — 6 k. *Pont* de l'Elez.

7 k. Ham. et **chapelle de Saint-Herbot**, à g. de la route (la clef est dans une maison voisine). Cette chapelle (XVIe s.) appartient au gothique flamboyant, avec quelques parties de la Renaissance. Sur l'esplanade qui précède le *porche* latéral, belle *croix sculptée*, du XVe ou du XVIe s. — A l'int. : *maîtresse-vitre* de 1556 (*Vie de St Herbot*) ; remarquable *clôture du chœur* en bois, de la Renaissance ; *stalles* ornementées, *pierre et statue tombale de St Herbot*.

Le jour du *pardon* de St-Herbot (7 juin), les paysans viennent offrir au saint des touffes de crin, prises à la queue de leurs bœufs et de leurs vaches, afin qu'il étende sa protection sur ces animaux.

Après la visite de la chapelle (renvoyer la voiture stationner au pont de l'Elez sur lequel on est passé, 1 k. avant Saint-Herbot) on continue à pied l'excursion au Rusquec et aux cascades (elles n'ont toute leur beauté qu'après de grandes pluies). — Le chemin monte sous bois, à dr. de la route par laquelle on vient de Huelgoat. Arrivé au sommet, on trouve l'ancien **château de Rusquec** (XVIe s.), converti en ferme, et précédé d'une grande et belle *vasque* de pierre, avec écussons armoriés. Après avoir traversé le château on gagne, vers la dr., un bois (ouvrir soi-même la porte quand elle est fermée), au sortir duquel on incline à g., pour descendre au petit **moulin** du Rusquec. Le moulin est situé au milieu de grands rocs chaotiques, bouleversés ou limés par les eaux, et dont la chaîne descend le long du ravin, sur 70 m. d'alt. La rivière de l'Elez y forme les **cascades** de Saint-Herbot.

Du moulin, on traverse la rivière sur des blocs de rochers et, par un bon sentier qui suit le côté g. du ravin, on redescend au pont de l'Elez, où l'on retrouve la voiture et la route de Huelgoat.

—

Au delà de la station de Huelgoat, la voie franchit l'Aulne, dont elle abandonne la vallée pour suivre un de ses petits affluents.

39 k. *Poullaouen* (mine de *plomb argentifère*).

44 k. *Plounévézel*.

49 k. **Carhaix*** (B) (✕ pour Loudéac, Saint-Méen et la Brohinière, pour Rosporden et pour Châteaulin), dont le nom se prononce *Carè*, ch.-l. de c. de 3308 hab., à 141 m. d'alt., est une petite ville d'où rayonnent les principales lignes des chemins de fer de la Bretagne du centre.

En sortant de la gare on tourne à g., pour suivre une route qui, plus loin, devient la rue principale de Carhaix. On y rencontre, à g., l'hôtel de France; puis, à g. aussi de cette même rue, on trouve la **place du Champ-de-Bataille** (*statue de La Tour d'Auvergne*, par Marochetti; belle vue sur les Montagnes Noires). — Reprenant la rue principale, on passe devant l'hôtel de La Tour-d'Auvergne, à g., et une petite rue amène ensuite à la **place de l'Hôtel-de-Ville** (vieilles *maisons*). — L'*hôtel de ville* possède diverses *reliques* de La Tour d'Auvergne.

Au fond de la place, à dr., la *rue* étroite *du Pavé* conduit vers l'église (à l'intersection de cette rue et de la Grande-Rue, très belle *maison* ancienne). — **L'église Saint-Trémeur**, dont la façade donne sur une vaste place, a été bâtie au XVI$^e$ s. (*tour* carrée, de 45 m.). Le grand *portail* abrite, sous son arcature ogivale, la *statuette de St Trémeur*, qui porte sa tête comme St Denis, après avoir été décapité par ordre de son père, le féroce Comorre.

A l'extrémité de la place, se montre, à peu de distance, l'intéressante **église de Plouguer**, en partie romane, en partie du XVI$^e$ s., avec clocher de 1746, et restaurée. — A l'int. : à g. du chœur, autel avec *retable* en bois peint du XVII$^e$ s.; derrière le maître-autel, *boiseries* du XVI$^e$ s.; au mur terminal du bas-côté g., *retable* du XVIII$^e$ s., avec grand *tableau* central (*Passion* et *Résurrection*).

[**De Carhaix à Saint-Méen et à la Brohinière, par Loudéac**

🚂 départemental; de Carhaix à Loudéac, 72 k. en 2 h. env. : 8 fr. 05, 5 fr. 45, 3 fr. 55; de Loudéac à Saint-Méen 55 k. : 5 fr. 80, 3 fr. 95, 2 fr. 55).

*N.-B. Cette ligne dessert une*

*région trop peu connue et des plus intéressantes. Nous indiquons sommairement les principales curiosités ; pour plus de détails, consulter notre grand Guide de la Bretagne.*

De Carhaix, le ch. de fer de Loudéac laisse à g. celui de Morlaix et de Guingamp. — 7 k. *Trébrivan-le-Moustoir.*

13 k. *Maël-Carhaix*, ch.-l. de c. de 2763 hab.

22 k. **Rostrenen*** (ch. de fer départemental en construct. pour Quintin), ch.-l. de c. de 1.930 hab. — *L'église Notre-Dame du Roncier* est surmontée d'une belle tour carrée ; le *porche* abrite les statues des Apôtres. — En contre-bas du bourg est un bel *étang*. — Intéressantes excursions à (8 k. S.-O.) *Glomel* (*tranchée* du canal et *étang de Coron* et (18 k. N.-E.) à Toul-Goulic (*V.* ce mot).

28 k. *Plouguernével.*

34 k. **Gouarec***, ch.-l. de c. de 825 hab., au confluent du canal et du Blavet. — Intéressantes excursions, pour un bon marcheur, dans l'abrupte **forêt de Quénécan** (*étang* et *château des Salles* ; gorge sauvage de *Stang-en-Ihuern* ou *gorge de l'Enfer*, sur la route de Cléguérec) ; à l'*abbaye de Bon-Repos* (restes de la chapelle et cloître) et dans la vallée du Blavet

Au delà de Gouarec, la voie longe le canal, qui emprunte le lit élargi du Blavet.

38 k. *Bon-Repos*, station voisine de l'abbaye de ce nom.

42 k. *Saint-Gelven*, 46 k. *Caurel* (*église* de la fin du XV^e s.).

51 k. **Mûr-de-Bretagne***, ch.-l. de c. de 2,574 hab. (5 k. N.-E.) — Intéressante excursion à la pittoresque **vallée de Pouttangre.**

56 k. *Saint-Guen.* — 65 k. *St-Caradec* (*église* de 1664).

72 k. **Loudéac** (*V.* R. 10 ; ⚔ pour Saint-Brieuc, pour Pontivy et Auray). — De Loudéac, le ch. de fer continue vers l'E.

6 k. (de Loudéac), *Ganland.*

10 k. *La Chèze-Saint-Barnabé.* — Excursions à *La Chèze* (2 k. 1/2) et à *La Trinité-Porhoët* (10 k. S.-E. de la Chèze).

14 k. *Plémet-la-Prénessaye.*

17 k. *St-Lubin-le-Vaublanc* (*forges de Vaublanc*).

25 k. *Laurénan* (ancien *château*), au S. des *landes du Méné*, qui atteignent 290 m. près de *Saint-Gilles-du-Méné* (6 k. 1/2).

34 k. *Merdrignac** ch.-l. de c. de 3,292 hab. — Au N. de Merdrignac, sauvage *forêt de la Hardouinais.*

44 k. *Trémorel.* — 47 k. *Loscouët-sur-Meu*, près d'un étang.

53 k. **Saint-Méen*** (⚔ pour Ploërmel), est à 2 k. O. de la gare (omn. : 30 c.). — Ancienne *abbaye.* — *Église* du style ogival primitif, renfermant plusieurs *tombeaux* (de St-Méen, XIII^e ou XIV^e s. ; de A. de Coëtlogon, XV^e s.).

La ligne se raccorde ensuite à la Brohinière (R. 8) avec la ligne Paris-Brest.

**De Carhaix à Châteaulin, par Pleyben** (🚂 départemental, 55 k. : 6 fr. 15, 4 fr. 15; 2 fr. 70). De Carhaix, la ligne de Châteaulin emprunte celle de Rosporden jusqu'à la station de *Port-de-Carhaix* (6 k.).

12 k. *Saint-Hernin-Cléden-Poher.*

17 k. *Spézet-Landeleau.* — A 4 k. S.-O., *Spézet* possède une *église* du XVIIIe s. et il faut demander au presbytère la clef de la **chapelle du Cran** (1 k. S.-O.; 1532), qui renferme des **vitraux** d'une exceptionnelle beauté.

23 k. *Plonévez-du-Faou.*

28 k. **Châteauneuf-du-Faou** *, ch.-l. de c. de 3 913 hab., est admirablement situé sur le versant d'une colline de la rive g. de l'Aulne, d'où l'on voit se développer l'immense panorama des **Montagnes Noires** (intéressante excursion à la *forêt du Laz*).

32. k. *Langalet.*

36 k. *Lennon.*

42 k. **Pleyben** *, ch.-l. de c. de 5 579 hab., possède un intéressant **calvaire** de 1650, aux nombreux personnages sculptés. — L'**église**, qu'entourait jadis le cimetière (*porte* de la Renaissance; charmant *ossuaire* du XVe s.), est un remarquable édifice moitié gothique, moitié Renaissance (belle *tour*; *porche* avec statues des Apôtres). A l'int., on y voit de magnifiques **vitraux** de la Renaissance (1564).

48 k. *Saint-Segal.* — Le ch. de fer s'abaisse ensuite, en décrivant des courbes, dans la vallée de l'Aulne. — 52 k. Port-Launay. — 55 k. *Châteaulin-ville* (pour Châteaulin, *V.* ce nom).

La voie, par un long circuit, se relève sur la face opposée de la vallée, pour se raccorder, à *Châteaulin-gare*, avec la ligne de l'Orléans (✕ pour Quimper et pour Landerneau-Brest).

De Carhaix à Guingamp, R. 11; — à Rosporden, R. 21.

ROUTE 17.

## DE PARIS A BREST

624 k. en 10 h. 10 et 10 h. 20 par express (toutes classes). — 66 fr. 75, 45 fr. 05, 29 fr. 35.

564 k. de Paris à Morlaix (R. 1, 2, 3, 8, 11, 13, 14). — Au sortir de Morlaix, le ch. de fer passe dans une tranchée au delà de laquelle se détache, à dr., la ligne de Roscoff. — Les Monts d'Arrée ferment l'horizon vers le S. (à g.).

573 k. *Pleyber-Christ*, à 1/2 k. à g. de la station et à 138 m. d'alt. — L'*église* (style ogival et Renaissance) a un portail latéral de 1666 (statues des Apôtres) et une belle tour-clocher. — Ancien *ossuaire*, transformé en chapelle.

[Une route intéressante, de 32 k. S.-O. (voit. publ. : 2 fr. 50), qui passe à proximité des ruines de l'**abbaye du Relec** et du *roc Trévézel*, traverse les **Monts d'Arrée** à 364 m. d'alt., dessert *La Feuillée*, puis *Brennilis*, et amène à **Brasparts** * d'où l'on peut gravir le *Mont Saint-Michel-d'Arrée* (391 m.), point culminant de la Bretagne.]

579. k. **Saint-Thégonnec** * (omn. des hôtels, réguliers l'été : 50 c.), ch.-l. de c. de 3 144 hab., est à 3 k. à dr. de la station.

L'église est entourée du *cimetière*, où l'on pénètre par une porte en petit **arc de triomphe** (1587). A g. est un charmant **ossuaire** (1581 ; à l'int., converti en chapelle, *crypte* avec *Mise au tombeau* de 1702). En face l'ossuaire, beau **calvaire** de 1610 (*croix* ornée et nombreuses statuettes). — L'**église** est précédée d'une belle *tour* de 1605, avec galerie à jour, clochetons, dôme et lanterne de pierre (à l'int. : remarquable *chaire* du XVII^e s., couverte de sculptures et de bas-reliefs).

Au delà de Saint-Thégonnec, la voie franchit la Penzé sur un viaduc de 8 arches.

583 k. **Guimiliau** *, petite localité célèbre par son calvaire, le plus riche en personnages de toute la Bretagne. Il fait partie, avec l'église et le cimetière, ainsi qu'à Saint-Thégonnec, d'un ensemble architectural.

On entre dans le cimetière par une petite *porte* en arc de triomphe.

Le **calvaire**, de 1851, est formé d'un piédestal à arcades basses, sur lequel court une frise sculptée, et qui supporte une plateforme chargée de statuettes figurant la *Vie du Christ* et habillées en costume du XVI^e s. (elles sont d'une verve charmante et des plus curieuses à observer de près). — L'**ossuaire** offre, entre deux colonnes, une *chaire* à prêcher extérieure. — L'**Église** (gothique flamboyant et Renaissance) a un *clocher* à flèche aiguë et un *porche* latéral richement ornementé (à l'int. : à la maîtresse-vitre, *vitrail* de la Passion ; *chaire* sculptée de 1647, en chêne).

590 k. **Landivisiau** *, ch.-l. de c. de 4 354 hab., est à 2 k. à dr. de la station (omn. : 40 c.).

L'*église*, reconstruite, a conservé un beau **porche latéral** (gothique flamboyant et Renaissance), dont on admire les sculptures de granit, d'une merveilleuse finesse. — Près de l'église, jolie *fontaine* sculptée *de Saint-Thivisiau*. — Dans le *cimetière* neuf, *ossuaire* de la Renaissance, transformé en chapelle (6 cariatides sculptées).

[**Eglise de Bodilis** (intéressant monument des styles gothique et Renaissance, avec curieuses sculptures) ; **Château de Kerjean** (œuvre considérable, mi-féodale et mi-Renaissance, à demi ruiné, à demi habité, et que l'on peut visiter) ; **chapelle de Berven** (jolies œuvres d'art) ; **jubé de Lambader** (œuvre charmante du gothique flamboyant) : 25 k. N.-O. all. et ret. pour Bodilis et Kerjean ; 33. k. N.-O. et N.-E. avec Berven et Lambader ; voit. priv. : 6 à 8 fr. La voit. publ. de Plouescat passe près de Bodilis et de Kerjean (50 c.). — Pour plus de détails sur cette excursion recommandée, *V.* notre grand *Guide de Bretagne*.

**Sizun** * (12 k. S. ; voit. publ. : 1 fr. 50), ch.-l. de c. de 3 689 hab., sur une hauteur, possède un ensemble architectural rappelant ceux de Guimiliau et de Saint-Thégonnec petit *arc de triomphe*, de 1588, dans le cimetière; **calvaire** avec 3 croix; **ossuaire** à fenêtres séparées par des cariatides; **église** avec une flèche de 1722, portail du XVI<sup>e</sup> s. et nef de 1646.

Au delà de Landivisiau, le ch. de fer suit le vallon de l'Elorn; il traverse le ham. de *Pont-Christ* (chapelle de 1581), près du vieux *moulin* et du *château de Brézalou*, à dr., dans un site pittoresque (étang et sapins).

600 k. *La Roche*, au pied d'une petite colline qui porte les ruines du **château de la Roche-Maurice** et une **église** avec jolie flèche (portail orné de statuettes; *maîtresse-vitre* de 1539; *jubé* du XVI<sup>e</sup> ou XVII<sup>e</sup> s.). — Près de l'église, *ossuaire* de 1639.

Le ch. de fer se raccorde, à g., avec la ligne Quimper-Nantes.

605 k. **Landerneau** Ⓑ (⨯ pour Quimper, Douarnenez, Pont-l'Abbé et ligne de Nantes, pour Brignogan et Plouescat), ch.-l. de c. de 7 080 hab., sur l'Élorn, dans un joli site.

On prend, en face la gare, le *boulevard de la Gare*, puis la *rue de Brest*, vers la g., et on arrive au **quai de l'Elorn.** On suit le quai vers la g. et, passant devant la petite *rue du Commerce* (*maison* de la Renaissance), puis devant l'*hôtel de ville* (1750), on gagne le **vieux pont** de Landerneau, bordé de *maisons* en partie anciennes.

Traversant le pont, on atteint par la *place de la Pompe* et la *rue Saint-Thomas*, à dr. (maisons anciennes), l'**église Saint-Thomas-de-Cantorbéry,** du XVI<sup>e</sup> **s.** (à l'int. : voûtes en bois, avec frise sculptée; chaire et confessionnal sculptés; maître-autel en bois doré; belle *statue de St Thomas*, à g., et 2 petits *bas-reliefs* de 1711 représentant son martyre).

Revenant au pont et le traversant à nouveau, on prend, en face, la *rue du Pont* qui amène à une petite place (à g., *maison* avec escalier à tourelle), puis la *rue de la Fontaine-Blanche*, qui conduit à l'église Saint-Houardon (en retrait, à dr.).

L'**église Saint-Houardon,** reconstruite, a conservé sur le flanc dr. un charmant **porche** de la Renaissance, en granit, merveilleusement sculpté. — A l'int. : *chaire* ancienne; dans la nef et autour du chœur, *fresques* de Yan Dargent, né à Landerneau (Histoire de l'Eglise, ses défenseurs, ses apôtres, au centre le Christ); dans le transept dr., *Christ descendu de la Croix*, par Jobbé-Duval. Dans le pourtour du chœur, *St Houardon traverse la mer dans une auge de pierre*, par Yan Dargent.

La rue de la Fontaine-Blanche, que l'on reprend, ramène au ch. de fer et à la gare.

[**De Landerneau à Brignogan** (🚂 départemental. 30 k. en 1 h. 50 env. : 2 fr. 30 et 1 fr. 55). — 6 k. *Plouédern*. — 7 k. *Trémaouézan* (clocher en style Renaissance).

13 k. *Ploudaniel.*

16 k. *Le Folgoët*, halte desservant (2 k. à g.) l'**église de N.-D.**

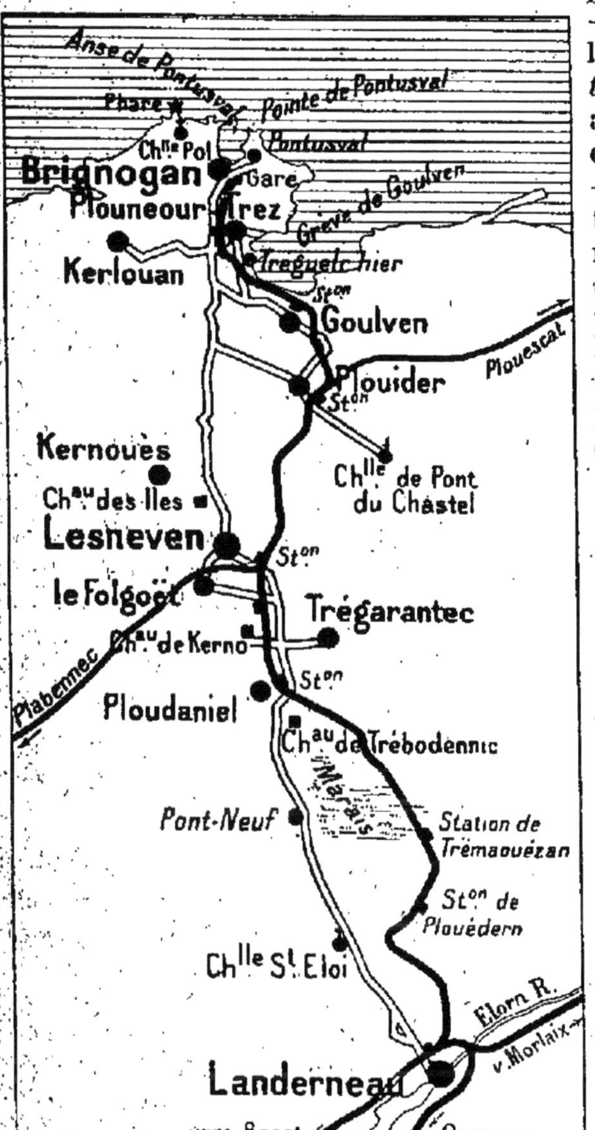


**du Folgoët**, lieu de pèlerinage célèbre (1409-1419). Elle appartient au gothique flamboyant et a une façade flanquée de 2 tours, dont l'une est magnifique et porte une *flèche* (56 m. de haut; double galerie à jour et 3 fléchettes). Le *portail principal* est très mutilé. — Sur le flanc dr. de l'édifice, *portail latéral* à porte double, avec statue de l'évêque Alain de la Rue. — En face de ce portail, débris (croix moderne) d'un *calvaire.* Enfin, se détachant de l'église, la *chapelle de la Croix* est percée d'un porche remarquable, dit *portique des Apôtres*; les sculptures sont d'une infinie délicatesse. — Derrière l'église, sous une arcade gothique, une *statue de la Vierge* (xve s.) surmonte une *fontaine* sacrée.

A l'int.: beau **jubé**, véritable dentelle de pierre. — 5 *autels* dont l'un, à dr., est orné de statuettes d'anges. — Dans le chœur à dr., et dans la chapelle de la Croix 3 *statues* de pierre intéressantes (xve s.). — Les vitraux sont modernes.

Du Folgoët on peut regagner à pied Lesneven (1 k. 1/2).

17 k. **Lesneven** * (✕ pour Brest par Plabannec), ch.-l. de 3 436 h., a une *église* avec *porche* de la

Renaissance et tour du XVII° s. — *Statue*, par Godebski, *du général Le Flô* (né à Lesneven en 1804, mort en 1877), ministre de la guerre en 1871.

22 k. *Plouider*. — ⚔ pour **Plouescat***, ch.-l. de c. de 3 145 hab., à 1 k. 1/2 de l'*anse de Kernic*. A 4 k. S. de Plouescat, *château de Maillé* (1550); à 2 k. S.-O., à dr. de la route de Goulven, *chapelle de Pont-Christ*, avec *calvaire* de 1676.

25 k. **Goulven***, petite station balnéaire au fond de l'anse ou *grève de Goulven*, qui assèche à marée basse. — *Église*, restaurée, avec joli clocher du XVI° s., portail de la Renaissance (porche orné des statues des Apôtres). A l'int., la tribune de l'orgue a une belle boiserie sculptée du XVI° s. (style ogival flamboyant). — A côté de l'église, *maison* du XVI° s. avec inscription.

28 k. *Plounéour-Trez*; sur une petite éminence. — Au ham. de *Trégueléhier* (la grève de l'Enchanteur), à 1 k. à dr. de la station, *dolmen* brisé. — A 7 k. 1/2 S.-O., **Guisseny*** est une petite station balnéaire, avec de grandes grèves sablonneuses.

30 k. **Brignogan***, ham. au fond de l'*anse de Pontusval*, est un centre balnéaire assez fréquenté durant l'été.

On suivra, vers la g. du bourg (N.-O.), un chemin qui s'ouvre entre les deux hôtels, bordé de quelques villas, et que longe le télégraphe. Presque aussitôt, un sentier à dr. descend à la **plage**. — Continuant la direction première, on parvient (1 k. env.) au **Men Marz** (*pierre du Miracle*), magnifique menhir haut de 8 m.; les premiers missionnaires placèrent une croix de pierre au sommet, en gravèrent une autre à 1 m. 70 env. du sol, et firent ainsi tourner au profit de la religion chrétienne la vénération dont il était l'objet. Au delà du menhir on laisse à dr. l'anse et la *pointe de Pontusval*, pour se diriger vers la **chapelle Pol** (2 k.), voisine d'un *calvaire* du XVI° s. — A 1/2 k. au delà de la chapelle, sur la pointe de la côte la plus avancée en mer, *phare* à feu fixe, haut de 18 m.

Toute cette côte est extrêmement curieuse, avec ses beaux sables parsemés d'énormes blocs de **rochers** recouverts de varech, arrondis par les eaux, et affectant les formes les plus variées.]

De Landerneau à Châteaulin, Quimper, Lorient, Vannes, Redon et Nantes, R. 21.

Au delà de Landerneau, le ch. de fer côtoie l'Elorn, qui s'élargit en un vaste estuaire gonflé par la marée (beau paysage vers la g.)

610 k. *La Forêt*, halte au bord du fleuve, au delà de laquelle la voie coupe (*viaduc* de 11 arches, long de 200 m., haut de 39) la baie de Kerhuon, avant la station du même nom.

616 k. **Kerhuon** (nombreuses guinguettes et hôtels-restau-

rants) dessert Plougastel-Daoulas.

[**Plougastel - Daoulas** (route de voit. et bac à vap., 4 k. 1/2 S.; l'été, omn. des hôtels). On prend le chemin qui s'ouvre en face de la gare et qui descend (1 k. 1/2) au *passage de Plougastel*, où se trouve le bac pour la traversée de l'Elorn (1/2 k.; 10 c.). Le bac aborde, sur la rive opposée, au ham. du *Passage*, avec restaurants (à g., **chapelle Saint-Langui**, précédée d'un *calvaire* à personnages de 1622; à g. de l'autel, statue de St Langui). La route de Plougastel monte parmi d'énormes rochers ruiniformes qui émergent de la verdure (pittoresques hameaux de *Kerrault*, *Roch'Quérézen*, *Roch'Nivelen*).

**Plougastel** * a une *église* moderne avec un *retable* Louis XIII, en bois sculpté et doré (15 médaillons peints) Mais ce qui fait la célébrité de Plougastel est son **calvaire** (1602-1604). L'arcade de la face principale abrite un autel de pierre (*St Sébastien*; *St Pierre* à g., *St Roch* à dr.). La frise qui court tout autour du monument est ornée de bas-reliefs (*Fuite en Égypte, Cène, Lavement des pieds*). Sur la plate-forme, d'où s'élèvent les 3 croix du Christ et des 2 larrons, plus de 200 statuettes figurent les diverses scènes de la *Passion*.

Les habitants de Plougastel ont un costume typique (gilets ou jupons superposés, dont chacun est orné suivant sa coquetterie et sa fortune). Le coup d'œil est intéressant surtout le dimanche, à la sortie de la messe.

De Plougastel à Landerneau, 12 k. 1/2 N.-E. (voit. publ. 1 fr); de Brest à Plougastel, pendant la belle saison, bateaux et canots automobiles, t. l. j.: 40 c.]

Entre Kerhuon et Brest on découvre peu à peu, du ch. de fer, la rade et le goulet de Brest.

620 k. *Le Rody*.

624 k. **Brest** * Ⓑ (✕ pour le Conquet, pour l'Aberwrach et pour Portsall), ch.-l. d'arr. du départ. du Finistère et du 2ᵉ arrond. maritime. V. fortifiée de 84 284 hab., célèbre par sa rade et par son port de guerre, point de départ d'intéressantes excursions.

En sortant de la gare de l'Ouest (sur la place, omnibus des hôtels, voit. de place et commissionnaires-portefaix) on laisse à dr. la *gare des chemins de fer départementaux* de l'Aberwrach et de Portsall, et on trouve un tram qui conduirait: à g., au port de commerce (bateaux de Crozon-Morgat, Landévennec et Châteaulin); à dr., en ville et au port militaire. En face de soi, on a les **remparts** et la *porte Foy*.

Au lieu d'entrer en ville par la porte Foy, on suit à dr. l'*avenue de la Gare*, qui longe les glacis des remparts, plantés de gros ormes, jusqu'à la porte suivante. Celle-ci, laissant en arrière l'important *faubourg de Bel-Air*, donne accès à la **place des Portes** (*monument aux soldats et marins bretons morts pour la patrie*, par Auguste Maillard).

En face de la place des Portes, s'ouvrent la **rue de Siam**, aux nombreux magasins et cafés, et la Grande-Rue, qu'elle a détrônée depuis la construction du Pont Tournant, situé dans son axe. — Suivant la **Grande-Rue**, on croise la *rue de la Mairie* et on voit, à dr., l'église St-Louis.

**L'église Saint-Louis** (style Louis XIV), de 1688, a une médiocre façade de 1778, terminée au XIXe s. A dr. et à g. du portail, *statues* de St Pierre et de St Paul. — A l'int., en belle pierre blanche, on voit, dans le bas-côté dr.: *Moïse faisant jaillir la fontaine dans le désert*, bon tableau ancien. Dans la nef : *chaire* du 1er Empire; magnifique **maître-autel** à baldaquin, avec 4 colonnes de marbre antique; deux grands chandeliers et lutrin en cuivre ciselé. Dans les transepts : 2 beaux autels de marbre, et confessionnaux anciens en chêne sculpté. Derrière le chœur : 2 plaques de marbre noir (*épitaphe* de Ducouëdic et *inscription* à la mémoire du chevalier Fleuriot de Langle, qui commandait « l'Astrolabe » dans l'expédition de La Pérouse). — Beaux vitraux modernes; plusieurs tableaux anciens et copies de tableaux anciens; *orgue* remarquable.

On continue à descendre la Grande-Rue, au n° 81 de laquelle se trouve *la Majorité* (école d'hydrographie), où il faut se présenter avec une pièce d'identité établissant *que l'on est Français*, de 9 h. à 11 h. mat. (sauf le dim.), afin d'obtenir l'autorisation de visiter le port militaire. *Le port militaire est rigoureusement fermé à tous les étrangers*, qui en auront d'ailleurs une vue d'ensemble très complète du haut du Pont Tournant (V. ci-dessous). L'autorisation est valable pour la journée; on ne s'en servira qu'après midi, si l'on veut visiter le petit musée maritime.

Le **port militaire** (pour le permis de visiter, *V.* ci-dessus) a son entrée à l'extrémité de la Grande-Rue, à dr.

On remet son autorisation au gendarme de garde, qui désigne un matelot pour vous accompagner (rémunération après la visite). La visite demande une grande heure. On peut toutefois abréger le parcours, long et fatigant, en se contentant de *visiter un navire de guerre*, les chantiers de quelque grand *cuirassé* et le petit *musée*.

Le port militaire couvre les deux versants rocheux qui encaissent la rivière de la *Penfeld*. On voit tout d'abord, en entrant, le *bassin de Brest* (1683-1687, d'après les plans de Vauban), et l'on passe devant l'*ancien atelier de serrurerie*, pour se trouver sur une esplanade (pont flottant avec la rive d'en face) décorée de la **Consulaire** et de l'**Amphitrite**.

La *Consulaire* est une pièce de canon, fondue en 1542 par les Vénitiens, et qui appartenait aux Algériens lors du siège d'Alger par Duquesne en 1683. Le missionnaire Levacher, consul de France près du dey, ayant été envoyé sans succès vers Duquesne pour obtenir la cessation du bombardement, le dey le fit placer vivant à la gueule de cette pièce, qui fut déchargée contre l'escadre française. — L'*Amphitrite* est une belle statue de Coysevox, qui surmonte une fontaine, et qui ornait autrefois la cascade du château de Marly.

Le *magasin général*, qui

borde l'esplanade à dr. (160 m. de façade ; trophées et emblèmes maritimes), a été construit de 1744 à 1745. Le pavillon S., auquel est adossée la *tour de l'Horloge*, renferme les bureaux de la Direction du port. On passe devant les *magasins de gréement*, les *ateliers de la voilerie* et *de la garniture*, le *magasin aux cordages*, l'ancienne *corderie* et la *corderie haute* ; derrière, est l'*ancien bagne*, converti en magasins, et au-dessus sont la *pharmacie* et l'*hôpital de la Marine*. On passe encore devant les *magasins de goudrons* et *de chanvres*, la *scierie mécanique* et la *tonnellerie*, et on visite *l'atelier des chaloupes*.

On traverse la Penfeld sur un pont flottant et l'on revient par la rive dr. (*chantiers de construction ; bassin du Salou ; cales de Bordenave* pour les torpilleurs). On arrive au petit **musée maritime** (fermé le matin) :

Arrière du « Napoléon III », qui fit la campagne de Crimée, et collection minière. — Salle ornementée dans le style Louis XIV : Mars et Vénus, statues en bois ; fragment du « Napoléon III » dans lequel est encastré un boulet russe ; modèles de navires ; médaillons ou bustes de Dufresne, Lamotte-Picquet, Jean Bart, Ducouédic, Tourville, Duguay-Trouin, Suffren, La Pérouse ; « Amphitrite » et « Neptune », statues de bois.

Au sortir du musée, on passe en dessous du *plateau des Capucins*, où sont les *ateliers des machines à vapeur* couvrant 2 hect. 1/2. Sur le *môle du viaduc*, **grue à vapeur** colossale, élevant des poids de 40 tonnes (chaudières, machines et pièces d'artillerie) et pouvant servir de machine à mâter. En bas du plateau, ateliers divers (2 marteaux-pilons de 8 000 et de 2 500 kilog.), *forges* et *bassins de Pontaniou*. On repasse ensuite la Penfeld et on gagne la porte d'entrée.

Sortant du port militaire, on monte au Pont Tournant par des escaliers de pierre ou par une rampe en pente douce.

Le **Pont Tournant**, long de 117 m., franchit, à une hauteur de 21 m. 70, le port militaire et relie la rue de Siam au quartier de Recouvrance. Construit en 1861 (2 volées tournantes pesant chacune 750 000 kilog.), son ouverture et sa fermeture, permettant le passage des grands navires, demandent 15 min. env. et s'exécutent à l'aide d'un cabestan mû seulement par 4 hommes. Au-dessous est un *pont flottant*, pour les piétons des quartiers bas. — Du haut du Pont Tournant le spectacle est varié et pittoresque, sur le port militaire, les navires, les arsenaux et les casernes de la marine ; en face, sur la rive dr., s'étend le quartier de *Recouvrance*, précédé d'une grosse tour du XIV^e^ s., reste de la *bastille de la Motte-Tanguy*, que déforme un toit ridicule en forme de chapeau chinois ; vers la g., on domine le vieux château et l'embouchure de la Penfeld dans la rade.

A l'entrée du Pont Tournant, et sans le traverser, on trouve à g. le *boulevard Thiers*, où la *rue Amiral-Linois* (1re à g.) conduit au musée.

Le **Musée** (public les dim., jeudis et jours de fête, de 11 h. à 4 h. du 1er oct. au 1er avril, de 11 h. à 5 h. du 1er avril au 1er oct.; les autres j. en s'adr. au concierge, pourboire) contient de bons tableaux anciens et modernes, et des objets d'art divers. Nous signalerons :

Au rez-de-chaussée (1er CABINET) : *Henri Scheffer*. Arrestation de Charlotte Corday. (GRANDE SALLE) : *Jobbé-Duval*, Mystères de Bacchus; **Coypel. Sacrifice d'Iphigénie**. (SALLE à la suite d'une petite salle) : *Corot*. Paysage; *Hillemacher*, Le jeune Turenne passant la nuit sur les remparts de Sedan; *Yan Dargent*, Mort du dernier barde breton.

Au 1er étage : (1re GRANDE SALLE) : *Poileux Saint-Ange*, Exécution de Porcon de la Barbinais; *Lix*, Camille Desmoulins au Palais-Royal entraînant la foule; *Ribot*, La mère Le Goff à Plougastel. (2e GRANDE SALLE) : *Penfold*, Mort du premier-né; *Espey*, Repos (cimetière des naufragés aux îles Glénans, au lever de la lune).

A quelques pas du musée on peut aller voir l'**église N.-D. du Carmel**, de 1718 (dans le bas-côté dr. : *statue de saint Yves*; curieuse disposition du *buffet d'orgue* au-dessus du maître-autel).

Du musée on revient au boulevard Thiers, pour gagner le château, que l'on voit à g. — Dans le petit square qui en précède l'entrée, *monument d'Armand Rousseau* (gouverneur de l'Indo-Chine), par Puech (1902).

Le **Château** (se présenter au-delà de la porte d'entrée, au corps de garde à dr.; le casernier vous accompagne, pourboire) remplaça, au XIIIe s., un ancien *castellum* romain. Il renferme les bureaux de l'état-major, de l'intendance, etc.

Avant d'entrer dans la cour, on passe sous le *grand portail* de la forteresse (1461), entre deux tours semi-circulaires, à mâchicoulis, où furent enfermés, en 1793, 26 députés girondins, et qui servent auj. de salles de discipline. — Autour de la cour intérieure, ou *place d'Armes*, sont : la *caserne de Plougastel* (lucarnes sculptées, de la Renaissance); la *caserne de Monsieur*, bel édifice à galerie, terminé en 1825; la *caserne de César* (1776); le *dépôt d'armes*, au-dessus de souterrains où des prisonniers anglais furent enfermés pendant la guerre de la Succession d'Autriche (1740-1748). — Un passage, situé à côté du logis du casernier, mène à une petite esplanade dominant la rade, et se terminant à l'E. par la *tour de la Madeleine* (XVe s.), reliée à la *tour Française*, en partie abattue. La tour Française se rattache à la *tour de César* (XIIe s.); vient ensuite la *tour de Brest*, qui se termine par une plate-forme d'où l'on domine le port,

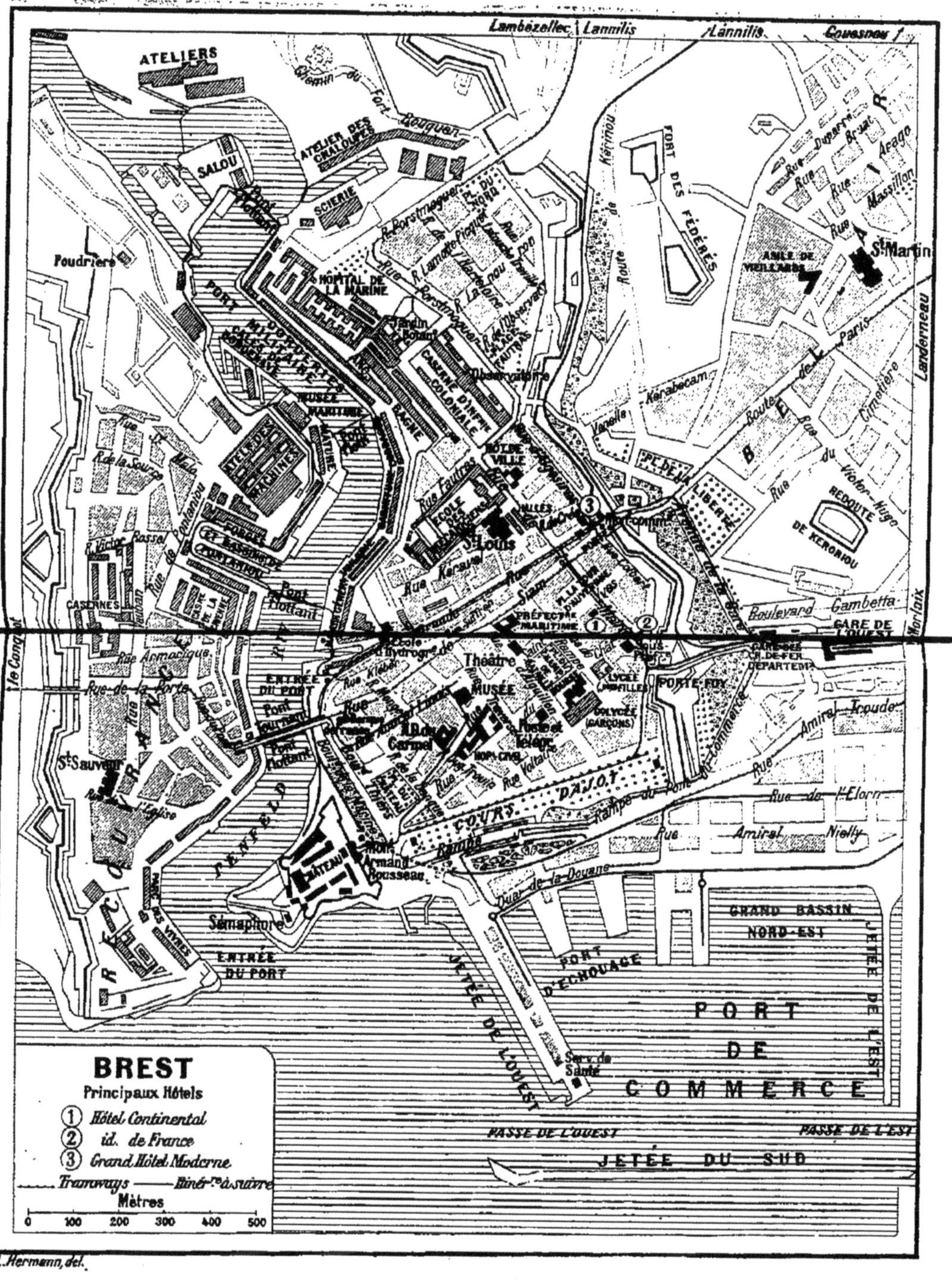

BREST
Principaux Hôtels
1 Hôtel Continental
2 id. de France
3 Grand Hôtel Moderne
Tramways
Itinér.re à suivre
Mètres
0 100 200 300 400 500
L. Hermann, del.
Lambézellec
Lannilis
Lannilis
Gouesnou
ATELIERS
ATELIER DES CHALOUPES
SALOU
SCIERIE
Chemin du Fort Bouguen
Poudrière
PORT MILITAIRE
HOPITAL DE LA MARINE
Jardin Botan.
CASERNE D'INF.rie COLONIALE
BAGNE
Observatoire
MUSÉE MARITIME
FORT DES FÉDÉRÉS
Route de Kérinou
Rue Duperré
Rue Bruat
Rue Arago
Rue Massillon
ASILE DE VIEILLARDS
St Martin
Landerneau
Route de Paris
Rue du Cimetière
Rue Victor Hugo
REDOUTE DE KERORIOU
PL. DE LA LIBERTÉ
Boulevard Gambetta
GARE DE L'OUEST
Morlaix
Rue Kérabecam
R. Porstmoguer
Rue Porstrein
PLACE FAUTRAS
NOTRE DAME
Rue Fautras
ÉCOLE
St Louis
HALLES
Rue Keravel
Rue de Siam
PRÉFECTURE MARITIME
École d'hydrographie
Théâtre
MUSÉE
LYCÉE (JEUNES FILLES)
LYCÉE (GARÇONS)
PORTE FOY
Poste et Télégr.
Carmel
HOP.L CIVIL
Rue Voltaire
COURS D'AJOT
Rampe du Pont de Commerce
Rue Amiral Troude
Rue de l'Elorn
Rue Amiral Nielly
Quai de la Douane
CHATEAU
Mont. Armand Rousseau
Sémaphore
ENTRÉE DU PORT
ENTRÉE DU PORT
Pont Tournant
Pont Flottant
Pont Flottant
PENFELD
CASERNES
Rue Armorique
Rue de la Porte
St Sauveur
Rue de l'Église
RECOUVRANCE
PARC DES VIVRES
Le Conquet
Rue Vauban
Rue St Malo
R. de la Source
R. Victor Rassel
Rue de Pontaniou
FORGES ET BASSINS DE PONTANIOU
ATELIERS DES MACHINES
MATURE
JETÉE DE L'OUEST
PORT D'ÉCHOUAGE
GRAND BASSIN NORD-EST
PORT DE COMMERCE
JETÉE DE L'EST
Serv. de Santé
PASSE DE L'OUEST
PASSE DE L'EST
JETÉE DU SUD

bordée d'ormes séculaires, et l'*observatoire de la marine*, à 109 m. d'alt.; — le **Jardin des Plantes**), avec des serres et des terrasses pittoresques (*buste du Dr Crevaux*,1843-1882, massacré par les Indiens Toba) et le *musée d'histoire naturelle* (tous deux souvent fermés).

**Environs de Brest.**

Durant l'été, outre les services réguliers de bateaux, des excursions en mer, à Saint-Mathieu, au Conquet, à Camaret, dans la Rade, à Landévennec, à Ouessant, à Douarnenez, sont indiquées par voie d'affiches (dans les hôtels ou au port de commerce) et par les journaux locaux.

**De Brest à Plougastel-Daoulas** (*V.* ce nom), ch. de fer Ouest jusqu'à Kerhuon, d'où bac et route de voit., 4 k. 1/2. — Pendant l'été, bateau et canots automobiles depuis Brest, t. l. j., 8 k. : 40 c. (*V.* les heures au port de commerce). On peut s'y rendre aussi par bateau à voile, avec la marée favorable (prix à débattre; s'adr. au port du commerce).

**De Brest à Crozon-Morgat et à Camaret, par le Fret** (⛴ de Brest au Fret, 11 k. S.; traversée d'ordinaire très bonne, en 45 min. ; t. l. j. pendant l'été, à 7 h. 15 et à 10 h. mat. et à 4 h. 30 du soir : 50 c. et 75 c. *Vérifier les heures aux affiches*).

*Le Fret* * est un petit port dans l'anse du même nom.

Du Fret à Morgat (*V.* ce nom), route de voit., 7 k. 1/2 S. (voit. publ. : 1 fr.; voit. priv., en écrivant aux hôtels de Morgat : 8 fr.).

Du Fret à Camaret (*V.* ce nom), route de voit. 8 k. O. (voit. publ. : 75 c.).

**De Brest à Camaret, par Quélern** (⛴ deux fois par semaine, 11 k. S.-O. en 45 min. : 50 et 75 c.). La traversée se fait en rade, comme la précédente. On passe près de l'entrée du Goulet, puis on longe la presqu'île de Roscanvel, couverte d'ouvrages de guerre et de batteries. — On aborde à *Quélern*, d'où deux routes (6 ou 9 k. S.-O.) conduisent à Camaret (on peut aussi s'y rendre de Brest par le Fret ; *V.* ci-dessus).

**De Brest à Landévennec et à Port-Launay-Châteaulin, par la Rade et la rivière de Châteaulin** (⛴ médiocre, à jours variables, consulter les affiches au port de commerce : 52 k.; traj. en 4 à 6 h. : 2 fr. — *Excursions spéciales pour Landévennec*, pendant l'été, avec all. et ret. dans la même journée).

Le bateau passe près de la **pointe de l'Armorique**, de l'*île Ronde*, de l'*anse de l'Auberlach*, puis de la *baie de Daoulas*; à dr., *anse* boisée *du Poulmic*.

22 k. **Landévennec** *, petit v. encerclé d'eau, au pied des escarpements de la presqu'île du

même nom. — On prend, vers la g., un chemin qui passe devant l'église et arrive aux maisons. *L'église* (XVI^e et XVII^e s.) est dans une situation charmante, au bord de la grève. A l'extrémité de la rue qui traverse le village (à g. est l'hôtel Salaün), on trouve une croix de pierre et, un peu au delà, l'entrée de l'abbaye.

La célèbre **abbaye de Landévennec** (s'adr. au concierge; pourboire) fut fondée au V^e s. par St Guénolé; le roi Grallon y fut enseveli au VI^e s. Elle a été détruite sous la Révolution. Il reste de sa **chapelle** : le *portail* roman, des fûts de colonnes, quelques murs, et deux chapelles latérales près de l'abside; dans l'une d'elles, qui servait à l'inhumation des abbés, le *tombeau de saint Guénolé* est marqué par une enceinte circulaire; la *crypte* funéraire du *roi Grallon* n'est plus qu'un trou béant, avec débris de peintures murales (larmes et hermines). Au centre de l'abside : *statue* en granit de *saint Corentin*; statue couchée, placée autrefois sur le tombeau de saint Guénolé; fragments lapidaires. — On peut demander l'autorisation de circuler dans le *parc* qui est admirable.

Revenant à la sortie de la propriété, on peut faire à Landévennec deux promenades intéressantes : 1° (1 h. env. all. et ret.), au sommet de la côte de Landévennec (au delà du ham. de Gorréquer, 107 m.), d'où l'on a un *immense panorama* sur le Ménez-Hom, le tournant de la rivière de Châteaulin, la rivière de Faou et les Monts d'Arrée. — 2° (1 h. 1/2 env. all. et ret.; côté de la rade de Brest), au **bois de pins** de l'Etat et au **Sillon des Anglais**.

Au delà de Landévennec, le bateau, décrivant un grand cercle, laisse à g. la *pointe* et l'*île de Tibidy* et double la *pointe de Penforn*. A mi-hauteur de la falaise, à dr., dans le parc de l'abbaye, on voit se dresser un rocher de 12 m. de haut env., ayant la forme d'un moine encapuchonné; ce serait, dit la légende, un moine dissolu condamné à rester ainsi pétrifié jusqu'au jugement dernier. On passe près de l'*île de Térénez* et de la *station navale* des navires de guerre (réserve de Brest).

28 k. Escale du *passage de Térénez*, où un bac mène à terre.— 33 k. Escale de *Trégarvan* (à 8 k. 1/2, Sainte-Marie de Ménez-Hom). — 36 k. Escale de *Dinéault*, d'où peut se faire, comme de celle de Trégarvan, l'ascension du Ménez-Hom (*V*. R. 30).

L'Aulne continue à couler, en de longs méandres, dans de beaux paysages; son lit canalisé (canal de Nantes à Brest) se rétrécit peu à peu. — 50 k. Ecluse de *Guily-Glas*, au pied du viaduc monumental de Port-Launay (ch. de fer de Quimper à Landerneau). — On passe sous le viaduc.

52 k. Port-Launay (*V.* ce nom), d'où l'on gagne Châteaulin à pied (2 k. 1/2), en voit. de louage, ou par le ch. de fer Carhaix-Châteaulin.

**De Brest à l'Aberwrach et à Plouescat** (🚂 départemental, 36 k. en 1 h. 45 : 2 fr. 80 et 1 fr. 85, pour l'Aberwrach ; 51 k. en 2 h. 40 : 3 fr. 95 et 2 fr. 65, pour Plouescat). De la gare centrale des ch. de fer départementaux, située à côté de celle de l'Ouest, la voie emprunte, pour contourner Brest, les fossés des remparts. On franchit ensuite un ravin par lequel on aperçoit, à g., le port militaire.

6 k. *Lambézellec* (2 haltes successives), grosse commune industrielle et cultures maraîchères (*église* moderne, avec flèche élancée). — On laisse à g., au *Rufa* (7 k.), la ligne de Portsall, et on traverse la Penfeld ou rivière de Brest, dont on remonte le vallon.

12 k. *Gouesnou*, sur une colline (*église* de 1552, avec porche de 1642 et charmante flèche de pierre).

18 k. *Plabannec* (✕ pour Plouescat, *V.* ce nom), en passant par **Le Folgoët** et son église célèbre, *V.* ce nom), ch.-l. de c. de 3 628 hab. (*église* de 1762).

23 k. *Plouvien* (*calvaire* de 1685). — A 1 k. S.-O., *chapelle Saint-Jaoua* (xve s.), avec le *tombeau de St Jaoua* (xve s.) et celui de *François Richard*, chanoine de Léon, † 1555 (petites figures de moines dans l'attitude de la prière et de la douleur).

30 k. **Lannilis** *, ch.-l. de c. de 3 406 h., entre les deux estuaires de l'Aber-Benoît et de l'Aber-Wrach. — L'*église*, moderne, a une tour de 1774 avec flèche élégante ; au presbytère, beau *tombeau de François de Coum* (xvie s.), avec statue couchée en armes. — A 4 k. N., par une route qui franchit l'Aber-Wrach sur un pont suspendu, Plouguerneau a une *église* renfermant le tombeau d'un évêque de Quimper (1840) et possédant une collection de charmantes statuettes de saints, qui figurent dans les processions.

31 k. *Le Cosquer*.

34 k. *Landéda*, à 1 k. à g. — A l'*église*, bénitier de 1598 et tombeau de Simon de Troménec. — A 1/2 k. à g. de la station, dans un vallon boisé, ruines pittoresques du *château de Troménec*.

36 k. **L'Aberwrach** *, petite station balnéaire et port de pêche (homard et langouste) au fond de l'*anse* du même nom, abritée par une ceinture de récifs et d'ilots sur lesquels on entend gronder la mer. — L'hôtel des Anges est installé dans ce qui reste du *couvent des Récollets de N.-D. des Anges*, fondé par Anne de Bretagne en 1507 (cour intérieure pittoresque). — On peut se faire conduire en bateau (5 k. N. ; *navigation très dure*) à l'**Ile Vierge**,

presque au ras des flots, qui porte un *phare* gigantesque (75 m.; 35 milles de portée).

**De Brest à Portsall** (🚂 départemental; 35 k. en 1 h. 40 env. : 2 fr. 70 et 1 fr. 80). — La ligne de Portsall suit celle de l'Aberwrach jusqu'au Rufa, où elle bifurque à g.

7 k. *Bohars*. — 12 k. *Guilers* (à 1 k. 1/2 S. *château de Kéroual*, où naquit, en 1649, Louise-Renée de Penancoët de Kéroual, favorite du roi d'Angleterre Charles II; peintures mythologiques en partie conservées).

17 k. **Saint-Renan***, ch.-l. de c. de 1954 hab., sur une colline qui domine la rive g. de l'Aber-Ildut (autour de la halle, *maisons* des XVIe et XVIIe s., l'une de la fin du XVe s.). — A 12 k. N.-O. (voit. publ.), **Lanildut*** et **l'Aber-Ildut** sont situés à l'embouchure de l'estuaire de l'Aber-Ildut, où la mer découvre, à marée basse, de vastes vasières (quelques baigneurs; peu de ressources). — A 8 k. 1/2 O. de Saint-Renan (sur la route, près du *château de Kervéatou* et de la ferme de *Kerloas*, se trouve le plus haut *menhir* du Finistère, 12 m.), **Plouarzel** possède une église du XVe s. et les ruines du *château de Pont-ar-Chastel*; à 3 k. 1/2 S.-O., *chapelle de Trézien*, but de pèlerinage, et, à 2 k. 1/2 S.-O. au delà, **pointe de Corsen**, portant un phare, et extrémité continentale du territoire français.

22 k. *Lanrivoaré*. — Au *cimetière*, dans lequel la tradition rapporte qu'une tribu entière de la terre de Rivoaré reçut la sépulture, après avoir été massacrée par une peuplade voisine, 8 *pierres rondes*, de grosseur inégale, seraient autant de pains changés en pierre par St Hervé, neveu de St Rivoaré, pour punir un boulanger de lui avoir refusé l'aumône. — A 2 k. 1/2 N., *château de Penandreff* (araucarias); à 2 k. 1/2 N.-O., ruines du *château de Kergroadès* (1613).

28 k. *Plourin* (*église* moderne, avec clocher de la Renaissance; os du bras de saint Budoc, enchâssé dans un bras d'argent). — A 7 k. N.-O. (à 2 k. S. de la route, au ham. de *Kergadiou*, beau *menhir* de 10 m.), **Argenton** (quelques maisons meublées) est une petite station balnéaire familiale, dans un paysage dénudé. On y trouve des grèves de sable fin et d'imposants **rochers** (*chapelle Saint-Gonvel*, voisine du menhir de *Men-Milliguet*; *île d'Iock*, reliée à la côte à marée basse; à 3 k. en mer, *récif du Four*, considéré comme le point de séparation de la Manche et de l'Océan). — A 1 k. 1/2 S. d'Argenton, **Porspoder*** est situé près d'une grève rocheuse et sauvage, aux rochers tapissés de goémon (ancien *ossuaire* dans le cimetière qui entoure l'*église*; au moulin de *Kéréneur*, menhir de 9 m.).

Au delà de Plourin, le ch. de fer traverse la rivière qui va se jeter dans la baie de Portsall

32 k. **Ploudalmézeau***, ch.-l. de c. de 3 456 hab. — *Église* moderne, avec belle flèche de 1776 (au bas du bas-côté dr., reste d'une fresque et *groupe* du XVIᵉ s. représentant la Vierge, en coiffe bretonne, qui tient le Christ mort sur ses genoux; en haut du bas-côté dr. et du bas-côté g., *fresques* de Yan Dargent). — Dans le mur du cimetière, *croix* de pierre du XIIIᵉ s. — A 3 k. N. *Lampaul-Ploudalmézeau* a une église avec *tour* à campanile de 1629 et (1 k. N.) d'immenses grèves de sable.

34 k. *Tréompan.*

35 k. **Portsall***, port de pêche fréquenté l'été par un certain nombre de baigneurs, ainsi que **Kersaint**, v. voisin, qui a une jolie grève de sable. — Belles ruines du **château de Trémazan**, du XIIIᵉ s., qui appartint à Tanneguy du Châtel. — Au large de la *baie de Portsall*, émerge l'*île Verte*. — Promenades : en contournant la baie, vers la *pointe de Carn*, au N., et vers les grèves de Lampaul-Ploudalmézeau, à l'E.; au S., vers Argenton et Porspoder.

De Brest au Trez-Hir, au Conquet et à Ouessant, R. 18.

---

## ROUTE 18.

## DE BREST AU CONQUET ET A OUESSANT.

Tram électr. pour le Conquet (toutes les heures, sauf à midi et à 3 h.); 20 k. O., en 1 h. 10. — 1 fr. 40 et 1 fr.

Le tram et la route du Conquet partent de *Saint-Pierre-Quilbignon*, gros bourg de la banlieue de Brest, où l'on se rend par la *porte de Recouvrance*, et où conduit un tram urbain (2 k.).

On laisse à g. (1 k. de Saint-Pierre) une route de 2 k. conduisant à l'**anse de Sainte-Anne** (bains de mer; beaux rochers; *chapelle Sainte-Anne*), qui s'ouvre sur le Goulet de Brest et d'où l'on peut regagner Brest par un chemin en corniche (4 k.) qui domine la rade.

4 k. *La Trinité* (*église* du XVᵉ s.; 2 grands menhirs renversés, près de la *fontaine de la Trinité*).

6 k. 1/2. *Route du Minou*, station d'où une route de 2 k. 1/2, à g., conduit à la *pointe* et au *fort du Petit-Minou*, qui commande, du côté de la pleine mer, l'entrée du Goulet de Brest.

9 k. *Pen-ar-Ménez*, d'où une route de 2 k., à dr., mène à *Locmaria-Plouzané* (au cimetière, belle *croix* de 1527).

12 k. *Porsmilin*, d'où une route de 1/2 k., à g., aboutit à l'anse de Bertheaume (*V.* ci-dessous).

14 k. **Le Trez-Hir***, à 1 k. à g. C'est une station balnéaire fréquentée par les Brestois, avec villas, sur la belle **anse de Bertheaume.** Un îlot rocheux porte le *fort de Bertheaume.* Belle vue sur la presqu'île de Camaret.

15 k. 1/2. *Le Lannou*, où s'embranche, à g., la route directe des ruines de Saint-Mathieu (*V.* ci-dessous), par *Plougonvelin.*

On descend dans un vallon verdoyant; puis on longe le fond du petit golfe (usine pour l'iode et la soude) qui sépare le Conquet de la presqu'île de Kermorvan.

20 k. **Le Conquet*** est situé à l'une des pointes extrêmes du continent, dans un paysage d'une grandeur sévère; c'est une station balnéaire fréquentée.

En arrivant de Brest et suivant la rue principale, qui continue la route, on trouve à dr. l'hôtel de Bretagne. — Peu après, à g., une rue (à g. maison du XVe s.) conduit à l'église, tandis qu'à dr., une petite rue descend au port; en suivant tout droit, on irait à l'hôtel Sainte-Barbe.

L'**église**, moderne, de style pseudo-gothique, est surmontée d'un clocher à balustres et a conservé au portail des statues et sculptures du XVe s. — A l'int. : beau *vitrail* (Crucifiement) du XVIe s.; à dr. du chœur, *tombeau* avec statue agenouillée de *Michel le Nobletz* († 1652), dévoué missionnaire qui acheva de catéchiser les habitants de la contrée, demeurés à demi païens, principalement ceux des îles (Molène, Ouessant, île de Sein).

Le **port**, où l'on s'embarque pour Ouessant (*V.* ci-dessous), est situé dans l'estuaire qui sépare le Conquet de la presqu'île de Kermorvan : une petite digue le protège contre les vents d'ouest. Il sert surtout aux pêcheurs (homards et langoustes).

La **pointe Sainte-Barbe**, dans l'axe de la Grande-Rue, regarde la pleine mer; dans ses rochers, à l'abri desquels s'ouvre la **plage de bains**, se creusent des *grottes*.

[**Presqu'île de Kermorvan.** La presqu'île de Kermorvan forme une longue bande rocheuse, qui s'allonge de l'autre côté de l'estuaire où se trouve le port. Un passeur (5 c.) y conduit. — Suivant vers la g. l'isthme étroit de la presqu'île, couverte d'un fin gazon (sur son autre face, belle **anse des Blancs-Sablons**), on trouve une ferme derrière laquelle (s'adr. au fermier) sont 2 *dolmens*, précédés d'un *menhir*. Au delà, on rencontre un petit menhir taillé ou *lech*, et on arrive à la **pointe** et au *phare* de Kermorvan. Vue magnifique : pointe de Corsen; île Béniguet; groupe de Molène; Ouessant; pointe et phare de Saint-Mathieu.

**Pointe, Phare et Ruines de Saint-Mathieu** (route de voit., 4 k. S.; un sentier de piétons, beaucoup plus long, longe la côte). On sort du Conquet par la rue de l'Eglise. La route traverse (2 k.) *Lochrist* (église avec statues de bois d'un travail naïf), puis passe un petit vallon (5 k.) près du *Moulin de Goazel*.

*Saint-Mathieu* est un misérable ham., situé sur la pointe du même nom, où de pieux cénobites du VI^e s. fondèrent un monastère. — De l'ancienne *église* du village, il ne reste qu'un beau *portail* du XIV^e s. et un des transepts. — Le monastère, converti en 1157 en **abbaye** de Bénédictins, fut détruit sous la Révolution : il en subsiste les ruines imposantes de l'**église abbatiale** (s'adr. au gardien du phare; pourboire), élevée de 1157 à 1208, avec bas-côté du XIV^e s. Dominant les arcades ogivales, aux voûtes écroulées et aux gros piliers encore debout, émerge des ruines le **phare** à feu tournant, où l'on peut monter.

La **pointe** rocheuse de Saint-Mathieu (poste de *télégraphie sans fil*), se prolonge en mer par les écueils de la Chaussée des Pierres-Noires, dont l'un porte un phare. Vers la dr. : îles Béniguet, Molène et, au loin, Ouessant; vers la g. : entrée du Goulet de Brest, presqu'île de Camaret et, dans le lointain, entrée de la baie de Douarnenez, pointe du Raz et île de Sein.

De Saint-Mathieu, une route de 5 k. 1/2 regagne directement la route de Brest.

**Du Conquet à Ouessant** (⛴ du courrier postal, les mardi, jeudi et samedi à 6 h. mat., en été; les mercredi et samedi à 7 h. mat., en hiver; départ temps permettant; s'adr. au bureau de poste du Conquet pour les renseignements; 32 k. en 3 h. à 3 h. 30 : 1 fr. 50. — *Très intéressante excursion, mais navigation souvent très dure, et bateau sans confortable.* — Le retour a lieu le même jour, mais il est à peu près indispensable de coucher à Ouessant).

Après avoir quitté le port on aperçoit, en se retournant, le fort, le phare et la pointe de Kermorvan; plus à dr., s'avance le cap Saint-Mathieu, avec son phare. — On traverse le *chenal du Four* et on passe près de l'*île Béniguet* ou île Bénie (souvenir de l'ancien culte druidique), en partie cultivée, en partie consacrée à l'incinération du varech. De toutes parts émergent une foule d'îlots ou de récifs dont l'emplacement se trahit par le moutonnement des vagues; les plus redoutables forment la *chaussée des Pierres Noires*, que signale le *phare du Diamant*.

**L'île Molène*** (escale), au ras des flots, a des maisons carrées que domine la flèche effilée de l'*église*; le *port*, que protège un môle, abrite de nombreuses barques de pêche. L'île est longue de 1200 m.; elle a 750 hab. On en exporte une [illegible] engrais naturel (cendre de Molène).

On dépasse ensuite les *îles Balanec* et *Bannec*, puis on contourne, par le terrible *passage du Fromveur*, l'extrémité S. d'Ouessant. Entre la *pointe de Pors-Corée* (à dr.) et celle *de Pern* (à g.), on pénètre dans la *baie de Lampaul*, du milieu de laquelle surgit un énorme rocher, haut de 54 m., dit *York-Corée*. — Lorsque les vents du sud-ouest ne permettent pas d'entrer dans la baie de Lampaul, on accoste au N. de l'île.

**L'île d'Ouessant**, l'*Uxantos* de Pline, l'*Enez-Heussa* (île de l'Epouvante) des Bretons, peuplée de 2,717 hab., est longue de 8 k. du S.-O. au N.-E., large de 3 k., avec des côtes déchiquetées et un rempart de falaises; elle forme un plateau élevé, de 30 à 50 m. d'alt. moyenne, qui domine les flots, et ressemble à une patte de crabe.

Abordant à **Lampaul***, centre communal de l'île, on y trouve l'*église* moderne, à mi-côte et avec le cimetière qui s'étend devant elle. Dans les jardinets du bourg poussent les seuls arbres de l'île, fusains arborescents et figuiers. Les femmes de l'île, venant chercher le courrier au *bureau de poste* de Lampaul, forment un spectacle pittoresque.

Une route de 2 k. 1/2 O., qui prend sur la g. de Lampaul, amène au **phare de Créach**, de 1er ordre (24 milles de portée); il renferme une puissante *sirène* pour les temps de brume. La tour du phare est peinte en bandes noires et blanches alternées; du sommet (pourboire au gardien), on découvre toute une ligne de récifs et de brisants. Au pied du phare, s'avance la *pointe* de Créach, toute hérissée d'aiguilles de roc, tailladées par la mer. — Suivant la côte vers la dr. du phare (dans la falaise, *grottes* où l'on ne peut descendre qu'avec des cordes; *pont naturel* creusé dans le rocher), on atteint, au bout de 3 k. 1/2, le bras de mer qui sépare Ouessant de l'*île de Keller*, presque inabordable par suite de la violence des courants. — De là on peut regagner directement Lampaul (2 k.) par un chemin qui traverse plusieurs hameaux.

Sinon, continuant à suivre la côte, on longe la *baie de Béninou*, on traverse le ham. de *Cadoran* et, laissant à g. la *pointe* et l'îlot du même nom, puis la *pointe* abrupte *de Bougouglas*, on atteint (3 k. 1/2) le **phare du Stiff**, situé sur le point le plus élevé de l'île (65 m. d'alt.). Une route de 3 k. 1/2 relie le phare du Stiff à Lampaul.

## ROUTE 19.

## DE PARIS A NANTES

De Paris on se rend à Nantes : 1° Par le ch. de fer d'Orléans (gare du quai d'Orsay ou d'Austerlitz), *via* Orléans, Tours et Angers, 431 k.; traj. en 5 h. 50 par rapide (1re classe), en 7 h. à 7 h. 50 env. par express (toutes classes) : 44 fr. 35, 29 fr. 95, 19 fr. 50.

2° Par le ch. de fer de l'Ouest (gare Montparnasse ou Saint-Lazare), *via* Le Mans, Sablé et Angers, 396 k.; traj. en 6 h. 30 par rapide (1re et 2e classe), en 7 h. 10 par express (toutes classes) : mêmes prix que ci-dessus.

3° Par le ch. de fer de l'Ouest (gare Montparnasse ou Saint-Lazare), *via* Sablé et Segré, 397 k.; traj. en 8 h. 20 (toutes classes) : mêmes prix que ci-dessus.

431, 396, ou 397 k. Nantes. — Les trains de l'Orléans et une partie de ceux de l'Ouest arrivent à la *gare Nantes-Orléans*; les trains de l'Ouest, *via* Le Mans, Sablé et Segré arrivent à la gare *Nantes-Etat*, dans une des îles de la Loire, dite la Prairie au Duc.

### NANTES

**Nantes** * Ⓑ, ch.-l. du dép. de la Loire-Inférieure, V. de 132 990 hab., est bâti au confluent des rivières de la Loire, de la Sèvre, de l'Erdre, de la Chézine et du Sail. Son périmètre est de 20 k. Nantes a 18 ponts sur son fleuve et ses rivières, outre un grand pont transbordeur au-dessus du port.

En sortant de la gare Nantes-Orléans, on laisse aussitôt à dr. le **Jardin des Plantes** (jardin botanique et jardin d'agrément). — Suivant le quai du *canal Saint-Félix*, on arrive en quelques pas à la **place de la Duchesse-Anne**.

A g. de la place est le **château** des ducs de Bretagne, construit en 1466 par le duc François II. Dans la cour où l'on pénètre (*puits* avec armature en fer forgé), on remarque le grand bâtiment, ornementé en gothique flamboyant, et dit le grand logis, dû à la duchesse Anne (*salle des Gardes*; des fenêtres supérieures, belle vue sur Nantes; s'adr. au concierge).

Au fond de la place de la Duchesse-Anne (*monument des morts pour la patrie en* 1870, par Bareau, Allouard, Borialis et Le Bourg; *statues d'Anne de Bretagne et d'Arthur III*, par Molchnecht), commence le **Cours Saint-Pierre**, à g. duquel on voit l'abside de la cathédrale; à dr., ancienne *église de l'Oratoire*, du XVIIe s., richement ornementée, et *rue du Lycée*, conduisant au Musée.

Le **Musée des Beaux-Arts** (t. l. j., de midi à 4 h.) est construit en pseudo-style Louis XIV; la façade est ornée de colonnes et de statues.

REZ-DE-CHAUSSÉE. — **Sculpture**. — Modèles en plâtre du St Michel de *Duret*, de Ney, par *Jacquemart*, de Baudry, de Gérôme, d'un Bacchant, par *Caillé*. — Bustes en marbre des généraux Gérard et de Bréa, par *Grootaers*, du général Dumoustier, par *Suc*, du sculpteur Lemoine par *Pajou* (plâtre). — Statues en marbre : *Mme Berteaux*, Jeune Gaulois; *Albert Lefeuvre*, la Muse des bois; *Aizelin*, L'Enfant au Sablier; *Lebourg*, L'Enfant et la Sauterelle; *Ducommun du Locle*, Cléopâtre; *Caillé*, Aristée; *Fagel*, le Greffeur; *Laboureur*, Hyacinthe blessé; *Thomas*, Tête d'enfant; *Suc*, tête de Vierge (haut-relief); *Dieudonné*, Jésus au Jardin des Oliviers. — Plâtres originaux ou mou.

lages : *Falguière*, Diane ; *Caravaniez*, Brizeux ; *Caillé*, Mirabeau ; *Delaplanche*, Danseuse ; *Peyrol*, Pêcheur à l'épervier ; *Debay* (le père), Argus, Mercure ; *Ménard*, le Forban ; *Malknecht*, Vénus ; *Raffegeaud*, la Charmeuse. — Bronzes : *Jacquemart*, le Chamelier ; *Élex*, Héro. — Copies en marbre de statues antiques, par *Debay*, *Girand*, *Jaley*, *Seurre*. — *Laboureur*, buste colossal de Napoléon Ier.

On monte au 1er étage, où 12 salles sont affectées aux tableaux.

1er ÉTAGE. — **Peinture.** — 1re SALLE (peintres bretons). — De dr. à g. : *Delaunay*. Mort du centaure Nessus. David vainqueur. — *Hamon*. L'Escamoteur. — *Delaunay*. Leçon de flûte.

2e SALLE (école française). — *Blanchard*. La V., l'Enf. et St Jean. — *Blanchet*. Les Rév. Lesueur et Jacquier. — *J. de la Tour*. Vieillard endormi. — *Le Sueur*. Lever de l'Aurore. — *Tournières* Portraits de famille. — *Sigalon*. Athalie faisant massacrer les princes de la famille de David. — *Lancret*. Bal costumé. Arrivée d'une dame. — *Oudry*. Chasse au loup.

3e SALLE (écoles d'Italie). — *Sacchi*. Convoi d'un évêque. — *Guardi*. Assemblée de nobles Vénitiens. Grand repas présidé par le Doge.

4e SALLE (écoles d'Italie). — *Berettini*. Josué arrête le soleil. — *Preti*. Jésus guérissant l'aveugle de Jéricho.

5e SALLE (des œuvres supérieures des diverses écoles y sont réunies). — *Gérôme*. Pifferari. — *Canaletti*. Place Navone. — *Sebastiano del Piombo*. Le Christ portant sa croix. — *P. Véronèse* Portrait de femme. — *Lotto*. La Femme adultère — *Bronzino*. Portrait d'homme. — *Coques*. Portraits de famille. — *Vélasquez*. Un jeune prince. — *Cuyp*. Jeune enfant. — *Gérôme*. Le Prisonnier. — *T. Rousseau*. Prairies traversées par une rivière. — *Corot*. Soleil couchant après la pluie. — *Baudry*. La Madeleine. — *Van der Meulen*. Investissement de Luxembourg. — *Delaunay*. L'acteur Régnier. — *Lancret*. La Camargo. — *Delaunay*. Portrait de sa mère. — *Courbet*. Les Cribleuses. — *Luc-Olivier Merson*. St François prêche aux poissons. — *Ingres*. Mme de Sénones (chef-d'œuvre de 1er ordre). — *Fauchier*. Portrait d'homme. — *Watteau*. Arlequin, dans une carriole, rencontre Pantalon, Pierrot et Colombine. — *Canaletti*. La Piazzetta.

6e SALLE (écoles d'Italie). — *Albani*. Baptême de J.-C. — *Le Guide*. St Jean-Baptiste. — *Le Pérugin*. Le Prophète Jérémie. — *Il Pesellino*. Sujets de la vie de St Benoit. — *Ghirlandajo*. La V., l'Enf. et St Jean. — *Andra del Sarto*. La Charité. — *Pinturicchio*. La Nativité. — *L. de Vinci*. La V. aux Rochers.

7e SALLE (éc. espagnole et allemande). — *Murillo*. La Vierge Marie. Vieillard aveugles. — *Ribera*. J. et les Docteurs.

8e SALLE (éc. flamande et hollandaise). — *Van Dyck*. Ste Famille aux anges. — *Berghem*. Six têtes de chèvres. — *S. de Vos*. Portraits de la famille Van der Aa. — *Rubens* (attribution douteuse). Triomphe d'un guerrier. — *Crayer*. Education de la V. — *Maryn*. Un Banquier et sa femme. — *Boeyermans*. Vœux de St Louis de Gonzague. — *D. Téniers*. Jeune homme écrivant. — *Breughel* dit *de Velours*. Vue d'un canal. Paysage.

9e SALLE (collection de Feltre). — *Greuze*. Le comte de St-Morys et son fils. — *Léopold Robert*. Les Baigneuses de l'Isola di Sora. — *Hippolyte Flandrin*. Rêverie. — *L. Robert*. Les Petits pêcheurs de grenouilles. L'Ermite du mont Epomeo. — *Paul Delaroche*. Têtes de Camaldules. — *Fabre*. Le duc de Feltre. — *P. Delaroche*. L'hémicycle de l'école des Beaux-Arts (esquisse) La Balanceuse. — Bustes en marbre d'Elfride, d'Edgar et d'Alphonse Clarke de

Feltre, par *Ruxthiel* et *Jalley*.

**10e SALLE** (collection Urvoy de St-Bedan). — *Brascassat*. Taureau noir taché de blanc se frottant à un arbre. *Delaunay*. Le général Mellinet. — *Ary Scheffer*. L'Enfant charitable. — *Rembrandt*. Portrait de femme. — *Brascassat*. Renards dans leur tanière. Combat de taureaux. Repos d'animaux autour d'un grand chêne. — *Wouvermans*. Départ des cavaliers. — *E. Roger*. Le Corps de Charles le Téméraire reconnu. — *Brascassat*. Taureau et Vache à l'abreuvoir. — *Gros*. Bataille de Nazareth.

**11e SALLE** (éc. française moderne). — *Français*. Au bord de l'eau. — *Salmson*. La Petite Glaneuse. — *J.-P. Laurens*. Le Pape Formose. — *Daubigny*. Sur les bords de la Seine. — *Brion*. Récolte des pommes de terre pendant une inondation. — *Dawant*. Fin de messe. — *Roll*. Après le bal. — *Vollon*. Intérieur de cuisine. — *Sautai*. St Bonaventure. — *Debat-Ponsan*. Coin de vigne. — *Vayson*. Le Berger et la mer. — *Debay*. Episode de la Terreur à Nantes. — *Le Blant*. Mort du général d'Elbée. — *Baudry*. Charlotte Corday. — *Raffaëlli*. Chiffonnier. — *Jean Monchablon*. Avoines. — *Stevens*. Marine. — *Joyant*. Santa Maria della Salute. — *E. Delacroix*. Chef arabe chez des pasteurs. — *Delaunay*. La Justice poursuivant le crime. Ixion aux enfers.

**12e SALLE** (éc. française moderne). — *Dantan*. Moine sculptant un Christ en bois. — *E. Lévy*. Scène des champs. — *Corot*. Les Abdéritains. — *Detaille*. Fragment du Panorama de Champigny. — *Durand-Brager*. Vue d'Eupatoria. — *Fortin*. Intérieur breton.

Dans les galeries bordant les salles: aquarelles et dessins. — *Monument du peintre Delaunay*, né à Nantes, avec médaillon, par Chaplain.

Sortant du musée, on revient Cours Saint-Pierre et on contourne la cathédrale, pour en gagner la façade principale.

La **Cathédrale** a été commencée en 1434. La façade, très endommagée, est flanquée de 2 *tours* de 63 m. de haut (on peut y monter : 1 fr., de 1 à 6 pers., pour les tours ; 1 fr. 50 pour les tours et les cloches).

L'int. est long de 102 m., haut de 37 m. Les *bas-reliefs* des piliers soutenant les tours ont été refaits; les 4 *statues* du XVe s., qui sont à dr. et à g. de l'orgue, ont été restaurées. — Au bas-côté dr. (dernière chapelle) : tableau de Flandrin (*St Clair guérissant les aveugles*). — Au transept dr.: **tombeau de François II**, duc de Bretagne, et de Marguerite de Foix, sa seconde femme, chef-d'œuvre de la Renaissance (1507), par Michel Colomb ; aux angles *la Justice*, *la Force*, *la Prudence* (tête double : visage de jeune femme et visage de vieillard) et *la Tempérance*; sur les côtés, 16 niches contenant des statuettes (les *Apôtres*, *St François d'Assise* et *Ste Marguerite*, *Charlemagne* et *St Louis*) ; au-dessous, 11 autres niches occupées par des *pleureuses* (mutilées; en marbre vert et marbre blanc). — Au transept g. : **tombeau de Lamoricière** (1879) par Boitte, architecte, orné de 4 statues en bronze par Paul Dubois (le *Courage militaire*, la *Charité*, l'*Histoire* et la *Foi*) et de la *statue couchée* du général.

[Près de la cathédrale, *im-*

*passe Saint-Laurent*, où se trouve *la Psallette* (xvᵉ s.), ancienne demeure des duchesses de Bretagne. — Dans la *rue Haute-du-Château* on voit la *maison de Guiny*, où la duchesse de Berri fut arrêtée en 1832.]

A g. de la cathédrale (en regardant la façade) on gagne la **Préfecture**, située sur le quai de la rivière de l'Erdre (canal de Nantes à Brest), remarquable édifice bâti de 1763 à 1777 pour la Cour des Comptes de Bretagne. De la Préfecture, par le **Cours Saint-André** (*statues de Du Guesclin* et *d'Olivier de Clisson*, par Molchnecht) et par la **place Louis XVI** (*statue de Louis XVI*, sur une colonne, par le même), on revient place de la Duchesse-Anne et au quai de la Loire.

Suivant vers la dr., à la base des remparts du château, le quai de la Loire (*quai du Port-Maillard*, puis *quai Flesselles* et *de Brancas*), que longe la voie du ch. de fer de Redon-Quimper, on arrive *place du Commerce*, où est la **Bourse**, bâtie de 1792 à 1812 par Mathurin Crucy (nombreuses statues). Sur une petite promenade voisine, *statue du colonel Villebois-Mareuil*, mort au Transvaal (1900), par Verlet.

[De l'autre côté de la Loire, **île Feydeau**, **île Gloriette** et île de la **Prairie au Duc** où se trouve la *gare de Nantes-Etat*; 3 autres îles suivent encore cette dernière.]

De la Bourse, la *rue Jean-Jacques-Rousseau* qui se détache du quai, un peu au delà (au nº 5, maison où est mort Cambronne, le 29 janvier 1842), amène **place Graslin**, où s'élève le **Grand-Théâtre**, construit par Mathurin Crucy et achevé en 1788. Sa façade est surmontée des 8 *statues des Muses* (la 9ᵉ Muse a été placée parmi les statues qui décorent la Bourse); dans le vestibule intérieur: *Molière et Corneille*, statues par Molchnecht; plafond de la salle et peintures du foyer par Berteaux.

[La place Graslin est reliée à la place Royale par la *rue Crébillon*, une des plus fréquentées de la ville, où s'ouvre le **passage Pommeray**, de 1813, avec galeries ornées de statues d'enfants et de médaillons. La **place Royale**, dessinée par Mathurin Crucy en 1790, est décorée d'une *fontaine* monumentale.]

En face du théâtre s'ouvrent le **cours Cambronne**, avec la *statue de Cambronne*, né près de Nantes, par Debay, et la rue Voltaire. — *Rue Voltaire*, on rencontre à dr. le **Muséum d'histoire naturelle** (ouvert t. l. j. en s'adr. au concierge; pourboire), qui renferme une riche collection de minéralogie et une belle momie égyptienne). — Voisin du muséum, est le musée archéologique.

Le **Musée archéologique** (public le dim. de midi à 4 h.; ouvert t. l. j. en s'adr. au concierge, pourboire) occupe le rez-de-chaussée de la **Construc**

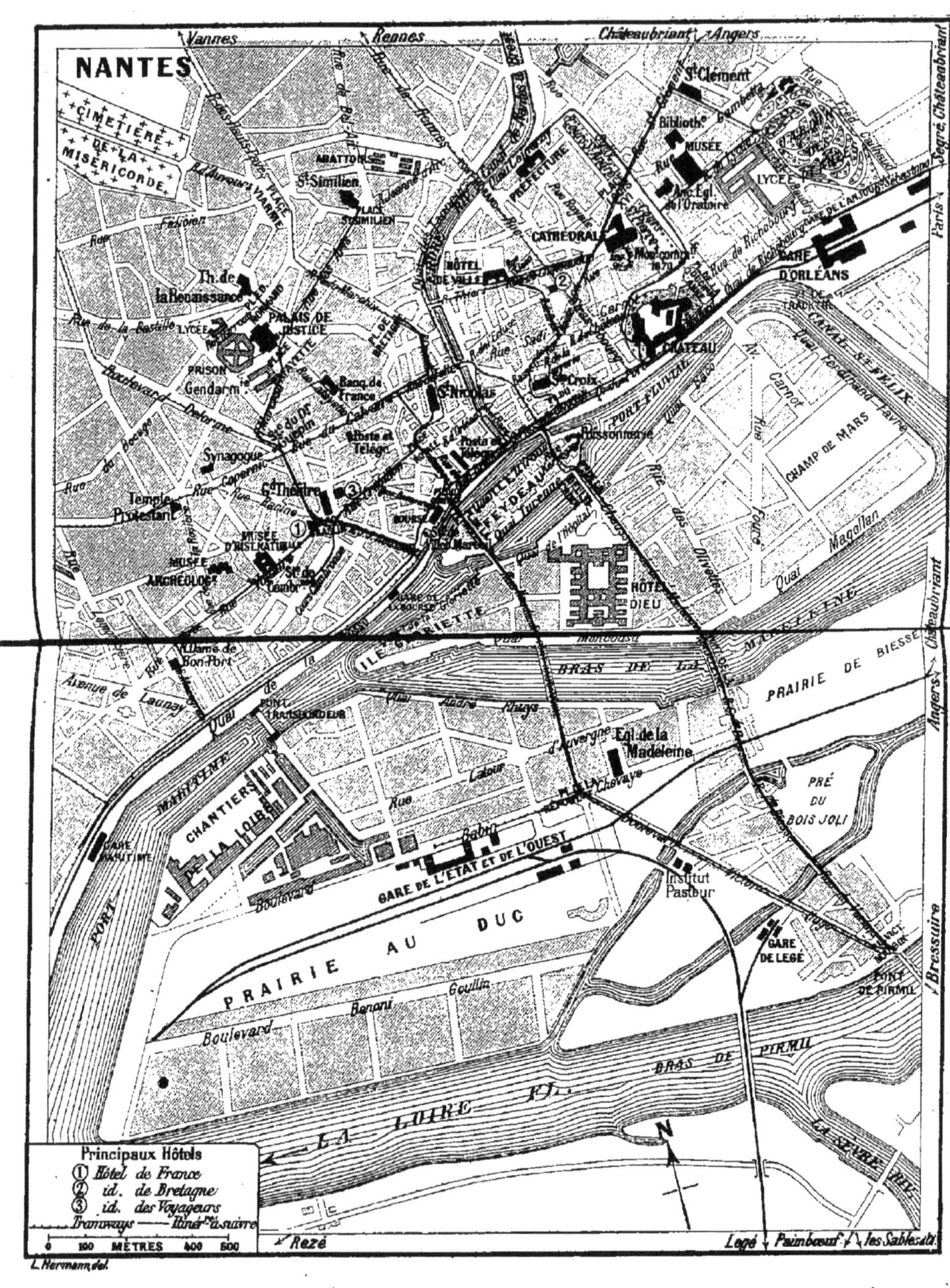
NANTES
Principaux Hôtels
① Hôtel de France
② id. de Bretagne
③ id. des Voyageurs
Tramways
0 100 MÈTRES 400 500
L. Hermann, del.

**tion Dobrée**, vaste édifice moderne construit par un amateur de ce nom, dans le style du XII$^e$ s., et légué à la ville de Nantes avec les collections qu'il renferme (elles sont installées au 1$^{er}$ étage).

REZ-DE-CHAUSSÉE. — **Musée archéologique.** — On y remarque les *collections Parenteau et Seidler* (bijoux, serrurerie, émaux, ivoire; plusieurs séries de haches, en bronze ou silex, de l'époque préhistorique; monnaies et *collier d'or* en torsade, trouvé près de Quimper). — *Vases et marbres grecs et étrusques*, provenant de la collection Campana. — Antiquités égyptiennes. — Fragments de sculptures diverses : *porche de l'ancienne chapelle Saint-Thomas* (Renaissance); *Combat d'Achille et de Penthésilée*, bas-relief provenant du château du Bouffay; *le Diable emportant une âme*, statue du XII$^e$ s., provenant de Saint-Jacques de Nantes. — Vieilles enseignes. — *Boîte en or et émail* ayant renfermé le cœur d'Anne de Bretagne. — Armes du moyen-âge et du XVI$^e$ s. — Faïences. — Buste de Cambronne. — *Sabre de Charette* et *épée de Cambronne*.

1$^{er}$ ÉTAGE. — **Collection Dobrée.** — Sur le palier : *Phryné devant ses juges*, tableau par David. — Magnifique collection de *gravures*. — Manuscrits et incunables. — *Reliquaire* du XIII$^e$ s., orné d'émaux. — Miniatures, tabatières, bonbonnières. — Mortiers de bronze. — Fauteuil et meuble d'Anne de Bretagne. — Chinoiseries.

On regagne ensuite le quai de la Loire (*quai de la Fosse*). En face sont des chantiers de constructions navales. De toutes parts l'animation est grande; de nombreux navires se pressent le long de la berge du fleuve, que traverse le *pont transbordeur*.

De Nantes à Saint-Nazaire, Le Croisic et Redon, R. 20; — à Vannes Auray, Lorient, Quimperlé, Rosporden-Concarneau, Quimper-Pont-l'Abbé-Douarnenez, Châteaulin, Landerneau et Brest, R. 21.

## ROUTE 20.

## DE PARIS A REDON

### 1° PAR NANTES (BIFURC. POUR SAINT-NAZAIRE).

🚂 Orléans ou Ouest de Paris à Nantes (*V.* R. 19). — Ch. de fer Orléans de Nantes à Redon, 81 k. en 1 h. 30 env — Prix depuis Paris, par l'Ouest ou par l'Orléans : 46 fr. 25, 31 fr. 20, 20 fr. 35.

Au delà de la gare de Nantes-Orléans, le ch. de fer de Redon (ligne de Quimper et Brest), longeant les quais de la rive dr. de la Loire, passe successivement devant la place de la Duchesse-Anne, sous les murs du château et *place de la Bourse* (arrêt). — On voit, sur la g., les îles de la Loire, les navires du port et le pont transbordeur; puis on s'éloigne du fleuve.

436 k. (de Paris-Orléans,

*Chantenay*, com. suburbaine de Nantes (nombreux établissements industriels).

441 k. *La Basse-Indre.*

446 k. *Couëron.* — On s'éloigne de la Loire; à g. prairies marécageuses, à dr. côteaux du *Sillon de Bretagne*, petit chaînon qui s'élève à 91 m. d'alt.

454 k. *Saint-Étienne-de-Montluc*, ch.-l. de c. de 4174 hab.

460 k. *Cordemais.*

470 k. **Savenay** * Ⓑ (✕ pour Saint-Nazaire et le Croisic) s'élève en amphithéâtre, à dr. de la gare, sur une des pentes du Sillon de Bretagne.

[**De Savenay à Saint-Nazaire, à Guérande et au Croisic** (🚂 51 k. jusqu'au Croisic, en 1 h. 30 env. : 5 fr. 70, 3 fr. 85, 2 fr. 50). *N.-B.* Pour la description détaillée de cette ligne, *V. la Loire.*

La ligne du Croisic laisse à dr. celle de Redon et se rapproche de la Loire, qui offre, entre ses rives basses, l'aspect d'un bras de mer.

12 k. *Donges* (bac à vap. pour *Paimbœuf*, qui lui fait face sur l'autre rive de la Loire).

19 k. **Montoir** (✕ de la ligne de Paris Saint-Nazaire [Ouest] par le Mans et Châteaubriant) est situé sur un monticule environné de prairies tourbeuses, appelées « *brières* ». C'est une région curieuse, sillonnée de canaux, et qui occupe, dit-on, l'emplacement d'une ancienne forêt, détruite à une époque préhistorique. — A 7 k. N.-O. de Montoir, curieux village de *Saint-Joachim*, sur une sorte d'îlot au milieu de la « *Grande Brière* », et desservi par le ch. de fer départemental de la Roche-Bernard.

25 k. **Saint-Nazaire***, ch.-l. d'arr., V. maritime et industrielle de 35 813 hab., 7e port de commerce de la France par ordre d'importance, est situé sur la rive dr. de la Loire, à son embouchure dans l'Océan, et a été créé de nos jours pour suppléer aux ports de Nantes et de Paimbœuf. C'est une ville banale, sans autre intérêt que le mouvement de ses navires. Saint-Nazaire est la tête de ligne des paquebots des Antilles. Nombreux ateliers et chantiers (il en est qu'on peut visiter).

De la gare on gagne, vers la g., le **port**, composé d'un 1er *port* qui assèche à mer basse, d'un *bassin à flot* de 10 hect. abrité par un môle de 1200 m., et du *bassin de Penhouet*, l'un des plus vastes du monde (22 hect.). — L'entrée de la Loire est signalée par 5 *phares*.

Revenant à l'*avenue de la Gare*, on prend, vers la dr., la *rue Amiral-Courbet*, on traverse la *place Marceau* et on suit la *rue du Dolmen*, pour aller voir, au milieu d'un square, un **dolmen** de granit dont la table est longue de 3 m. 35, large de 1 m. 65. — De la place Marceau, la *rue de Paris*, qui traverse la *rue Ville-ès-Martin*, artère centrale de la ville, amène au **boulevard de l'Océan**, agréable promenade, au bout duquel est, à g., un **jardin public**; plus loin, est le *Casino*, et, au delà on trouve la **plage** de bains **de la Ville-ès-Martin**.

[Un ch. de fer départemental relie Saint-Nazaire à la Roche-Bernard, par Herbignac.]

De Saint-Nazaire, le ch. de fer revient en arrière, pendant 2 k., puis reprend la direction de l'O.

31 k. *Saint-André-des-Eaux*, à 2 k. 1/2 à dr.

37 k. **Pornichet** *, station balnéaire fréquentée, a des villas disséminées parmi des bois de pins et une magnifique **plage** de sable, qui se déroule en croissant jusqu'à la Baule et au Pouliguen, longée par le tram à vap. dit le « trait d'union ».

41 k. **Escoublac-la-Baule***(✕ pour

Guérande), station balnéaire fréquentée, doit à ses bois de pins, à ses dunes sablonneuses et à son climat tempéré le nom d' « Arcachon de la Bretagne ». La plage de *La Baule* attire de nombreuses familles. — *Escoublac* est à 3 k. à dr. de la gare et de la mer. L'ancien village, envahi par les sables que des plantations de pins n'avaient pas encore fixés, dut, en 1779, reculer ses maisons jusqu'à cette distance de la mer.

[Un petit embranchement du ch. de fer (7 k. N.-O. en 10 min. : 80 c., 55 c., 35 c.) relie Escoublac à **Guérande***, V. de 6915 hab., sur le rebord d'un plateau dominant un vaste horizon de mer et toute cette zone littorale du Pouliguen, de Batz et du Croisic, qui doit à ses **salines** un étrange aspect. — Beaux *remparts*, bâtis en 1431 : 10 *tours* et 4 portes; *porte Saint-Michel*, flanquée de 2 tours imposantes contenant les archives, la prison et l'hôtel de ville. — *Église Saint-Aubin*, élevée du XIIe au XVIe s., avec une *chaire* à prêcher extérieure. A l'int. : curieux chapiteaux romans; chaire sculptée; retable en marbre du XVIIe s.; tombeau du XVIe s. — *Chapelle N.-D. de la Blanche*, de 1348, restaurée intérieurement.

A 7 et 11 k. N.-O. de Guérande (stations du ch. de fer départemental de Guérande à la Roche-Bernard par Herbignac), **la Turballe*** et **Piriac*** sont 2 petites stations balnéaires. — Près de Piriac s'avance la *pointe du Castelli* et, en face, émerge en mer (6 k.) l'*île Dumet*.]

41 k. **Le Pouliguen***, station balnéaire très fréquentée, petite ville et petit port à l'extrémité O. de la *baie* du même nom, attire l'été de nombreux baigneurs, qui y louent des villas, s'installent à l'hôtel ou chez l'habitant. — Les villas du Pouliguen se prolongent jusqu'à la **pointe de Penchâteau** (*chapelle* du XVIe s., avec bas-relief en albâtre; retranchements celtiques). — Au delà de cette pointe, la **Grande Côte** (falaises, rochers entrecoupés de petites plages de sable, *grotte des Korrigans*) rejoint **la plage** du Bourg-de-Batz.

48 k. **Le Bourg-de-Batz***, (prononcer *Bâ*), station balnéaire de famille, a une *église* construite du XVe au XVIe s., restaurée, avec *tour* de 1677, haute de 60 m. A côté, ruines de la *chapelle N.-D. du Mûrier*. — *Chapelle du Crucifix*, du XVe s. — Les habitants du Bourg-de-Batz étaient jadis presque tous *paludiers* et vivaient de l'exploitation des **marais salants** qui, semblables à de grands **miroirs**, s'étendent entre le bourg et Guérande. Ils portaient des costumes pittoresques, dont on trouve encore quelques-uns, qui se louent aux touristes comme objet de curiosité ou sont revêtus, moyennant rémunération, par leurs possesseurs.

50 k. **Le Croisic***, petite ville maritime et station balnéaire, reçoit, chaque année, la visite de nombreux baigneurs; l'on y vient beaucoup de Nantes et de Saint-Nazaire. — On y trouve une belle **plage** et des *bains de mer chauds*, mais le pays est dénudé et sans ombrages. Les maisons sont blanches et propres. — L'*église N.-D. de Pitié* date de 1494 à 1507; son clocher, haut de 56 m., a été terminé à la fin du XVIIe s.; le portail N. est de 1528. — Sur la *place du Marché* est un vieux logis pittoresque, de l'époque de Henri IV, dit *château d'Aiguillon*. — Le port a de beaux quais du XVIIe s. — Le tour de la **pointe du Croisic** (6 k. env.) est une promenade recommandée (menhir de *Pierre-Longue*). De l'extrémité de la pointe, on découvre : la Turballe et la pointe de Piriac (*V.* ci-dessus); plus au loin, la côte de Saint-Gildas-de-Rhuis, la presqu'île de Quiberon et Belle-Ile, que précède l'île Hœdic.]

Au delà de Savenay, le ch.

de fer de Redon laisse à g. la ligne de Saint-Nazaire et du Croisic, puis elle croise celle de Paris-Saint-Nazaire (Ouest) par le Mans et Chateaubriant, un peu avant :

484 k. **Pontchâteau** *, ch.-l. de c. de 4892 hab., sur une colline que contourne le Brivet.

[Un petit embranchement relie Pontchâteau à *Besné*, station de la ligne Paris-Saint-Nazaire (Ouest)].

Le ch. de fer passe, en tunnel, sous la colline et sous l'église de Pontchâteau.

491 k. *Drefféac*, à 1 k. à g. — Sur la g., vastes marécages.

495 k. *Saint-Gildas-des-Bois* *, ch.-l. de c. de 2731 hab., très disséminés. — *Église* des XIIe et XIVe s. (voûtes refaites), avec *porche* en bois sculpté, de 1711 (grille de fer ouvragé), des *stalles* du XVIIIe s. et 2 retables sculptés.

499 k. *Séverac*. — On traverse l'Isac (canal de Nantes à Brest), qu'on longe ensuite jusqu'à Redon. Puis on traverse la Vilaine et l'on passe sur la place principale de Redon (à g., église et grand clocher isolé).

512 k. Redon (*V.* ci-dessous).

2° PAR LE MANS, SABLÉ ET CHATEAUBRIANT

Ouest, 416 k. — Traj. en 8 h. 35 et 9 h. 35 par express (toutes classes). Mêmes prix que ci-dessus.

211 k. Le Mans (R. 1). — 314 k. *Segré*. — 340 k. *Pouancé*.

356 k. **Châteaubriant** * Ⓑ ✕ pour Vitré, pour Rennes, pour Ploërmel, pour Nantes, pour Segré et Angers), ch.-l. d'arr. de 7234 hab., dans la vallée de la Chère. Confiseries d'angélique.

De la gare, on gagne directement la *place des Terrasses*, sur laquelle s'élève la façade S. du château. — A dr., une jolie *promenade* ombragée, au bout de laquelle on descend à g., conduirait aux bords de la Chère et montrerait la physionomie extérieure de la vieille forteresse.

Le château se compose de deux parties distinctes : le Chateau-Neuf, de la Renaissance, et ce qui reste de la vieille forteresse féodale ou Vieux-Château. — L'entrée de l'ensemble des bâtiments s'ouvre sur la place des Terrasses, à la base d'un haut donjon carré. Après avoir dépassé la voûte, on se trouve sur une esplanade plantée d'arbres, fermée à g. par les sombres murailles du **Vieux-Château**. Construit au XIe s., augmenté aux XIIe et XVe s., il se compose encore d'un énorme *donjon* carré, que l'on gagne en passant par une porte encadrée de deux belles tours cylindriques. Dans la cour intérieure se trouvent la *chapelle* (XIIe et XIIIe s.) et le *grand logis*, reconstruit presque entièrement après la destruction de 1488. Du haut du donjon, belle vue sur la ville et la vallée de la Chère. — Revenant à l'esplanade on y voit, du côté opposé, le **Nouveau-Château**, élevé sous François Ier par Jean de Laval, mari de Françoise de Foix; une *colonnade*, à arcades couvertes, encadrait la cour d'honneur et subsiste encore en partie. Le Château lui-même est un bâtiment blanc, aux lucarnes ornementées. Un bel *escalier d'honneur* conduit aux appartements dits historiques, occupés auj. par un petit **musée.** On montre la chambre qu'occupait, selon la tradition, Françoise de Foix, et où elle aurait été tuée par son mari.

L'*église Saint-Nicolas* est moderne. — **L'église Saint-Jean-de-Béré** (1 k. N.-O.), ancienne église paroissiale de Chateaubriant, est un vieil et intéressant édifice de la fin du XIe s., de style roman, avec abside en cul-de-four et 3 grands retables, en pierre blanche, de la Renaissance.

Au delà de Chateaubriant, le ch. de fer laisse à g. la ligne de Nantes et dessert *Louisfert* (363 k.).

368 k. *Saint-Vincent-des-Landes* (✕ pour Saint-Nazaire). — On laisse à g. la ligne de Saint-Nazaire.

382 k. *Derval**, sur la route de Rennes à Nantes.

402 k. *Masserac* (✕ pour Rennes), où l'on rejoint la ligne de Paris-Redon par Rennes.

408 k. *Avessac*. — On se rapproche de la Vilaine et on rejoint la ligne de Paris-Redon par Nantes, à g. Puis on traverse la Vilaine et on passe sur la place principale de Redon (à g., église et grand clocher isolé).

416 k. Redon (*V.* ci-dessous).

3° PAR RENNES.

Ouest 446 k. — Traj. en 8 h. par express (toutes classes). — Mêmes prix que ci-dessus.

De Paris à Rennes (R. 1, 2, 3). — De Rennes à Redon, *V.* p. 48.

446 k. (de Paris) **Redon*** (B), ch.-l.-d'arr., V. de 6935 hab., est agréablement situé sur la Vilaine, à son confluent avec le canal de Nantes à Brest. Point de raccordement de l'Ouest et de l'Orléans, Redon est, pour les lignes de la Bretagne du Sud, un centre important de transit.

Sortant de la gare, on suit à dr. la *rue de la Gare* (à g., petite *chapelle de la Salette*), qui descend vers la vaste **place de Bretagne**, où se tient le marché aux bestiaux. Cette place, coupée à dr., par le ch. de fer (passage à niveau), est contiguë à la promenade dite **place d'Arbres** (*sous-préfecture* et *tribunal*).

Franchissant le passage à niveau, on se trouve sur la **place Saint-Sauveur**, seconde moitié de la place de Bretagne, et au centre de laquelle s'élève, isolé, le beau **clocher** à flèche de pierre (XIVe s.; haut de 67 m.) de l'église Saint-Sauveur, dont il fut séparé par un incendie, en 1782 (on peut y monter; s'adr. au gardien; belle vue).

L'**église Saint-Sauveur** a été remaniée et raccourcie à la suite de l'incendie de 1782. — Le *clocher*, massif et trapu, est le seul clocher roman de quelque importance qui existe en Bretagne, et le seul peut-être en France qui présente des angles arrondis. Il remonte à la première construction de l'église et est antérieur au clocher gothique de la place. — L'abside de l'église est flanquée extérieurement d'une *chapelle* fortifiée, avec meurtrières et mâchicoulis, dite *N.-D. de Bon-Secours*, bâtie au XV^e^ s. et servant de sacristie.

A l'int., la nef a été défigurée au XVIII^e^ s.; à dr., porte murée du cloître (V. ci-dessous). — Dans les transepts, du XII^e^ s., curieux chapiteaux romans des piliers. Au transept dr.: *le Bon Samaritain* (tableau moderne de style ancien); au transept g.: *Donation du territoire de Redon, par Ratulli, à St Convoïon et à ses religieux* (ces Bénédictins sont à tort vêtus de blanc).— Le chœur, du XIII^e^ s., renferme un **maître-autel** de la Renaissance, don de Richelieu; dans le pourtour du chœur (2^e^ chapelle de dr.) : *tombeau* du XV^e^ s. (chapelle absidale) et *tombeau de l'abbé Raoul de Pontbriant* (1423).

Contigu à l'église, le *collège Saint-Sauveur* occupe les vastes bâtiments de l'ancienne abbaye, remaniée au XVII^e^ s. On y remarque (sonner à la porte et demander à visiter) : le *petit-cloître* et le **grand-cloître** (époque Louis XIV).

La place Saint-Sauveur communique avec la *place de la Duchesse-Anne*, où s'ouvre la **Grande-Rue**, qui a conservé quelques vieilles *maisons*, des XV^e^ et XVI^e^ s. A son extrémité, elle franchit sur un pont le canal de Nantes à Brest.

[Au delà du pont, à dr., la *rue de l'Union* conduirait au quai Jean-Bart, qui longe le **bassin à flot**; à l'extrémité de ce bassin, croix en granit, dite *croix-signal*].

Descendant à g., sur le *quai Jean-Bart*, on arrive à la Vilaine, que l'on remonte vers la g. On croise le canal au point où il coupe le fleuve, on laisse à dr. un pont métallique et on suit le *quai Saint-Jacques* (maisons du XVIII^e^ s., à balcons de fer). Le quai est dominé par la terrasse du collège Saint-Sauveur, que supporte un mur à mâchicoulis, débris très restauré des *remparts* du XIV^e^ s. En arrivant au *viaduc* du ch. de fer sur la Vilaine, on tourne à g. et l'on remonte à la place Saint-Sauveur.

De Redon à Rennes, R. 5 ; — à Questembert, Vannes, Auray, Lorient, Quimperlé, Rosporden, Quimper, Châteaulin, Landerneau et Brest. R. 21.

---

## ROUTE 21.

### DE REDON A QUIMPER ET BREST

Orléans, 277 k. — Traj. en 5 h. 40 par express (toutes classes). — 31 fr. 10, 21 fr. 05, 13 fr. 75.

De Redon, la voie franchit le canal de Nantes à Brest et l'Oust, puis remonte le vallon de l'Arz, affluent de l'Oust.

8 k. *Saint-Jacut* (à 2 k. à dr.).

17 k. *Malansac.*

[**Rochefort-en-Terre*** (4 k. 1/2 N.-O.; voit. publ. : 50 c.), ch.-l. de c. de 685 hab. (fréquenté par les peintres) sur des coteaux schisteux, baignés par l'Arz, a dû son nom au *château de Rochefort*, bâti au XIIIe s., détruit en 1594, rebâti et ruiné une 2e fois, dans les guerres de la Chouannerie (on accède aux ruines du côté du bourg, par une ruelle étroite aboutissant dans la Grande-Rue, en face l'église; 5 tours ou débris de tours, souterrains, *puits* ancien).

L'église de Rochefort, dite **N.-D. de la Tronchaye**, a une belle façade latérale (grandes fenêtres ogivales; en face, *croix* de granit sculptée). A l'int. : statues et bois sculptés.

Rochefort est situé sur la lisière S. des vastes **landes de Lanvaux** (bruyères sauvages et landes désertiques, coupées de bois ; nombreuses pierres druidiques ; intéressante excursion ; *V.* le grand Guide de *Bretagne*).

29 k. **Questembert*** (✕ pour Ploërmel, R. 22), ch.-l. de c. de 4076 hab., à 2 k. 1/2 S. de la station (omn. : 50 c.). — *Église* du XVIe s. (clocher neuf ; *chapelle Saint-Michel* et *calvaire* sculpté ; *chapelle Saint-Jean-Baptiste*, défigurée au XVIIIe s. ; *chapelle Notre-Dame* ; *maisons* sculptées (XVIe et XVIIIe s.) ; *halle* (1675) avec belle charpente. — A 14 et 16 k. 1/2 S., Muzillac et Billiers (*V.* ces noms).

36 kil. *La Vraie-Croix*, avec une *chapelle* du XVIIe s., renfermant un fragment de la vraie croix (d'où le nom du village).

45 kil. **Elven*** ch.-l. de c. de 3283 hab., à 4 k. 1/2 N.-E. de la station (voit. publ. : 50 c.).

[A 5 k. N.-E. de la station en suivant la route du bourg, et à 1 k. à g. de cette route, dans un bois clos de murs (on peut visiter), se trouvent les ruines imposantes de la forteresse de *Largoët*, ou **tour d'Elven** (fin du XVe s.), où Octave Feuillet a placé un des principaux épisodes de son *Roman d'un jeune homme pauvre*.

54 k. **Vannes*** Ⓑ (✕ pour la Roche-Bernard, pour Locminé, Lorient, Pontivy et Ploërmel, par ch. de fer départementaux), V. de 28 375 hab., ch.-l. du départ. du Morbihan, et siège d'un évêché, est situé au fond de la petite mer intérieure, dite golfe du Morbihan. C'est un centre intéressant d'excursions, desservi par de nombreux ch. de fer locaux vers l'intérieur des terres, par de bonnes routes vers l'Océan, et par les bateaux du golfe.

De l'autre côté de la *place de la Gare* (omn. des hôtels : 50 c.;

fiacres : 75 c. et 1 fr.) est la *gare des ch. de fer départementaux*. L'*avenue de la Gare*, continuée par l'*avenue Victor-Hugo*, longue de 1/2 k. env. (à dr., *Banque de France*), aboutit à la *rue du Mené*, la principale de la ville.

En suivant la rue du Mené à dr., on débouche sur la vaste *place de l'Hôtel-de-Ville* (*statue* équestre *du connétable de Richemond*, par Leduc).

**L'Hôtel de Ville**, assez bel édifice moderne (perron orné de deux lions en fonte, par Villeminot), renferme un petit **musée** de peinture et sculpture (s'adr. au concierge, pourboire).

On y voit principalement : (au REZ-DE-CHAUSSÉE) Maternité, par *Daniel Dupuis*; Lucrèce, par *Eudes*; Olivier de Clisson (moulage), statue équestre par *Frémiet*; (2e ÉTAGE), dans le corridor : *Tanguy*, Forêt des Vosges ; La Mer à Saint-Gildas-de-Rhuis; Saint-Pierre-Quiberon; *Peslin*, Jeune Bretonne ; Intérieur; Mendiant breton; *Laurent Desrousseaux*, Les Bénédictines (joli pastel); puis, dans la salle centrale : *Couder*, Inauguration, par la duchesse d'Angoulême, de la Chartreuse d'Auray ; *Aubert*, Faust et Marguerite; tableaux du XVIIIe s.; **Eug. Delacroix, Christ en croix**; *Bellée*, l'Hiver; **Henner, Portrait**; quelques bustes et statuettes.

Sur la même place, *collège Jules-Simon* (anciennement *Saint-Yves*); la **chapelle** (1652) renferme un maître-autel avec retable en marbre (1684), et un tableau de Lhermitais (1754).

De la place de l'Hôtel-de-Ville, la *rue de l'Hôtel-de-Ville* conduit à la petite *place Henri-IV*, bordée de vieilles *maisons*, et à la cathédrale.

**La Cathédrale Saint-Pierre**, élevée au XIIIe s. (style gothique), a été remaniée du XVe au XVIe s. (gothique flamboyant et Renaissance), et au XVIIIe s. Le *portail* principal a été refait en 1875; la tour de g., surmontée d'un clocher moderne, est du XIIIe s.; celle de droite a été reconstruite. — La **face latérale** de g., qui donne sur la rue des Chanoines, est la plus intéressante (grand *portail* flamboyant de 1514, muré par un autel intérieur en 1769; restes d'un *cloître* de la Renaissance; *chapelle en rotonde*, de 1537).

A l'int., la nef est du XVe s. (44 m. de long et 25 m. de large, sans bas-côtés) ; la voûte, ronde, a été remaniée au XVIIIe s. ; plusieurs *tableaux*, dont la Résurrection de Lazare (par Destouches). — Au bas-côté dr. (chapelle des fonts-baptismaux) : *bas-relief* de la Renaissance (la Cène); (5e chap.), beau **mausolée** en marbre blanc, avec statue agenouillée de Mgr de Bertin (✝ 1774), par C. Fossati. — Au chœur : **maître-autel** en marbre blanc, par C. Fossati. — Au transept dr. : *tableaux* de Gosse (Mort de St Vincent Ferrier) et de Mauzaisse (Prédication de St Vincent Ferrier à Grenade). — A l'abside (on entre par une étroite arcade): **chapelle de St-Vincent Ferrier** (1536-1637), avec un riche *maître-autel* de la Renaissance, en pierre blanche et marbres de couleur (statue du saint). — Au transept g. : *tombeau* (1777) de St Vincent Ferrier; reliquaires contenant le chef du saint et autres débris.

[La cathédrale est au centre de la vieille ville, qui a conservé quelques logis curieux et quelmaisons anciennes. Au nº **1** de la *place Saint-Pierre* s'ouvre la *rue des Orfèvres*, où l'on trouve (nº **17**) la *cellule de St Vincent Ferrier*, transformée en chapelle (demander la clef à la boutique voisine : 25 c.). La rue des Orfèvres aboutit à la *rue des Halles*, en face de la *rue Noé*. — A l'angle de ces deux rues, deux figures grotesques (homme et femme), dites *Vannes et sa femme*. Au nº **2** de la rue Noé, *maison du Parlement* ou *Château-Gaillard*, ancien logis des présidents du Parlement (on peut demander à visiter; sculptures en bois et 57 panneaux peints, du XVIᵉ s.). — Prenant la rue des Halles, à dr. (vieilles maisons; à dr., *salle de théâtre*, ancienne salle des halles, où les États de Bretagne décidèrent leur réunion à la France), on arrive à la *rue Saint-Salomon* (2 maisons du XVIᵉ s., nᵒˢ 10 et 13). La rue Saint-Salomon, à dr., ramène à la place Henri-IV, voisine de la cathédrale].

Prenant, place Henri-IV, la *rue des Chanoines*, on longe le flanc g. de la cathédrale (V. ci-dessus), on passe à son abside (parapets crénelés), et on arrive à la vieille **porte-prison** (tour à mâchicoulis). — On la franchit et, inclinant légèrement à g., on atteint, par la *rue Saint-Nicolas*, l'église Saint-Patern.

L'**église Saint-Patern** (1727) renferme : une belle *chaire* à prêcher; un *maître-autel* en marbre; un *retable* sculpté, du XVIIIᵉ s. (Mise au tombeau et Résurrection).

[Dans le *cimetière* de la paroisse (quelques pas derrière l'église), à g., *tombe du P. Leleu*, jésuite († en 1849), qui voulut mourir à genoux; la terre, recueillie dans de petits sacs, est emportée par les dévots. — En face est une *croix ornée* ancienne.]

De l'église Saint-Patern, une courte rue (à g. en sortant de l'église, passe devant le bureau des voit. de Sarzeau et Saint-Gildas, et amène à la **Préfecture** (moderne; style Louis XIII).

La *rue Alain-le-Grand*, à dr., amène ensuite au **boulevard des Douves de la Garenne**, bordé à g. par le *parc* de la Préfecture, puis par la *promenade* publique *de la Garenne*; à dr., coule le ruisseau de Rohan, au pied des vieux remparts. Les vieux **remparts** (XIVᵉ, XVᵉ et XVIIᵉ s.) qui, sur les autres faces de la ville, ont à peu près disparu, sont bien conservés de ce côté; ils présentent un bel ensemble avec leurs tours et leurs bastions, les vieilles maisons et la cathédrale qui les surmontent (*tour Trompette* et *tour du Connétable*, celle-ci du XIVᵉ s. et la plus haute, où fut enfermé, en 1387, Olivier de Clisson.

Tournant à dr. et traversant la rivière près d'un lavoir pittoresque, on rentre en ville par la *Porte-Poterne* et par la rue du même nom, qui aboutit à la **place des Lices** (à l'angle de cette place et de la *place du Poids-Public*, tourelle du XVII$^e$ s.). — Au n° 8 de la place des Lices (à dr.), on trouve :

Le **Musée archéologique** (50 c. pour une pers. ; 1 fr. pour plusieurs pers. ; catalogue : 1 fr.) appartenant à la Société Polymathique du Morbihan. Il est installé au 2$^e$ étage.

C'est un des plus riches d'Europe en antiquités préhistoriques, provenant des fouilles du tumulus de Saint-Michel de Carnac, de la butte de Thumiac, de Gavrinis, de Locmariaquer, etc. Il renferme aussi des objets précieux du moyen-âge et des antiquités diverses, parmi lesquelles de curieuses *dalmatiques* brodées du XVI$^e$ s. et *plusieurs tapisseries d'Aubusson* (XVII$^e$ s.). — Un petit *musée d'histoire naturelle* lui est adjoint.

De la place des Lices, la *rue Saint-Vincent* descend à la **porte Saint-Vincent** (colonnes doriques et ioniques, statue du saint et armes de la ville) et à la **place du Morbihan**, qui donne sur le port.

Le **port** de Vannes (*embarcadère* des bateaux de Conleau, île aux Moines, Larmor-Baden, Locmariaquer et Port-Navalo, à dr.) n'est accessible qu'à marée haute ; à marée basse (il découvre alors des vasières infectes), il faut aller s'embarquer 1 k. plus loin, au lieu dit le Pont-Vert. — Le long du port, à dr., s'étend la **promenade de la Rabine** (à l'entrée, voitures pour Conleau), avec petit *monument de Lesage*, né à Sarzeau (près Vannes), par E. de la Rochette.

Tournant le dos au port, on prend (à g. de la place du Morbihan) la *rue Thiers* (au n° 2 de la *rue du Port*, *maison* d'angle, de 1565), qui amène **place de la Halle-aux-Grains**. Sur cette place, *halle aux grains* et *palais de justice*.

Continuant à suivre la rue Thiers, on rencontre à g. l'**hôtel de Limur**, qui renferme diverses collections (on peut visiter ; carte de visite exigée).

Ces collections sont scientifiques : elles comprennent de nombreux objets d'ethnographie et d'archéologie préhistorique, des spécimens rares de géologie et de minéralogie, très bien classés, des pièces paléontologiques (squelette complet d'*ichtyosaure*) et d'histoire naturelle (squelette de *Simia Satyrus*, ou gorille, très rare).

La rue Thiers ramène à la place de l'Hôtel-de-Ville, d'où on regagne la gare.

## Environs de Vannes.

**Ile de Conleau.** — On s'y rend : soit par une route de 4 kil. S.-O. (voitures, place du Morbihan : 50 c. par pers.), qui part de la place du Morbihan, suit la promenade de la Rabine et l'estuaire du port, et passe dans l'île par une chaussée ; soit par les bateaux qui font le service du golfe du Morbihan (20 c.; débarquement en barque).

La petite *île de Conleau* * est la promenade favorite des Vannetais ; elle est plantée de pins, au milieu desquels sont l'hôtel-restaurant et des chalets. Il est préférable de ne se baigner qu'à la mer montante, à cause des déjections que le flot descendant amène du port de Vannes.

En face de Conleau est la *presqu'île de Langle* (passeur : 5 c.) d'où l'on peut revenir à Vannes par *Séné* (10 kil.).

**Saint-Avé et camp de Villeneuve** (4 k. N.-E. jusqu'à Saint-Avé, et 9 k. jusqu'au camp; de Vannes à Saint-Avé, ch. de fer de Locminé, station de Lesvellec). La route de Saint-Avé s'embranche sur celle de Pontivy, à dr., aussitôt passé le ch. de fer. — *Saint-Avé* d'en-haut a une *église* précédée d'une ancienne *croix* ornée, relevée sur un débris d'autel qui lui sert de socle. — L'église ou **chapelle N.-D. du Loc**, la plus intéressante, est à *Saint-Avé* d'en-bas. Elle est précédée d'un vieux *calvaire* et d'une fontaine. A l'int., voûté en bois, avec poutres et frises sculptées, on remarque : au milieu de la nef, une *croix* à personnages (1550), en bois sculpté et peint ; dans la chapelle qui est à dr. de l'autel, un magnifique *bas-relief* en albâtre (xv$^e$ s.).

De Saint-Avé d'en-bas, la route (route de Plumélec, à g. en regardant l'église) descend dans un vallon, passe devant l'avenue (à dr.) qui précède le *château de Beauregard*, puis se relève peu à peu, pendant 3 kil. 1/2. On trouve alors, près de *Coët-Bihan*, une route à g. qui monte, par un long circuit, au ham. de *Mango-Lérian*, sur une colline de 131 m. d'alt. Cette colline est couronnée par une triple enceinte de fortifications ; c'est le *camp de la Villeneuve*, ou camp de César. La vue est magnifique.

**Golfe du Morbihan : île de Conleau, île d'Arz, île aux Moines, Larmor-Baden et île de Gavrinis, Locmariaquer, Port-Navalo.** — [bateau] 2 ou 3 fois par j. (*navigation très douce*) et à heures variables selon la marée (consulter les horaires) ; 27 k. de Vannes à Port-Navalo, avec les escales, en 3 à 4 h. env. selon les courants : 1 fr. 60 et 1 fr. 30 ; all. et ret. 2 fr. 10 et 1 fr. 80.

Le golfe du Morbihan, ou plus simplement **le Morbihan**, qui a donné son nom au département, est une « petite mer » (*Morbihan* en breton) intérieure, aux rivages extrêmement découpés, parsemée d'une quantité d'îles et d'îlots, et communiquant, à son extrémité, avec l'Océan par un étroit goulet. Il couvre une surface de plus de 100 k. carrés ; le nombre de ses îles et de ses îlots est égal, dit la tradition populaire, à celui des jours de l'année. Les courants sont d'une extrême violence entre toutes ces découpures de terres et entravent gravement la navigation à voile. De gracieux paysages, un peu monotones, entourent le golfe.

On s'embarque à Vannes, à la promenade de la Rabine lorsque la mer est haute, au *Pont-Vert* ou au *Pont-Noir* (fiacres : 75 c. et 1 fr.) à marée basse, souvent à l'aide d'une planche fort mal commode.

**4 k.** Ile de Conleau (*V.* ci-dessus).—On débouche ensuite dans le golfe du Morbihan par un étroit passage, aux rives pittoresques, au delà duquel on découvre : à dr., l'*île Boëdic* et l'île *Bouët* ; en face de soi, l'île d'Arz ; à g., la côte d'Arradon, bordée d'arbres et de beaux châteaux.

**7 k. Ile d'Arz** *. On aborde à la pointe N. de l'île, qui est longue de 3 k. et forme une com. de 1 082 hab. Le centre communal est à 2 k. du point d'accostage. L'*église* a conservé dans le transept des colonnes romanes. Au delà, à l'extrémité S. de l'île, sont 2 menhirs et une allée couverte renversée, dite *maison des Poulpiquets*. — On peut, de l'île d'Arz, gagner l'île aux Moines, qui en est séparée par un détroit de 1 k. de large (passeur ; temps et marée permettant).

Le bateau se rapproche ensuite de la côte d'*Arradon* (escale irrégulière).

**12 k. 1/2. Ile aux Moines** *, ainsi nommée des moines qui la colonisèrent jadis, et la plus importante des îles du Morbihan. Longue de 5 k. 1/2 du N. au S., montueuse, et peuplée de 1 401 hab., elle mérite une visite. C'est un lieu de villégiature tranquille. — Le bateau aborde dans une anse voisine d'un bois de pins, dit *Bois d'Amour*, sur l'autre versant duquel sont quelques cabines de bains. On monte vers la g., au centre communal, où sont les deux hôtels, puis on gagne l'*église* par un dédale de petites rues (10 min. env. ; se faire indiquer le chemin). De l'église on voit, au bord d'une jolie baie, deux autres bois de pins, dits *Bois des Soupirs* et *Bois des Regrets*, et, au delà, l'île d'Arz, que l'on peut gagner par la *pointe de Brouel* (passeur ; temps et marée permettant ; *V.* ci-dessus).

Revenu à l'entrée du bourg, on prend un chemin qui, se dirigeant vers le S. de l'île, en longe le faîte d'une extrémité à l'autre et passe d'abord (1 k.) au ham. de *Kergonan* (*cromlech*).

Au delà de Kergonan on passe par plusieurs autres hameaux ; après (2 kil.) avoir traversé celui de *Kerno*, la route descend vers la *baie de Pen-hap* et l'on aperçoit à dr., au faîte d'une lande, un magnifique *dolmen* (vue fort belle).

On peut, du petit port de *Pen-hap*, se faire passer en barque (marée permettant ; 1 à 2 k. de mer) sur la presqu'île de Rhuis, puis gagner Port-Navalo, ou Saint-Gildas-de-Rhuis, ou Sarzeau. — Sinon, on revient sur ses pas au Bois d'Amour, où l'on reprend le bateau; ou bien, gagnant la pointe N. de l'île (1 k. du bourg), on se fait passer (marée permettant) à la *pointe d'Arradon*, afin de regagner Vannes par la route de terre (8 k.).

Au delà de l'île aux Moines, le bateau se rapproche de l'*île Berder*, à dr. (*château* moderne avec tour de briques).

19 k. **Larmor-Baden** * est une petite station balnéaire, d'où un bateau à voile (50 c. par pers.; minimum 1 fr.) conduit à l'île de Gavrinis.

**L'île de Gavrinis**, petite, possède (50 c. d'entrée) un remarquable *tumulus* celtique, renfermant une chambre funéraire, sans doute sépulture royale (*galerie*, composée de deux rangées de menhirs supportant plusieurs tables de dolmens, avec cercles concentriques, haches et serpents; *chambre funéraire*, où un bloc énorme sert de plafond).

L'*île Longue*, que l'on voit à 1 k. E. env. de Gavrinis (on s'y rend de Larmor, en barque: 1 fr.), renferme aussi un tumulus qui doit être prochainement aménagé pour la visite.

Au delà de Larmor, le bateau commence par desservir, tantôt Port-Navalo, et tantôt Locmariaquer. — 21 k. **Locmariaquer** *, localité célèbre par ses monuments mégalithiques (*V.* ce nom). — 27 k. **Port-Navalo** * (*V.* ce nom).

[De Port-Navalo : à Saint-Gildas-de-Rhuis, 9 k. S.-E.; — à Sarzeau par Arzon, 12 k. E., et 22 k. de Sarzeau à Vannes (voit. publ. d'Arzon à Vannes)].

**De Vannes à Sarzeau, Saint-Gildas-de-Rhuis et Port-Navalo** (22 k. de Vannes à Sarzeau, voit. publ.: 1 fr. 50; 6 k. de Sarzeau à Saint-Gildas et 9 k. de Saint-Gildas à Port-Navalo; 12 k. de Sarzeau à Port-Navalo, par Arzon, voit. publ. jusqu'à Arzon : 1 fr. — Ch. de fer projeté). On sort de Vannes par la place de la Préfecture, la *rue du Roulage* et la route de Nantes.

5 k. On quitte la route de Nantes, pour prendre la bifurc. de dr. — 8 k. 1/2. On franchit un petit bras de mer, déversoir dans le Morbihan de l'*étang de Noyalo*. — 9 k. *Noyalo* (vieille église et *marais salants*).

15 k. *Saint-Armel*, en face de l'*île Tascon*. — 18 k. *Saint-Colombier*, ham. au delà duquel une route à g., plus longue de 3 k. 1/2, conduirait à Sarzeau en passant par les belles ruines du château de Sucinio (*V.* ci-dessous; itinéraire recommandé).

22 k. **Sarzeau** *, ch.-l. de c. de 5 011 hab., à 1 k. S. du golfe du Morbihan, à 3 k. 1/2 N. de la mer. — *Église* de 1626. *Maisons* anciennes (XVIII^e s.), à lucarnes ouvragées, notamment près de l'église. *Maison natale de Le Sage* (1668-1747), l'auteur de *Gil Blas de Santillane*. — A 4 k. S.-E., *ruines* magnifiques

**du château de Sucinio,** situé près de la mer (la clef est dans une maison voisine : 25 c. par pers.).

A la sortie de Sarzeau, la route bifurque; celle de g. va à Saint-Gildas, celle de dr. à Arzon :

1° La route de Saint-Gildas se dirige vers le S.-O., à travers un pays dénudé. — 6 k. (28 k. de Vannes). **Saint-Gildas-de-Rhuis***, petite station balnéaire, est un village de 248 hab., sans hôtel et avec peu de ressources. La côte a de pittoresques escarpements et des plages magnifiques, mais le paysage est sans ombrages.

L'*église* (XII$^e$ et XVI$^e$ s.) a une *tour* carrée du XVII$^e$; du cimetière qui entoure l'église (ancien ossuaire), on voit les chapelles rondes du chœur (frises, têtes sculptées d'hommes et d'animaux). — A l'int., au bas de la nef, 2 beaux chapiteaux romans servent de *bénitiers*. Dans le transept dr. : *retable* de la Renaissance; dans le transept g., beau chapiteau-bénitier et *tombeaux* de St Félix et de St Goustan. Au chœur : *maître-autel* du XVIII$^e$ s.; dans le pourtour du chœur : nombreuses *pierres tombales* de saints et de membres de la famille ducale de Bretagne (la plus belle est à g. de la porte de la sacristie). Le *trésor* de l'église (s'adr. à la sacristie) possède des objets intéressants.

Face à l'église, l'ancienne *abbaye*, (bâtiments du XVIII$^e$ s.), est occupée par le couvent-pension des Sœurs (on refuse souvent la visite) et a un beau jardin.

Longeant le mur du couvent, on gagne ensuite (1 k. env.) la **pointe** extrême du **Grand-Mont** (petite *baie*, *fontaine* et *grotte* de Saint-Gildas), d'où l'on jouit d'un admirable panorama. *Plage* de bains de Port-Maria.

[Une route de 9 k. N.-O. relie directement Saint-Gildas à Port-Navalo.]

2° La route de Sarzeau à Port-Navalo traverse un pays monotone. — 7 k. On passe au *Net*, ham. (à g., menhir), près de l'*anse du Logeo*, qui s'ouvre sur le golfe du Morbihan, à dr. — 8 k. *Thumiac*, ham. A dr. de la route se dresse **la butte de Thumiac** (du sommet, vue étendue sur le golfe de Morbihan et sur l'Océan), ancien tumulus celtique de 260 m. de tour, de 20 m. de haut; la chambre sépulcrale qu'il renferme a été ouverte en 1853, puis recomblée. — 10 k. 1/2. *Arzon*, petit v. Dans l'*église*, deux vitraux modernes rappellent le vœu fait à Ste Anne par 42 marins du pays, partis pour la guerre de Hollande en 1673.

12 k. (34 k. de Vannes). **Port-Navalo***, port de pêche et petite station balnéaire de peu de ressources, à l'extrémité de la **presqu'île de Rhuis**, face à celle de Locmariaquer, dont la sépare l'étroit goulet par lequel le golfe du Morbihan se déverse dans l'Océan. — De la *pointe*

de *Port-Navalo*, qui porte un phare, et de celle d'*Ormilédec*, la vue est magnifique sur la côte de Carnac, la baie et la presqu'île de Quiberon, les îles de Houat, Hœdic et Belle-Ile. — Le pays qui entoure Port-Navalo est dénudé et sans arbres.

[Port-Navalo est relié à Vannes par un service de bateaux (*V.* ci-dessus). — On peut aussi se faire passer à Locmariaquer en bateau à voile (marée permettant : 2 fr. 50 à 3 fr.) et, de là, gagner Carnac ou Auray.]

**De Vannes à la Roche-Bernard** (🚂 départemental, 43 k. en 2 h. env. : 3 fr. 50 et 2 fr. 20). De la gare des ch. de fer départementaux, située en face de celle de l'Ouest, la ligne de la Roche-Bernard suit d'abord la direction de la route de terre et passe au fond d'une des échancrures du golfe du Morbihan.

10 k. *Theix*. — 16 k. *Surzur*.

22 k. *Ambon*, au fond de l'estuaire de la rivière de Pénerf, avec *église* du XIIe s. — A 4 k. S., petites plages et stations balnéaires, de **Damgan***, de **Kervoyal*** (2 k. E. de Damgan), et de **Pénerf*** (4 k. O. de Damgan). Parcs à huîtres ; chasse et pêche ; région à prix modérés.

28 k. *Muzillac**, ch.-l. de c. de 2 573 hab., près de la rivière de Saint-Eloi. — A 2 k. 1/2 S., **Billiers***, petite station balnéaire, au bord de l'*étier de Billers* et à 1 k. 1/2 de la mer, est fréquenté par les familles simples et amies du calme. *Église*, avec tour du XVIIIe s.; *Christ en ivoire* (au presbytère), provenant de l'abbaye de Prières. Ancienne *abbaye de Prières* (on peut visiter). La *pointe de Penlan* et la *pointe du Halguen* encadrent l'embouchure de la Vilaine.

Au delà de Muzillac, le ch. de fer dessert (35 k.) *Diston*, ham., et (41 k.) *Marzan*.

45 k. **La Roche-Bernard***, sur la rive g. de la Vilaine, qui, gonflée par la mer, a la largeur d'un véritable fleuve. — Le ch. de fer s'arrête sur la rive dr., avant le magnifique *pont suspendu* (1836-1839), long de 198 m., élevé de 35 m. au-dessus de l'eau (il doit être prochainement remplacé par un autre pont permettant le passage des trains). — Dans la ville quelques *maisons* anciennes.

[De la Roche-Bernard à Guérande, tram à vap. par *Herbignac** (⚔ et tram à vap. d'Herbignac à Saint-Nazaire).]

—

71 k. **Sainte-Anne d'Auray***, station desservant le v. et la célèbre basilique de ce nom (*V.* ci-dessous ; l'excursion se fait aussi d'Auray), qui sont à 3 k. à dr. (omn. et voit. : 25 c. à 50 c. la place).

Le ch. de fer traverse la rivière de Pont-du-Loc, ou rivière d'Auray, sur un *viaduc* de 206 m., dans un beau site.

73 k. **Auray*** Ⓑ (⚔ pour Carnac, Quiberon et Belle-Ile, R. 24

et pour Pontivy, R. 25), ch.-l. de c., V. de 6 485 hab., est à 2 k. de la gare, sur le Loc, ou rivière d'Auray, qui y forme un port. — On peut faire directement de la gare l'excursion de la Chartreuse d'Auray (800 m. env.), du Champ des Martyrs (1 k. 1/2) et de la basilique de Sainte-Anne d'Auray (5 k.), qui est desservie en outre par la station de Sainte-Anne.

De la gare (omn. des hôtels : 50 c.), laissant à g., presque aussitôt, une route qui traverse le passage à niveau du ch. de fer et conduirait à la Chartreuse, au Champ des Martyrs et à la basilique de Sainte-Anne (*V.* ci-dessous), on tourne à dr. pour gagner la ville.

On y arrive, à la *rue de l'Hôpital*, qui longe à g. l'*Hôtel-Dieu* (chapelle du XV<sup>e</sup> s.); un peu plus loin, on laisse à dr. la *rue de l'Église*, où se trouve l'**église Saint-Gildas**, gothique, avec façade de la Renaissance (1636; à l'int. : beau maître-autel, boiseries de la chapelle des fonts baptismaux), et l'on aboutit à la *place de la Mairie*.

L'*hôtel de ville* (fin du XVIII<sup>e</sup> s.) renferme la bibliothèque.

Traversant la place et passant devant l'hôtel du Pavillon, puis (à g.), devant l'ancienne chapelle des Cordeliers, dite *chapelle du Père-Éternel* (stalles sculptées), on atteint la **promenade du Loc**, ornée d'un *belvédère* en pierre (1727 et 1823), d'où l'on jouit d'une vue magnifique.

Descendant vers la rivière et le port, par des sentiers en lacets, on atteint le quai de la rive dr., près d'une *fontaine* à frontispice du XVIII<sup>e</sup> s. Passant ensuite sur la rive g., par un *pont* de pierre de 5 arches, on se trouve à *Saint-Gouston*, faubourg d'Auray.

La *place Saint-Goustan* forme un carrefour pittoresque, avec *maisons* du XV<sup>e</sup> s.; la *rue Neuve* y débouche, rue ancienne et étroite (au n° 2, maison à écailles d'ardoises). — A l'entrée de la rue Neuve, une autre rue à dr., monte à l'*église Saint-Goustan* (porche du XIV<sup>e</sup> s.).

On revient au pont, au delà duquel la *rue du Château* gravit le coteau, pour ramener à la place de la Mairie. — Afin d'éviter la montée très raide de la rue du Château, on peut suivre, à dr., une rue plus longue mais moins rapide, qui passe sous une arche supportant la route de Vannes.

### Environs d'Auray.

**Chartreuse d'Auray, Champ des Martyrs et Sainte-Anne d'Auray** (7 k. env., voit., priv. : 6 à 10 fr.; on peut aussi visiter séparément la Chartreuse et le Champ des Martyrs [3 k. env.], et se rendre à Sainte-Anne par le ch. de fer, station de ce nom). D'Auray, on suit la route de la gare (2 k.); un peu avant celle-ci, à la hauteur du ch. de fer, au lieu de tourner à g., on traverse la voie et l'on prend la route qui s'ouvre devant soi (route de Pontivy).

2 k. Carrefour avec un débit de vin, où l'on prend, à g., une allée dans un bois de chênes, menant, en quelques minutes, à la Chartreuse.

**La Chartreuse d'Auray** (sonner à la grille; une religieuse accompagne les visiteurs; offrande à l'un des troncs) est occupée auj. par une institution de sourdes-muettes, que dirigent les Sœurs de la Sagesse. Sur les bords du Loc, au lieu dit depuis Champ des Martyrs (V. ci-dessous), furent passés par les armes, du 1er au 25 août 1795, les prisonniers faits à Quiberon sur l'armée royaliste par les troupes républicaines; les ossements des victimes restèrent enfouis là jusqu'en 1814, et ils furent alors transportés à la Chartreuse.

On commence la visite par la **chapelle funéraire** des prisonniers royalistes, dont la duchesse d'Angoulême posa la première pierre en 1823. On lit au fronton : *La France en pleurs a élevé ce monument.* L'int. est dallé et revêtu de marbres blanc et noir, avec bas-reliefs ; à la voûte, étoiles et fleurs de lys. Un *mausolée* de marbre, avec bustes (Sombreuil et Soulanges à la face principale) et bas-reliefs (à dr. : débarquement à Quiberon ; à g. : acte sublime du jeune Gesril du Papeu qui, après avoir été à la nage, et au péril de sa vie, faire cesser le feu des Anglais après l'entrevue de Hoche et de Sombreuil, revint de même se constituer prisonnier), recouvre le *caveau funéraire* au fond duquel, avec une lanterne descendue par une corde, on montre le tas des *ossements.*

On visite ensuite la *chapelle* de la Chartreuse (autel à colonnes de marbre et bons tableaux de la vie de J.-C.), puis le *cloître*, où 17 toiles reproduisent la vie de St Bruno, de Lesueur, qui est au Louvre. L'ensemble des bâtiments est des XVIIe et XVIIIe s.

De la Chartreuse, on regagne la route d'Auray à Pontivy, au carrefour où on l'a laissée, et on la traverse pour prendre celle qui s'ouvre en face du chemin qu'on vient de quitter. Cette route descend dans la vallée du Loc et aboutit à un carrefour (auberge) au centre duquel se dresse une *colonne* de granit, surmontée d'une croix. De ce carrefour une allée conduit, à dr., au Champ des Martyrs et à la chapelle Expiatoire.

Le **Champ des Martyrs** est une pelouse solitaire, ombragée de grands arbres, dans un paysage d'un charme austère et mélancolique; à l'extrémité, s'élève la *chapelle expiatoire*, de style pseudo-grec. Au fronton on lit (en latin) : *La mémoire des justes sera éternelle* ; au-dessus de la porte d'entrée : *C'est ici qu'ils tombèrent.*

Du carrefour qui précède le

Champ des Martyrs, on suit la route de Sainte-Anne, qui longe à dr. le *marais de Kerso*. On franchit le Loc, près d'un moulin, sur un barrage où s'arrête la marée. La route s'élève, puis traverse un plateau. Elle longe à dr. (6 k.) un champ enclos de murs, avec le *monument du comte de Chambord*, dit Henri V, érigé en 1891, par un comité royaliste (statue du comte, agenouillé, en costume royal; statues de Bayard, Du Guesclin, Ste Geneviève et Jeanne d'Arc), et l'on aperçoit devant soi le village et la basilique de Sainte-Anne d'Auray.

7 k. **Sainte-Anne d'Auray*** doit son importance au pèlerinage célèbre qui s'y établit au XVII$^{e}$ s. Un paysan, Yves Nicolazic, eut une vision : Ste Anne, mère de la Vierge, lui apparut et lui commanda de faire bâtir une chapelle en son honneur. D'abord traité de fou, Nicolazic, découvrit dans l'endroit désigné, au milieu de circonstances miraculeuses, une statue très ancienne de Ste Anne ; dès lors les offrandes affluèrent, et une église fut construite (1645), où l'on plaça l'image vénérée. Celle-ci fut brisée et brûlée en 1790. Un morceau de la figure, qui échappa à la destruction, est renfermé dans le piédestal de la nouvelle statue. Les pèlerins sont nombreux toute l'année. Mais ils affluent surtout à la Sainte-Anne (26 juillet), et la veille (costumes pittoresques).

En arrivant par la route de la Chartreuse, on longe à dr. une vaste pelouse au fond de laquelle s'élève un édifice sans style (1872), surmonté d'une coupole, et avec 2 escaliers latéraux que les pèlerins gravissent à genoux ; c'est la *Scala sancta*. — La *fontaine miraculeuse* est à g. de la route. C'est une piscine en pierre de taille, avec escaliers et bassins.

La **basilique**, reconstruite de 1866 à 1875, est en pseudo-style de la Renaissance et d'un art médiocre. Elle s'élève sur une esplanade entourée de magasins d'objets de piété et faisant face à l'enceinte de la Scala sancta. Une statue dorée de Ste Anne est placée au sommet de la tour-clocher, où l'on peut monter (vue étendue). — A l'int., les murs sont recouverts d'ex-voto; les vitraux retracent l'histoire du pèlerinage jusqu'à nos jours. Dans le bas de la nef, à dr. : *statue* en bronze *de St Pierre*, offerte par les zouaves pontificaux. Au transept dr. : *autel de Ste Anne* (nouvelle statue de la Sainte et fragment de l'ancienne statue miraculeuse). Au chœur : *statues de St Joseph* et *de St Joachim* par Falguière ; contre la clôture du chœur (à dr.), petit *bas-relief* représentant la découverte de la statue miraculeuse ; *maître-autel* en marbre, donné par le pape Pie IX. Transept g. : beau *retable* en pierre et marbre, où 5 petits bas-reliefs du XV$^{e}$ s. figurent la Passion. — Le trésor (50 c. ; 25 c., par groupe d'au moins

10 pers.) renferme des reliques de Ste Anne, la châsse et les ornements servant aux cérémonies et aux processions, et quantité de dons.

A côté de l'église, ex-*couvent des Carmes*, de XVIIe s., le seul monument ancien de Sainte-Anne. La cour intérieure est entourée d'arcades; une croix s'élève au centre, dans le bois de laquelle les jeunes filles viennent piquer des épingles pour obtenir un mari.

De Sainte-Anne d'Auray on peut regagner Auray (6 k.) par la gare de Sainte-Anne (3 k., omn. et voit., : 25 c. à 50 c. la place) et *Pluméret*.

[D'Auray on peut : 1° se rendre à Belle-Ile-en-Mer (42 k.), par bateau, une fois par semaine (lundi soir ou mardi mat. ; heures variables) : 4 fr. et 3 fr., all. et ret. 6 fr. et 4 fr. ; — 2° aller visiter Locmariaquer et ses mégalithes, route de voit. 15 k. S., voit. publ. : 1 fr. ; — 3° faire la tournée de Carnac, la Trinité-sur-Mer et Locmariaquer, 40 k. S.-E. et S.-O. all. et ret., voit. priv. : 15 à 20 fr.]

—

Au delà d'Auray, le ch. de fer laisse à g. la ligne de Quiberon, puis à dr., 3 k. plus loin, celle de Pontivy.

87 k. *Landévant*. On franchit le Blavet sur un *viaduc* monumental (222 m. de long, 25 m. de haut) un peu avant la station d'Hennebont; on voit la ville à dr., du haut du viaduc, dans un paysage pittoresque.

100 k. **Hennebont** *, ch.-l. de c., V. de 8 702 hab., à 1 k. à dr. de la gare (omn. de l'hôt. : 50 c.), est dans un beau site, sur les rives du Blavet; mais la ville est sale.

L'avenue qui s'ouvre à dr. de la gare va rejoindre la route de Lorient (tram de Lorient-Hennebont), par laquelle on descend au bord du Blavet. On suit le quai vers la g., jusqu'au *pont*. A dr., on voit le *port* et ses quais plantés de grands arbres ; le viaduc du ch. de fer ferme le paysage. A g., est un débris des anciens *remparts* de la Ville-Close.

Passant le pont, on prend (en face, un peu à dr.) la rue principale d'Hennebont ; elle monte vers la vieille ville, en laissant à dr. une place avec un lavoir et à g. l'hôtel de France. Un peu plus loin, à dr., la *rue Launay* offre quelques *maisons* à pignon; deux d'entre elles communiquent d'un côté à l'autre de la rue par un escalier en forme d'arc-boutant, rappelant les petits ponts de Venise. On arrive ensuite à une vaste place, au fond de laquelle s'élève N.-D. du Paradis.

**L'église Notre-Dame du Paradis** est un bel édifice du style ogival (1513 à 1530), restauré de nos jours. L'énorme tour qui la précède, et derrière laquelle l'église disparaît entièrement, est surmontée d'une *flèche* flamboyante, haute de

72 m., reliée à deux flèches plus petites. — L'int. est d'une architecture simple et élégante; dans la chapelle des fonts baptismaux, *tableau* rappelant le vœu que firent les habitants d'Hennebont, lors d'une peste en 1697; les ornements et vitraux sont modernes et sans valeur.

Sortant de l'église, on traverse en biais la place vers la dr., vers une *maison à tourelle* de la Renaissance, et on trouve la *rue Neuve*, vieille rue étroite, aux maisons antiques, qui commença, à la fin du XVIe s., le développement de la cité hors des murailles de la Ville-Close. On descend la rue Neuve vers la g. et on passe devant un *puits* avec armature de fer, déparé par une couverture de zinc, pour arriver devant une *porte fortifiée* (2 tours à mâchicoulis), donnant accès dans la Ville-Close.

[Si l'on suivait, avant de pénétrer dans cette dernière, la belle avenue de platanes qui s'ouvre à dr., on découvrirait à son extrémité, à pic au-dessus de la vallée du Blavet, un superbe paysage.]

Passant sous la porte fortifiée et pénétrant dans la Ville-Close, on trouve le vieux quartier d'Hennebont, occupé jadis par la cité du moyen âge. La plupart des maisons furent reconstruites au XVIe s.; beaucoup sont du XVIIe. On accède d'abord dans la *rue de la Prison*; puis, soit par la *rue Moricette* (à g.; *chapelle*), soit par la *Grande-Rue* (vieilles maisons), que suit la *rue des Lombards* (au no 2, maison Renaissance), on redescend au quai du Blavet.

A dr., faïencerie dans une maison du XVIIe ou XVIIIe s.); à g., on passe sous les restes des remparts de la Ville-Close et on retrouve le pont d'Hennebont, par lequel on est arrivé.

[**Abbaye de la Joie** (1 k. N., env.). On remonte, du pont d'Hennebont, la rive g. du Blavet; la vallée offre de jolis aspects. L'*abbaye de la Joie*, de l'ordre de Cîteaux, fut fondée à la fin du XIIIe s. par Blanche de Champagne dont on voit encore la *statue tumulaire* (bois plaqué de bronze). Des bâtiments modernes sont occupés par une station d'étalons.

On peut ensuite continuer (5 k. 1/2 env.) à suivre la vallée jusqu'aux *forges* importantes *de Kerglaw et Lochrist*, connues sous le nom de forges d'Hennebont.]

D'Hennebont à Lorient, 10 k. (tram : 45 c.).

Au delà d'Hennebont et en arrivant à Lorient, la voie franchit l'estuaire du Scorff sur un *pont* de 358 m. (à g. vue du port militaire et de ses chantiers de construction).

108 k. **Lorient** * Ⓑ (✕ pour Le Faouët, Gourin, Pontivy, Vannes, Ploërmel par ch. de fer départementaux), V. de 44 640 hab., ch.-l. d'arr. et d'une préfecture maritime, important port militaire, est situé sur l'estuaire formé par le confluent du Scorff et du Blavet, à 6 k. de la pleine mer. La ville date entièrement des XVIIe et XVIIIe s. Spécialité de gâteaux.

Sortant de la gare (omn. des hôtels; tram. pour la ville et le port, sur le cours Chazelles, à dr.), on tourne à dr. et l'on trouve **le cours Chazelles**, que l'on suit vers la dr., en traversant le *passage à niveau*. On aboutit (à dr., *gare des ch. de fer départementaux*; à g., *square Bodélio*, avec *buste*, par Nayel, *du Dr Bodélio*, philanthrope, 1799-1887), à la **place du Morbihan**, que précède la *statue de Jules Simon*.

Sur cette place, 3 rues s'ouvrent en éventail : celle de dr., *rue Victor-Massé*, conduirait aux hôtels, qui s'y trouvent presque tous réunis, et à la **place d'Alsace-Lorraine**; celle de g., *rue Colbert*, conduirait directement au port militaire, par la *rue de l'Hôpital* qui lui fait suite (*chapelle* de l'hôpital, du XVIIe s.). — On prend, devant soi, la rue du Morbihan.

La *rue du Morbihan* (à dr., *fontaine de Neptune*, du XVIIe s.) aboutit à l'**église Saint-Louis**, de 1709. — A l'int. : *fonts-baptismaux*, avec dais en bois sculpté; *chaire* de style Empire; vitraux modernes (au bas-côté dr., *délivrance de Lorient en* 1746, *la municipalité de Lorient fondant la fête de la Victoire, la première Procession de cette fête*.

A g. de l'église, dans un vieux bâtiment servant aussi de *justice de paix*, au 1er étage, petit **Musée** (publ. les jeud. et dim. de midi à 5 h.; les autres j., s'adr. au concierge, pourboire).

On y voit des tableaux, parmi lesquels : *Biard*, Bisson s'apprêtant à faire sauter son navire; *Decamps*, *Le Chêne et le Roseau* (fusain); *De Broca*, Paysanne de Kérentrech (aquarelle); *Monchablon*, Le Sauveur du monde; *Géricault*, Chevaux (étude à la sépia); *Biard*, Mort de Ducouëdic; *Bouillé*, Camaret; *Yan Dargent*, Extase; *H. Morel*, Ile de Groix; *Guillou*, Coup de vent.

Dans une vitrine, curieux *vêtements brodés* du Directoire. — Différents moulages et quelques statues modernes. — Coquillages, insectes, minéraux, poteries.

[En sortant du musée, la *rue Traversière*, à dr., mènerait directement au port militaire.]

A dr. de l'église, la **place Bisson** est ornée d'une *colonne* en granit, portant une *statue*, par Gatteaux, *de l'enseigne de vaisseau Bisson* (il tient à la main la torche avec laquelle, en 1827, il mit le feu aux poudres de son navire, et se fit sauter avec les pirates qui l'avaient envahi).

Traversant la place Bisson, on descend le **cours de la Bôve**, où est la *statue de Victor Massé*, en marbre blanc, par Mercié.

[A cette hauteur, la *rue du Port*, à dr., conduirait à la **chapelle de la Congrégation**, du XVIIIe s. (à la façade, boulet anglais, provenant du bombardement de Lorient en 1748; à l'int., grand retable sculpté). — Un peu plus loin, à l'angle de la *rue de la Patrie* et du quai, **Palais des Fêtes**, moderne.]

Le cours de la Bôve aboutit au *théâtre*, derrière lequel s'étend le **cours des Quais**, qui borde le **port de Commerce**.

Celui-ci se compose d'un *bassin à flôt* et d'un *port d'échouage* asséchant à marée basse, séparés l'un de l'autre par un *pont tournant*, que l'on trouve en suivant le quai vers la g. (bateaux pour Port-Louis, Larmor et l'île de Groix près du pont tournant et, un peu plus loin, sur l'autre rive, vers la g.).

[Si, ayant traversé le pont tournant, on longeait vers la g. le port de commerce, on arriverait à une longue **jetée**, faisant face à l'arsenal que domine la tour de la Découverte. Au bout de cette jetée s'ouvre, à g., le *port de guerre*, dans l'estuaire du Scorff. A dr., **la rade de Lorient**, où le Blavet vient confluer avec le Scorff, se termine à la mer, 6 k. au delà, après Port-Louis et Larmor.

Si, après avoir traversé le pont tournant, on prenait, en face, la *rue Carnot* (la *rue Perrault*, 1re que l'on croise, mènerait à g. à un square avec *statue de Brizeux*, par Ogé), on arriverait (1 k. 1/2; tram), après avoir tourné à g. par la *rue de Carnel*, au *cimetière* (*tombe de Brizeux*, par Etex, ombragée d'un chêne).]

Continuant à suivre vers la g. le cours des Quais, on trouve à son extrémité, à g., la *rue de la Cale Ory*, que l'on remonte et où est l'entrée du port de guerre.

Le **Port de guerre** se compose de deux enceintes. La première, ouverte tout le jour, forme la *place d'Armes*, qui sert de promenade publique. A dr. en entrant, deux jolis pavillons de style Louis XV, construits en 1733 par la Cie des Indes, sont occupés par la *préfecture maritime*. Au milieu de la place, *statue*, par Ogé, *de Dupuy de Lôme*, célèbre ingénieur maritime (1816-1885).

La seconde enceinte renferme les arsenaux et le port de guerre (permis de visiter délivré par l'officier de service, de 9 h. 15 à 9 h. 45 mat., et de 2 h. à 2 h. 30, sauf dim. et fêtes, *sur la production d'une pièce d'identité établissant que l'on est Français*), qui est fermé aux étrangers. Un matelot accompagne (rétribution).

La visite dure 1 h. 30 env. Les points les plus intéressants, auxquels on peut la borner, sont : la **salle d'armes**, renfermant 12000 armes à feu et autant d'armes blanches des modèles les plus divers, des trophées de Saint-Jean-d'Ulloa, du Mexique, de Chine et de Cochinchine, deux canons allemands en acier, pris à Coulmiers, etc. ; — le **musée maritime**, où se trouvent des modèles de navires, des statues de bois provenant d'anciennes frégates, un moulage de la tête de Napoléon Ier sur son lit de mort, et de très curieuses *plaques de blindage* traversées par des obus, dont elles montrent la force de pénétration ; — la tour des Signaux, ou **tour de la Découverte**, élevée au XVIIIe s. et haute de 38 m. (belle vue, du sommet, sur Lorient, l'arsenal et le port, sur la rade vers Port-Louis et Larmor, et à l'horizon, par temps clair, sur l'île de Groix) ; — visite d'un *cuirassé* ou *croiseur cuirassé*.

Chemin faisant, on passe devant

une *grue* de 160 000 kilog., et devant les *cales sèches*, où l'on répare les navires. — 3 vieilles frégates servent de *casernes* et d'*écoles*, et l'on aperçoit au fond du port les énormes *chantiers de construction de Caudan*.

En sortant du port de guerre, la rue du Port, en face, ramène en ville, au cours de la Bôve; la rue de l'Hôpital (à dr.) conduirait directement place du Morbihan et à la gare.

### Environs de Lorient.

De l'autre côté du passage à niveau qui précède la gare de Lorient, s'étend le vaste faubourg de **Kérentrech** (desservi par le train d'Hennebont : 10 c.). On s'y rend par le cours Chazelles, à l'extrémité duquel on prend la *rue du Pont*.

Celle-ci descend au beau *pont suspendu* de Kérentrech, jeté sur le Scorff, et d'où part la route d'Hennebont. — Un peu avant le pont suspendu, l'*impasse Saint-Christophe* (à dr. en venant de Lorient) conduit à la *chapelle* du même nom (XVIe s.), qui a conservé un joli portail. A l'int., au-dessus de l'autel, curieuse *statue de St Christophe* ou *Christophorus* (porte-Christ), avec une massue à la main et le Christ sur son épaule.

En prenant, au pont tournant du port de Commerce, la rue Carnot, puis la rue de Carnel, à g., qui longe le cimetière, on atteint (2 k. env.; tram) les **bains de Kéroman**, situés à l'embouchure du Ter, et fréquentés par les Lorientais, ainsi que les petits *bains* voisins *de la Perrière* (parcs à huîtres). — De la *pointe* de *la Perrière*, un bateau électrique (10' c.) transporte à *Kernevel*, d'où l'on peut gagner à pied Larmor (*V.* ci-dessous), en suivant la côte (1 k. 1/2 env.).

**Le Fort-Bloqué** * (6 k. S.-O. de Lorient à *Plœmeur*, tram; 5 k. 1/2 de Plœmeur au Fort-Bloqué) est une petite plage de bains en face du *fort* du même nom, situé sur un récif pittoresque. La mer y est belle.

**Larmor** * (6 k. S. par la route; 6 k. 1/2 par [bateau] : 40 c. et 30 c., all. et ret 60 c. et 50 c.) est une station balnéaire fréquentée par les Lorientais.

Sur la place principale du bourg, s'élève une intéressante **église**. La *tour*, trapue et carrée (1615), est surmontée d'un clocher en pyramide; le *portail latéral*, du style flamboyant (XVIe s.), précède un porche avec statues de pierre des Apôtres. — A l'int. : plafond de bois, aux poutres sculptées. *Maître-autel* du chœur, du XVIIe s., en bois sculpté, avec grand retable et peintures décoratives; à dr. du maître-autel, *autel* et jolie *statue* de N.-D. de la Clarté. Aux 2 autels des bas-côtés avant le chœur : à g., *autel des Juifs*, avec *retable* flamand du Crucifiement; à dr., autel avec *retable* de la Mise au Tombeau.

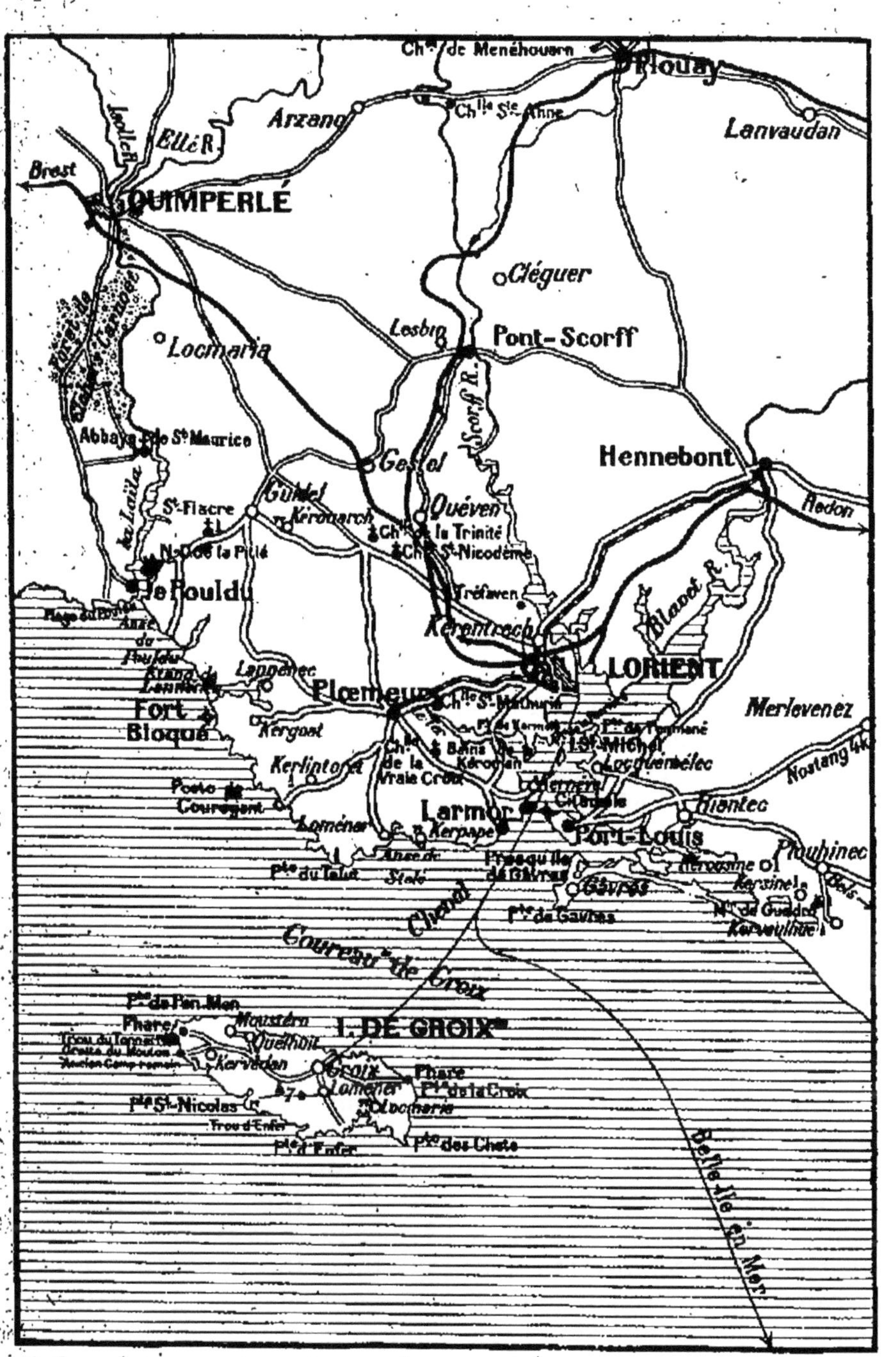


ENVIRONS DE LORIENT.

[De Larmor on peut (bateau : 15 c.) passer à Port-Louis (*V.* ci-dessous).]

**Port-Louis** * (🚢 4 k. 1/2 S. : 25 et 20 c.), ch.-l. de c., V. de 3 784 hab., port de pêche et place forte, fut fondé un siècle env. avant Lorient, qui a fini par l'absorber. La ville, trop vaste auj. pour le nombre de ses habitants, a conservé son aspect du XVII^e s.

On débarque dans la petite *anse de Kerso*, où se trouve le *port*. Ayant gagné les maisons, on se dirige, à dr., vers une vaste esplanade entourée de beaux arbres, que l'on traverse devant soi pour atteindre la grande ligne des remparts, où s'ouvre une porte qui conduit à la plage des bains. — A l'extrémité dr. de l'esplanade on voit la citadelle, où Louis-Napoléon fut enfermé en 1836, et qui servit de prison pour les insurgés de la Commune.

La *plage des bains* (cabines et petit café-casino) regarde la pleine mer et s'adosse aux **remparts**, qui développent le long de la grève leur belle masse de pierre. En face de soi on voit l'île de Groix et, plus près, sur la g., s'avance la *presqu'île de Gâvres*.

On revient sur ses pas et on repasse la porte ouverte dans les remparts. — Prenant au milieu de l'esplanade, à dr., l'*avenue des Écoles* plantée de tilleuls, on arrive à un petit *jardin public*, voisin de l'*hôpital militaire* (ancien couvent de Récollets, du XVII^e s.).

En face de l'hôpital s'ouvre une rue qu'il faut prendre (elle croise la *Grande-Rue* au bout de laquelle, vers la dr., on trouverait la *chapelle Saint-Pierre* renfermant une statue espagnole, en bois, de St Élisée) et qui amène à **l'église Notre-Dame**, de 1665. A l'int. : grande coquille servant de bénitier, à dr. en entrant ; maître-autel en marbre, derrière lequel est un vaste retable avec *tableau* ancien de la Descente de Croix ; lutrin en bois sculpté ; chaire sculptée.

Au sortir de l'église, la *rue des Dames*, à dr., ramène au port.

[Un bateau relie Port-Louis à Larmor (*V.* ci-dessus) : 15 c.]

**Ile de Groix** * (🚢 14 k. S.-O., en 1 h. env. : 90 c. all. et ret. 1 fr. 50. — 8 k. seulement sont en pleine mer et la traversée est facile par beau temps ; on couche dans l'île).

L'*île de Groix*, parallèle à la côte, a 8 k. de long et 2 à 3 k. de large. Elle forme un haut plateau qui atteint 50 m. d'alt., et dont le pourtour est en grande partie cerclé de falaises schisteuses. Elle compte 5 311 h., dits *Grésillons*, qui se livrent à la pêche de la sardine et à celle du thon. On débarque sur la côte qui fait face au continent, dans un petit *port* (2 jetées qui portent chacune un phare). Le bourg est sur une hauteur, à 1 k. au delà du port.

La côte la plus intéressante à visiter est celle qui regarde le large, ou côte de la « Mer Sauvage ». On se fera conduire, en passant par le ham. de *Loméner*, au **trou de l'Enfer** (2 k. S. du bourg), étroite et magnifique cassure dans la falaise, jusqu'au fond de laquelle on peut descendre avec précaution. — On montre également les roches du *trou du Tonnerre* et la *grotte du Mouton*. — A 2 k. N.-E. de la *pointe d'Enfer*, en suivant la côte, *pointe Saint-Nicolas*, avec dolmen.

De Lorient, on peut faire l'excursion du **Faouët** (*célèbres chapelles Sainte-Barbe et Saint-Fiacre*; *V.* ces noms), par le ch. de fer départemental qui dessert (12 k.) **Pont-Scorff***, ch.-l. de c. de 1878 hab., sur le Scorff, qui divise la ville en deux parties (ancienne *église* paroissiale *Saint-Albin*, à 1 k. 1/2 N.; *chapelle Saint-Jean*, vieil édifice roman; maison de la Renaissance, de 1565, dite *maison des Princes*).

De Lorient au **Pouldu** (*V.* ce nom) route de voit., 16 k. N.-O.; voit. priv. : 10 à 15 fr.; passage en bac au Pouldu.

—

Au delà de Lorient, le ch. de fer dessert (117 k.) *Gestel*. Un peu avant Quimperlé, il coupe, sur un *viaduc* long de 157 m., haut de 33 m., la belle vallée de la Laïta ou rivière de Quimperlé; on voit la ville à dr., la tour carrée à clochetons de l'église Saint-Michel, et le toit rond de l'église Sainte-Croix.

128 k. **Quimperlé*** (✕ pour Pont-Aven et Concarneau, R. 26, et point d'arrêt pour le Pouldu), ch.-l. d'arr., V. de 9 036 hab., est situé au confluent de l'Isole et de l'Ellé dont la réunion forme la Laïta, dans une contrée verdoyante, aux grands bois et aux frais vallons.

La cour de la gare (omn. d'hôt.: 50 c.) s'ouvre sur une route transversale que les voitures suivent vers la dr., afin de gagner en pente douce, par un long détour, la Ville-Basse et la place Nationale. — On la suivra au contraire vers la g., pendant quelques instants, pour y prendre la 1re rue à dr. (*rue de l'Hôpital-Frémeur*), qui passe devant l'*hôpital*, et aboutit place des Halles.

Sur la *place des Halles*, l'**église Saint-Michel** (XIVe et XVe s.), est surmontée d'une grosse *tour* carrée avec balustrades à jour (gothique flamboyant; clochetons à crochets). Le *porche N.* (XVe s.; flanc g.) est remarquable; il offre une vraie dentelle de pierre (double arcade, avec *bénitier* sculpté); les niches ont perdu, sauf deux, leurs statues d'Apôtres; la *porte* de l'église a de jolies colonnettes. — De ce même côté, l'église est rattachée, par une arcade, à une *maison* en bois du XVe s.

A l'int., la nef, longue et élevée, a une voûte en bois semée de fleurs de lys et des poutres sculptées. A dr., beau *tableau* du XVIe s. (Nativité). La nef est séparée du chœur par une grande arcade ogivale ; (derrière l'autel, belle *maîtresse-vitre*, avec vitraux modernes ; à dr. et à g. du chœur, 2 *statues* en bois de la Vierge, du XVIe s., et une autre de St Michel, derrière le maître-autel. Fonts baptismaux en granit, du XVe s.

Sortant de l'église par la porte du côté dr., on trouve un autre *porche* du XIVe s. Sur ce flanc également, une arcade relie l'église aux maisons.

Derrière le chevet de l'église, la *Grande-Rue*, escarpée et pittoresque, descend vers la Ville-Basse. Elle aboutit à la *place Carnot*, que l'on traverse droit devant soi, pour passer l'Isole et, par la courte *rue de l'Isole*, arriver à un *marché* couvert, derrière lequel est l'église Sainte-Croix.

**L'église Sainte-Croix** est une des plus curieuses de la Bretagne. Elle est la reproduction à peu près exacte de l'ancien monument roman, élevé au XIe s., et détruit en 1862 par l'effondrement de son clocher. L'édifice, extérieurement semblable à la rotonde d'un cirque et recouvert d'un toit pointu, en entonnoir, imite dans son plan général le Saint-Sépulcre de Jérusalem. — Une *façade* du XVIIIe s., l'une des époques où l'édifice primitif avait été défiguré par divers remaniements, a subsisté. — Derrière l'abside (curieuse ornementation romane des piliers), le *clocher*, détaché du corps de l'église, a été réédifié.

A l'int., qui est circulaire, les bas côtés tournent avec leurs piliers et leurs chapelles autour de l'autel, qui occupe le centre du monument, sur une plate-forme où conduisent des marches (*chaire* du XVIIIe s.; en face, *Christ* crucifié, vêtu d'une robe). — Encadrant la porte principale, un **jubé** de la Renaissance, provenant d'un remaniement de l'église en 1541, a échappé à l'effondrement de 1862. Quoique mutilé, il constitue encore une œuvre d'art de premier ordre. Les sculptures sont en pierre blanche, et d'une merveilleuse finesse ; 4 statues de grand style représentent les 4 *Evangélistes* et s'abritent sous 4 dais, où des statuettes figurent la Vierge, les Vertus cardinales et théologales, et en dessous les 12 Apôtres. Le socle qui porte les Evangélistes est lui-même orné de petites niches en coquille, avec 8 bustes des *Prophètes* (le 4e, coiffé d'un turban et tenant une lyre, est David). De la corniche supérieure émergent 8 têtes (3 sont coiffées d'une mitre), qui sont celles des Pères de l'Église. Enfin, au-dessus de l'arcade centrale, est le *Christ glorieux*, entouré d'anges. — Sous la plate-forme de l'autel et sous le chœur s'ouvre une **crypte** (s'adr. au sacristain ; pourboire), seul reste de l'église primitive du xv^e s ; on y voit le *tombeau* (1434) *de l'abbé H. de Lespervez* et celui *de St Gurloës* ou St Urlou († 1057 ; tombeau du xv^e s.).

Sortant de l'église Sainte-Croix par la porte latérale g., on a en face de soi la large *rue du Château*. En la suivant un peu, on y verra quelques vieux logis et, à dr., les ruines de l'*église Saint-Colomban* (fenêtre flamboyante au-dessus d'une porte romane, débris de la nef convertis en habitations) ; un peu plus loin dans la rue du Château, à g., *escalier double* en pierre, de la Renaissance, en bordure de la rue.

Revenant à l'église Sainte-Croix et passant devant sa façade, on se trouve sur la **place Nationale**. Du même côté que l'église sont les vastes bâtiments de l'ancienne abbaye de Sainte-Croix, occupés par l'*hôtel de ville* et le *tribunal* (à l'int., entrée libre, *cloître* du xviii^e s.), par la *sous-préfecture* et par la *gendarmerie*.

A dr. sont les quais de l'Isole, auquel l'Ellé vient se réunir, pour former un petit *port* ; on voit s'étager au-dessus la Ville-Haute, dominée par le clocher de Saint-Michel.

[Passant l'Isole, on peut regagner la gare, soit à dr. par la Grande-Rue, soit à g. par la route des voitures.]

Suivant le *boulevard du Bourgneuf*, on trouve, à son extrémité dr., l'ancien *couvent des Dominicains*, fondé en 1255 et occupé aujourd'hui, sous le nom de l'**Abbaye Blanche**, par les Dames de la Retraite (pension de famille). La porte (xv^e s.) est surmontée de divers fragments de sculptures, débris de l'ancien couvent. Dans la cour, une *chapelle* funéraire contient les restes de Jean de Montfort.

Au delà, à g , on monterait à un cimetière ombragé de grands arbres, où s'élève la *chapelle de Saint-David*, du xvi^e s. (belle vue).

**Environs de Quimperlé.**

A 9 k. N.-E., petit village de *Locunolé* (109 m. d'alt.) et vallon de l'Ellé, où la rivière coule au pied d'une belle muraille de rochers, dits **rochers du Diable**.

A 5 k. N.-O. par la route (station du ch. de fer de Quimper à 3 k.), Mellac possède un vieux **calvaire**.

**De Quimperlé à la chapelle Saint-Fiacre, au Faouët et à la chapelle Sainte-Barbe** (21 k. N. ; voit. publ. : 2 fr. ; voit. priv. : 10 à 12 fr.). — Pour la description de ces chapelles célèbres, V. ces noms).

**De Quimperlé au Pouldu, par la forêt de Clohars-Carnoët et l'abbaye de Saint-Maurice** (12 k. 1/2 S. de Quimperlé au Pouldu, par la route directe ; 16 k. en passant par l'abbaye et le château de Saint-Maurice ; voit. publ. pour le Pouldu, 2 fois par j. : 1 fr., suivant une 3^e route qui laisse de côté la forêt et l'abbaye ; voit. priv. 7 à 8 fr.).

3 k. On entre dans la forêt de Clohars-Carnoët et on ne tarde pas à y trouver, à g., un chemin de bois carrossable, indiqué par une *colonne* de pierre; on prend ce chemin (la route que l'on quitte, plus courte de 3 k. 1/2, irait directement au Pouldu). La promenade est superbe sous les ombrages de la forêt; on laisse à g. un chemin allant à quelques ruines de l'ancien *château de Carnoët*, ou château du Diable. On descend ensuite dans un vallon profond, où l'on passe un ruisselet sur un petit pont de pierre (6 k. 1/2). On remonte la côte opposée du vallon et, prenant au sommet de la côte une bifurc. à dr., on arrive à une grande allée de hêtres et à une barrière, qui marque l'entrée du domaine de Saint-Maurice (9 k.).

Quittant la voiture (le cocher va attendre plus loin, à la sortie de la propriété), on descend vers une maison de ferme et quelqu'un vous accompagne (pourboire). — De l'ancienne *chapelle* de l'abbaye il ne reste plus qu'une façade du XVII<sup>e</sup> s. (style Renaissance). Passant une grille, on entre dans le parc du château et on trouve une autre *chapelle*, refaite, avec dalle tumulaire d'une dame du XIII<sup>e</sup> s., reliques de St Maurice, et autel du XVIII<sup>e</sup> s., à retable de marbres blanc et noir. — Mitoyenne avec cette chapelle et encastrée comme elle dans le château, une élégante *salle capitulaire* du XIII<sup>e</sup> s., divisée en 2 nefs et 6 travées, restaurée, est tout ce qui subsiste de l'**abbaye de Saint-Maurice**, fondée en 1170 par le duc Conan IV, et où St Maurice, moine de Langonnet fut inhumé en 1191. — Le *château*, bordé par une belle pièce d'eau, date du XVIII<sup>e</sup> s.; c'est un bâtiment blanc, précédé de pelouses avec *ifs* centenaires.

On retrouve la voiture devant la grille du château, dans un site magnifique où la Laïta s'épanouit, gonflée par la marée, entre des collines boisées. Une route de 2 k. 1/2 ramène ensuite à la route du Pouldu.

12 k. On reprend, vers la g., la route du Pouldu. — 15 k. On arrive en vue de la mer, à une bifurc. d'où l'on se dirige (1 k. à dr., ou 1 k. à g.) vers les deux agglomérations dont l'ensemble forme la petite station balnéaire et familiale du **Pouldu** *.

Prenant la bifurc. de g., on descend vers la **plage des Grands-Sables**, dans un paysage dénudé, mais avec un bel horizon de mer (au large, île de Groix), une vaste grève (cabines), quelques rochers, et des dunes de sable (vers la g.). — De là, suivant à pied (2 k.) vers la dr., par le sentier de la falaise, le rivage de la mer, on rencontre de petites anses rocheuses, formant autant de grèves où l'on peut se baigner. On atteint de la sorte, au delà d'un *sémaphore* et d'un fortin déclassé, l'embouchure de la Laïta, que ferme la *barre du Pouldu*; cette « barre » de sable, que les bateaux ne peu vent franchir qu'à marée haute, assèche à marée basse et brise fortement par grosse houle. Continuant le sentier, qui domine maintenant la rive dr. de la Laïta, on arrive au ham. du *Pouldu*, dans un site tranquille et bien abrité.

[Un bac pour piétons (5 c.) et voitures (50 c.) traverse la Laïta, de l'autre côté de laquelle on voit la *chapelle de la Pitié*, et permet de gagner *Guidel* (4 k.) et Lorient (16 k.).]

Du Pouldu on revient directement à Quimperlé sans passer à Saint-Maurice.

—

Au delà de Quimperlé, le ch. de fer dessert (134 k.) *Mellac-le-Trévoux*. — A *Mellac* (3 k. à dr.), vieux calvaire.

143 k. *Bannalec*, ch.-l. de c. de 5 910 hab., à 1 k. à dr., a pour vrai nom *Balaneck*, ou lieu planté de genêts. — La voie suit le vallon du Ster-Goz.

149 k. *Kerrest*. — Le ch. de fer traverse, sur une chaussée, l'étang de Rosporden, où se reflète l'église (à g.).

153 k. **Rosporden*** (✕ pour Concarneau [R. 27], et pour Carhaix, [*V.* ci-dessous], par ch. de fer départemental], ch.-l. de c. de 2 197 hab., sur le bord du bel *étang de Rosporden*. Les femmes portent, comme celles de Pont-Aven, le grand bonnet et le col blanc qui recouvre les épaules.

L'**église**, à l'extrémité de la *Grande-Rue*, que l'on prend vers la g., a un clocher du style flamboyant, et son abside, entourée du cimetière, baigne pittoresquement dans l'étang. Elle date des XII$^e$ et XV$^e$ s. — A l'int. : vieilles statues de bois ; colonne historiée supportant une statue de Ste Barbe ; dans le chœur, *maître-autel* en bois sculpté et doré (fin du XVII$^e$ s.); *Vierge* en granit sculpté, recouverte d'un badigeon de couleur ; dans la chapelle de dr., *bas-relief* de la Mise au tombeau.

[**De Rosporden à Carhaix** (ch. de fer départemental, 50 k. en 2 h. env. : 5 fr. 60, 3 fr. 80, 2 fr. 45). La ligne se détache, à dr., de celle de Nantes-Quimper. Elle dessert la halte de *Kernevel* (3 k.) et la station de *Coatloch* (7 k.), voisine de la forêt du même nom.

12 k. **Scaër***, ch.-l. de c. de 6 243 hab., la plus grande commune du Finistère (12 000 hect.), en partie dans la région désertique des Montagnes Noires. L'*église* est moderne et dédiée à St Candide qui, en frappant la terre de sa crosse, fit jaillir une *fontaine*, vénérée depuis. *Croix* de pierre à personnages, du XV$^e$ s.

Le ch. de fer traverse l'Isole.

18 k. *Guiscriff*, à 1 k. à dr. (*église* de 1570; *chapelle Saint-Antoine*, avec retable de 1685; *chapelle Saint-Eloi*, du XVI$^e$ s. — On franchit une gorge pittoresque, sur le *viaduc de Kerminol*, et on remonte la vallée du Ster-Laër ou Inam.

24 k. *Kerbiquet*. — A 1 k. S.-O. de la station, ham. de ce nom et **château** du XVI$^e$ s., ruiné et converti en ferme (salle avec fresques et inscriptions; puits avec margelle ornée de sculptures).

29 k. **Gourin*** (✕ pour Le Faouët, Lorient et Pontivy), ch.-l. de c. de 4 919 hab., l'un des points d'accès du

Faouët et des chapelles Sainte-Barbe et Saint-Fiacre (*V.* ces noms). — *Église* du XVIe s., avec tour à balustres. voisine d'une *croix* de pierre et d'un *calvaire* moderne. — Près de l'église, *chapelle N.-D. des Victoires*, du XVIe s., restaurée. — Entre l'église et la chapelle, *ossuaire* de 1778. — Sur la place. 2 *maisons* du XVIe s.

Au *pardon* de Gourin, qui a lieu le dernier dim. de sept. et les 3 j. suivants, en même temps que celui de la *chapelle Saint-Hervé* (4 k. N.-E. : XVe s.; vitraux de 1530; procession à cheval), se donnent des *courses* de chevaux pittoresques et des *luttes* bretonnes.

Le ch. de fer s'élève pour franchir les Montagnes Noires, laissant à dr. la chapelle Saint-Hervé (*V.* ci-dessus) et longeant la *forêt de Conveau*.

37 k. *Motreff*, station à 218 m. d'alt., à 2 k. du ham. de ce nom (à dr.). — On redescend ensuite sur l'autre versant des Montagnes Noires.

44 k. *Port-de-Carhaix*, sur le canal de Nantes à Brest. — 50 k. Carhaix (R. 16).]

Au delà de Rosporden, le ch. de fer laisse à g. la ligne de Concarneau.

161 k. *Saint-Yvi*. — La voie suit le charmant vallon du Jet, pendant 12 k. Un peu avant Quimper, le Jet se réunit à l'Odet.

173 k. **Quimper** * Ⓑ (⚔ pour Pont-l'Abbé et Penmarch, R. 28, pour Douarnenez, Audierne et la Pointe du Raz, R. 29), V. de 19 441 hab., au confluent du Steir et de l'Odet, ch.-l. du départ. du Finistère, évêché, est l'ancienne capitale du comté de Cornouaille. C'est une des villes les plus « bretonnes » de la Bretagne, point de jonction des itinéraires de la Bretagne du Nord et de la Bretagne du Sud, et centre de nombreuses excursions. On y fabrique des faïences, des broderies sur drap et des meubles sculptés.

De la gare (omn. des hôtels : 50 c.). l'*avenue de la Gare*, à dr., amène au *pont Firmin*, sur lequel on traverse l'Odet qui n'est encore qu'une mince rivière.

Longeant vers la g. le quai ou **boulevard de l'Odet**, on voit d'abord, sur l'autre rive, le *théâtre*, moderne, puis des maisons précédées de jardins, reliées au boulevard par des passerelles. A dr., on trouve un petit square (restes des anciens *remparts*) et, accolé au flanc de la cathédrale, l'**Evêché**. La 1re rue à dr., *rue de l'Évêché*, amène à la place Saint-Corentin.

Sur la **place Saint-Corentin** s'élèvent la cathédrale, l'hôtel de ville (musée), et la *statue de Laënnec*, par Le Quesne, érigée en 1868, par souscription des médecins de France.

La **Cathédrale**, dédiée à St Corentin, patron de Quimper, a été élevée de 1239 à 1515, avec interruption durant tout le XIVe s. C'est la cathédrale gothique la plus complète de la Bretagne avec celle de Saint-Pol-de-Léon, la plus belle avec celle de Tréguier et celle de Nantes. — Le **grand portail** de la façade a une double porte dont les sculptures ont été refaites de nos jours; le reste, de 1425 env., est du style gothique flamboyant. L'archivolte est orné de guirlandes de feuillages, et de niches avec des anges, dont une partie sont brisés. Sur ce portail s'étalaient jadis les nombreux blasons des principaux seigneurs bretons; parmi ces sculptures, auj. effritées, on distingue encore, au centre, le Lion de Montfort, tenant dans sa griffe une bannière. — De chaque côté du grand portail s'élèvent **les 2 tours**, hautes (au sommet des flèches) de 76 m.; la partie carrée date du commenc. du XVIe s.; les *flèches* ont été exécutées en 1854-56, par l'architecte Bigot, qui reproduisit intelligemment le pur type de la flèche bretonne gothique. Entre les 2 flèches, statue équestre du roi Grallon. — A dr. du grand portail, rue de l'Evêché, est le **portail Sud, ou de Ste-Catherine**, mieux conservé que celui de la façade; il est aussi surmonté de blasons et armoiries (au centre, l'hermine bretonne); au-dessus de la porte, *Adoration de la Vierge*; à g., jolie statuette de *Ste Catherine*, tenant une roue et une épée. — A g. du grand portail, la **face latérale** de la cathédrale, qui fait face au musée, est complètement dégagée; une galerie à jour court au-dessus des fenêtres des bas-côtés, et des arcs-boutants légers soutiennent la nef. Un 1er *porche* s'y ouvre (charmante porte double, encadrée de feuillage); plus loin, sous la grande fenêtre du transept, est un 2e petit *portail*, en plein cintre, avec fleurs de lys flamboyantes; puis on trouve une 3e *porte*, ogivale (même ornementation de fleurs de lys). — Derrière la cathédrale, a été transporté pierre à pierre le **cloître** de l'ancien couvent des Carmes de Pont-l'Abbé (gothique flamboyant).

Entrant par le grand portail de la façade, on remarque la déviation symbolique (inclinaison de la tête du Christ sur la croix) que subit vers la g., à partir du chœur, le vaisseau de la cathédrale; elle est ici très prononcée. La nef, du XVe s., restaurée, est longue de 92 m. (y compris le chœur), haute sous voûte de 20 m. Au 1er étage, un *triforium* court tout autour de la nef, des transepts et du chœur, au-dessus d'une frise de feuillage, et au-dessous d'une 2e galerie à jour; on remarquera la forme curieuse, presque orientale, des ogives du triforium. Les 10 grandes fenêtres flamboyantes de la nef sont garnies de magnifiques **vitraux** de la fin du XVe s., en partie restaurés. *Chaire* sculptée de 1679 (vie de St Corentin). — Au bas-côté dr.: sous la tour de dr., **Saint-Sépulcre** à personnages peints, du XVIIIe s.; sous une arcade à g., *tombeau* de l'évêque A. Le Maout, avec statue couchée. Les belles fenêtres ogivales du bas-côté dr. sont garnies, comme celles du bas-côté g., de vitraux modernes (sans valeur; Vie de St Corentin). — Au transept dr.: 4 belles fenêtres avec **vitraux** anciens; ceux de la 5ᵉ, au fond, sont modernes. — Le chœur, achevé en 1261, moins les voûtes, qui sont de 1410 env., a 13 fenêtres garnies de **vitraux** anciens (1417-1419), sauf dans plusieurs rosaces, où ils sont modernes. *Maitre-autel* moderne, en cuivre doré et émaillé — Sur le pourtour du chœur s'ouvre une suite de chapelles (aux fenêtres, vitraux modernes, sans valeur), décorées de *fresques* modernes, par Yan Dargent. A la 3ᵉ chap., *tombeau* de granit (belle statue du XVᵉ s.), de l'évêque B. de Rosmadec. A la 4ᵉ, **tombeau de Pierre du Quenquis**, chanoine, du XVᵉ s. (statue couchée). A la 5ᵉ (chapelle d'angle), *statue* couchée de G. Le Marhec, évêque de Quimper au XIVᵉ s.; à côté groupe de marbre (moderne) de *Ste Anne et la Vierge enfant*; au-dessus de l'autel, *frise* de marbre ancienne (le Christ entre 4 Evêques); contre le pilier de g., *statuette* du bienheureux *Jean Discalcéat* (le Déchaussé), cordelier à Quimper au XIVᵉ s. (il était renommé pour sa malpropreté). A la 6ᵉ (chapelle absidale), autel de granit, restauré; à g., statue tumulaire d'un évêque; mauvais vitraux modernes. A la 7ᵉ, *Vierge* moderne en marbre blanc; tombeau moderne d'un évêque. Porte de la *sacristie*, avec belle ornementation flamboyante. A la 8ᵉ chap., tombeau d'évêque, moderne. A la 11ᵉ, *tombeau*, avec statue de marbre blanc, de l'évêque Graveran, † 1855, qui fit élever les flèches de la cathédrale (le socle, en granit de Kersanton, provient du tombeau de l'évêque Le Moël, *V.* ci-dessous).— Au transept g.: 4 belles fenêtres garnies de **vitraux** anciens; ceux de la 5ᵉ, au fond, sont modernes. — Au bas-côté g.: *tombeau* d'un évêque de Quimper (XVIIIᵉ s.). Sous la tour, **statue de St Jean** (XVᵉ s.), en albâtre, provenant de l'ancienne église de Saint-Guénolé, près Penmarch (c'est la plus belle pièce d'art de la cathédrale); *tombeau* de granit de l'évêque Le Moël.

Sortant de la cathédrale, on se rend au musée, qui dépend de l'*hôtel de ville.*

Le **Musée** (t. l. j. de midi à 4 h., le lundi excepté) occupe deux salles au rez-de-chaussée (musée breton) et plusieurs salles au 1ᵉʳ (peinture et sculpture).

REZ-DE-CHAUSSÉE. — Le **Musée archéologique et ethnographique** occupe deux salles de chaque côté du péristyle. — SALLE DE G. : au fond, dans un pavillon vitré, la *noce bretonne* offre des spécimens des anciens costumes du Finistère et du Morbihan. Plusieurs groupes de personnages figurent deux noces de riches paysans sortant d'une église; autour du motif principal sont répartis des sonneurs de biniou et de bombarde, des groupes formés sur le passage du cortège, des fidèles en prière près d'une croix, des buveurs avec des chopines en faïence peinte de Quimper (costumes authentiques, figures un peu quelconques). — Dans la SALLE DE DR. : très beaux bahuts et boiseries sculptées;

belle *cheminée* avec accessoires bretons et sièges taillés dans des troncs d'arbres; fragment d'un retable en albâtre du xve s. (dans le grand bahut qui fait face à la porte); faïences anciennes. Sur une table, dans une boîte vitrée, anciennes *clefs de Quimper* posées sur un coussin brodé.

ESCALIER. — La Gravure, par *Hugues*; la Science, par *Daillon*; Marguerite, par *Aizelin*; l'Architecture, par *Croisy* (statues plâtre). — Enfants, par *H. Lemaire* (bronze).

1er ÉTAGE. — **Le Musée de peinture et sculpture** occupe cinq salles; nous signalons les œuvres principales. — 1re SALLE (porte de dr.) : grande Descente de croix, peinture ancienne, restaurée par Valentin. — 2e SALLE (GRANDE SALLE) : *Dawant*, Mort de Ducouëdic; *Moreau de Tours*, Mort de la Tour d'Auvergne. En face : La Tour d'Auvergne, statuette, et, dans une vitrine, *souvenirs et reliques* (cheveux, boutons, plumet). *Fouqueray*, Le « Vengeur ». Diverses statues. Dans une vitrine, *reliques* napoléoniennes *de Sainte-Hélène*. — 3e SALLE (à g. du vestibule): *Dévéria*, Grande dame du temps de Louis XIII; *Guillou*, Adieu; *Rubens* (?) Adoration des bergers; *Desportes*, Coqs et poules; *Albert Dürer*, Adam et Eve [très beau tableau]; *Ecole des Primitifs*, Descente de croix; *A. Carrache*, Saint-Sébastien; *Van Dargent*, Les Lavandières de nuit. — 4e SALLE : *Sébastien Frank*, Fête à Venise; *Alonzo Cano*, La V. donnant à St Ildefonse une chasuble qu'elle a brodée pour lui [très belle toile]; *Buland*, Ste Marie de Bénodet; *Corot*, Pierrefonds; *Fragonard* (?), La Rosée; *Bloch*, Défense de Rochefort-en-Terre; *Breughel*, Noce flamande; *Sébastien Frank*, L'Enfant prodigue. — 5e SALLE : *Luc Cambiaso* (copie ancienne), Mort d'Adonis; *Vidal*, Portrait de jeune h.; *Duveau*, Peste d'Elliant; copies d'après Watteau, Léonard de Vinci, etc.; *Penguilly l'Haridon*, Combat des Trente, près Ploërmel; *Harrison*, Marine; *Luminais*, Fuite du roi Grallon (il abandonne sa fille pour apaiser les flots qui ont submergé la ville d'Is, en punition de ses débauches); *Detaille*, Deux mobiles tués; *Vidal*, Portrait de Mme Vidal; *Renouf*, La veuve de l'île de Sein; *Boilly*, Plusieurs jolis petits tableaux; *Vidal*, Son portrait; *Bloch*, Combat dans l'église de Malestroit; *Vidal*, Portrait de femme; *Jobbé Duval*, Les Juifs chassés d'Espagne.

De la place Saint-Corentin on prend, en face de la cathédrale, la **rue Kéréon**, artère centrale de la ville, et bordée de *maisons anciennes* (n[os] 9, 11, 13, 12 et 14). Elle laisse à g. la *rue Saint-François* (*maisons* anciennes) et aboutit à un petit *pont* sur le Steir, au bord duquel, à g., on voit un reste de l'enceinte fortifiée, avec *tourelle* en encorbellement.

Ayant passé le Steir on traverse, à g., la place *Terre-au-Duc* (*maisons* anciennes) et l'on regagne, par la *rue du Quai*, les quais de l'Odet. — A g., s'ouvre la **rue du Parc** (principaux hôtels et cafés), qui ramènerait à la gare; en face de soi, on a la **place du Champ-de-Bataille**, bordée à g. par la *préfecture* établie dans l'ancien hôpital Sainte-Catherine (1645), et dominée par la haute masse et les ombrages du Mont Frugy (V. ci-dessous); à dr., le **quai de l'Odet** (embarcadère des bateaux de Bénodet) ou les **allées de Locmaria** (sur l'autre rive et faisant suite au Champ-de-Bataille), conduisent à Locmaria et à ses faïenceries (10 min. env.; traverser tout de suite l'Odet, sans quoi on ne pourra plus le passer qu'en bac, 5 c., en face de Locmaria).

[Suivant à dr. les allées de Locmaria, le long de la rivière qui s'élargit, gonflée par la marée, de 17 k. 1/2 au-delà, on voit sur l'autre rive le *palais de justice*, de style pseudo-grec, et on arrive au petit village de *Locmaria*, où s'élevèrent, au temps de l'occupation romaine, les premières maisons de Quimper. — Il suffit d'en demander l'autorisation, en se présentant, pour visiter une des **faïenceries** où se font ces assiettes, ces plats et ces potiches peintes que l'on rencontre partout en Bretagne. Des pièces plus artistiques s'y fabriquent également.

Locmaria possède une vieille **église** romane, restaurée, que l'on trouverait quelques min. plus loin; construite vers 1030, elle est précédée d'un porche gothique du xv^e^ s. — A l'int., la nef est traversée par une poutre qui porte un *Christ*, vêtu d'une robe. Au bas côté g., pierres tombales d'abbés et de curés (xiv^e^ et xv^e^ s.). Au transept g., statue en bois, du xvi^e^ s. (St Pierre avec les attributs de la papauté). Le chœur se termine par une voûte ronde en cul-de-four.]

On revient ensuite à Quimper, où l'on peut encore visiter divers monuments ou vestiges intéressants : 1° La *chapelle* de l'*hospice* (à g.; publ.; on y monte par une rue qui prend en face le pont Firmin), du style du xvii^e^ s. (*chaire* ancienne et belle *grille* ouvragée autour du chœur). — 2° La *chapelle des Ursulines* (rue *Verdelet*, derrière le musée). du xvii^e^ s. (bon tableau de l'*Assomption*, par Nicolas Loir; loges grillagées pour les religieuses pendant la messe).— 3° la *chapelle du lycée* (par la *rue du Sallé*, qui fait face à la rue Verdelet, puis par la *rue du Lycée* 1^re^ à dr.), vaste monument dans le style de Soufflot (1640-1747). — 4° En montant la *rue Royale*, on atteint une grande place qui sert de *champ de foire* et de *marché aux bestiaux*, où se voient (angle de la rue Royale) des restes importants des anciens *remparts* de Quimper et une *tour* restaurée. La *rue de Kerfeunteun*, qui de l'autre côté de cette place fait suite à la rue Royale, amènerait (1 k.) au v. de *Kerfeunteun*, possédant une *église* de 1571, avec *vitraux* de 1575 et tombeau du peintre Valentin, † 1805.— 5° De la place Terre-au-Duc, la *rue Saint-Mathieu* conduit à la *place* du même nom, avec un ancien couvent d'Ursulines, de 1621, transformé en caserne, et où s'élève l'*église Saint-Mathieu*, moderne, avec beau clocher rappelant ceux de la cathédrale (l'int., avec vitraux pseudo-anciens, est sans intérêt). — 6° Enfin, de la place du Champ-de-Bataille, on fera la petite ascension du *mont Frugy*, haut de 71 m., où montent plusieurs allées. Montant et se dirigeant vers la g., on arrivera, un peu avant le sommet, à un endroit d'où l'on jouit d'une belle vue d'ensemble sur Quimper, ses maisons et sa cathédrale.

[**De Quimper à Bénodet** (16 k. S., voit. publ. : 1 fr., ou 16 k. par la rivière de l'Odet, bateau automobile : 1 fr. 25 ; all. et ret. : 2 fr.).

1° La route de terre part du Champ-de-Bataille, suit les allées de Locmaria, et traverse Locmaria. Puis elle s'éloigne de l'Odet. — 3 k. La route se rapproche un instant de l'Odet qui, à 1/2 k. à dr., s'épanouit en un beau lac entouré de coteaux boisés ; puis on s'éloigne définitivement de l'Odet. — 5 k. 1/2. *Moulin du Lan*, au fond de l'*anse de Toulven*. — 8 k. 1/2. *Moulin du Pont*, au fond de l'anse de Saint-Cadou, qui débouche dans l'Odet à 3 k. 1/2 de là. — 10 k. On laisse à g. la route de Fouesnant et Beg-Meil. — 11 k. *Chapelle du Drennec*, près d'une fontaine avec *calvaire*, où on laisse à g. une route conduisant (1 k. 1/2) à *Clohars-Fouesnant* (*châteaux de Bodinio* et *de Cheffontaines*). — 16 k. Bénodet (*V.* ci-dessous).

2° On s'embarque au petit port de Quimper, qui se trouve à l'extrémité du quai de l'Odet (sur la rive dr. de la rivière, en face de Locmaria). Le bateau passe devant les *châteaux de Poulguinan* et *de Lanniron* (rive g.). — 3 k. L'Odet s'épanouit en un beau lac entouré de coteaux boisés (sur la rive dr., *château* restauré *de Kerdour*). — 6 k. 1/2. L'Odet se rétrécit à la hauteur de l'*anse* sinueuse *de Saint-Cadou* qui s'enfonce dans les terres, à g. — 11 k. 1/2. Château du Pérennou (rive dr. ; on peut le visiter ; *V.* ce nom). — 13 k. L'Odet s'élargit à nouveau.

16 k. **Bénodet***, petite station balnéaire sur l'estuaire de l'Odet, à 1 k. 1/2 de la pleine mer, dans un site tranquille et verdoyant. L'*église* est moderne, sauf le chœur qui est du XIIIe s. et a conservé ses vieux piliers. Un petit *port* abrite quelques bateaux : deux fanaux éclairent l'entrée de l'Odet.

La *plage* (sable), est au delà du village et regarde l'Océan.

En continuant plus loin, on arrive à la *pointe de Bénodet*, puis au *fort* ruiné de *Groasquen*; de là une longue chaussée naturelle, de 3 k. 1/2, formant îlot, s'étend jusqu'à la pointe de Mousterlin.

De Bénodet à Fouesnant, 9 k. N.-E. ; à 5 k. 1/2 S.-E. de Fouesnant, Beg-Meil. — De Bénodet à Pont-l'Abbé (10 k. O., en traversant l'Odet en bac : 5 c. par pers. ; 50 c. par voit.).

**De Quimper au Stangala** (6 k. 1/2 N.-E., puis chemin et sentiers de piétons). On suit la route de Châteaulin. — 6 k. 1/2. Bifurc. des routes de Châteaulin et de Briec, à 114 m. d'alt., et d'où un mauvais chemin, à dr., amène par le ham. de *Tréouzon* à la vallée de l'Odet et au Stangala.

Le *Stangala* comprend plusieurs sites pittoresques, où l'Odet coule, comme un petit torrent, sur un lit de rochers, entre des hauteurs abruptes, couvertes de bois ou de taillis. Les plus pittoresques endroits (se faire conduire par quelqu'un du pays) sont : la *pointe de Griffonès*, le *moulin* et le ravin *de Meil-or-Pont*, et la *Roche du Corbeau*.

**De Quimper à Beg-Meil, par Fouesnant**, 21 k. S.-E. ; voit. publ. : 1 fr. 50. — (Pour Beg-Meil et Fouesnant, *V.* ces noms.)

De Quimper à Concarneau, 23 k. S.-E. ; — de Quimper à Audierne et à la Pointe du Raz, 35 et 41 k. O ; — de Quimper à Locronan, 15 k. N.-E.

De Quimper à Pont-l'Abbé, Loctudy et Penmarch, ch. de fer, R. 28; — à Douarnenez et Audierne (Pointe du Raz), ch. de fer, R. 29.]

—

En quittant la gare de Quimper (de Quimper à Landerneau, *parcours pittoresque*; se placer à dr. jusqu'à Châteaulin; à g., de Châteaulin à Landerneau), le ch. de fer passe l'Odet, sur un petit pont, puis traverse un tunnel de 510 m. On découvre ensuite, à g., la ville et ses clochers et on laisse, du même côté, la ligne de Pont-l'Abbé, avant de s'engager dans la vallée du Steir (paysage agreste, pentes boisées, hêtres et sapins). — La voie, laissant à g. la ligne de Douarnenez, à 5 k. 1/2 de Quimper, croise à tout moment le cours sinueux de la rivière et passe dans un tunnel de 230 m. pour couper un de ses méandres.

191 k. *Quéménéven*. — A 7 k. 1/2 O., Locronan, par la chapelle de Kergoat (4 k.); *V.* ces noms. — A 5 k. S. de la station, *Quilinen*, ham. avec *calvaire*

La voie longe à dr. l'*étang au Duc* et s'élève jusqu'au faîte qui sépare le versant du Steir de celui de l'Aulne. Au delà est une grande descente; on découvre, à dr., le vaste horizon des Montagnes Noires et des Monts d'Arrée, puis, à ses pieds, le magnifique panorama de la vallée de l'Aulne (canal de Nantes à Brest). Bientôt Châteaulin apparaît au fond de la vallée et on passe sur un beau *viaduc* long de 117 m., haut de 25 m. (à dr., chapelle Notre-Dame, sur une petite butte).

204 k. **Châteaulin*** (✕ pour Carhaix), ch.-l. d'arr., de 3 874 hab. La gare est isolée de la ville et la domine, sur le versant g. de la vallée.

De la gare (omn. : 50 c.), la route descend en lacet jusqu'au bord de la rivière, que l'on franchit sur un pont de pierre. On trouve alors, en face de soi, sur la rive dr. de l'Aulne, la *Grande-Rue*, où est l'hôtel Grand Maison.

Sur le quai de la rive dr. se trouvent : à g., l'*hôtel de ville* (insignifiant); à dr., la *sous-préfecture*, une petite *promenade* plantée d'arbres et la *halle au blé*, derrière laquelle l'*église Saint-Idunet*, moderne, est sans intérêt.

Il faut revenir sur la rive g., et tourner à g., au débouché du pont, pour monter à la **chapelle Notre-Dame**, sur la butte de l'ancien château (XVe et XVIe s.; élégant *ossuaire* ogival; joli clocher à dôme de la Renaissance; dans le cimetière, *croix* de pierre à personnages sculptés). A l'int.: voûtes en bois; vieilles statues de saints (St Herbot), et maître-autel à colonnes torses.

Au-dessus de la chapelle, sur le sommet de la butte, débris de murailles, seuls restes du château. La vue environnante est fort belle.

[A 2 k. 1/2 en aval de Châteaulin, sur la rive dr. de l'Aulne, **Port-Launay** (station du ch. de fer de Carhaix;

on n'y trouve que des auberges), est le véritable port de la ville, avec 800 m. de quais; c'est là que s'arrête le *bateau de Landévennec et Brest* (bateau à jours variables; 52 k. en 4 à 6 h.: 2 fr; V la description du trajet aux *Environs de Brest*).

En continuant à suivre la rive dr. de la rivière au delà de Port-Launay, on arriverait (2 k.) au magnifique *viaduc* du ch. de fer de Brest (V. ci-dessous).

**De Châteaulin au Ménez-Hom** (11 k. jusqu'à Sainte-Marie-de-Ménez-Hom; voit publ. [courtier de Crozon-Camaret]; emporter des provisions si l'on veut déjeuner en cours de route, car on ne trouve que de la boisson à l'aub. de Sainte-Marie). Pour la description de la route et l'ascension du Ménez-Hom, *V.* R. 30. — On peut aussi accéder au Ménez-Hom par le bateau de Brest, escale de Dinéault. — Nous conseillons le second de ces itinéraires à l'aller, et le retour par la route de terre.

De Châteaulin à Carhaix, par Pleyben (église et calvaire) et Châteauneuf-du-Faou, ch. de fer départemental, *V.* R. 16.

De Châteaulin au Ménez-Hom, à Crozon, à Morgat et à Camaret, *V.* R. 30.

Au delà de la gare de Châteaulin, le ch. de fer atteint (1 k. 1/2) le gigantesque **viaduc** de Port-Launay (12 arches de pierres, 357 m. de long, 50 m. de haut), qui franchit la vallée de l'Aulne au-dessus de l'écluse de Guily-Glas (ardoisières). — La voie traverse ensuite, sur un haut remblai, le vallon de *Lanvaldic* et la vue est superbe sur la g.

210 k. *Pont-de-Buis* (poudrerie). — On passe la Doufine sur un *viaduc* de 222 m.; haut de 49 m.

217 k. *Quimerch* (église du du XVIe s.).

[A 6 k. O., **Le Faou***, ch.-l. de c. de 1 211 hab., est situé au fond extrême de la rade de Brest. — L'*église* (XVIe s.; clocher de 1628) est pittoresquement située sur le bord de la grève. — La *chapelle Saint-Joseph* date de 1541. — Vieilles *maisons* et vieilles halles.

**Rumengol** 3 k. E. du Faou; 5 k. N.-O. de la station de Quimerch; 2 k. 1/2 du Passage-à-niveau 545, situé entre les gares de Quimerch et d'Hanvec, et où les trains font halte les jours de grand Pardon), v. de 607 hab., est le but d'un célèbre pèlerinage. — L'*église* date de 1536; elle est dédiée à *N.-D. de Tout-Remède*. A l'int., ornementé avec profusion, on remarque: les sculptures des autels; des bas-reliefs représentant les *Vertus théologales*; 4 belles statues des *Vertus cardinales*; une Vierge en argent massif et des statuettes en couleur du Sauveur et de la Vierge couronnée; la *maîtresse-vitre* (armoiries d'anciens seigneurs); un reliquaire en acajou, représentant le Creizker de Saint-Pol-de-Léon. — Près de l'église se trouve l'antique *fontaine* sacrée (édicule gothique). — Au sommet d'une butte gazonnée s'élève une *chapelle* ouverte, moderne, où se dit la messe les jours de Pardon.

Les *Pardons de Rumengol* sont le 25 mars (Annonciation), le dimanche de la Trinité, le 15 août (Assomption) et le 8 septembre (Nativité de la Vierge); celui de la Trinité est le plus important. On voit réunis, ces jours-là, tous les costumes du Finistère.]

La voie décrit de grandes sinuosités à travers une région

très accidentée, traverse un tunnel (430 m.), puis croise le **passage-à-niveau 543** desservant Rumengol les jours de grand Pardon (*V.* ci-dessus). — De là on découvre (146 m. d'alt.), vers la g., un immense et superbe panorama sur le Faou, sur Rumengol et son église, et sur le fond de la rade de Brest. — On traverse ensuite la belle et sauvage *forêt du Cranou.*

229 k. *Hanvec.* — Une route de 4 k. 1/2 S.-O. relie Hanvec au Faou, et une autre de 3 k. 1/2 S., à Rumengol (V. ci-dessus).

239 k. **Daoulas***, ch.-l. de c. de 765 hab., est pittoresquement situé en dessous de la station, à 1 k. 1/2 à g., au fond de l'estuaire de la rivière de Daoulas, qui forme la *baie* du même nom, l'une des échancrures profondes de la rade de Brest.

Traversant le bourg et se dirigeant vers l'église, on trouve d'abord, en contre-bas de celle-ci, dont le cimetière la sépare, la *chapelle Sainte-Anne*, qui offre un joli portrait du XVII<sup>e</sup> ou du XVIII<sup>e</sup> s.

**L'église** a conservé, du XII<sup>e</sup> s., un portail, une nef et des bas côtés romans, avec quelques débris du chœur; le reste a été refait. La sacristie (s'adr. au bedeau) est installée dans un ancien *ossuaire* de la Renaissance (1589).

Dans le cimetière se voient une *croix* ancienne et, coiffé d'un petit clocher, un beau **porche** du XVI<sup>e</sup> s., séparé auj. de l'église (*statues des Apôtres*; statuettes diverses; **bénitier** sculpté; feuillages de pierre en granit de Kersanton, d'une grande finesse).

Attenants à l'église, les **ex-bâtiments monastiques** (propriété privée; s'adr. au concierge, pourboire) renferment le **cloître**, du XII<sup>e</sup> s. (32 arcades romanes; colonnettes à chapiteaux variés; au centre, *cuve lustrale* avec 12 têtes ou mascarons). — Dans le jardin, *oratoire de N. D. des Fontaines*, avec sablières sculptées, curieuses boiseries du XVIII<sup>e</sup> s. et *fontaine* du XV<sup>e</sup> ou du XVI<sup>e</sup> s.

[A 10 k. O., Plougastel-Daoulas, (*V.* ce nom). — A 6 h. S.-O., *Logonna-Daoulas*, petit v., a une église de 1710, avec élégant clocher; sur la place de l'église sont deux *lechs* (l'un surmonté d'une croix). A 2 k. N. E. de Logonna, curieux *menhir sculpté* de *Rungleo.*]

Le ch. de fer franchit, sur un *viaduc* long de 400 m., haut de 37 m., le charmant vallon de Daoulas au fond duquel on voit, à g., le bourg et la baie, qui s'ouvre sur la rade de Brest. Le triple sommet du Ménez-Hom ferme l'horizon.

247 k. *Dirinon*, à 1 k. 1/2 à dr. de la station, petit v. et lieu de pèlerinage.

La **chapelle Sainte-Nonne**, dans le cimetière, sur le côté dr. de l'église, renferme le *tombeau de Ste Nonne*, du XVI<sup>e</sup> s., en pierre monolithe, orné des statues des Apôtres et de la *statue* couchée de la sainte.

**L'église** (style flamboyant) est

surmontée d'une belle flèche (1588-1593), avec 4 fléchettes et double balcon à jour. — A l'int., voûtes en bois avec *fresques* médiocres représentant (nef et transepts) une série de Saints et (au-dessus du chœur) le Jugement Dernier. Contre un pilier de g., statue de St Goulven, du XIVe s. Au chœur, vitraux modernes (*Vie de Ste Nonne*).

Au delà de Dirinon, la voie (à g., pittoresque *étang de Rouazle*), domine bientôt, à g., la large vallée de Landerneau, vers laquelle on descend en pente rapide. Puis, contournant la ville (belle vue), on rejoint la ligne Paris-Brest.

258 k. Landerneau (R. 17).

277 k. Brest (R. 17).

## ROUTE 22

## DE QUESTEMBERT A PLOËRMEL

34 k. en 1 h. env. — 3 fr. 80, 2 fr. 50, 1 fr. 70.

La ligne de Ploërmel se détache, à dr., de celle de Nantes à Brest. Elle franchit le vallon de l'Arz, puis traverse les landes de Lanvaux, à 80 m. d'alt. env.

10 k. *Pleucadeuc*, à 2 k. à dr. (dans les environs, nombreux mégalithes). On franchit la vallée agreste de la Claie.

17 k. **Malestroit*** à 1 k. 1/2 à dr., ch.-l. de c. de 1 693 hab., sur l'Oust (canal de Nantes à Brest). — **L'église Saint-Gilles** (XIIe, XIIIe et XVe s.) offre un remarquable *portail* (Evangélistes; Vie du Christ), flanqué de 2 colonnes dont l'une porte le bœuf de St Luc, ou *bœuf Saint-Gilles*. A l'int. : restes d'anciens *vitraux*; *chaire* sculptée; *fonts-baptismaux* du XVe ou du XVIe s.; quelques *statues* anciennes.— Vieilles *maisons* en pierre et bois (XVe et XVIe s.; la plus intéressante est près de l'église).

La voie descend dans la belle vallée de l'Oust, qu'elle traverse.

24 k. *Roc-Saint-André-La-Chapelle* — A *Roc-Saint-André*, pont montant de 11 arches, de 1769; *église* au sommet d'un roc élevé (3 tableaux du peintre breton Lhermitais, XVIIIe s.).

La voie franchit deux fois l'Oust, puis elle s'engage dans le joli vallon du ruisseau de Niniant, qu'elle suit durant 3 k.

33 k. **Ploërmel*** (✕ pour La Brohinière, pour Châteaubriant, et pour Pontivy, Lorient, Vannes par ch. de fer départemental), ch.-l. d'arr. de 6 062 hab., forme un gros bourg plutôt qu'une ville.

L'*avenue de la Gare* aboutit à la *place Lamennais*, où est l'église.— **L'église Saint-Armel** (1511 à 1602; tour de 1740) a des fenêtres ornées de riches meneaux flamboyants. A l'int. : 8 riches **verrières**, peintes de 1533 à 1602, restaurées par Lusson (*Jean l'Epervier*, évêque de Saint-Malo, † 1435, en 3 panneaux; *Pentecôte; Légende de*

*St Armel*, en 8 panneaux, au-dessus d'une tribune, où il faut monter pour les voir; scènes de la *Passion; Arbre de Jessé; Mort de la Vierge; Assomption, Cène*, etc.). En haut du bas côté g., sarcophage en marbre noir avec les *statues*, en marbre blanc, des ducs Jean II, † 1305, et Jean III, † 1341.

En tournant à g. derrière l'église, par une place plantée d'arbres (*monument*, par G. Bareau et Duménil, *du Dr Guérin*, (1816-1895), on se trouve dans la vieille ville. Plusieurs rues étroites et tortueuses y sont bordées de *maisons anciennes* (XVIe s.), ornées de feuillages et de figures grimaçantes (hôtel du duc de Mercœur, et maison où descendit le roi Jacques II d'Angleterre).

Au *petit séminaire* se voient l'ancienne *salle des Etats de Bretagne* (XVIIIe s.), auj. mutilée, et un *cloître* au centre duquel a été rétabli le *tombeau* en granit, avec statues couchées, du duc Philippe de Montauban († 1514) et de la duchesse son épouse (soubassement avec statuettes).

[A 1 k. 1/2 N.-O., vaste **étang au Duc**. — A 1 k. 1/2 S.-E., joli *château de Malville* (dans la chapelle Saint-Marc, beaux *vitraux* de 1520).

**De Ploërmel à Josselin** (🚂 départemental, 17 k. en 40 min. env. : 1 fr. 50 et 85 c., ou route de voit. 12 k., voit. priv. : 5 à 7 fr.).— A 7 k 1/2 de Ploërmel (station de *Cahéran-Saint-Gobrien* à 2 k. 1/2), **pyramide des Trente** ; au milieu d'une pelouse plantée de sapins, un *obélisque* de granit, haut de 15 m. (1823), rappelle le célèbre *combat des Trente* (27 mars 1351), dans lequel Jean de Beaumanoir, capitaine du château de Josselin pour la comtesse de Penthièvre, et 30 de ses chevaliers défirent un nombre égal d'Anglais, commandés par Richard Bembro, qui tenait la place de Ploërmel pour la veuve et le fils de Jean de Monfort.

**Josselin***, ch.-l. de c. de 2500 h., est dans une situation pittoresque, au bord de la rivière de l'Oust. La rue principale de Josselin est formée par la route de Ploërmel-Pontivy; à dr. est l'église N.-D. du Roncier, à g. le château.

**Notre-Dame du Roncier** est du XVe s.— A l'int., *chaire* en fer ouvragé et doré. Dans le bas-côté dr. : niche gothique avec *buste* en bois argenté *de St Etienne* (au-dessous, petits sacs de blé déposés en offrande). Dans la *chapelle Sainte-Marguerite* (oratoire du connétable de Clisson), à dr. du chœur : **tombeau** d'Olivier de Clisson et de Marguerite de Rohan, sa compagne (*statues* en marbre blanc, couchées sur une table de marbre noir). A g. du chœur : *chapelle N.-D. du Roncier* (statue vénérée, moderne, de la Vierge). Restes de vitraux.

On peut entrer au **château** de

Josselin, soit par la porte de la *place Saint-Nicolas*, soit par celle de la *rue du Château* (s'adr. au concierge, pourboire). On pénètre d'abord dans le *parc*, qui a de beaux ombrages, et on arrive devant la *façade intérieure* du château, que précède un *puits* ancien (armature de fer forgé). Cette façade est un spécimen du style ogival flamboyant, avec tout son luxe d'ornementation ; le corps de logis a deux étages, dont les combles (10 splendides lucarnes; galerie à jour dont les détails sont d'une infinie délicatesse; écussons et devise A PLUS des Rohan ; gargouilles sculptés). A l'int., on visite : le *vestibule*, avec escalier de pierre; le *musée* (souvenirs historiques, armes, bijoux, portraits); la *bibliothèque*; le *salon*, avec belle *cheminée* dans le style du château ; la *salle à manger* (*statue* équestre *d'Olivier de Clisson*, par Frémiet).

Autant la façade intérieure est luxueuse et élégante, autant la *face extérieure* du château, qui domine la rivière, est haute, sévère, et d'aspect féodal, avec ses murailles à pic et ses tours à toitures coniques, dont la base est taillée dans le roc vif. Il faut, en sortant du château, gagner le *pont* sur l'Oust et la rive opposée, pour en admirer l'ensemble. — De ce même côté de la rivière, la vieille église de l'ancien *prieuré de Sainte-Croix* (XIe s.) est entourée d'un cimetière (*croix* ancienne, en pierre; vue charmante sur la ville).

De Josselin on peut continuer vers Pontivy, Vannes ou Lorient. (*V.* ci-dessous.)

**De Ploërmel à Pontivy**, 🚂 départemental, 57 k. en 2 h. 50 environ : 4 fr. 45 et 2 fr. 95, par Josselin ; ⨯ à *Moulin-Gilet*, pour **Vannes** (80 k. de Ploërmel, en 3 h. 30 env. : 6 fr. 20 et 4 fr. 10) et pour **Lorient** (115 k. en 5 h. 30 env. : 8 fr. 90 et 5 fr. 90).

**De Ploërmel à Châteaubriant**, 🚂 94 k. en 2 h. 50 env. : 10 fr. 55, 7 fr. 10, 4 fr. 65, par *Maure-de-Bretagne*, *Pipriac-Lohéac*, *Messac* et *Bain-de-Bretagne*.

**De Ploërmel à la Brohinière** (raccord avec la ligne Paris-Brest, R. 8.), 🚂 42 k. en 1 h. env. : 4 fr. 70, 3 fr. 20, 2 fr. 05.

**De Ploërmel à Plélan et à Rennes**, 61 k. (25 k. jusqu'à Plélan, voit. publ. ; tram à vap. projeté; de Plélan à Rennes, tram à vap.). — *V.* Plélan.

ROUTE 23

## D'AURAY A CARNAC ET LOCMARIAQUER

🚂 (ligne de Quiberon) 14 k., en 20 min. env., pour Plouharnel-Carnac. — 1 fr. 55, 1 fr. 05, 70 c.

Le ch. de fer laisse à g. la ligne Nantes-Quimper.

7 k. *Belz-Plœmel*, station desservant Belz, à 9 k. à dr. (*V.* ci-dessous) et *Plœmel*, à g. (église avec haute flèche).

14 k. **Plouharnel-Carnac** * (loueur de voit. près de la gare). La station est à 1 k. env. de Plouharnel, à 4 k. de Carnac; un omnibus et un tram à vap. (40 c. et 30 c.) font le trajet. — Elle dessert également, à dr., Etel et Belz.

[**De Plouharnel-Carnac à Etel et à Belz** (10 k. N.-O. jusqu'à Etel; tram à vap. : 90 et 70 c.). Le tram suit la route de terre qui, 1/2 k. au delà de la gare, croise un chemin allant : à dr., au ham. du *Vieux-Moulin* et du *Cosquer* (3 k.; plusieurs *menhirs* et *dolmen de Mané-Runmeur*); à g., au ham. de *Sainte-Barbe* (1 k.; *chapelle* du XVe s. et 39 *menhirs*).

2 k. *Loperhet-Crucuno* (halte). A *Crucuno*, ou Croucono, ham. à 1 k. à dr. de la route, beau *dolmen* (5 m. 20 de long et 3 m. 80 de large).

4 k. On croise (la station du tram est 1 k. plus loin, au bourg d'*Erdeven*) les importants *alignements d'Erdeven*, voisins du ham. de *Kerzhéro* (1030 pierres encore debout, alignées ou disséminées dans des champs et des landes). — 8 k. *Carrefour des Quatre-Chemins-Belz* (station du tram; à 1 k. à dr., Belz. *V.* ci-dessous). Le tram tourne à g.

10 k. **Etel***, port de pêche et petite station balnéaire, est situé sur la rive g. de la *rivière d'Etel*, vaste estuaire entrant dans les terres à 15 k. de profondeur.

A 3 k. N.-E. d'Etel, **Bel**, ch.-l. de c. de 3092 hab., est situé aussi sur la rive g. de la rivière d'Etel, qui s'y élargit (*église* en partie romane; beau *calvaire*; *chapelle Notre-Dame*, du XVIe s.; à 1/2 k. env., beau *dolmen* de *Kerlutu*; de l'autre côté de la route, chemin de 1 k. 1/2 conduisant à *Saint-Cado* et à la *chapelle* romane de *Saint-Cado*).]

De la gare de Plouharnel-Carnac, la route de Carnac (à g.) et le tram passent d'abord près des *dolmens* souterrains de *Rondossec* (à dr.), dont les tables sont à fleur de terre. Puis on traverse *Plouharnel* (*lech* à l'entrée du bourg, à g.; *chapelle N.-D. des Fleurs*, renfermant un *bas-relief* en albâtre figurant l'Arbre de Jessé). Au delà de Plouharnel on dépasse, à g., le *dolmen de Kergavat* et on traverse une vaste plaine, à dr. de laquelle est la mer.

4 k. **Carnac*** est le centre d'une commune de 2913 hab., à 1 k. 1/2 env. de la mer (importants parcs à huîtres et plage de Carnac, dite **Carnac-Plage***; station suiv. du tram).

Carnac et ses environs possèdent les plus beaux monuments mégalithiques qui existent; ils sont maintenant propriété de l'État et des bornes indicatrices sont placées près de chacun d'eux.

Le tram s'arrête à l'entrée du bourg (un peu plus loin, à g. et en contre-bas, *fontaine de Saint-Cornély*, sous de grands arbres). La rue principale, que l'on suit, aboutit à une *place* où se trouvent l'hôtel des Voyageurs et l'église.

L'**Église**, du XVIIe s., a une belle *flèche* en pyramide et est ornée, sur la place, d'un *porche* bâti, dit-on, avec des pierres de menhirs; il est surmonté d'un curieux baldaquin en pierre ajourée. — A l'int., voûtes en bois de la nef et des bas-côtés couvertes de *fresques* peintes (dans la nef : *Vie de St Cornély*, reconnaissable à la tiare qui le coiffe ; dans les bas-côtés : *Scènes de l'Évangile*. Remarquable *chaire* à prêcher, et grille du chœur, en fer forgé, du XVIIIe s. *Maître-autel* en marbres de couleur (charmantes figures d'anges). A g. de la grille du chœur, beaux *troncs* en fer ouvragé, au pied du *reliquaire de St Cornély*. Beau *buffet d'orgue*.

Le *Pardon* de Carnac, dit de *St-Cornély* (patron des bœufs) a lieu le 2e dimanche de sept., et est précédé d'une foire, qui se tient le 13.

### MONUMENTS MÉGALITHIQUES DE CARNAC

Une visite d'ensemble aux monuments mégalithiques de Carnac demande 2 à 3 h. On peut, avec une voit. prise au bourg (6 fr. env.), faire la tournée suivante (11 k.) : Carnac, alignements du Ménec, de Kercado et de Kerlescan ; retour par la Trinité-sur-Mer, le tumulus de Saint-Michel et le musée Miln. — Si l'on doit se rendre à Locmariaquer, on visitera d'abord le musée Miln et le tumulus de Saint-Michel, puis les alignements, et de la Trinité-sur-Mer on gagnera Locmariaquer.

A pied, on suivra l'itinéraire que nous indiquons ci-dessous et que l'on peut, à son gré, raccourcir ou prolonger.

Sur la place de l'Église, en face de l'hôtel des Voyageurs, s'ouvre la route de Locmariaquer qui conduit, en quelques pas, au **Musée Miln** (à dr.; 50 c.). —Ce musée, créé par l'archéologue anglais de ce nom († 1881), est intéressant à visiter ; il offre une foule d'objets contemporains de la civilisation qui éleva les monuments mégalithiques de la région : *haches*, *silex*, *colliers*, *bijoux*, *vases cinéraires*, qui ont été retrouvés dans les fouilles pratiquées sous ces mêmes monuments.

Continuant à suivre la même route, on ne tarde pas à trouver, à g., un chemin qui mène à la base du célèbre **tumulus de Saint-Michel**, que précède la maisonnette du gardien. Le tumulus, haut de 12 m., long de 120 m., est composé de pierres sèches entassées. — A l'int. se trouvent d'étroits couloirs où ont été reconstituées les petites sépultures, avec *vases cinéraires*, que l'on y avait trouvées. L'on y voit aussi la grande *chambre funéraire* centrale. — Au sommet du tumulus (44 m. d'alt.), se trouve la *chapelle Saint-Michel*, précédée d'une *croix* sculptée du XVIIe s. (vue admirable).

Revenant à Carnac on prend, place de l'Église, la rue qui s'ouvre en face du porche latéral et qui passe devant l'hôtel de la Marine. Une route lui succède (route d'Auray), que l'on suit pendant 1/4 d'heure (1 k. 1/2 env.); peu après la sortie de Carnac on voit, à quelque distance à g., un *dolmen* surmonté d'une *croix*. La route atteint ensuite les alignements du Ménec (borne indicatrice).

Plusieurs conjectures ont été émises sur l'origine des alignements de Carnac. Il parait évident que ces alignements eurent un sens religieux et mystique, ainsi que le prouvent les pierres à sacrifices que l'on y trouve. Ils furent comme la conception, toute grossière et primitive, d'autant de temples et de sanctuaires où se déroulaient les mystères sauvages du culte druidique.

Les **alignements du Ménec** se terminent à dr. de la route et s'étendent sur une longueur de 1 k. env. vers la g. Ils comprennent 1169 menhirs debout, sur 11 rangées.

[Si l'on veut suivre les alignements vers la g. (1/4 d'heure env.), on le fera facilement par un sentier tracé dans le même sens, qui prend en face de la borne de l'État et suit la lande où ils se dressent à la file. Ils se terminent de ce côté, au ham. du *Ménec*, par un *cromlech* circulaire (70 menhirs en partie enclavés dans les maisons, mais que l'on retrouve sans peine). — On revient ensuite sur ses pas, à la grande route.]

Quittant la route d'Auray, on prend la route de dr. (en venant de Carnac), qui amène bientôt aux **alignements de Kermario**, s'étendant sur 10 rangées, longs de 1100 m., et comprenant 982 menhirs. Les blocs les plus considérables sont à l'extrémité O., où l'on se trouve; les premières pierres surtout sont énormes et bizarres de forme, et l'on reconnait parmi elles une *pierre à sacrifices*, avec bassins et rigoles.

[On peut de là revenir à Carnac, soit par la même route, soit en regagnant par de mauvais chemins le tumulus de Saint-Michel, que l'on voit à dr. — Les alignements de Kerlescan sont 2 k. 1/2 plus loin (1 h. all. et ret.) et moins importants.]

La route longe, à g., les alignements de Kermario, puis descend dans un petit vallon, pour traverser ensuite un joli bois de pins. — Une allée qui prend à dr. dans le bois de pins, conduirait au *château de Kercado*, dans le parc duquel (on peut demander à entrer) est un beau *tumulus*, avec dolmen souterrain.

Les **alignements de Kerlescan** commencent au delà d'une ferme qui est à g. de la route. Ils sont précédés, comme ceux du Ménec, par un *cromlech*, carré, qui décrit sa vaste enceinte autour d'une lande; rangés sur 13 lignes, ils sont longs de 880 m., avec 579 menhirs. Ils se poursuivent jusqu'au ham. de *Kerlescan*, que l'on traverse pour trouver (5 k. de Carnac) la route d'Auray (à g., 10 k.) à la Trinité-sur-Mer (à dr., 2 k.). — Au delà de cette route les alignements reprennent et se terminent par quelques rangées de pierres plus petites, dites du *Petit Ménec*.

De Kerlescan à la Trinité-sur-Mer : 2 k. S. — De la Trinité à Locmariaquer : 8 k. 1/2 E. (*V.* ci-dessous); à Carnac : 4 k. O. (tram à vap.).

[**Dolmens de Kériaval de Mané-Kérioned et de Runesto** (11 k. N.-N.-O., all. et ret.). Outre les dolmens et alignements d'Erdeven, où l'on se rend par Plouharnel-Carnac (*V.* ci-dessus), d'intéressants monuments mégalithiques sont encore à visiter dans les environs immédiats de Carnac. — Sortant de Carnac par la route d'Auray, que l'on suit pour se rendre aux alignements du Ménec (1 k. 1/2), on coupe ceux-ci et l'on continue la même route au delà.

2 k. (de Carnac). Bifurc. où l'on prend à g. — 2 k. 1/2. On laisse à g. le ham. du *Nignól*, où J. Miln découvrit, en 1878, 10 vases cinéraires dans une tombelle gallo-romaine (musée de Carnac). — 4 k. A g. de la route, *tumulus* de *Cucuny*, surmonté d'un menhir. — 4 k. 1/2. Auberge de *Coët-à-Toux*, où l'on trouve la route d'Auray-Plouharnel. On prend cette route vers la g. — 6 k. 1/2. A g. et à peu de distance de la route, dans une lande, beaux *dolmens* à demi ruinés *de Kériaval*. Un peu plus loin, quelques marches à dr. de la route montent aux magnifiques *dolmens* restaurés *de Mané-Kérioned*. — 7 k. On croise une route qui se dirige à g. vers Carnac. — 7 k. 1/2. A dr. de la route quelques marches et un sentier aboutissent au beau *dolmen de Runesto*. De Runesto, on rentre à Carnac en revenant prendre (vers la dr.) la route que l'on vient de croiser 1/2 k. auparavant (de la bifurc. à Carnac : 3 k.). — Si l'on continuait au delà de Runesto, on arriverait (2 k.) à la station de Plouharnel-Carnac.]

### MONUMENTS MÉGALITHIQUES DE LOCMARIAQUER.

Au delà de Carnac, la route de terre de Locmariaquer (12 k. 1/2; tram à vap. jusqu'à la Trinité-sur-Mer), dont la visite est le complément de celle de Carnac, se dirige directement vers la Trinité-sur-Mer, tandis que le tram à vap. fait un coude vers la mer pour desservir Carnac-Plage.

4 k. (8 k. de Plouharnel-Carnac; 10 k. par le tram) **La Trinité-sur-Mer***, port de pêche et petite station balnéaire sur le large estuaire de la rivière de Crach, est sur une hauteur, à dr. de la route, qui passe au ham. de *Kérisper*.

4 k. 1/2 (le tram, qui s'arrête actuellement à la Trinité, doit être prolongé jusqu'à Locmariaquer). On franchit sur le grand *pont de Kérisper*, l'estuaire de la rivière de Crach. — On traverse ensuite un haut plateau dénudé.

6 k. 1/2. On voit un *dolmen* à dr. de la route. — 7 k. 1/2. A dr. de la route, *menhir de Kérango*; à g., route de Crach et d'Auray. — 8 k. A g. de la route, *dolmen de Kerran*, puis un autre dolmen, à dr. On se rapproche de l'estuaire de la rivière d'Auray. — 10 k. 1/2. A dr. de la route, *dolmen* de *Kervérès*, ham.

11 k. 1/2. Entrée du bourg de Locmariaquer (descendre de voit.).

**Locmariaquer*** est un petit bourg et port de relâche, dans un paysage dénudé, à l'extrémité de l'estuaire de la rivière d'Auray, qui s'y réunit au golfe du Morbihan. Tandis que les mégalithes de Carnac sont remarquables par leur nombre, ceux de Locmariaquer étonnent davantage par l'énormité de leur masse.

Dès l'entrée du bourg, on trouve à dr. de la route de Carnac, qu'il faut quitter, un *tumulus* arrondi en calotte, auquel est adossé (l'entrée en est sur la face opposée, le dolmen de **Mané-Lud** (*montagne de la Cendre*), dont la table est à fleur de terre; à l'int., sur les pierres de l'entrée et du fond, serpents grossièrement gravés.

En sortant du Mané-Lud et en avançant devant soi, par un sentier dans la lande, on rencontre un autre *dolmen*, plus petit, à demi enfoui, et l'on arrive aux deux pièces capitales.

C'est d'abord, à dr., le **Men-er-H'rœck** (*Pierre de la Fée*), menhir gigantesque (23 m. 25) qui gît à terre, brisé par la foudre (au XVIIIe s.) en quatre morceaux, dont l'un a encore 12 m. de long. Ce monolithe mesure 3 à 4 m. d'épaisseur et 5 m. de diamètre. On estime son poids à plus de 200 000 kilogr. — A g., se montre la **Table des marchands** (*Dol-ar-Marc'hadourien*), magnifique dolmen; sa table, sous laquelle on descend, est supportée à son extrémité par un menhir conique, couvert d'*hiéroglyphes* indéchiffrés.

De là, en face de soi, on aperçoit à 100 m. env. le dolmen de **Mané-Rutual**, entouré d'un mur de pierres sèches; on s'y rend par un chemin qui longe le cimetière (à g.) et passe près d'un grand *menhir*, brisé en deux morceaux et couché, accoté au mur d'une maison (à dr.). Une allée couverte précède le Mané-Rutual, dont la table est brisée.

On peut ensuite gagner directement, en continuant dans la même direction et en se tenant hors des maisons du bourg, le tumulus de Mané-er-H'rœck; mais, si l'on veut visiter le dolmen souterrain qu'il renferme, il faut auparavant aller en chercher la clef à la mairie ou à l'hôtel Marchand (50 c.; bougie).

Le tumulus de **Mané-er-H'rœck** (*montagne de la Fée*) est à 1 k. env. au delà du bourg. Haut de 12 m., il est fait de pierres sèches amoncelées; le sentier qui y monte est précédé de 2 grands menhirs renversés et brisés. Le centre en est évidé comme un entonnoir, au fond duquel est l'entrée du *dolmen* (chambre funéraire) qu'il recouvre. De son sommet, belle vue.

[A 1 k. au delà du **Mané-er-H'rœck**, la presqu'île de Locmariaquer se termine presque au ras des flots, à un *sémaphore*, voisin du beau *dolmen des Pierres-Plates*.]

On revient au bourg, dont l'**église** (12 k. 1/2 de Carnac, par la route) date en grande partie du XIIe s. — Le *port*, où l'on ne peut accoster qu'en pleine eau, est protégé par une petite jetée à pierres perdues, attribuée aux Celtes ou aux Romains.

[De Locmariaquer à Auray, 13 k. N. (voit. publ. 2 fois par

j. : 1 fr.) ; — bateau à vap. pour Vannes et pour Port-Navalo, *V.* ces noms.]

ROUTE 24.

## D'AURAY A QUIBERON ET A BELLE-ILE

### 1° D'AURAY A QUIBERON

28 k. en 50 min. env. — 3 fr. 10, 2 fr. 10, 1 fr. 40.

14 k. d'Auray à Plouharnel-Carnac (*V.* ci-dessus, R. 23).

Au delà de cette station, le ch. de fer de Quiberon atteint l'étroite presqu'île de Quiberon, après avoir contourné le fond du golfe de Plouharnel, d'où le flot se retire à 4 k. 1/2 à marée basse. Il traverse ensuite des dunes désertiques.

21 k. *Kerhostin*, ham. à 1/2 k. env. au delà du **fort Penthièvre** (à dr.; sur un rocher).

23 k. *Saint-Pierre-Quiberon*. — La station est à 1 k. à dr. du bourg, qui est situé au bord de la mer, sur la baie de Quiberon, et voisin des **alignements du Moulin** (21 menhirs).

[Sur l'autre face de la presqu'île, qui regarde la pleine mer, la côte de la « Mer Sauvage » est hérissée de rochers. A 1 k. 1/2 S. O. de la gare (à dr.; chemins de piétons), les *dolmens de Port-Blanc* sont situés sur une hauteur, creusée de belles **grottes** marines; à 1 1/2 k. S. de Port-Blanc, **grottes** de *Port-Bara*.]

28 k. **Quiberon** *, station balnéaire fréquentée, est un ch.-l. de c. de 3 299 hab. Une belle plage et le voisinage de Belle-Ile y attirent l'été de nombreux étrangers.

De la gare (omn. pour le port et le bateau de Belle-Ile, 1 k. env. : 50 c.) on prend une rue à g., qui descend vers la mer, dépasse l'*église*, moderne, et traverse une place (petit *casino-concert*), où s'élève la *statue de Hoche* par Dalou. Arrivé en vue de la mer, on voit à g. la **plage** de Port-Maria (sable), avec cabines et chalets. On tourne vers la dr. pour gagner le port.

Le **port**, qu'abritent des môles de granit et qu'éclaire un *phare*, doit une grande animation à sa flottille de barques de pêche (confiseries de sardines, poissonnerie et vente à la criée. En face, sur l'horizon, on découvre Belle-Ile.

[A 1 k. 1/2 E. (la route prend près de l'église), **Port-Haliguen** * est un petit port sur la baie de Quiberon, où des baigneurs, d'habitudes simples, viennent loger.

A 1 k. 1/2 O, en passant par le ham. de *Mané-Meur*, on arrive à la côte de la « Mer Sauvage » et aux rochers, découpés profondément, de **Beg-er-Goalennec** ; la mer s'y engouffre avec fracas.

De Quiberon on va visiter les alignements du Moulin, les grottes de Port-Blanc et de Port-Bara, par la station de Saint-Pierre-Quiberon (*V.* ci-dessus.]

### 2° DE QUIBERON A BELLE-ILE

15 k. en 45 min. env. — 2 fr. et

1 fr. 50; all. et ret. 3 fr. et 2 fr. — 2 ou 3 départs par j. suivant saison.

On se rend aussi à Belle-Ile : d'*Auray*, le lundi s. ou le mardi mat., 42 k. env. : de *Lorient*, le samedi, 50 k. Prix d'Auray ou de Lorient (heures de départ selon la marée) : 4 fr. et 3 fr.; all. et ret. 6 fr. et 4 fr. Un autre service se fait de *Nantes*, le jeudi, 131 k. : 7 fr. et 5 fr.

La traversée, très douce par beau temps, peut devenir assez dure par mauvaise mer ; le bras de mer qui sépare Belle-Ile du continent se nomme le *Coureau*.

**Belle-Ile** est la plus importante des îles du littoral breton, longue de 17 k., avec une largeur variant de 3 à 9 k. et parallèle à la côte du Morbihan. Son élévation moyenne est de 40 m., son altitude maxima de 63 m. L'ensemble en est bien cultivé, mais dénudé; quelques vallons sont un peu plus verdoyants. — En approchant de terre, on voit les 2 *jetées*, portant chacune un phare, qui marquent l'entrée du **port** du Palais (à dr. la citadelle).

**Le Palais***, où l'on aborde, ch.-l. de c. de 4 961 hab., forme une petite ville forte, pittoresque d'aspect avec ses remparts et ses grands arbres. Le bateau accoste d'ordinaire au *quai Macé*; peu après est la *place de la République*, au delà de laquelle on trouverait l'*église*, l'hôtel du Commerce et l'*hôtel de ville*.

*A.*— A g. de la place de la République, la *rue Carnot*, plantée d'arbres, conduirait à la belle *porte Vauban* et à la curieuse *porte de Bangor*, ouvertes dans les remparts. Les **remparts** furent dessinés par Vauban, continués par Napoléon, terminés sous le 2e Empire.

*B.*— Si l'on suit, au contraire, les quais du port et du *bassin à flot* qui lui fait suite, on arrive à l'*arrière-port*, qui se prolonge profondément dans le vallon du Palais.

*C.*— Si l'on passe, par un *pont*, de l'autre côté du port, on atteint les glacis de la **citadelle** (élevée en 1572, renforcée par Vauban). En haut des glacis, qui servent de *promenade*, est une *colonie pénitentiaire*, agricole et maritime (une autorisation spéciale est nécessaire pour visiter). — On atteindrait, au delà, la côte qui regarde le continent (hautes falaises, petites plages de sable à leur base, *grotte* et arcade de *Saint-Michel*).

[A 1 k. N. env. du Palais, *château Fouquet*, bâti par Fouquet, qui y résida, et dépendant du pénitencier. — 1 k. au delà, petit havre de *Port-Fouquet* avec *grottes*, ainsi qu'à la grève de *Port-Jean* (1 k. O par la côte).

A 1 k. S. env. du Palais, *plage* de bains *de Ramonette*, avec cabines (on s'y rend par la place de la République et la *rue Willaumez*).]

La visite d'ensemble de Belle-Ile se divise en 3 grandes excursions pour chacune desquelles il est nécessaire de prendre une voiture au Palais (il n'y a qu'un courrier pour Sauzon); on peut en réunir deux dans la même journée. On paie 12 à 15 fr. une voit. à 1 cheval; 24 fr. une voit. à 2 chevaux.

[1° **Sauzon, Fort Sarah-Bernhardt et Pointe des Poulains, Grotte de l'Apothicairerie** * (7 k. N.-E. du Palais à Sauzon, voit. publ. 2 fois par j. : 1 fr. ; voit. priv. : 4 à 5 fr. ; 4 k. de Sauzon à la Pointe des Poulains ; 4 k. 1/2 de la Pointe des Poulains à l'Apothicairerie ; 10 k. 1/2 de l'Apothicairerie au Palais; au total 26 k. pour l'excursion. On peut déjeuner à Sauzon ou à l'Apothicairerie).

La route de Sauzon s'élève sur un haut plateau, passe (2 k. 1/2) devant l'*école agricole de Bruté*, à g., fondée par Trochu père, et voisine d'un grand bois de pins, dit *bois Trochu*. — 5 k. La route descend dans le vallon rocheux de Sauzon. — 6 k. Laissant à g. la route directe de l'Apothicairerie et de la Pointe des Poulains, on longe l'estuaire de la rivière de Sauzon.

7 k. **Sauzon** * est un port de pêche, dont l'entrée est signalée par un petit phare ; les maisons s'étagent sur le flanc g. du vallon. — *Eglise* moderne (beau lutrin et stalles anciennes).

De Sauzon on revient sur ses pas, à la sortie du bourg, pour prendre à dr. une route qui rejoint sur le sommet du plateau la route de la pointe des Poulains. — 8 k. On prend cette route (*route stratégique*) vers la dr. (N.-O.). — 9 k. On laisse à g., au delà du ham. de *Logonnet*, la route de l'Apothicairerie. — 10 k. On traverse un petit vallon.

11 k. **Fort Sarah-Bernhardt**, où cesse la route carrossable. En suivant le chemin qui longe la propriété on découvre, à g., l'ancien fortin déclassé qu'habite la célèbre tragédienne. Continuant ce chemin, on gagne ensuite la **pointe des Poulains**, île à marée haute, qui termine Belle-Ile de ce côté et porte un *phare* (à g., *rocher du Chien*).

Ayant regagné la route carrossable, on la reprend pour se rendre à l'Apothicairerie (trajet à pied très long, mais intéressant, en suivant la côte) en revenant sur ses pas pendant 2 k. — 13 k. La route de l'Apothicairerie prend à dr. et descend dans un vallon agreste. — 14 k. 1/2. *Kerguech*, ham.

15 k. 1/2. **L'Apothicairerie**, ou *grotte de l'Apothicaire*, une des merveilles naturelles de la Bretagne, se creuse en-dessous de la falaise. Elle forme un tunnel au fond duquel bouillonne la mer; la voûte encadre les récifs écumeux de la « Côte Sauvage ».

De l'Apothicairerie, on revient par le même chemin à la route des Poulains (18 k.), que l'on suit vers la dr. pendant 1 k. — 19 k. Bifurc. La 2e route de g. descend au fond de l'estuaire de Sauzon et revient au Palais (26 k.) par l'itinéraire de l'aller.

2° **Bangor, le Grand Phare, Port-Domois, Port-Coton et Port-Donant** (4 k. 1/2 S.-O. jusqu'à Bangor, et 3 k. 1/2 de Bangor au phare; 9 k. du phare à Port-Donant ; 9 k. de Port-Donant au Palais; au total 26 k. de voit.; pour le reste de l'itinéraire, chemins de piétons, 2, 6 et 3 k. On peut déjeuner à l'auberge de Kervilaouen. S'informer de la marée, car la visite des grottes ne peut se faire qu'à marée basse).

On prend au Palais la rue Carnot, qui monte aux portes Vauban et de Bangor, par où l'on sort dans la campagne. — 3 k. 1/2. On croise la route stratégique. — 4 k. 1/2. *Bangor*. —7 k. 1/2. *Kervilaouen* *, ham. aux maisons blanches et propres.

8 k. Le **Grand Phare**, tour de granit de 47 m., élevée en 1826 sur les plans de Fresnel. Du sommet (pourboire au gardien), vue magnifique.

*A*. — Du phare (s'informer d'un

bateau à Kervilaouen pour la grotte des Cormorans), on gagne à pied (1 k. O.) **Port-Coton**, petite anse où l'écume bouillonnante ressemble à des flocons de coton. On y remarque : *les Pyramides*, la *grotte de Port-Coton* (à marée basse) ; la *grotte des Cormorans* (en barque, par un beau temps). — On revient au phare.

*B.* — Du phare, on gagne à pied (3 k. S.-E.) **Port-Domois**, en passant au fond de l'anse de *Port-Goulphar* et au ham. *de Domois*. 1 k. au delà de Domois, *sémaphore du Talus*, au gardien duquel on s'adressera (pourboire) pour descendre à marée basse sur la grève, où se voient plusieurs *grottes*. — On revient au phare.

*C.* — Du phare, on gagne **Port-Donant**, soit à pied (4 k. N.) ; sentiers), soit en voiture (9 k.), en prenant à Kervilaouen la route directe du Palais, qui ramène (3 k. 1/2 ; 11 k. 1/2 de l'itinéraire) à la route stratégique. On suit celle-ci à g. pendant 3 k. (14 k. 1/2), jusqu'à une route à g. qui prend aux *menhirs Jean et Jeanne-de-Runello*, passe entre les ham. de *Kerlédan* (à dr.) et d'*Anvorte* (à g.), et atteint la grève de Port-Donnant (17 k.). — Cette grève est bordée de rochers (à g.), où s'ouvre une belle *grotte* (à marée basse). — On revient aux 2 menhirs et à la route stratégique (19 k. 1/2), que l'on suit vers la dr. pendant 3 k. (22 k. 1/2) pour prendre à g. la route du phare au Palais (26 k.).

**3° Locmaria et les Grands-Sables** (23 k. S.-E. all. et ret. ; on ne trouve qu'une auberge à Locmaria).

On prend au Palais la rue Carnot, qui monte aux portes Vauban et de Bangor, par où l'on sort dans la campagne. — 3 k. 1/2. On rencontre la route stratégique, que l'on prend vers la g. — 6 k. Au delà du moulin *Gouch*, à g., on trouve à dr. un chemin qui conduirait (2 k. 1/2 env.) à *l'anse de Port-Herlin* et à la *grotte de Saint-Marc* (à marée basse ; bougies).

12 k. **Locmaria** * (dans l'église, deux *tableaux* espagnols de l'école de Murillo). — A 1 k. 1/2 S., ham. et anse du *Squeul*, avec grotte et curieux *rocher du Pylor*.

De Locmaria, on se dirige, par la route de Samzun, vers la côte N. de l'île. — 13 k. On laisse une route à dr. — 14 k. 1/2 *Samzun*, ham. où commence la superbe grève des **Grands-Sables**, longue de 1 k., à l'extrémité de laquelle on remonte, à g., vers *Arnaud*, ham. — 18 k. 1/2. On traverse *Kervin*, ham., puis *Port-Salio* (vaste *réservoir de Belle-Fontaine*). — 20 k. 1/2. On descend dans le vallon de *Port-Guen*, puis on remonte à *Bortello* (21 k. 1/2), ham. au delà duquel on rejoint la route de Bangor. — Par les portes de Bangor et Vauban, on rentre au Palais.]

## ROUTE 25.

## D'AURAY A PONTIVY

🚃 55 k. en 1 h. 20 env. — 6 fr. 15, 4 fr. 15, 2 fr. 70.

D'Auray, la ligne de Pontivy emprunte celle de Nantes-Quimper pendant 4 k., puis elle s'en détache vers la dr.

12 k. **Pluvigner** *, ch.-l. de c. de 5254 hab., à 1 k. 1/2 à dr., (église de 1546 ; *chapelle* romane *de N.-D des Orties ; chapelle Saint-Fiacre*, de 1640, avec *retable* en bois et sculptures).

20 k. *Lambel-Camors*, station dans la *forêt de Camors*, près du ham. de *Lambel*.

26 k **Baud** * (⚔ pour Locminé, Vannes, Ploërmel, Gourin et Lorient, par ch. de fer dépar-

tement**al**), ch.-l.-de c. de 4730 hab., à 4 k. 1/2 à dr. de la station (voit. de corresp. : 75 c.).

[2 k. avant Baud, en quittant la route et en prenant un chemin à dr., curieuse statue de la *Vénus de Quinipily*, au-dessus d'une fontaine; c'est une copie remaniée (refaite au XVIIe s.) d'une vieille idole, connue jadis sous le nom de *Groac'h er Couard* (sorcière de la Couarde).]

Au delà de Baud, le ch. de fer croise celui de Locminé à Lorient, puis traverse l'Evel et passe, par un tunnel, sous l'étroit éperon qui sépare cette rivière du Blavet.

36 k. *Saint-Rivalain*, ham. à g.— 4 k. 1/2 au delà, on franchit une boucle du Blavet et on passe sous un tunnel.

40 k. *Saint-Nicolas-des-Eaux*, ham. avec *chapelle Saint-Nicolas*, de 1524 (fragments de vitraux).

[A 2 k. E., **chapelle Saint-Nicodème** (XVe s.), du gothique flamboyant, avec joli *clocher* et flèche de pierre haute de 46 m., sous lequel s'ouvre un *porche* de la Renaissance. A l'int. : dans le transept, *tribune* en pierre; autel avec *retable* en bois; grand *tableau* de la Résurrection; *maître-autel* à retable du XVIIIe s., où St Nicodème reçoit le corps du Christ.

A côté de la chapelle est une *fontaine*, de 1608 (pignons gothiques et sculptures; 3 bassins avec niches et statuettes de St Nicodème, St Gamaliel et St Abibon).

Le jour du *pardon* (1er samedi d'août), des bestiaux suivent la procession, au son du fifre et du tambour; un *ange* descend du clocher, le long d'un câble, et allume un feu de joie.

En face de Saint-Nicolas-des-Eaux, de l'autre côté du Blavet, **montagne de Castennec** (124 m.), d'où l'on a une vue magnifique.

Le ch. de fer repasse ensuite sur l'autre rive du Blavet et en suit les sinuosités.

55 k. **Pontivy** * (✕ pour Loudéac et Saint-Brieuc, pour Ploërmel, pour Gourin), ch.-l. d'arr., V. de 9 359 hab., sur le Blavet. Les rues étroites du Vieux-Pontivy, bordées de maisons anciennes, contrastent avec les rues larges et tirées au cordeau du Nouveau-Pontivy. La ville, lors de ces agrandissements, à l'époque du 1er Empire, prit le nom de Napoléonville.

Sortant de la gare (au-dessus, *promenade d'Alsace-Lorraine*), on se trouve sur une petite place entourée d'arbres, d'où une courte avenue, en face, conduit à la rue Nationale.

La **rue Nationale** traverse en droite ligne tout Pontivy. On la prend à dr., et l'on voit d'abord sur la g. l'*église Saint-Joseph* (sans intérêt), entourée d'un *square* dans lequel l'archéologue Le Brigand a réédifié la sépulture gauloise ou *galgal* du Sourn. A dr. est l'hôtel de France. On arrive ensuite **place Nationale** (*statue*, par le comte de Nogent, *du général de Lourmel*), où sont l'hôtel Grosset (à dr.), le *tribunal*, la *sous-préfecture*, l'*hôtel de ville*.

Suivant toujours la rue Nationale, on rencontre la **place Égalité** (maisons anciennes, dont à dr. *maison* à tourelle de 1578), ornée de la *statue du docteur Guépin* (1888). C'est ici le centre du Vieux-Pontivy. — A dr. est la **rue du Fil** (vieilles *maisons*), que l'on suit et d'où l'on gagne, en tournant à g., le château.

Le **Château** (1485) est entouré de fossés gazonnés. De ses grosses *tours* trapues, deux (sur la façade) avec toitures coniques, sont entières; une 3ᵉ est à demi ruinée. — La *cour intérieure* offre de jolis contreforts du xvᵉ s. et un vieux perron, à rampe de fer forgé du xviiᵉ.

Revenant du château à la place Égalité, on tourne à g. pour descendre vers la *halle*, voisine d'une *chapelle* du xviiᵉ s., et vers l'église **N.-D.-de-la-Joie** (xvᵉ s.). — Sous la tour qui la domine s'ouvre un *portail* ornementé. A l'int. : *plaque de marbre* (chap. des fonts-baptismaux) et cœur du général de Lourmel; au maître-autel, retable du xviiiᵉ s.

A dr. de l'église s'étend une place, avec *monument de la Fédération bretonne-angevine*, par Chavalliaud, sculpt., et de Perthes, père et fils, architectes (1894).

Revenu à nouveau place Égalité, on gagne, par la **rue du Pont** (vieilles *maisons*), les **quais du Blavet.** Le Blavet s'y raccorde au canal de Nantes à Brest; il est lui-même canalisé jusqu'à la mer.

Sur la rive opposée se voit l'*hôpital*, pittoresquement baigné par la rivière.

[A 6 k. 1/2 E. (station de Noyal-Saint-Thuriau à 5 k. 1/2 S.; la voit. publ. de Pontivy à Rohan dessert le bourg), **Noyal-Pontivy** possède une *église* (xvᵉ s.), avec porche à statues et *vitrail* du xviᵉ ou xviiᵉ s. A côté de l'église, curieux *ossuaire*.

A 10 k. au delà de Noyal, par la route, **Rohan*** (voit. publ. de Pontivy : 2 fr.), ch.-l. de c. de 667 hab., est situé sur le canal de Nantes à Brest, dans un site pittoresque, au pied d'une haute colline (du sommet, belle vue).

L'*église* est moderne. — A l'extrémité du pont du canal, jolie *chapelle* de 1510. — Plus loin, ancienne *église* des xvᵉ et xviᵉ s., avec tableau votif représentant des membres de la famille de Rohan.

**De Pontivy à Guémené-sur-Scorff, au Faouët (chapelles Sainte-Barbe et Saint-Fiacre) et à Gourin** (ch. de fer départemental, 83 k. de Pontivy à Gourin : 6 fr. 45 et 4 fr. 25). Le ch. de fer, contournant la ville, remonte la vallée du Blavet (canal de Nantes à Brest), dont il suit la rive dr.

4 k. *Stival*, ham. (*fontaine de Saint-Mériadec*, du xvᵉ ou xviᵉ s.), possède la **chapelle de Saint-Mériadec** (xviᵉ s.), à l'int. de laquelle sont de magnifiques *vitraux* du xviᵉ s. — La *chapelle du cimetière* (ossuaire; *lech* avec dessins figurant une croix) a (maîtresse-vitre) 2 vitraux du xviiᵉ s..

12 k. **Cléguérec**, ch.-l. de c.

de 3 560 hab., à 1 k. 1/2 à dr. (près du ch. de fer, *chapelle Saint-Jean*, avec vitraux), a une *église* renfermant un maître-autel à colonnes torses et la *chapelle de Saint-Morvan*, où un sarcophage de pierre passe pour le tombeau du saint. — Cléguérec est un des points d'accès de la forêt de Quénécan (*V.* ce nom) ; à 5 k. N.-O., par la route de Goarec, sauvage ravin de Stang-en-Ihuèrn, ou gorge de l'Enfer.

16 k. *Kerbédic* (station desservant aussi Malguénac (2 k. 1/2 à g.). — 19 k. *Malguénac*. A 1 k. à dr. de la station, *chapelle Saint-Jean* (tour et flèche de pierre ; sculptures).

24 k. *Guern - Locmalo.* — *Guern* est à 7 k. à g. — A 2 k. O. de Guern, *Quelven*, ham., possède une *chapelle* avec : un beau clocher à flèche, reconstruit en 1837 ; des *vitraux* du XVIe s. ; un bas-relief en albâtre du Couronnement de la V. (XVIe s.) ; une curieuse *statue ouvrante* de N.-D. du Quelven (s'adr. au sacristain).

27 k. **Guémené-sur-Scorff** *, ch.-l. de c. de 1 975 hab. Le costume des femmes est des plus typiques (robe noire plissée, bonnet de drap et de velours noirs, semblable à une toque de juge ou d'avocat).

Guémené est traversé dans sa longueur par la route de Pontivy au Faouët, qui y forme la *Grande-Rue*. A un carrefour, avec *maisons* anciennes et pittoresques, une petite *colonne* a été érigée à Bisson, qui se fit sauter avec son navire pris par des pirates. En bas de la Grande-Rue, vieilles *halles*, sous lesquelles sont de curieuses *maisons* en bois. — Un peu plus loin, l'ancien **château**, restauré au XVIIIe s., n'offre plus que des ruines, entourées de fossés. Dans son enceinte est l'hôtel Moderne, entouré d'un beau parc où se trouve, au milieu d'un bosquet, une salle gothique minuscule, avec voûtes à nervures et « lavabo » de granit, dite *bain de la reine Anne*.

A 3 k. N.-O. de Guémené par la route, à 2 k. par une traverse, **chapelle N.-D. de Crénenan** (porte aux sculptures très frustes ; restes de peintures funèbres ; poutres sculptées et, sur le lambris, peintures du XVIe s. figurant l'*Histoire de la Vierge*). Il se tient à cette chapelle, le dim. qui suit le 15 août, un curieux *pardon*.

34 k. *Lignol*, à dr. (église du XVIIe s.).

40 k. *Saint-Caradec-Kernascléden.* — A *Kernascléden*, ham. à g., remarquable **chapelle de Notre-Dame** (1453 ; du gothique flamboyant ; 2 *porches* sculptés ; jolie flèche ; rosace au transept et galerie à jour à la base du toit ; à l'int. : voûtes décorées de *fresques*, 5 autels en pierre, 2 bénitiers anciens).

49 k. *Berné.*

42 k. *Meslan* (⚔ pour Lorient).

58 k. **Le Faouët** *, ch.-l. de c.

de 3 269 hab., est à 21 k. N. de Quimperlé (voit. publ. : 2 fr.), d'où se fait souvent l'excursion. — On voit au Faouët d'anciennes *halles*, avec belle charpente de bois; l'*église* est du XVe s. pour la nef, du XVIe pour l'abside. — Mais les deux curiosités principales sont les chapelles Sainte-Barbe et Saint-Fiacre, où l'on peut se faire accompagner utilement par un enfant du pays.

1° **Chapelle Sainte-Barbe** (2 k. N. env.; assez fatigant). On sort du Faouët par une ruelle qui s'ouvre au N. de la place des Halles (à la maison d'angle, statuette de la Vierge). A l'extrémité de cette ruelle on tourne à g. et l'on prend un chemin creux, qui descend dans un ravin. Il remonte ensuite, par une sorte de voie dallée, jusqu'à un plateau bordé de grands pins. Traversant tout droit ce plateau, on arrive à une croix de pierre, près de laquelle est, à g., la maison du gardien qui a les clefs de la chapelle (pourboire). — A dr. est un petit *beffroi* abritant la cloche que tout pèlerin fait sonner. — On descend par un *escalier* à balustres, de la Renaissance; le premier palier est relié par une arche de pierre à la *chapelle Saint-Michel*, sur un bloc de rocher. — La *chapelle Sainte-Barbe* (1489) appartient au gothique flamboyant; elle domine le creux vallon de l'Ellé (178 m. d'alt.; 100 m. au-dessus de la rivière) et a tout juste sa place dans une anfractuosité rocheuse de la colline. A l'int., peu intéressant, maître-autel à colonnes torses et divers ex-voto.

2° **Chapelle Saint-Fiacre.** Située à l'opposé de Sainte-Barbe, elle est d'un accès facile, soit par la route de voit. (route de Quimperlé, 3 k.), soit par un chemin qui y conduit directement (2 k.); les deux se rejoignent au hameau de *Saint-Fiacre*. Dans une des maisons est la clef de la chapelle (pourboire), dont l'int. est des plus intéressants.

La *chapelle Saint-Fiacre* (XVe s.) est assez fruste d'aspect. Elle renferme un magnifique **jubé**, du style ogival flamboyant, en bois sculpté et peint. A g. du jubé, curieux *bas-relief* de la Renaissance (St Sébastien). Dans le chœur, le maître-autel est orné de 3 *statues* anciennes (St Laurent, la Vierge et l'Enf.-J. au centre, et Ste Ursule); au-dessus, maîtresse-vitre avec beau *vitrail* du XVIe s. Beaux *vitraux* aux transepts.

—

Au delà du Faouët, le ch. de fer de Gourin s'éloigne de la route de terre et fait un grand coude vers le N. — 66 k. *Le Saint*, ham. à 4 k. à g. (*église Saint-Samuel*, avec chapiteaux anciens et groupe de Ste-Anne, la Vierge et l'Enf.-J.; *chapelle Saint-Adrien*).

70 k. *Langonnet*, à 1 k. à dr., dans un pays montagneux et près d'un affluent de l'Ellé (*église* du XVe ou XVIe s., avec restes romans; petit *ossuaire*;

*croix* ornée dans le cimetière.)— A 6 k. E., **abbaye de Langonnet***; dans le beau vallon de l'Ellé, qui se rapproche de sa source. Fondée en 1136, reconstruite en partie aux XVIIe et XVIIIe s., elle sert auj. de maison d'éducation agricole. L'ancienne *église* abbatiale a été restaurée, ainsi que la *salle capitulaire* (XIIIe s.).

Le ch. de fer longe ensuite la grande *lande de Kérivoal*. — 74 k. *Plouray* (à 8 k. 1/2 E.; à dr.) est situé à 199 m. d'alt., sur les derniers contreforts des Montagnes Noires (*église* de 1666). — 78 k. *La Magdeleine*, ham. — 85 k. Gourin (*V.* ce nom; ⚔ pour Rosporden et pour Carhaix).

**De Pontivy à Ploërmel**, 🚂 départemental, 57 k. en 2 h. 50 env. (4 fr. 45 et 2 fr. 95), passant par **Josselin** (*V.* ce nom).

De Pontivy à Loudéac et Saint-Brieuc, R. 10.

## ROUTE 26

## DE QUIMPERLÉ A PONT-AVEN ET CONCARNEAU.

🚂 départemental, 21 k. pour Pont-Aven : 1 fr. 60 et 1 fr. 10, ou voit. publ. : 1 fr. — 19 k. pour Concarneau : 1 fr. 45 et 1 fr.

La ligne, se détachant de celle de Nantes-Quimper, parcourt un pays verdoyant.

6 k. *La Forêt-Clohars*, halte à 1 k. de la lisière de la belle forêt de Clohars-Carnoët (*V.* ce nom).

9 k. *Moëlan*, à 1/2 k. à g. — On traverse l'extrémité de l'estuaire de la rivière de Bélon.

16 k. *Riec-sur-Bélon*, à 2 k. 1/2 N. de la rivière de Bélon et à 4 k. du ham. du même nom (parcs à huîtres).

21 k. **Pont-Aven***, ch.-l. de c. de 1746 hab., dans une nature à la fois gracieuse et puissante. Les femmes sont célèbres par leurs belles coiffes et leurs collerettes plissées.

Du ch. de fer on descend vers le bourg et on arrive sur la place centrale de Pont-Aven, que borde l'*hôtel Julia* (peintures et « pochades » laissées par les artistes de passage; intéressants tableaux). Un peu plus loin, on trouve un *pont* et la **rivière de Pont-Aven**, ou Aven.

Si, du pont, on suit la rivière vers la g., on passe près d'un *moulin* du XVe s., au delà duquel le lit de l'Aven est encombré de grosses roches qui y forment des cascatelles. On trouve ensuite le petit *port* (7 k. de la mer), où commence l'estuaire de l'Aven, gonflé par la marée. — On revient au pont.

Si, du pont (l'*église* est moderne et sans intérêt), on suit la rivière vers la dr., on arrive au **Bois d'Amour** (hêtres magnifiques et rochers moussus), qui s'étend le long de l'Aven, à la base d'un coteau agreste. Les arbres recouvrent de leurs ramures les eaux paisibles. C'est un site de toute beauté. Au sommet du versant du Bois d'Amour, *chapelle* gothique *de Trémalo.*

[A 3 k. N.-O. par la route de Concarneau, puis par un chemin à dr. (à 2 k. 1/2 de Pont-Aven), ruines imposantes du **château de Rustéphan** (xv<sup>e</sup> s.).

Le **château du Hénan** (3 k. 1/2 S., sur la dr. de l'Aven: la route du Hénan prend au-dessus du bourg, sur la route de Concarneau, à g., et passe au ham. de *Kérangosquer*, avec menhir haut de 3 m.), du xv<sup>e</sup> s., remanié au xvi<sup>e</sup>, est bâti dans un site pittoresque, au milieu d'arbres d'où émergent les toits et les flèches de de ses tourelles.

**Port-Manech et descente de l'Aven** (7 k. S.). On se rend à Port-Manech, soit par la route, 10 k. (service de l'hôtel Julia : 2 fr. all. et ret.); soit par l'Aven (canot automobile de l'hôtel Julia : 1 fr. 25 all. et ret.); soit par le ch. de fer de Concarneau, station de Névez (5 k. de Port-Manech).

La **plage de Saint-Nicolas***, (petite station balnéaire) est située près de la *chapelle* de ce nom, un peu avant le ham. de *Port-Manech.*]

Au delà de la gare de Pont-Aven, le ch. de fer traverse l'Aven et le Bois d'Amour.

24 k. *Nizon* (ruines de Rustéphan). — On coupe ensuite la route de terre, dont on s'éloigne pour faire un coude vers le S.

28 k. *Névez*, station desservant (5 k. à dr.) Port-Manech.— Le ch. de fer rejoint la route de terre.

33 k. *Trégunc.*—A 1 k. O. env., près du ham. de *Kérouel*, à quelques mètres de la route de Concarneau, pierre branlante, dite *pierre des Cocus* (*men Dogan*); celui dont la femme est infidèle ne peut l'ébranler.

36 k. *Lanriec.* On joint une petite anse et on passe au *Petit-Moros*, puis on longe la vasière de Concarneau, pittoresque à marée haute (à g., vue sur les remparts de la Ville-Close).

39 k. *Concarneau-ville* (R. 27).

Le ch. de fer rejoint ensuite (40 k.) la *gare Paris-Orléans.*

## ROUTE 27.

### DE ROSPORDEN A CONCARNEAU

16 k. en 30 min. env. — 1 fr. 80, 1 fr. 20, 80 c.

Le ch. de fer de Concarneau se détache, à g., de la ligne Nantes-Quimper et traverse de hauts plateaux.

9 k. *La Boissière.* — Le ch. de fer descend ensuite vers Concarneau (à dr., belle vue de la baie de la Forêt).

15 k. **Concarneau*** (✕ pour Pont-Aven), ch.-l. de c. de 7 635 hab., est un port de pêche sardinier qui attire un grand nombre de touristes et d'artistes par son aspect pittoresque.

De la gare, on prend à dr. l'*avenue de la Gare*, qui descend au *quai d'Aiguillon*, bordant la petite anse intérieure d'où émerge la Ville-Close. Cette anse, charmante à marée haute,

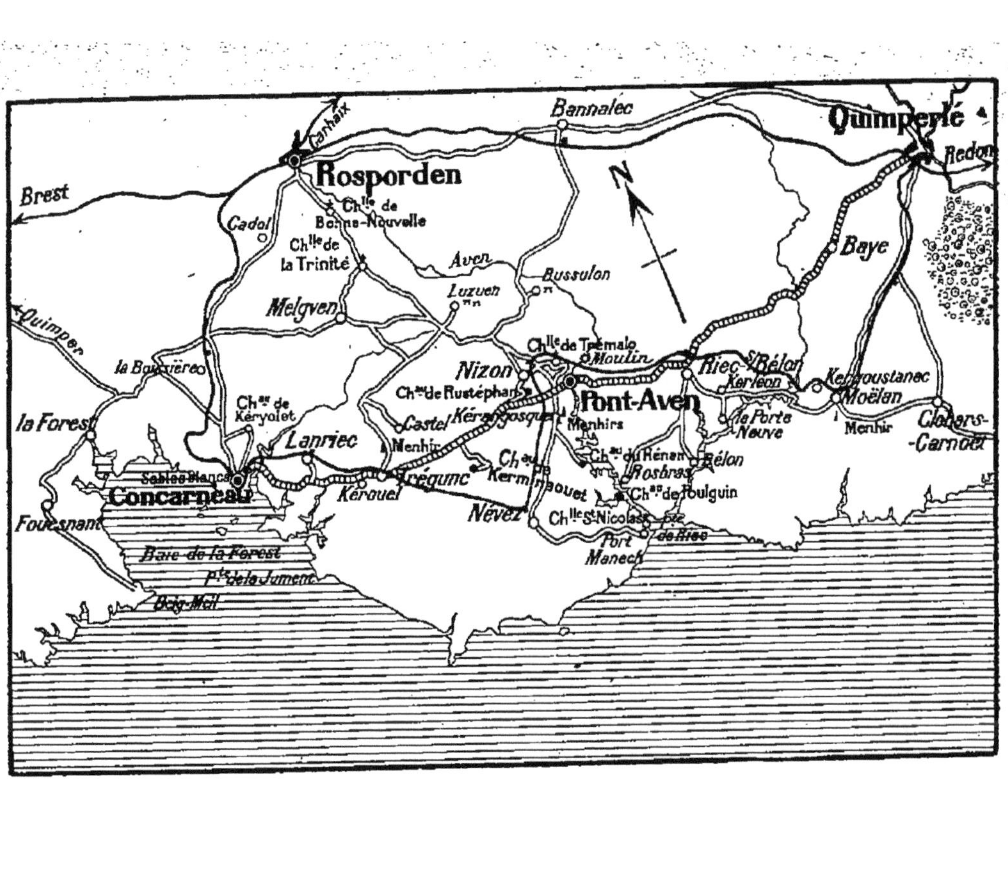
Bannalec
Quimperlé
Rosporden
Carhaix
Brest
Redon
Cadol
Chlle de Bonne-Nouvelle
Chlle de la Trinité
Aven
Bussulon
Luzuen
Melgven
Quimper
la Bouvière
Chlle de Trémalo
Moulin
Riec-s/Bélon
Nizon
Chau de Rustéphan
Pont-Aven
Kerleon
Kergoustanec
Moëlan
Baye
la Forest
Chau de Kéryolet
Castel
Menhirs
de Porte Neuve
Menhir
Clohars-Carnoet
Lanriec
Menhir
Chau du Hénan
Bélon
Sables Blancs
Concarneau
Trégunc
Kérouel
Rosbras
Chau de Poulguin
Fouesnant
Névez
Chlle St Nicolas
de Riec
Port Maneck
Baie de la Forest
Beg-Meil
N

découvre à marée basse des vasières infectes. Continuant à suivre le quai, on arrive à la vaste *place d'Armes*, centre de la ville. En face sont les bassins du port; à dr. on aperçoit les *halles*.

Un pont, à g., relie la place d'Armes à la **Ville-Close**, sur un îlot cerclé de remparts. — Pénétrant dans la Ville-Close, on traverse une 1re *enceinte* (petit *beffroi* moderne, de style ancien), puis une *cour* intérieure, fortifiée. Une 2e porte donne accès dans la ville proprement dite, que traverse d'un bout à l'autre la *rue Vauban*. On atteint une place, au delà de laquelle, à dr., est l'église. — L'*église Saint-Guénolé*, reconstruite en 1830, est surmontée d'un affreux clocheton en forme de dôme. A l'int. : chaire en bois sculpté; statues anciennes de St Guénolé et de St Pierre; 2 tableaux représentant St Guénolé et St Gérôme. — A dr. de l'église est un tertre planté de grands arbres, dominant la rade et le port. — Derrière l'église, on arriverait à un passage d'eau (bac : 5 c.), dans un endroit pittoresque avec de gros rochers, faisant communiquer la Ville-Close avec le ham. du *Passage*.

Revenant sur ses pas et sortant de la Ville-Close, on prend, à la place d'Armes, le quai qui longe le côté dr. du **port** (nombreuses barques de pêche et filets bleus servant à pêcher la sardine).

A l'extrémité du quai on arrive en vue de la pleine mer. Tournant à dr., on passe devant l'*aquarium* (fermé au public; laboratoire de zoologie maritime), puis devant la *chapelle N.-D. de Bon-Secours* (XVe s.), voisine d'un *phare* et d'une *croix*. — En face de soi, on a l'avant-port, protégé par une longue *jetée*; c'est ici qu'il faut venir, pour assister au départ ou au retour quotidiens de la flottille des sardiniers. C'est un des attraits de Concarneau.

Continuant à suivre le bord de la mer, on passe devant des *sardineries* (on peut demander à visiter), puis devant une rangée de chalets. — On arriverait ensuite (1 k. env.) à la plage des **Sables-Blancs**, avec cabines, qui s'ouvre sur la baie de la Forêt (en face, Beg-Meil). — Si l'on suivait encore le bord de la baie durant 1 k., on trouverait un nouveau groupe de chalets, et une seconde petite *plage*.

[**Château de Kéryolet** (1 k. 1/2 N.-E.; t. l. j., le lundi mat. excepté, de 9 h. mat. à 5 h. s. : 50 c.; dim. et fêtes, après-midi : 15 c.). On prend à Concarneau la route de Pont-Aven, que l'on suit jusqu'à la sortie de la ville. Après avoir dépassé un lavoir à g., on prend, du même côté, la route de *Beuzec*.

Ayant suivi cette route pendant 900 m., on trouve une des portes du domaine de Kéryolet, dans une imitation de vieille tourelle, et on gagne le château par le **parc**, qui est admirable.

Le **château** de Kéryolet, moderne, est une prétendue reconstitution d'un manoir du temps de Louis XII, et est surchargé d'ornements de mauvais goût. Il renferme d'intéressantes collections.

On remarque : (REZ-DE-CHAUSSÉE) une collection de *bassinoires* anciennes; les *tapisseries* et les *faïences* anciennes de la salle à manger; le salon Louis XIV (curieuse *volière* Louis XV); la Salle des Gardes, avec belles *tapisseries* et *autographes* ; la chapelle (superbe *retable* dit d'*Anne de Bretagne*);—(1er ÉTAGE) dans la chambre à coucher, un *bureau* dit *de Mirabeau* et un *lit* ayant appartenu à la tragédienne Rachel ; le *musée breton et normand* (coiffes, meubles, vieux vêtements) ; les *broderies de soie* de la Chambre dite du Roi ; — (2e ÉTAGE) des œuvres du peintre Bernier.

**Beg-Meil** * (18 k. par la route de La Forêt et de Fouesnant, *V.* ci-dessous ; 5 k. par petit bateau à vap.), station balnéaire fréquentée (on s'y rend aussi de Quimper, 21 k. ; voit. publ. : 1 fr. 50), se compose de quelques fermes isolées et d'hôtels.

Près de la *pointe de Beg-Meil*, sémaphore et 2 *menhirs*, dont l'un est peint en blanc et sert de signal. La côte est plate et l'on s'y baigne facilement ; les prairies, du côté de la Forêt, viennent jusqu'à la mer.

Les excursions se font : à Bénodet (14 k. O.); — à la *pointe rocheuse de Mousterlin* (7 k. O. env. par la côte ; 11 k. par la route de voit.); — à Fouesnant et à La Forêt (5 k. 1/2 et 9 k. N.-O. et N.-E ; *V.* ci-dessous).

**La Forêt et Fouesnant** (9 et 12 k. 1/2). On quitte Concarneau par la route de Rosporden, que l'on suit pendant 3 k., pour prendre alors une bifurc. à g.

3 k. 1/2. On croise le ch. de fer.

5 k. 1/2. On laisse une route à dr.

9 k. On traverse l'estuaire de la rivière de la Forêt, en arrivant au petit village de **La Forêt**, au fond de l'anse et de la baie du même nom, qui assèche à 2 k. à marée basse. — *Eglise* (XVIe s. ; style flamboyant), entourée du cimetière (*calvaire* et ancien *ossuaire*). A l'int. : autel de St Louis, avec *tableau* représentant ce monarque, en costume royal du temps de Louis XIV, recevant la couronne d'épines; maître-autel sculpté.

11 k. On passe près d'un moulin, au fond de l'estuaire de la rivière de Fouesnant.

12 k. 1/2. **Fouesnant** * est un petit village tranquille, à 2 k. de la baie de la Forêt. Les femmes y portent la grande coiffe et la large collerette de celles de Pont-Aven. Le cidre de Fouesnant est renommé. — Intéressante *église* du XIIe s. (sauf la façade O.), de style roman.

[De Fouesnant à Beg-Meil, 5 k. 1/2 ; à Quimper, 15 k. 1/2. Voit. publ. pour Beg-Meil et pour Quimper].

De Concarneau on peut faire une intéressante excursion (16 k.) aux **îles des Glénans**, avec un bateau de pêcheur (excursion par petit bateau à vap., l'été, *V.* les affiches aux hôtels). Ces 9 îlots sauvages sont habités par quelques familles de pêcheurs (*église*, *phare* et *sémaphore*).]

De Concarneau à Quimper, 25 k. par la route ; — de Concarneau à Quimperlé, par Pont-Aven, ch. de fer départemental, 40 k., *V.* R. 26.

## ROUTE 28.

## DE QUIMPER A PONT-L'ABBÉ, A PENMARCH ET SAINT-GUÉNOLÉ

### 1° DE QUIMPER A PONT-L'ABBÉ

22 k., en 40 min. env. — 2 fr. 45, 1 fr. 65, 1 fr. 10.

Le ch. de fer emprunte d'abord la ligne Landerneau-Brest, puis la laisse à dr., à la sortie du tunnel de Quimper, pour passer le Steir et contourner la ville (belle vue, à g.).

10 k. *Pluguffan*.

16 k. *Combrit-Tréméoc*. — A 5 k. O., *château* moderne *du Pérennou* (on peut visiter), avec débris romains.

22 k. **Pont-l'Abbé** * (✕ pour Penmarch et Saint-Guénolé), ch.-l. de c. de 6315 hab., est situé à 5 k. 1/2 de la mer, au fond de l'estuaire de la rivière de Pont-l'Abbé, où remonte la marée. On y fabrique de belles broderies de soie sur drap. Le costume des femmes est un des plus originaux de la Bretagne.

L'*avenue de la Gare* mène à la *rue Victor-Hugo*, que l'on prend à dr. et qui traverse le faubourg de Lambourg; elle se continue par la chaussée de l'*étang* de Pont-l'Abbé, qui fait mouvoir un grand moulin, à g. On arrive en face de l'ancien château.

Du **château**, bâti au XIII<sup>e</sup> s., il ne reste qu'une grosse *tour* ronde; d'autres bâtiments, datant du XVI<sup>e</sup> s., sont encore conservés et servent d'*hôtel de ville*. Ils donnent sur la **rue du Château**, qui s'ouvre en face de la chaussée de l'étang, et à laquelle fait suite la ***rue Voltaire***, artère centrale de la ville. La *rue des Carmes* (3<sup>e</sup> à g.) conduit *place au Beurre* et, à g., à l'église.

L'**église**, remaniée aux XV<sup>e</sup> et XVI<sup>e</sup> s., est surmontée d'un campanile d'ardoises. Le grand *portail* offre une belle rosace. — A l'int., l'église se compose d'une large nef, avec un seul bas-côté; sous une arcade, à dr., *Mise au tombeau* (XVIII<sup>e</sup> s.); au chœur, très belle *rosace* flamboyante, avec vitraux modernes.

Au delà de l'église on atteint le quai du *port*, ombragé d'arbres, au fond de l'estuaire de la rivière de Pont-l'Abbé, et l'on revient, vers la g., à la chaussée de l'étang.

[Si l'on repasse la chaussée de l'étang et que l'on remonte la rue Victor-Hugo, on y trouve, à dr., la *rue Neuve*, qui conduit en quelques min. aux ruines pittoresques de l'**église de Lambourg** (xve ou xvie s.).

Le chemin qui longe le quai du port (rive dr.), se prolonge durant 2 k. env., en une agréable promenade, le long de la **rivière de Pont-l'Abbé**, aux bords rocheux, avec bois de pins.

**Château de Kernuz** (3 k. S.-O.) On suit la route de Penmarch durant 2 k. En face d'une maisonnette, s'ouvre à g. un chemin de bois, qui amène à une *porte* crénelée donnant accès au *parc* (on peut visiter).

Le *château de Kernuz* (xve s.) renferme d'intéressantes collections (objets divers trouvés dans les fouilles des monuments druidiques de la région ; beaux meubles, etc.).— Dans le parc, *menhir* sculpté, où l'on distingue Mars, Mercure et Jupiter.

A 6 k. de Pont-l'Abbé (voit. publ. : 50 c.), **Loctudy**[*] est une petite station balnéaire.

L'*église*, romane, date du xie s. (façade du xviiie s.). — A l'int.: chapiteaux romans des colonnes; galerie, ou *triforium*, au-dessus du chœur, éclairée par des fenêtres en meurtrières; *tombeau* du xve s.

Derrière l'église, au cimetière, *lech* cannelé portant une croix.

1 k. au delà, on arrive au petit *port* de Loctudy, dit *la Cale*, et à la **plage** de bains de **Langoz**.

De la cale de Loctudy, un bac (1/2 k. env. : 5. c.; allée et venue subordonnées à la marée), conduit à l'**île Tudy**, étroite bande de terre plate, avec 1110 hab., tous pêcheurs petite *église* du xvie s.).]]

2° DE PONT-L'ABBÉ A PENMARCH ET SAINT-GUÉNOLÉ.

🚂 départemental, 18 k. en 50 m. — 1 fr. 40 et 95 c.

Le ch. de fer de Penmarch, contournant l'étang de Pont-l'Abbé, dessert *Pont-l'Abbé-ville* (1 k.).

6 k. *Plobannalec* (à 5 k. E., Loctudy; *V.* ci-dessus). — Le ch. de fer se dirige vers la mer.

9 k. *Treffiagat.*

10 k. **Guilvinec**[*], port de pêche sardinier et petite station balnéaire, sur la rive dr. de l'estuaire dit *Port de Guilvinec.* Le pays est dénudé et sans abri, mais on y trouve de belles grèves de sable, sur l'une desquelles est la *plage.*

La voie longe ensuite les dunes sablonneuses de la côte.

15 k. **Penmarch**[*], centre d'une com. de 4298 hab. (son nom se prononce, à tort, *Pinmar*).

L'**église Saint-Nonna** (gothique flamboyant) est du xive s. L'*abside*, qui fait face à la route de Pont-l'Abbé, est percée de 3 belles fenêtres flamboyantes. Joli *clocher* à jour, entre 2 clochetons. A g. du *portail* (1508), belle fenêtre dont les découpures représentent 3 fleurs de lis ; à dr. du portail, *porche* avec double arcade, bénitier, débris de sculptures, et, au-dessus, rampe ajourée de l'escalier du clocher.

L'int. est voûté en bois. Au bas-côté g., *fonts-baptismaux* avec animaux fantastiques. A l'entrée du chœur, *statues* de la Vierge et de St Corentin ; à dr. du chœur, grand *tableau votif* (tempête et procession du Vœu de Louis XIII entrant à l'église Saint-Nonna). Au chœur, reste de *vitraux* anciens (à la maitresse-vitre, à dr. de l'autel).

[De Penmarch on peut gagner à pied, par la route : soit Saint-Guénolé (3 k.), en passant devant l'église ruinée de Saint-Guénolé (2 k. 1/2) ; soit Kérity (2 k.), la pointe de Penmarch et le phare d'Eckmühl (5 k.)].

16 k. **Kérity,** v. et port sardinier à dr. de la station, a conservé les ruines de l'ancienne

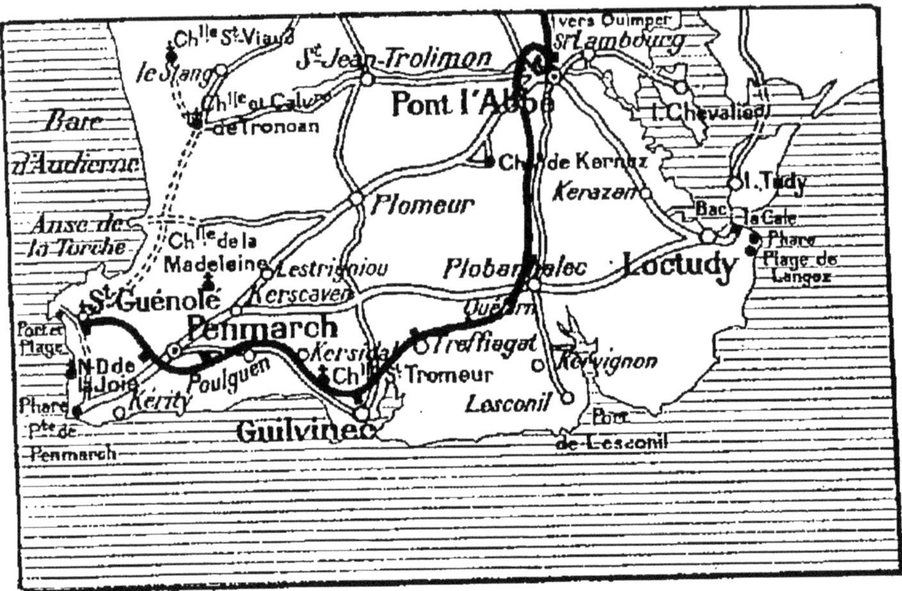


*église Sainte-Thumette* (xve s.) ; il en reste une partie de la façade, flanquée d'une tourelle, et les arceaux de la nef. — De Kérity, la route de Penmarch, ou un sentier qui suit la côte, conduisent à la **pointe de Penmarch**, plateau de roches basses, où se dresse le **phare d'Eckmühl** * (on le visite, pourboire au gardien ; 59 m. de haut ; magnifique lentille de cristal avec feu-éclair intermittent).

[Du phare d'Eckmühl, on peut gagner par la côte (2 k.) Saint-Guénolé, en passant devant la *chapelle N.-D. de la Joie* (xve s.), isolée sur la grève (petit *calvaire* de même époque)].

18 k. **Saint-Guénolé** *, port de pêche sardinier, dans un pays dénudé et battu des vents.

On se dirige (des gamins s'offrent pour vous conduire) vers une grande maison blanche carrée, entourée de murs à l'abri desquels du raisin se cultive en serre. A cette hauteur, on voit à g. une maisonnette, isolée sur les rochers, qu'il faut gagner. Les **rochers de Saint-**

**Guénolé** se composent d'un amas de rocs, déchiquetés par les vagues et formant un pêle-mêle d'écueils. Le spectacle est beau surtout par tempête de l'ouest. Devant la maisonnette, on voit une *croix de fer*, scellée à plat sur le sol, indiquant la place où, le 8 oct. 1870, la famille du préfet du Finistère, composée de 5 personnes, disparut, enlevée par une lame de fond.

On se fera aussi conduire (si le temps et la marée le permettent) au **Trou-de-l'Enfer** (*Toul-an-Ifern*).

[Si l'on continuait à suivre la côte vers le N., par des chemins de sable, on arriverait (3 k. 1/2 env.) à l'*anse*, à la *pointe*, et au **rocher de la Torche**, séparé de la terre ferme par une crevasse, dite le *Saut-du-Moine*.

Au delà de la Torche, se développe la **baie d'Audierne**, aux rivages désertiques. On peut y aller voir (3 k. N de la Torche; chemins de sable) la *chapelle* et le *calvaire* isolés *de Tronoan* (à 1 k. 1/2 de la côte). — A 2 k. N. de Tronoan, *chapelle Saint-Viaud*.]

A l'entrée du bourg de Saint-Guénolé (1/2 k.), sur la route de Penmarch et Pont-l'Abbé, il ne reste de l'ancienne *église de Saint-Guénolé* (XVe s.), qu'une grosse **tour** carrée, rasée par son milieu. A l'int. (la clef est dans une maison voisine), petite chapelle avec statue de St Guénolé, du XVe s.

ROUTE 29

## DE QUIMPER A DOUARNENEZ, A AUDIERNE ET A LA POINTE DU RAZ

### 1° DE QUIMPER A DOUARNENEZ

24 k. en 40 min. — 2 fr. 70, 1 fr. 80, 1 fr. 20.

Le ch. de fer de Douarnenez, au delà du tunnel de Quimper, laisse à g. la ligne de Pont-l'Abbé et suit la vallée du Steir (hêtres et sapins). Puis il se détache (5 k.) de la ligne Landerneau-Brest, qu'il laisse à dr.

11 k. *Guengat*. — *L'église* (nef moderne et abside du XVe s.) renferme (au chœur) de beaux **vitraux** anciens.

17 k. *Le Juch* (*église* gothique, avec beaux **vitraux** anciens).

La voie, descendant vers Douarnenez, franchit le large estuaire de Poul-David.

24 k. **Douarnenez** * (prononcer *Douarnené*; ⚔ pour Audierne et la Pointe du Raz), ch.-l. de c. de 12,865 hab., est le premier de nos ports sardiniers. C'est une ville sale et populeuse, animée par une pittoresque population de pêcheurs et de femmes employées aux confiseries de sardines. Sa situation, au fond de la baie de Douarnenez, est magnifique.

En sortant de la gare (à g., on gagnerait la plage des Sables-

Blancs, 1 k. 1/2; *V.* ci-dessous), on tourne à dr. pour traverser bientôt, sur un grand *pont-viaduc*, l'**estuaire de Poul-David**, bras de mer sur la rive dr. duquel s'étage Douarnenez (à son débouché dans la mer, île Tristan).

Le pont franchi, on trouve la **rue Duguay-Trouin**, que l'on suit vers la g. et qui, après avoir traversé une esplanade, aboutit à la **rue Jean-Bart**, la principale de la ville (carrefour avec *fontaine* et *horloge*).

De ce carrefour on peut prendre, pour descendre au port de pêche, soit la *Grande-Rue* à g., soit la *rue Saint-Hélène* à dr., qui passe derrière la halle, puis devant l'*église Sainte-Hélène* (XVIe et XVIIe s.; à l'int. : 3 tableaux anciens et, au bas de la nef, 2 *verrières* du XVIe s.).

Le **port de pêche** sardinier est curieux par l'animation de son innombrable flottille (grands filets bleus pour pêcher le poisson). — En face de soi, au fond de la baie, plage du Riz. — A dr., par des escaliers, on monterait au ham. de *Plomarch* (arbres magnifiques), d'où un sentier conduit à la plage du Riz.

Se dirigeant vers la g., on arrive à la *jetée* du port, et l'on voit se développer dans toute sa magnificence la baie de Douarnenez (dans le lointain, triple sommet du Ménez-Hom ; vers la g., presqu'île de Crozon, où est Morgat, se terminant au cap de la Chèvre. Du port (on peut demander à visiter une *confiserie* de sardines), on remonte directement en ville.

L'*église* paroissiale, vaste édifice moderne, à tour carrée, est sans intérêt. — La *chapelle Saint-Michel*, de 1664 (la clef est dans une maison voisine), a (à la voûte) des *fresques* (1675) et un *tableau* attribué à Le Brun.

[**Tréboul** fait face à Douarnenez, de l'autre côté de l'estuaire de Poul-David (on s'y rend par la gare); c'est un petit *port* sardinier.

De Tréboul (bac : 5 c.), on peut passer à l'*île Tristan*, occupée par une sardinerie, un bois de pins et quelques cultures (du *phare*, panorama splendide).

A 1/2 k. env. au delà de Tréboul, la plage des **Sables-Blancs*** est située dans un site tranquille.

Prenant à Douarnenez la rue Jean-Bart, on monte au gros bourg de **Ploaré** (1 k.; 105 m. d'alt.), qui domine Douarnenez et a une remarquable *église* (style flamboyant et Renaissance : le *clocher*, du XVe s., 55 m., est un des plus beaux de la Bretagne).

De Ploaré, on prend la route de Locronan, qui contourne en la dominant le fond de la baie de Douarnenez (paysage admirable). Au delà d'une bifurc., près d'une petite auberge, on descend vers la **plage du Riz***, qui se termine au ham. du *Grand-Riz* (belles *grottes*, d'accès facile à mer basse).

Au delà, on peut continuer la route vers Locronan (*V.* ci-dessous).

A 9 k. 1/2 de Douarnenez (la route passe par Ploaré et le Riz (*V.* ci-dessus), **Locronan*** est un petit v. célèbre par son église et son pèlerinage. — L'*église* (XVe s.) renferme une *chaire* du XVIIe s. (sculptures représentant la légende de St Ronan, en costumes Louis XIV) et dans la *chapelle du Pénity*, le *tombeau de St Ronan* (XVIe s.; table où repose la statue couchée du saint). — Le *pardon* de Saint-Ronan a lieu ous les ans, le 2e dim. de juillet. Mais l'affluence est grande surtout pour la *Grande-Troménie*, qui a lieu tous les 6 ans, et dure 8 jours (la procession part vers midi et rentre entre 6 et 7 h. du soir).

De Locronan on peut aller visiter 3 k. 1/2) la belle **chapelle de Kergoat**, gothique (tour-clocher du XVIIe s.); elle renferme 8 splendides *vitraux* et 2 *tableaux* de Valentin.

A 7 k. de Locronan (5 k. en plus en passant par la chapelle de Kergoat), on atteint la **chapelle Sainte-Anne-de-la-Palue**, sur une colline, au fond de la baie de Douarnenez, et où se tient, le dernier dim. d'août et le samedi qui le précède, un *pardon* aussi célèbre que celui de Locronan (apporter ses provisions).

**De Douarnenez à Morgat**, pendant l'été, temps permettant, plusieurs fois par semaine (*V.* les affiches), 20 k. N.-O. en 1 h. 1/2 env.: 2 fr., voyage simple; 3 fr. all. et ret. le même j.; 50 c. en plus pour la passerelle.

**De Douarnenez à Brest**, 3 fois par sem., 5 fr. et 3 fr. (*V.* les affiches).]

### 2° DE DOUARNENEZ A AUDIERNE ET A LA POINTE DU RAZ

départemental de Douarnenez à Audierne, 20 k. en 50 min. — 1 fr. 55 et 1 fr. 05.

Le ch. de fer d'Audierne part de la même gare que celui de Quimper, puis traverse des hauts plateaux (landes et bois de pins).

7 k. *Poullan*, station dans un bois de pins; le bourg est à 1/2 k. à g. — A 4 k. S.-O., *Comfort* possède un *calvaire* et une *église* (curieuse *roue de fortune*).

11 k. *Beuzec-Cap-Sizun*, station desservant le v. de ce nom, à 3 k 1/2 à dr. (église avec beau *clocher* du XVIe s.). — A 2 k. 1/2 de Beuzec, pointe sauvage du *Château-de-Beuzec* sur la baie de Douarnenez.

15 k. **Pont-Croix***, ch.-l. de c. de 2847 hab., sur la rive dr. du Goyen, ou rivière d'Audierne, qui y devient un large estuaire où remonte la marée.

**L'église N.-D. de Roscudon**, ancienne chapelle d'un monastère, a une *tour* (XVe s.) terminée par une *flèche* de pierre (67 m.), l'une des plus belles de la Bretagne. — A l'int., les arcades de la nef sont romanes, en forme de fer à cheval, et plusieurs piliers ont des ornements de têtes et de bêtes grimaçantes. Les fenêtres des transepts et du chœur sont, au contraire, du plus beau style flamboyant. Sous un autel de l'abside, sculpture dorée de la *Cène*.

Le ch. de fer se rapproche ensuite de l'estuaire du Goyen, dont il longe la rive dr.

20 k. **Audierne*** (à la gare, omnibus des hôtels et *voitures pour la Pointe du Raz*; faire prix immédiatement: 3 fr. par pers. all. et ret.) est un port de pêche sardinier.

De la gare, on longe le *quai* jusqu'à un carrefour où sont les hôtels, et d'où part la route du Raz.

[De ce carrefour, une ruelle

en escalier monterait au sommet du coteau, où est l'*église*, de la fin du xvᵉ s. (portail du xviᵉ s. et tour-clocher du xviiᵉ s.); à l'int., beau tabernacle en bois doré, de l'époque de Louis XIV)].

Au même carrefour commence le **port**, le long duquel s'alignent les maisons; il est formé par l'estuaire du Goyen, à 1 k. 1/2 de la mer, et assèche à marée basse.

### LA POINTE DU RAZ

**D'Audierne à la Pointe du Raz**, route de voit., 15 k. — Pendant l'été, service de voitures des hôtels : 3 fr. par pers.; voit. priv.: 8 à 12 fr., selon saison.

La route du Raz s'élève et se

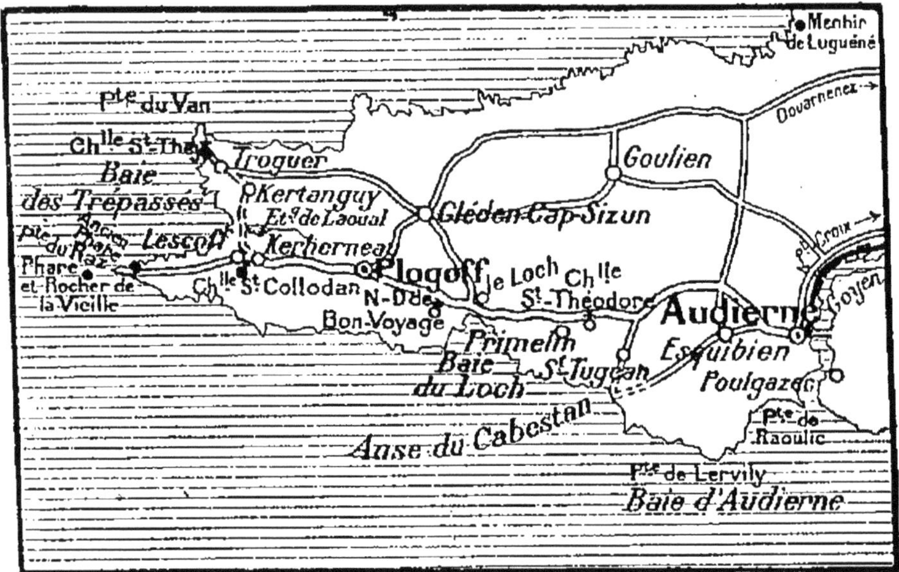


développe sur de hauts plateaux, dépouillés d'arbres par le vent de mer.

4 k. On laisse à g. une route vers *Saint-Tugean* (1 k.; belle *église* des xvᵉ et xviᵉ s., du gothique flamboyant et de la Renaissance, avec statue et reliques de Saint-Tugean), dont on aperçoit la tour carrée. —

5 k. 1/2. On dépasse, à g., *Primelin* et la *chapelle Saint-Théodore*, sur une butte voisine d'un moulin à vent; près de cette chapelle est un *dolmen* (on le voit se détacher sur le ciel).

7 k. 1/2. La route descend vers l'*anse du Loc*, qui assèche à marée basse, puis remonte sur la côte opposée. — 9 k. On voit, à 1/2 k. à g., la *chapelle N.-D. de Bon-Voyage*. Le pays se dénude de plus en plus; de petits murs en pierres sèches divisent le sol, comme un échiquier.

10 k. 1/2. **Plogoff**, avec *église* (à dr. de la route) du xivᵉ s.

12 k. 1/2. *Kerherneau*, misérable ham. d'où se détache, à dr. un chemin vers la baie des Tré

passés. A g. *chapelle Saint-Yves.*

13 k. *Lescoff*, le dernier ham. (*chapelle Saint-Collodan*, à g., et *croix* ornée). On peut aussi de Lescoff descendre, à travers landes, la baie des Trépassés. — 15 k. Après avoir laissé à g. l'ancien sémaphore, occupé auj. par l'hôtel de la Pointe-du-Raz, on arrive à l'ancien phare et au *sémaphore*, voisins de l'hôtel du Raz-de-Sein.

La **Pointe du Raz*** est une des merveilles naturelles de la France.

L'excursion se divise en 2 parties : la *Pointe du Raz* proprement dite, et la *Baie des Trépassés.* Des hommes du pays s'offrent pour vous conduire et vous donner la main aux passages difficiles (rémunération à fixer d'avance). — Si l'on veut une simple vue d'ensemble, on se fera conduire ou l'on ira facilement, vers la g. du sémaphore, au roc maçonné, dit « Fauteuil de Sarah-Bernhardt ».

1° Tour de la pointe du Raz (1 h. env.). — Prenant la promenade par la dr. (en arrivant d'Audierne), on trouve, dans la lande qui est à dr. du sémaphore, un sentier qui longe la côte dans la direction de la pointe. Dominant la baie des Trépassés, il passe au-dessus de gouffres à pic, au fond desquels bouillonne la mer (belle couleur verte ; énorme roche isolée et rougeâtre, penchée sur les flots, et nommée *le Menhir*). On passe ensuite au-dessous du *poste de télégraphie sans fil*, et l'on domine le formidable entonnoir de l'**Enfer de Plogoff**, dont les flots heurtent les parois rocheuses avec le bruit sourd de coups de canon. Le chemin devient difficultueux, au ras de l'abîme et sans parapet. — A son extrémité, et lorsqu'on ne peut continuer plus loin, une de ses branches, la plus périlleuse, descendrait à dr. vers le fond de l'Enfer de Plogoff, jusqu'à une étroite plate-forme d'où l'on entrevoit le jour et la mer, de l'autre côté de fissures qui traversent toute l'épaisseur de la pointe. Ce sont les **tunnels de Plogoff**.

Le sentier repasse vers la g., sur l'autre face du promontoire, par laquelle on remonte au poste de télégraphie sans fil et à une *statue* en marbre blanc *de N.-D. des Naufragés*, par Godebsky. Vers la dr., on aperçoit une petite terrasse maçonnée, dite *fauteuil de Sarah-Bernhardt*, d'où l'on voit toute la pointe, blanche et déchiquetée comme un gigantesque ossement (dans son prolongement, **phare de la Vieille** ; au delà, sur l'horizon, en mer, on découvre l'île de Sein). On peut enfin (s'adr. au gardien du sémaphore ; rémunération) monter sur la tour de *l'ancien phare*, d'où le panorama est le plus complet.

2° Baie des Trépassés (2 k. 1/2 N.-E., par le sentier de la falaise. On s'y rend aussi en reprenant la route d'Audierne, jusqu'à Lescoff [2 k.] ou jusqu'à Kerherneau [2 k. 1/2], d'où un sentier de 1/2 k. ou un chemin de 1 k. conduisent au fond de la baie. *Faire l'excursion à marée basse si l'on veut visiter les grottes*). — Le sentier de la baie des Trépassés prend, à la Pointe du Raz, sur le côté g. du sémaphore (en tournant le dos à la pointe), et il est facile de le suivre, en dominant la baie tout le long du trajet.

2 k. 1/2. On rejoint les autres sentiers ou chemins, venant de Lescoff ou de Kerherneau, au fond de la grande dépression où se développe la grève sablonneuse de la **baie des Trépassés**.

On peut suivre sans peine le rivage de la baie, où le flot qui vient du large est magnifique, et qu'encadrent à dr. les escarpements rocheux de la Pointe du Van, à g. ceux de la Pointe du Raz. Dans ces falaises se creusent de belles *grottes*. — Au fond du vallon qui aboutit à la baie, *étang de Laoual*, qui passe pour recouvrir l'emplacement de la ville d'Is.

On pourrait gagner ensuite (2 k. N.) la **pointe du Van** (en remontant sur la falaise qui encadre à dr. la baie des Trépassés, puis en suivant le chemin qui passe par les ham. de *Kertanguy*, de *Troguer*, et par la petite *chapelle Saint-They*), termine (65 m. d'alt.) la presqu'île du Raz du côté de la baie de Douarnenez, comme la Pointe du Raz la finit du côté de la baie d'Audierne.

[**Ile de Sein.** — On s'y rend . soit d'Audierne, 27 k. O., par le bateau-courrier, à voile (2 fois par sem., temps permettant, s'adr. au bureau de poste, 2 fr. 50); soit de la Pointe du Raz, (10 k. env.) avec un des pêcheurs qui s'abritent dans les petites anses voisines (prix à débattre; on peut ainsi, si le vent est favorable, aller et revenir dans la même journée). *N.-B. L'excursion n'est recommandable qu'aux personnes qui ne craignent pas la grande mer et qui s'accommodent d'un gîte primitif; ne pas la tenter aux équinoxes ou si le temps paraît troublé, car on risquerait d'être retenu longtemps dans l'île.*

**L'île de Sein***, plate et entourée d'écueils, dernier morceau du continent perdu parmi les flots d'une mer tempêtueuse, souvent terrible. est longue de 2 k. Dans la partie E. se trouvent le *port*, où l'on aborde, et le bourg, où est l'auberge. Les maisons du bourg sont carrées et solides; la plupart des rues ne dépassent pas 1 m. de large. — Au N. du bourg, les *rochers du Gador* offrent une niche creusée, dit-on, par les Druides. — 2 petits *menhirs* voisins l'un de l'autre, nommés *Fistellerien* (les Causeurs), sont, avec un dolmen à la *pointe du Méneil* et la roche vacillante de *Men-Cognoc* (la Pierre anguleuse) les seuls restes de monuments mégalithiques qui aient subsisté — A l'extrémité N.-O. de l'île s'élève le *phare*, du sommet duquel on découvre la chaussée du Pont-de-Sein et le phare d'Ar-Men.

La *chaussée du Pont de Sein* est formée d'une chaîne d'écueils où se perdaient jadis de nombreux navires. C'est sur l'un de ces écueils qu'a été élevé, au prix de difficultés inouïes, le fameux *phare d'Ar-Men*.]

---

## ROUTE 30.

## PRESQU'ILE DE CROZON ; CROZON, MORGAT ET CAMARET

### 1° CROZON-MORGAT

de Brest au Fret, 2 fois ou 3 fois par j. selon saison, 11 k. en 45 min. : 50 c. et 75 c. Du Fret à Morgat, 7 k. 1/2, voit. publ. : 1 fr.; voit. priv. (en écrivant aux hôtels de Morgat) : 8 fr.— *C'est la voie d'accès la plus commode et la plus économique.*

de Douarnenez à Morgat, pendant l'été, plusieurs fois par sem. *V.* les affiches; 20 k. en 1 h. 1/2 env.: 2 fr. voyage simple ; 3 fr. all. et ret. le même j. ; 50 c. en plus pour la passerelle.

—

De Châteaulin à Crozon et à Morgat, 34 et 36 k. 1/2 O. ; voit. pub. (médiocre) jusqu'à Crozon : 4 fr. ; voit. prv. pour Morgat (en écrivant au Grand-Hôtel de Morgat) : 20 fr. — Ch. de fer en projet).

La route de Châteaulin à Morgat passe sous le viaduc du ch. de fer de Quimper — 1 k. 1/2. On laisse à g. la route de Douarnenez. — **4** k. On laisse à dr., à 139 m. d'alt., une autre route vers Dinéault et Trégarvan. Le pays se dénude et l'on aperçoit l'énorme silhouette du Ménez-Hom. — 9 k. On passe, à 181 m. d'alt., devant la maison isolée des *Trois-Canards*. Un immense panorama se développe à g., sur la baie de Douarnenez.

11 k. *Sainte-Marie-de-Ménez-Hom*, ham. à 196 m. d'alt., (quelques chaumières), sur le flanc du Ménez Hom. — **Chapelle Sainte-Marie** (gothique et Renaissance) ; dans le cimetière, *calvaire* à personnages.

[Du ham. de Sainte-Marie, par un sentier bien tracé au début, mais qui s'efface au delà d'une certaine altitude, on s'élève vers le sommet du **Ménez-Hom.** Après avoir suivi le sentier pendant 2 k. env., jusqu'à un premier faite de 299 m., on le quitte pour gagner vers la dr. le plus haut sommet, souvent enveloppé de vapeurs (330 m. ; admirable panorama)].

12 k. 1/2. Continuant à suivre la route, qui se développe à flanc de montagne, on laisse à g. la route de Saint-Nic et de Pentrez.

[La route de Pentrez, descendant vers la mer, traverse **Saint-Nic** (2 k. 1/2), avec *église* du XVI<sup>e</sup> s. (sculptures sur bois et 2 *vitraux* anciens) ; au cimetière, petit *calvaire* — 4 k. **Pentrez** (quelques chalets), à l'extrémité de la *lieue de grève*, belle grève de sable, de 2 k. 1/2 en ligne droite.]

18 k. On laisse à g. une autre route vers Saint-Nic. — 21 k. La *Croix-Séméno*, d'où se détache, à dr., la route d'*Argol* et de Landévennec. — 22 k. Bifurc. où l'on rejoint la route de Douarnenez par la lieue de Grève et Pentrez. — 23 k. 1/2. On laisse à 1/2 k. à g. *Telgruc* (église du XVI<sup>e</sup> s.) — 24 k. On laisse à dr. le ham. de *Pen-an-Run*, voisin du *dolmen de Liaven*. — 28 k. 1/2. Bifurc. où on laisse à dr. une route vers Landévennec.

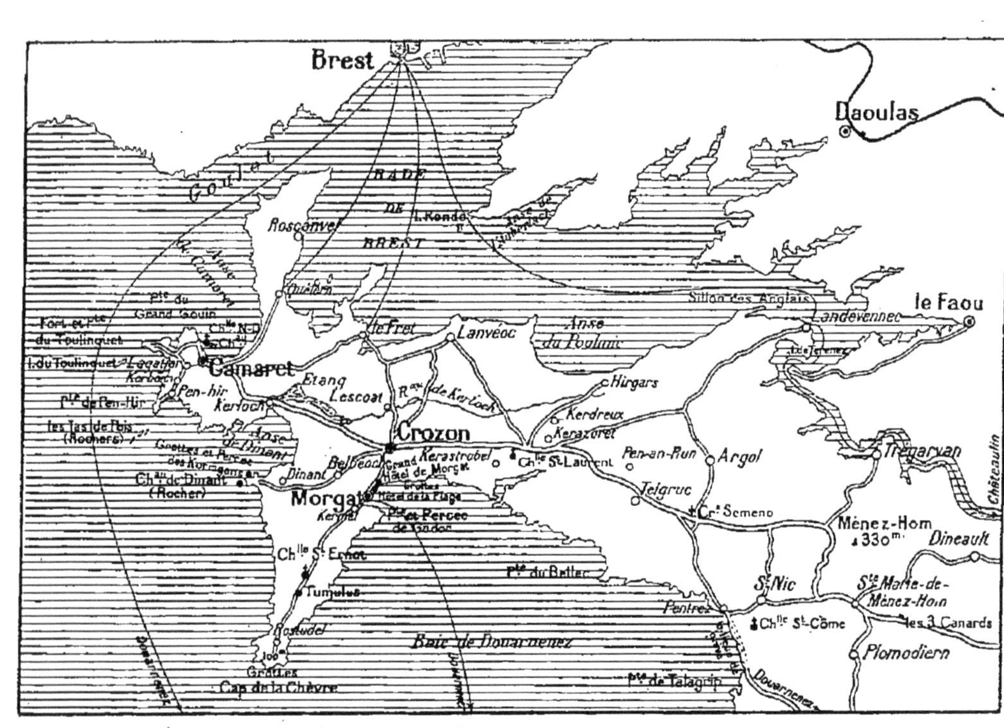

PRESQU'ILE DE CROZON.

29 k. On laisse à g. la *chapelle Saint-Laurent* (dans la lande que longe la route, à g., dolmens et menhirs ruinés).

34 k. **Crozon** *, ch.-l. de c., centre d'un com. de 8625 hab. et de 10 725 hect. s'étendant sur la vaste **presqu'île de Crozon**, que l'on parcourt depuis le Ménez-Hom, et qui se termine à Camaret. — Dans l'*église*, curieux *retable* du Martyre de la Légion thébaine.

[A 5 k. N. de Crozon, anse du Fret et bateau pour Brest. — A 7 k. S.-O., Pointe et Château-de-Dinant (*V.* ci-dessous). — A 9 k. N.-O., Camaret (*V.* ci-dessous).]

On suit au delà de Crozon, pendant 1/2 k., la route de Camaret, où s'embranche (1re à g.) la route de Morgat, qui descend rapidement vers la mer.

36 k. 1/2. **Morgat***, station balnéaire fréquentée, est un petit port de pêche sardinier situé sur l'*anse de Morgat*. — On trouve d'abord le Grand-Hôtel de Morgat, avec son parc ; puis on longe le rivage et la **plage**, bordée de villas, pour arriver au petit **port**. Au delà, l'anse de Morgat est fermée par la silhouette anguleuse, percée d'une arche, de la Pointe de Gador.

[**Grottes de Morgat.** — Les *petites grottes*, dites *de Roméo, des Oiseaux, des Eléphants*, sont facilement accessibles à marée basse. Elles s'ouvrent dans les falaises de g. (en regardant la mer), où se termine la plage ; on les gagne à pied sec, en suivant le sable.

Les *grandes grottes* ne sont accessibles qu'en bateau, si le temps le permet (barque aux hôtels, ou en s'adr. aux pêcheurs qui font parfois une réduction : 1 fr. et 2 fr. par pers.). La **grotte de l'Autel** est la plus belle ; l'entrée en est basse, mais la voûte s'élève à 10 m. (au milieu de l'eau, rocher de l'*Autel* : couleur féerique de la voûte et des parois). — La **grotte du Foyer** a les mêmes couleurs.

Un autre groupe se trouve près de la *Pointe de Gador* (belle arche naturelle) : **grotte de Sainte-Marine, Entonnoir** ou **Cheminée du Diable**, où l'on peut, par temps calme, descendre de bateau.

**Cap de la Chèvre** (8 k. S.-E. ; l'été voit. du Grand-Hôtel : 3 fr. par pers ; même trajet par le bateau du Grand Hôtel : 2 fr. par pers.). On sort de Morgat, au delà du port, par une route qui s'élève sur la falaise, vers le ham. de *Kermel* (1 k.).

La route parcourt un sol caillouteux (moulins à vent : à g., curieuse masse rocheuse du *Coz-Sémellec*.)

3 k. 1/2. On laisse à 1/2 k. à dr. la *chapelle Saint-Hernot*.

7 k. Ham. et petit *dolmen de Rostudel*, où cesse la route. On gagne à pied (1 k.) le **cap de la Chèvre**, gigantesque brise-lames protégeant la baie de Douarnenez (*sémaphore*), à 100 m. à pic au-dessus des flots ; vue magnifique sur la pointe du Van (presqu'île du Raz) et (à dr.) sur les Tas-de-Pois.

A la base des falaises : **grotte des Tunnels, grotte du Kaolin, grotte du Charivari** (celle-ci, en barque). Un des plus beaux escarpements de la falaise a reçu le nom de *Temple Grec*.

**Pointe et Château-de-Dinant** (8 k. O. ; l'été, voit. du Grand-Hôtel : 2 fr. par pers. ; par le chemin de piétons, 5 k. 1/2). — 1° Pour le trajet par la route, on revient en arrière, par la route de Crozon, presque jusqu'à l'endroit où celle-ci s'embranche sur la route de Camaret (1/2 k. avant Crozon). De là (2 k. de Morgat) se détache, à g., la route caillouteuse de Dinant, qui ne traverse que des hameaux. — 2° Le chemin de piétons part du port de Morgat et s'élève au ham. de *Tréflez*, passe à celui de *Kerbasguen* (1 k. 1/2), et rejoint la route de voit. à celui de *Belbéoch* (2 kil.).

8 kil., ou 5 k 1/2. La **pointe** et le **Château-de-Dinant** sont formés par une énorme masse rocheuse et ruiniforme, semblable à une citadelle de géants. Deux *arcades*, pareilles aux arches d'un pont, et dont la principale est nommée *percée des Korrigans*, relient cette masse à la terre. — Les *grottes des Korrigans*, creusées à la base des rochers (*salle des Géants, boudoir de la Sirène*), ne sont accessibles qu'à mer basse, à l'époque des grandes marées; les voûtes en sont d'une teinte rose merveilleuse.

## 2° CAMARET

⛴ de Brest au Fret, 2 fois ou 3 fois par j. selon saison, 11 k. en 45 min. : 50 c. et 75 c. Du Fret à Camaret, 8 k. O. (voit. publ. : 75 c.).

⛴ de Brest à Quélern, 2 fois par sem., 11 k. en 45 min. : 50 c. et 75 c. De Quélern à Camaret, 5 k. S. O.

⛴ de Brest à Camaret, les dim. et jours de fêtes, pendant l'été, 26 k., par la rade et le Goulet de Brest (*V.* affiches et journaux locaux).

—

De Châteaulin à Camaret, par Crozon, 43 k. N.-O.; voit. publ. (médiocre) : 5 fr.— (Ch. de fer en projet).

34 k. de Châteaulin à Crozon (*V.* ci-dessus).

1/2 k. de Crozon (34 k. 1/2 de Châteaulin). On laisse à g., à la sortie du bourg, la route de Morgat et celle de la Pointe et du Château-de-Dinant (*V.* ci-dessus). La route descend ensuite vers la belle *anse de Dinant* (éviter de s'y baigner à cause des courants). — 5 k. 1/2 (ou 39 k. 1/2). La route passe près du ham. et de l'estuaire de la rivière de *Kerloch*, à l'extrémité de l'anse de Dinant, sur une chaussée que des vagues atteignent par gros temps.

9 k. (ou 43 kil.). **Camaret**' est un port de pêche de 1978 hab. — La route descend vers le **port**, qui aligne ses maisons le long du *quai Gustave-Toudouze*. Face au quai, et de l'autre côté du port, on voit s'allonger la longue digue naturelle ou **Sillon de Camaret**, qui porte la *chapelle de N.-D. de Rocamadour* et le *château Vauban*.

Suivant le quai du port, on arrive à l'endroit où cette digue se rattache à la terre. Si l'on continue, au delà, à suivre la côte, on trouve la *plage de bains*, mi-sable, mi-galets, qui s'étend jusqu'à la *pointe du Grand-Gouin*.

[A 2 k. O. de Camaret, sur la colline de 60 m. d'alt. à laquelle s'adosse le port, **pointe** et **fort du Toulinguet** (ce fort renferme le *phare*; il occupe toute la pointe, et on ne peut y pénétrer). — Redescendant au fond de la baie qui regarde l'Océan (ne pas s'y baigner), on voit de là, à dr., les beaux escarpements de la falaise, où se creusent des *grottes*, accessibles à l'époque des grandes marées.

On peut, de cet endroit, gagner directement les Tas-de-Pois, 2 k. 1/2 S. (*V.* ci-dessous), en suivant dans leur direction le sommet de la falaise vers la g.).]

**Les Tas-de-Pois et la Pointe de Pen-Hir** (3 k. 1/2 S.-O.). La route des Tas-de-Pois s'élève au-dessus de Camaret, entre des moulins à vent. Sur le sommet du plateau (1 k.), à dr. de la route, près de baraquements militaires, restes d'un *alignement mégalithique*.

La route, très caillouteuse, dépasse les ham. de *Lagatjar* et de *Kerborn*, puis cesse (2 k.) au hameau de *Pen-Hir*. — On suit à pied une étroite presqu'île.

3 k. Un peu avant d'arriver au sémaphore, on trouve, à dr., un sentier qui descend à une esplanade gazonnée, entre de magnifiques blocs de rochers, dite la **Salle Verte**. (Si l'on craint de ne pas trouver ce sentier, on gagne tout de suite le sémaphore, et on prie le gardien de vous conduire ; rémunération).

3 k. 1/2. Au delà du *sémaphore*, voisin d'un *poste de télégraphie sans fil*, la **pointe de Pen-Hir** avance dans les flots sa formidable falaise rocheuse, qui se prolonge par les blocs isolés des **Tas-de-Pois** (*ar Berniou Pez*) — De la pointe de Pen-Hir, vue magnifique (pointe et Château-de-Dinant, et cap de la Chèvre; pointe du Toulinguet, cap Saint-Mathieu et, très au loin, îles Molène et Ouessant ; presqu'île du Raz et pointe du Van; sur l'horizon, île de Sein).

61 242. — Imprimerie Lahure, rue de Fleurus, 9, à Paris.

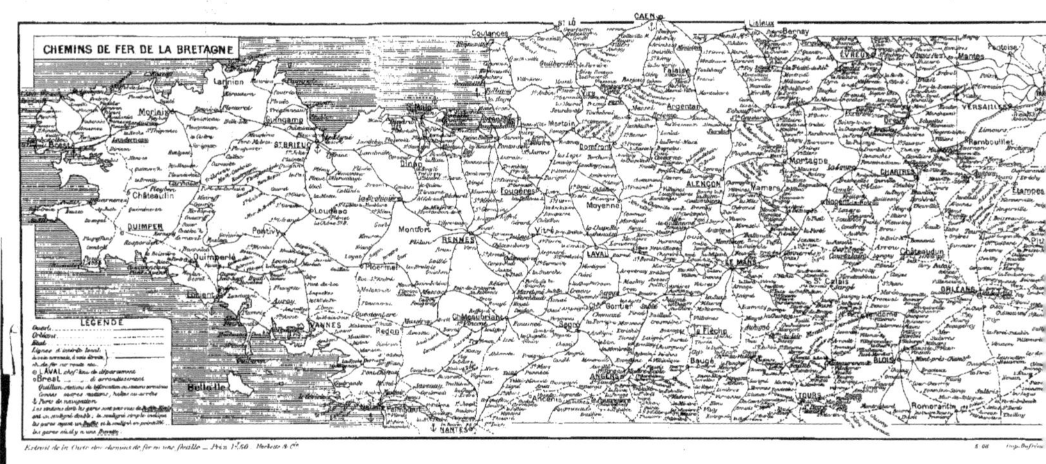

Extrait de la Carte des chemins de fer en une feuille — Prix 1f.50. Hachette & Cie

# PUBLICITÉ DES GUIDES JOANNE

## EXERCICE 1908-1909

I. Adresses utiles — Sociétés financières
Journaux — Chemins de fer — Agences de voyages
Indicateurs — Compagnies maritimes

# ADRESSES UTILES

### ARMES

*Armuriers brevetés*

**Étab^ts GUINARD**
**et C^ie**
Maison fondée en 1878
**8, avenue de l'Opéra, 8**
(Près de la rue Sainte-Anne)

**FUSILS GUINARD**
HAMMERLESS ÉJECTEUR
*Vainqueur au Concours, Paris 1902*
**MEILLEUR MARCHÉ**
**que partout ailleurs**

*Voir aux Établissements Guinard et C^ie* toutes les nouveautés de l'armurerie : Pistolets automatiques,

Carabines d'exploration et de chasse. Revolvers de tous systèmes.
Spécialité d'armes étrangères.
*Demander les catalogues.*

**8, avenue de l'Opéra, 8**
(Près de la rue Sainte-Anne)
TÉLÉPHONE 216-17

### ANTISEPTIQUE

**OZONATEUR**, Breveté s. g. d. g.
DÉSINFECTEUR AUTOMATIQUE
*9, chaussée d'Antin*, Paris
TÉLÉPHONE 124-66

### BANQUES

**Comptoir national d'Escompte de Paris.** (Voir p. 12.)

**Crédit Lyonnais** (Voir p. 10)

**Société Générale.** (Voir p. 8).

### BIJOUTERIE

**Tranchant**, 79, *rue du Temple*, Paris. Bijouterie argent en tous genres. Hochets, Bracelets, Chaînes, Bourses, Ronds de serviettes, Timbales, Coquetiers, Tabatières, Petite orfèvrerie, Articles de bureaux et de fumeurs, Chapelets, Croix, Médailles. TÉLÉPHONE 283-12.

**CALVITIE**
**CHUTE DES CHEVEUX**

**Cornioley**, *1, rue de la Paix*, Paris. Produits hygiéniques, Spécialités pour la chevelure et le visage. *Prospectus gratis*. Diplôme de la Sté de Médecine de France

**CAOUTCHOUC DE VOYAGE**
**HYGIÈNE – CHIRURGIE**

**Maison Charbonnier**
**VECRIGNER**, Succr
**376, rue Saint-Honoré, 376**

Caoutchouc manufacturé anglais, français et américain Chaussures américaines et gants, bottes de marais.

Vêtements imperméables, toile-caoutchouc Tubs anglais ou bains portatifs, cuvettes pliantes, sacs à eau chaude, coussins et matelas à air et à eau pour malades et pour voyages, Urinaux, Bidets et bassins, etc. Atelier de réparation.

TÉLÉPHONE 211-67

**CHOCOLAT**

**Chocolat Menier** (V p 159)

**DENTIFRICE**

**Docteur Pierre** (Voir p 49)

**GLACIÈRE**

**Glacière Portative**

**J Schaller**, *332, r Saint-Honoré*, **Paris** (Voir p 50)

**HOTELS**

**Grand Hôtel de l'Amirauté** *5, rue Daunou*, (rue de la Paix) Grands et petits appartements. Chambres depuis 4 fr. Pension, 12 fr. Cuisine et cave recommandées. TÉLÉPHONE 231-86.

**Grand Hôtel de l'Athénée**
*15, rue Scribe*, Paris

**Grand Hôtel des Capucines**, *37, boulevard des Capucines*. Maison recommandée. SANS SUCCURSALE. Table d'hôte. Excellente cuisine Bains Ascenseur. Éclairage électrique TÉLÉPHONE 250-52.
Mme E. CHADANSERTE, propriétaire

**Hôtel du Chariot d'Or**

*39, rue de Turbigo*, près du boulevard de Sébastopol. Entièrement transformé. Confort moderne. Chambres depuis 3 fr. Table d'hôte. Restaurant Ascenseur Lumière électrique. TÉLÉPHONE 264-84.
**L. Percepied**, propriétaire

**Hôtel Chatham**

*17 et 19, rue Daunou*, Paris

**Hôtel de la Cité Bergère**

*4, cité Bergère, 4* (Gds boulevards) Chambres, 3 fr à 8 fr, tout compris. Lumière électrique et téléphone dans les chambres. Bains Table d'hôte. On parle anglais, allemand, espagnol. TÉLÉPHONE 217-34.

Même Maison. **Hôtel de Belgique et Hollande**, *7, rue Trévise* Chauffage central. TÉLÉPHONE 255.89

**Hôtel Corneille**, *5, rue Corneille* Chambres de 3 à 6 fr. Restaurant. Lumière électrique. Bains. Douches. Calorifère. TÉLÉPHONE 810-80.
Agréé par le T. C. F

**Hôtel du Danube**

*58, rue Jacob*. Maison de famille, près les Tuileries et la gare d'Orsay Lumière électrique. TÉLÉPHONE 733.71.
**Teissèdre**, propriétaire

**Hôtel Fénelon**, *11, rue Férou* (près de Saint-Sulpice). Chambres de 2 à 5 fr.; au mois de 25 à 80 fr. Repas, 2 fr. 25. Pension. 115 fr

---

# GRAND HOTEL DE NORMANDIE

*4, rue d'Amsterdam, Paris*

**En face la gare St-Lazare**

(V à la fin des *Adresses Utiles*, p. 7).

---

**Hôtel d'Oxford et de Cambridge**, *13, rue d'Alger*, près des Tuileries. Pension et service à la carte. Table d'hôte. Maison de famille, recommandée pour son confortable et ses prix modérés. *Salle de bains. Lumière électrique.* TÉLÉPHONE 217-26. Tarif franco sur demande

---

**Hôtel de Seine**

52, RUE DE SEINE

Paris, entre le Luxembourg, le Louvre et la Gare d'Orsay. — *Remis à neuf* — Appartements et chambres confortables depuis 2 fr. 50. — Service par petites tables à volonté — *English spoken.*

**Bonhomme**, Propriétaire.

---

**THE AVENUE**

**Private apartments**

**157, rue de la Pompe, Paris** (avenue du Bois-de-Boulogne). Appartements meublés avec ou sans pension. Confort moderne. Service très soigné. Clientèle anglaise et américaine. — Télégraphe: *Morbar.* TÉLÉPHONE 684-83

---

**Hôtel Vignon**, *23, rue Vignon* (gare Saint-Lazare, Madeleine). Chambres depuis 3 fr. 50. Pension depuis 8 fr. Installation moderne.

TÉLÉPHONE 311-10

---

## INSTITUTIONS

**INSTITUTION J.-B DUMAS**

**Rue Oudinot. 23.**

**Directeur : A. SOLDÉ**
Ingénieur des Arts et Manufactures

*Préparation à l'École Centrale des Arts et Manufactures, à l'Institut agronomique et aux écoles d'agriculture, à l'école de cavalerie de Saumur, aux baccalauréats.*

**INTERNAT, DEMI-PENSION ET EXTERNAT**

Nombre limité de pensionnaires (en chambre)

JARDIN

---

**Institut Rudy**, 63, avenue d'Antin. Paris. 18e année. Cours et leçons. Langues, Lettres, Sciences, Musique, Chant, Peinture, Danse, Escrime, etc. 150 professeurs.

---

**INSTITUTION**

**NOTRE-DAME-DE-SAINTE-CROIX**

**30, Av. du Roule, Neuilly, Paris**

*Près la Porte Maillot et le Bois de Boulogne*

Internat, demi-pension, externat

ENSEIGNEMENT COMPLET

Depuis les classes enfantines jusqu'au baccalauréat — Cours d'Électricité industrielle. — Cours spacieuses, ombragées.

Abbé **LITTER**, DIRECTEUR

---

**Institution A Ruelle** (E. & C.-A.), 82, *avenue de Neuilly* (**Neuilly-sur-Seine**). — Baccalauréats. — Pension, demi-pension. — Externat. — **Vie de famille.** — Récréations au Bois de Boulogne.

---

**LANTERNES**

**D'AUTOMOBILES**

**DENICH** (A.), *144, rue Saint-Maur*, Paris. (Voir p. 50.)

MAISONS DE SANTÉ
ÉTABLISSEMENTS MÉDICAUX
HYDROTHÉRAPIQUES
ET GYMNASTIQUES

## ÉTABLISSEMENT HYDROTHÉRAPIQUE d'Auteuil

12, rue Boileau, Paris (16e).

Dr OBERTHUR, Directeur

Maladies nerveuses, maladies de l'estomac ou des intestins. Convalescences. Maladies des femmes

CURES DE RÉGIME — ÉLECTRICITÉ
MASSAGE — MÉCANOTHÉRAPIE
BAINS LUMINEUX — HYDROTHÉRAPIE

**Luxe et confort modernes.**

## ÉTABLISSEMENT KELLER

MAISON DE SANTÉ

Hydrothéraphie, Electrothérapie
127, FAUB. ST-HONORÉ. TÉLÉPHONE 572-67

Dr **Taguet**, ancien interne des hôpitaux de Paris, et Dr **J Keller**, Directeurs.

TRAITEMENT des MALADIES NERVEUSES et DIGESTIVES

Entièrement restauré à neuf avec tout le confort moderne. — Situation au centre de Paris, près des Champs-Elysées

PENSIONNAIRES ET EXTERNES
Ni aliénés ni contagieux.

## Institut Physicothérapique, Paris

25, *rue des Mathurins*, no sign

**ÉTABLISSEMENT MÉDICAL**

**Le plus complet du monde**

Traitement des maladies chroniques et dites incurables à l'aide des agents les plus puissants de la physique moderne. — **Electricité.** *Static, high Freqency, electric light bath.* **Hydropathy.** *Electric water bath, carbonic acide bath.* Radiant heat, Massage, exercise, X rays. Radium. **Mecanotherapy** — Vibrothérapy. — *Docteur speaks english* — Maison de santé, *boulevard de la Madeleine, 15.*

## Institut ZANDER

21, RUE D'ARTOIS — *PARIS (VIIIe)*

MÉCANOTHÉRAPIE — ORTHOPÉDIE
RÉÉDUCATION MOTRICE

Directeurs : Dr Fernand LAGRANGE et Dr KRÜGER — TÉLÉPHONE 590-78

## Maison d'Hydrothérapie & de Convalescence

6, boulevard du Château, 6
NEUILLY-sur-SEINE

*Dirigée par les* **Docteurs A. DEVAUX et L. BOUR** (*Anc. Dr Accolas*)

AFFECTIONS NERVEUSES. — CHRONIQUES. — RÉGIMES. — CURES DE REPOS ET D'ISOLEMENT — MORPHINOMANIE. — HYDROTHÉRAPIE. — ÉLECTROTHÉRAPIE. — INSTALLATION LUXUEUSE. — GRAND PARC.

TÉLÉPHONE 512.84

## MAISON VELPEAU

Direct.-Fondat. : Dr CH. BONNET

7, r. de la Chaise (Square Bon Marché)

*Ancien Hôtel du Prince Borghèse*

CHIRURGIE-MÉDECINE.

Établissement le plus luxueux et le plus central de Paris Vaste parc.

TÉLÉPHONE 719-16 et 731-21

ÉTABLISSEMENT d'HYDROTHÉRAPIE MÉDICALE de BOULOGNE

# SANATORIUM

**Pour les maladies du système nerveux et la morphinomanie**

ROUTE de VERSAILLES, 145
(BOULOGNE-SUR-SEINE)
TÉLÉPHONE 694-11

Médecins directeurs : Dr **Paul SOLLIER** (✠ I). Ancien interne des Hôpitaux et des Hospices de Bicêtre et de la Salpêtrière. — Ex-chef de Clinique-Adjoint des Maladies Mentales à la Faculté — Dr **Alice SOLLIER** (Mme). — Médecins adjoints Dr **M. CHARTIER**, ancien interne des hôpitaux et de l'hospice de la Salpêtrière, Dr **Georges COLLET**, ancien interne des asiles de la Seine.

Etablissement scientifique construit sur des plans nouveaux et installé suivant les derniers perfectionnements, au point de vue de l'hygiène, du confort et du luxe GRAND PARC.

Renseignements tous les jours à **Boulogne**.

**Consultations à Paris**, *14, rue Clément-Marot* **mardi, vendredi**, de 4 heures à 6 heures.

# VILLA MONTSOURIS

**Rue de la Glacière 130**
**PARIS**

**Directeurs Dr COMAR et Dr J BUVAT**

Traitement des maladies nerveuses et de la morphinomanie. — Etablissement d'hydrothérapie et électrothérapie.

*Seul Établissement à prix modérés.*

**MÉDECINS SPÉCIALISTES**

Dr **PHILIPPEAU**, 8 *bis*, rue de Châteaudun, Paris. — Accouchements — Maladies des femmes. De 1 h. à 3 h. sauf mardi et vendredi. — Clinique : 5, *rue Blondel*, de 4 à 6 heures

**VILLA KATHERINE**

11, passage Doisy
Me *POKITONOFF*, Dr
Laboratoire pour les soins de la peau.

**OBJETS D'ART**

**A Herzog**, objets d'art, *41 rue de Châteaudun* Annexe, 40, *rue de Châteaudun*.

**PARAPLUIES, CANNES**

**DUGAS GÉRARD**, 30, rue de Mogador, Paris. Fabric de cannes, cravaches, fouets, parapluies et ombrelles. Maison de confiance. Prix modérés.
Anciennement, *82, rue St-Lazare*

**PARFUMERIE**

**PARFUMERIE V RIGAUD**, *1, Faubourg Saint-Honoré (rue Royale)*, Paris TÉLÉPHONE 278-74 — **Parfum Camia**. (Voir page de garde à la fin du volume).

**CORNIOLEY** *1, rue de la Paix*, Paris. Produits hygiéniques Spécialités pour la chevelure et le visage *Prospectus gratis* Diplome de la Société de Médecine de France

**PÊCHE (Ustensiles de) PIÈGES**

**Maison Moriceau**
**Bourdon et Benoit, succrs**.
*28, quai du Louvre*, Paris

Ustensiles et filets de pêche en tous genres ; Pièges de tous systemes. (Envoi *franco* du catalogue.)

**PENSIONS DE FAMILLE**

## LE HOME FRANÇAIS

**6, rue Keppler, 6**
(Champs-Elysées), *PARIS*

**PENSION DE FAMILLE**

*Très belle situation dans un des plus beaux quartiers de Paris.*

MAISON CONFORT MODERNE POUR DAMES ET DEMOISELLES

---

## PAVILLON MODERNE

**18, Villa Herran.**
**85, rue de la Pompe, Paris**
Confort moderne, grand jardin Près le Bois de Boulogne.
Mme BIC, PROPRIÉTAIRE.

---

**PHARES D'AUTOMOBILES**

**DENICH** (A.), *144, rue Saint-Maur*, Paris. (Voir p. 50.)

---

**PRODUITS PHARMACEUTIQUES**

**Coaltar saponiné.** (V. p. 63).

---

**Fer Bravais** (Voir p. 155).

---

**Lin Tarin, Pommade Fontaine, Savon Fontaine.** (Voir p. 50).

---

## NUMA CHANTEAUD

**21 Place des Vosges. — Paris**

Granules dosimétriques

## BURGGRAÈVE

SEDLITZ GRANULÉ

UROTROPINE SCHERING GRANULÉE

(Voir page de garde au commencement du volume.)

---

**PHARMACIE CENTRALE DU NORD** (Voir page 155).

---

## POMMADE MOULIN

**Guérit Dartres, Boutons, Rougeurs, Démangeaisons, Eczémas, Hémorroïdes. Fait repousser les Cheveux et les Cils. 2 fr. 30 le pot.** *franco*

**Pharmacie MOULIN**
*30, rue Louis-le-Grand, PARIS*

---

**VÉRITABLES GRAINS DE SANTÉ DU Dr FRANCK** *contre la constipation.* (Voir page de garde en tête du volume.)

---

**RESTAURANT**

**Restaurant du Grand Vatel**, *rue Saint-Honoré*, 275, Paris. (Voir page 143).

---

**TEA ROOMS**

**Restaurant du Grand Vatel**, *rue Saint-Honoré*, 275, Paris. Afternoon Tea — Orchestre (Voir page 143).

---

**VEILLEUSES**

**Veilleuses françaises.** Maison **Jeunet.** (Voir p. 49).

---

**VOYAGES**

**Compagnie des Messageries Maritimes.** (Voir p. 46)

---

**Compagnie Générale Transatlantique** (Voir p. 45)

---

**Compagnie de Navigation mixte.** (Voir p. 47).

# LE FIGARO

**Six pages tous les jours**

*DIRECTEUR :*

**GASTON CALMETTE**

## INFORMATIONS

**LE FIGARO** est outillé de manière à fournir sur chaque événement important, en France et à l'étranger, l'information la plus rapide, la plus complète, la plus sûre. Il a, depuis sa nouvelle direction, un service spécial de dépêches de la dernière heure qui lui sont envoyées de toutes les grandes capitales

Ouvert à tous les partis, journal indépendant, frondeur, **LE FIGARO** est devenu la tribune la plus libre et la plus retentissante.

C'est le journal le plus répandu du monde entier.

*CHAQUE SEMAINE*

## Dessins d'Actualité

**FORAIN, Abel FAIVRE, A. GUILLAUME, DE LOSQUES**

## Supplément littéraire

AVEC

## UNE PAGE DE MUSIQUE INÉDITE

TOUS LES SAMEDIS

## Five o'Clock

Pendant la saison d'hiver, **LE FIGARO** donne, dans son hôtel, des concerts auxquels sont invités, à tour de rôle, ses abonnés. Les abonnés des départements et de l'étranger, de passage à Paris, reçoivent aussi des invitations sur leur demande.

## PUBLICITÉ

Les services de Publicité liés à la rédaction sont installés dans l'hôtel du **FIGARO**, 26, rue Drouot.

La publicité du **FIGARO** est la plus recherchée.

## ABONNEMENTS

| | Paris et S.-et-Oise | Départem | Étranger. |
|---|---|---|---|
| Un an. . . | 60 fr. | 75 fr. » | 86 fr. » |
| Six mois . | 30 fr. | 37 fr. 50 | 43 fr. » |
| Trois mois. | 15 fr | 18 fr. 75 | 21 fr. 50 |

# CHEMINS DE FER
# PARIS-LYON-MÉDITERRANÉE

## L'HIVER A LA COTE D'AZUR

**De PARIS à la COTE-D'AZUR en 13 heures**

soit par le train de jour *Côte-d'Azur rapide*, soit par le train extra-rapide de nuit *Consulter les affiches ou les indications*

## FÊTES DE NICE

A l'occasion : 1° *des Fêtes de Noël et du Jour de l'an*, 2° *des Courses de Nice*, 3° *du Carnaval de Nice; des Régates internationales de Cannes et de Nice et des vacances de Pâques;* des

**BILLETS D'ALLER ET RETOUR DE 1re ET 2e CLASSES**

sont délivrés pour **Cannes, Nice, Menton**, par les gares désignées ci-après : **Paris, Belfort, Vesoul, Besançon, Gray, Nevers, Is-sur-Tille, Dijon, Genève, Clermont-Ferrand, Saint-Etienne, Lyon (Perrache et Brotteaux), Grenoble, Valence, Avignon, Cette, Nîmes.**

Les dates d'émission de ces billets sont annoncées au public par des affiches, quelques jours à l'avance.

La *validité* desdits billets est de 20 *jours*, y compris le jour du départ, avec faculté de prolongation de deux périodes de 10 jours, moyennant payement, pour chaque période, d'un supplément égal de 10 0/0 du prix du billet

Les voyageurs peuvent s'arrêter, tant à l'aller qu'au retour, à deux gares de leur choix, à condition de faire viser leur billet dès l'arrivée à la gare d'arrêt.

---

**Billets d'aller et retour collectifs (*de Famille*)**

**DE**

# STATIONS HIVERNALES

**pour Nice, Cannes, Menton, Hyères, Saint-Raphaël, etc.**

Délivrés dans toutes les gares du réseau P.-L.-M.

**1° — Billets d'aller et retour collectifs de 1re 2e et 3e classes**

*VALABLES 33 JOURS*

Délivrés du **15 Octobre** au **15 Mai** sous condition d'effectuer un minimum de parcours simple de 150 kilomètres, aux familles d'au moins trois personnes voyageant ensemble pour les stations hivernales suivantes : **Toulon, Hyères** et toutes les gares situées entre **Saint-Raphaël-Valescure, Grasse, Nice** et **Menton** inclusivement.

**2° — Billets d'aller et retour collectifs de 2e et 3e classes**

*VALABLES JUSQU'AU 15 MAI*

Délivrés du **1er Octobre** au **15 Novembre** aux familles composées d'au moins trois personnes voyageant ensemble pour **Toulon** et toutes les gares P.-L.-M. situées au delà. Le parcours simple doit être d'au moins 400 kilomètres.

Le coupon d'aller de ces billets n'est valable que du **1er Octobre** au **15 Novembre.**

Le prix des billets d'aller et retour collectifs indiqués ci-dessus s'obtient en ajoutant au prix de quatre billets simples ordinaires (pour les deux premières personnes), le prix d'un billet simple pour la troisième personne, la moitié de ce prix pour la quatrième et chacune des suivantes. — Arrêts facultatifs. — Faire la demande de billets 4 jours au moins à l'avance, à la gare de départ.

# Bains de Mer de la Méditerranée

## BILLETS D'ALLER ET RETOUR

*à prix très réduits*

**individuels ou collectifs de famille**

DÉLIVRÉS DANS TOUTES LES GARES DU RÉSEAU P.-L.-M.

**du 15 Mai au 1er Octobre**

Validité : **33 jours**, avec faculté de prolongation (1).

### 1° Billets d'Aller et Retour individuels de Bains de Mer de 1re, 2e et 3e classes

Ces billets sont délivrés pour les stations balnéaires désignées ci-après :

**Agay, Aigues-Mortes, Antibes, Bandol, Beaulieu, Cannes, Cassis, Cette, Golfe-Juan-Vallauris, Hyères, Juan-les-Pins, La Ciotat, La Seyne-Tamaris-sur-Mer, Menton, Monaco, Monte-Carlo, Montpellier, Nice, Ollioules-Sanary, Palavas, Saint-Cyr-La Cadière, Saint-Raphaël-Valescure, Toulon et Villefranche-sur-Mer.**

Minimum de parcours simple : 150 kilomètres.

**Prix** : Le prix des billets est calculé d'après la distance totale, aller et retour, résultant de l'itinéraire choisi et d'après un barème faisant ressortir des **réductions importantes.**

### 2° Billets d'Aller et Retour Collectifs de Bains de Mer de 1re, 2e et 3e classes pour Familles

Ces billets sont délivrés aux familles d'au moins deux personnes, voyageant ensemble, pour les stations balnéaires désignées ci-dessus.

Minimum de parcours simple · 150 kilomètres.

Le prix s'obtient en ajoutant au prix de deux billets simples au tarif général (pour la première personne), le prix d'un billet simple pour la deuxième personne, la moitié de ce prix pour la troisième et chacune des suivantes.

**Nota.** — Les titulaires de billets de Bains de mer **collectifs** peuvent obtenir, conjointement avec ces billets ou sur la présentation de ceux-ci, **des cartes d'abonnement d'un mois avec 50 0/0 de réduction sur le prix des abonnements ordinaires pour un parcours d'au plus 100 kilomètres** comprenant la plage désignée sur le billet de bains de mer. Ces cartes d'abonnement peuvent être prises isolément par chacune des personnes nommément *désignées* sur le billet d'aller et retour collectif.

**Ces billets donnent aux Voyageurs la faculté de s'arrêter aux gares situées sur l'itinéraire**

*Faire la demande de billets (individuels ou collectifs) quatre jours au moins avant le départ à la gare où le voyage doit être commencé*

(1) La durée de validité peut être prolongée une ou plusieurs fois de 15 jours moyennant le payement, pour chaque prolongation, d'un supplément égal à 10 0/0 du prix du billet.

# VILLES D'EAUX

**DESSERVIES PAR LE RÉSEAU P.-L.-M.**

**1° Billets d'aller et retour collectifs de 1re, 2e et 3e classes**
**Valables 33 jours, avec faculté de prolongation**

Il est délivré, du **1er mai au 15 octobre**, dans toutes les gares du réseau P.-L.-M., sous condition d'effectuer un parcours simple minimum de 150 kilomètres, aux familles d'au moins trois personnes voyageant ensemble, des billets d'aller et retour collectifs de 1re, 2e et 3e classes, pour les stations thermales du réseau et notamment pour : **Aix-les-Bains, Clermont-Ferrand (Royat), Vichy, Evian-les-Bains**, etc.

Le prix des billets s'obtient en ajoutant au prix de quatre billets simples ordinaires (pour les deux premières personnes) le prix d'un billet simple pour la troisième personne, la moitié de ce prix pour la quatrième et chacune des suivantes.

**2° Billets d'aller et retour individuels de 1re, 2e et 3e classes**
**Valables 10 jours, avec faculté de prolongation**

Il est délivré, du 1er mai au 31 octobre, dans toutes les gares du réseau, des billets d'aller et retour de 1re, 2e et 3e classes comportant une réduction de 25 0/0 en 1re classe, et de 20 0/0 en 2e et 3e classes, pour les stations dénommées ci-dessus.

**Ces billets donnent aux Voyageurs la faculté de s'arrêter aux gares situées sur l'itinéraire**

Faire la demande de billets (collectifs ou individuels), quatre jours au moins à l'avance, à la gare où le voyage doit être commencé.

---

# Billets de Vacances à prix réduits

Il est délivré, aux familles d'au moins trois personnes, des billets d'aller et retour collectifs de vacances de **1re 2e et 3e classes**, de toutes gares P.-L.-M à toutes gares P.-L.-M., sous condition d'effectuer un parcours simple minimum de 300 kilomètres ou de payer pour ce parcours :

**1° Du jeudi qui précède la Fête des Rameaux, au Lundi de Pâques inclus.**

Durée de validité . **33 jours** avec faculté de prolongation d'une ou plusieurs périodes de 15 jours, moyennant le payement, pour chaque prolongation, d'un supplément de 10 0/0 de la valeur du billet collectif.

**2° Du 15 juin au 15 septembre. Validité . jusqu'au 1er novembre.**

Le prix s'obtient en ajoutant au prix de quatre billets simples (pour les deux premières personnes), le prix d'un billet simple pour la troisième personne, la moitié de ce prix pour la quatrième et chacune des suivantes.

Lorsqu'un billet de vacances ne comprend que trois voyageurs, ceux-ci sont tenus de voyager ensemble à l'aller et au retour; lorsqu'un billet de vacances comprend plus de trois voyageurs, trois d'entre eux au moins sont tenus de voyager ensemble à l'aller et au retour; les autres ont la faculté, quand la demande du billet collectif en fait mention, de voyager isolément dans des conditions déterminées.

**Les voyageurs ont la faculté de s'arrêter sur le réseau P.-L.-M. à toutes les gares de l'itinéraire.**

*Faire la demande de billets, quatre jours au moins à l'avance, à la gare de départ.*

# CHEMIN DE FER D'ORLÉANS

## Billets d'Aller et Retour Collectifs de Famille

EN 1re, 2e ET 3e CLASSES

## A L'OCCASION DES VACANCES

*délivrés de toute station du réseau située à 125 kil. au moins du point de destination choisi. (Pour les stations balnéaires et thermales ce minimum est réduit à 60 kil.)*

1° **Vacances de Pâques**, du jeudi qui précède la Fête des Rameaux inclus au Lundi de Pâques inclus, validité 33 jours sans prolongation, réduction variant de 20 à 50 0/0 suivant le nombre de personnes (il peut être délivré au chef de famille, qui a d'ailleurs la faculté de revenir seul à son point de départ, une carte d'identité lui permettant de voyager isolément à moitié prix pendant la durée de villégiature de la famille)

2° **Grandes Vacances**, à partir du 1er juillet avec validité sans supplément jusqu'au 1er novembre inclus: réduction des aller et retour ordinaires pour les 3 premières personnes, du 50 0/0 pour la 4e, et de 75 0/0 pour la 5e et les suivantes sans que toutefois la réduction par personne puisse excéder 50 0/0. (Le chef de famille bénéficie des avantages mentionnés ci-dessus).

En outre, les membres de la famille au-dessus de 3 personnes ont la faculté d'effectuer, **isolément** leur voyage d'aller et retour à la condition d'acquitter préalablement à la gare de départ le prix d'un billet au tarif militaire.

## Bains de Mer et Excursions sur les Plages de Bretagne

**Billets d'aller et retour individuels** délivrés de toute gare du réseau :

Du jeudi qui précède la Fête des Rameaux au 31 octobre, valables 33 jours avec faculté de prolongation, réduction pouvant s'élever suivant le rayon de délivrance à 40 0/0 en 1re classe, 35 0/0 en 2e classe et 30 0/0 en 3e classe.

**Billets d'aller et retour collectifs de famille** en 1re, 2e et 3e classes délivrés de toute station du réseau distante du point de destination choisi

de 60 kilomètres au moins pour les stations balnéaires ;
de 125 — — pour les autres stations.

1° Pour les stations balnéaires, du jeudi qui précède la Fête des Rameaux inclus au 1er octobre inclus, validité deux mois avec faculté de prolongation ;

2° **Vacances de Pâques**, } Voir ci-dessus,
3° **Grandes vacances**. } Chapitre spécial « Vacances ».

**Billets spéciaux d'excursion aux plages de Bretagne à itinéraire tracé à l'avance** permettant de visiter Le Croisic, Guérande, Saint-Nazaire, Savenay, Questembert, Ploërmel, Vannes, Auray, Pontivy, Quiberon, Le Palais (Belle-Ile en Mer), Lorient, Quimperlé, Rosporden, Concarneau, Quimper, Douarnenez, Pont-l'Abbé, Châteaulin, délivrés du 1er mai au 31 octobre, validité 30 jours avec faculté de prolongation.

Prix : **45** francs en 1re classe, **36** francs en 2e classe.

Le voyage peut être commencé à l'un quelconque des points situés sur le parcours

**Cartes de libre circulation individuelles et de famille** au départ de toute gare de réseau, en 1re et en 2e classes, sur les lignes desservant les plages du Sud de la Bretagne délivrés du jeudi qui précède la Fête des Rameaux au 31 octobre, et valables 33 jours avec faculté de prolongation

Réduction pour les familles variant de 10 à 50 0/0 selon le nombre de personnes

## PYRÉNÉES ET GOLFE DE GASCOGNE

**Billets d'aller et retour individuels** pour les stations thermales, balnéaires et hivernales délivrés toute l'année de toutes les gares du réseau, valables 33 jours avec faculté de prolongation et comportant une réduction de 25 0/0 en 1re classe et de 20 0/0 en 2e et 3e classes.

**Billets d'aller et retour de famille** pour les stations thermales, balnéaires, et hivernales délivrés toute l'année de toutes les stations du réseau, réduction de 20 à 40 0/0 suivant le nombre de personnes, validité 33 jours avec faculté de prolongation

**Billets d'excursion** délivrés toute l'année au départ de Paris avec **3 itinéraires** différents, *via* Bordeaux ou Toulouse, permettant de visiter Bordeaux, Arcachon, Dax, Bayonne, Pau, Lourdes, Luchon, etc., validité 30 jours avec faculté de prolongation, prix : 2e itinéraire : 1re classe, **163** fr **50** ; 2e classe, **122** fr **50** Prix : 1er et 3e itinéraires : 1re classe, **164** fr **50** ; 2e classe, **123** francs

**Cartes d'excursions individuelles et de famille** dans le centre de la France et les Pyrénées, **divisés en 5 zones**, délivrées au départ de Paris et des principales gares du réseau du 15 juin au 16 septembre et donnant aux voyageurs le droit de circuler à leur gré dans la zone de libre circulation choisie par eux, validité un mois avec faculté de prolongation.

Pour les billets de famille, la réduction varie suivant le nombre des personnes de 10 à 50 0/0.

**NOTA.** — Pour plus amples renseignements consulter le *Livret Guide Officiel* de la Compagnie d'Orléans adressé *franco* contre l'envoi de 0 fr. 50 à l'Administration Centrale du chemin de fer d'Orléans, 1, place Valhubert, à Paris, bureau du Trafic-Voyageurs (Publicité).

## CHEMINS DE FER DE L'ÉTAT

# BILLETS DE BAINS DE MER

**Valables 33 jours, non compris le jour du départ**

*Billets d'aller et retour, à validité prolongeable, délivrés du jeudi précédant la fête des Rameaux au 31 octobre*

### 1° — BILLETS DE BAINS DE MER

AU DÉPART DE PARIS

| De **PARIS** (**Montparnasse**) ou de **PARIS** (**quai d'Orsay, pont St-Michel** ou **Austerlitz**) par toute voie État *viâ* Chartres et Saumur ou *viâ* Chartres et Chinon ou par Tours transit) aux gares ci-après et retour | PRIX ALLER ET RETOUR — Section I sans faculté d'arrêt aux gares intermédiaires. 1re cl. | 2e cl. | 3e cl. | Section II — § 1. Faculté d'arrêt entre CHARTRES ou TOURS et la station balnéaire. 1re cl. | 2e cl. | 3e cl. |
|---|---|---|---|---|---|---|
| Royan | 71 30 | 52 40 | 35 10 | 80 65 | 61 20 | 43 50 |
| La Tremblade (Ronce-les-Bains) | 74 25 | 54 20 | 39 » | 83 80 | 63 30 | 44 55 |
| Le Chapus | 67 20 | 49 10 | 35 » | 77 05 | 58 20 | 40 » |
| Le Château-Quai (île d'Oléron) | 68 70 | 50 00 | 36 20 | 78 55 | 59 70 | 41 20 |
| Marennes | 66 25 | 48 35 | 34 50 | 76 10 | 57 30 | 39 45 |
| Fouras | 63 90 | 46 50 | 33 20 | 73 75 | 55 75 | 37 90 |
| Châtelaillon | 62 35 | 45 10 | 32 40 | 71 95 | 55 25 | 37 05 |
| Angoulins-sur-Mer | 61 80 | 45 70 | 32 15 | 71 85 | 54 75 | 36 70 |
| La Rochelle (ville) | 61 10 | 45 10 | 31 80 | 70 60 | 54 20 | 36 30 |
| La Rochelle-Pallice (île de Ré) | 61 95 | 45 75 | 32 20 | 71 50 | 54 95 | 36 80 |
| L'Aiguillon-Port — *Via* Chantonnay-Transit | 59 40 | 45 60 | 31 75 | 67 60 | 51 60 | 35 75 |
| L'Aiguillon-Port — *Via* Luçon-Transit | 61 35 | 45 95 | 32 25 | 70 40 | 53 95 | 36 65 |
| La Tranche — *Via* Chantonnay-Transit | 61 90 | 48 10 | 34 25 | 70 10 | 57 » | 38 25 |
| La Tranche — *Via* Luçon-Transit | 63 85 | 48 45 | 34 75 | 72 90 | 55 45 | 39 15 |
| Les Sables-d'Olonne | 62 60 | 46 30 | 32 55 | 72 25 | 55 95 | 37 20 |
| Saint-Hilaire-de-Riez (Sion) | 64 30 | 46 10 | 32 40 | 74 20 | 56 70 | 37 05 |
| Saint-Gilles-Croix-de-Vie (Sion) | 64 55 | 46 55 | 32 70 | 74 50 | 57 30 | 37 85 |
| De **PARIS-MONTPARNASSE, St-LAZARE** ou **INVALIDES** par Segré et Nantes-État transit, ou Angers St-Laud transit, et Nantes-Orléans transit, aux gares ci-après et retour | | | | § 2. Faculté d'arrêt entre Sainte-Pazanne incl. et la station balnéaire. | | |
| Challans (île de Noirmoutier, île d'Yeu, Saint-Jean-de-Monts) | 63 35 | 44 65 | 31 35 | 71 85 | 50 65 | 33 35 |
| Bourgneuf-en-Retz | 58 50 | 42 90 | 30 10 | 68 50 | 48 90 | 34 10 |
| Les Moutiers | 58 50 | 43 30 | 30 40 | 68 50 | 49 30 | 34 40 |
| La Bernerie | 58 50 | 43 55 | 30 60 | 68 50 | 49 55 | 34 60 |
| Pornic (île de Noirmoutier) (1) | 58 80 | 44 30 | 31 15 | 68 80 | 50 30 | 35 15 |
| Saint-Père-en-Retz (Saint-Brevin-l'Océan) | 58 50 | 43 30 | 30 65 | 66 50 | 49 30 | 34 65 |
| Paimbœuf (Saint-Brevin-l'Océan) | 59 05 | 43 30 | 30 80 | 67 05 | 49 80 | 34 80 |

### 2° — BILLETS DE BAINS DE MER

AU DÉPART DES GARES AUTRES QUE PARIS, VALABLES 33 JOURS

**non compris le jour du départ**

Ces billets sont délivrés par toutes les gares, stations et haltes du réseau de l'État (**Paris excepté**), pour toutes les stations balnéaires désignées ci-dessus. Ils comportent les mêmes réductions de prix que les billets d'aller et retour ordinaires et donnent le droit de s'arrêter aux gares intermédiaires.

**Dispositions spéciales au 1° et au 2°**

**Enfants.** — Les enfants de 3 à 7 ans payent moitié du prix des billets de bains de mer

**Prolongation de la durée de validité.** — La durée de validité peut être prolongée de 30 jours, moyennant un supplément égal à 10 0/0 du prix du billet. Cette prolongation peut être accordée deux fois au plus ; le supplément à payer pour chaque prolongation de 30 jours est de 10 0/0 du prix primitif

### 3° — BILLETS DE BAINS DE MER

A VALIDITÉ RÉDUITE, SANS FACULTÉ DE PROLONGATION

A) **Billets de toutes classes valables pendant 5 jours, du vendredi de chaque semaine au mardi suivant, ou de l'avant-veille au surlendemain d'un jour férié.** — Leurs prix sont ceux des billets simples augmentés d'un dixième avec minimum de perception, par place, de 12 fr. en 1re classe, de 9 fr. en 2e classe et de 5 fr. en 3e classe

B) **Billets de 2e et de 3e classes délivrés par toutes les gares du réseau de l'État situées au sud de la Loire, valables un jour seulement : le dimanche ou un jour férié.** — Leurs prix sont les deux tiers de ceux des billets de bains de mer de 33 jours, avec minimum de perception par place de 5 fr. en 2e classe et de 2 fr. 50 en 3e classe

*Pour les conditions d'utilisation des billets de bains de mer, voir les Tarifs G. V.* nos 6 et 106.

(1) Un service régulier de bateaux à vapeur est organisé entre Pornic et Noirmoutier pendant la période du 1er juillet au 30 septembre

## ABONNEMENTS DE BAINS DE MER

Des cartes d'abonnement de Bains de mer valables un mois, trois mois ou six mois et comportant une réduction de 40 0/0 sur les prix des cartes ordinaires d'abonnement de même durée, sont délivrées chaque année, à partir du jeudi précédant la fête des Rameaux jusqu'au 31 octobre pour les cartes d'un ou trois mois, et jusqu'au 31 juillet pour les cartes de six mois. Ces cartes ne sont délivrées qu'aux personnes qui prennent en même temps au moins trois billets ordinaires ou de bains de mer.

*(Pour les autres conditions, voir le Tarif spécial G. V. n° 3.)*

## BILLETS D'ALLER ET RETOUR DE FAMILLE

POUR LES VACANCES

**Valables 33 jours, non compris le jour du départ**

Délivrés du jeudi précédant la fête des Rameaux au lundi de Pâques inclus (sans prolongation), et du 1er juillet au 1er octobre, avec prolongation facultative, moyennant surtaxe, aux familles d'au moins trois personnes payant place entière et voyageant ensemble :

**a)** Au départ de **PARIS**, pour les gares, stations et haltes du réseau de l'État situées à 125 kilomètres au moins de Paris, ou réciproquement ;

**b)** Au départ de toutes les gares, stations et haltes du réseau de l'État (Paris excepté), pour les gares, stations et haltes situées à 60 kilomètres au moins du point de départ.

Il peut être délivré à un ou plusieurs des voyageurs compris dans un billet collectif et en même temps que ce billet une carte d'identité sur la présentation de laquelle le titulaire sera admis à voyager isolément à moitié prix du tarif ordinaire des billets simples, pendant la durée de la villégiature de la famille, entre la gare de délivrance du billet collectif et le point de destination mentionné sur ce billet.

**Enfants**. — Les enfants de 3 à 7 ans payent la moitié du prix que paye un voyageur à place entière.

*(Pour les autres conditions, voir les Tarifs spéciaux G. V. nos 8 bis et 9 bis.)*

---

## VOYAGE CIRCULAIRE AU LITTORAL DE L'OCÉAN

ENTRE BORDEAUX ET NANTES

### Billets individuels et de famille

délivrés du jeudi précédant la fête des Rameaux au 31 octobre

**Valables 33 jours (non compris le jour de la délivrance)**

avec faculté de prolongation de trois fois 10 jours moyennant un supplément de 10 0/0 pour chaque prolongation

**PRIX :**

1° **Billets individuels** : 1re classe, **60** fr. — 2e classe, **45** fr. — 3e classe, **30** fr.

2° **Billets de famille** : Prix ci-dessus réduits de **10** 0/0 pour une famille de 3 personnes, jusqu'à **25** 0/0 pour un nombre de 6 personnes ou plus.

**Billets spéciaux de parcours complémentaires** pour rejoindre ou quitter l'itinéraire du voyage d'excursion.

*(Pour les autres conditions, voir le Tarif spécial G. V. N° 5.)*

---

## CARTES D'EXCURSION VALABLES 15 JOURS

Pendant la période du jeudi précédant la fête des Rameaux au 31 octobre, il sera délivré, par toutes les gares, stations et haltes du réseau de l'État, des cartes d'excursion valables pendant 15 jours et comportant la libre circulation, savoir :

**Cartes A.** — Sur l'ensemble du réseau de l'État.

**Cartes B.** — Sur toutes les lignes du réseau de l'État situées au Sud de la Loire (y compris les gares de Nantes, Angers, La Possonnière, Saumur et Port-Boulet).

Ces cartes sont délivrées aux prix ci-après :

**Cartes A** (valables sur l'ensemble du réseau) : 1re classe, **135** fr. ; 2e cl., **100** fr. ; 3e cl., **75** fr.

**Cartes B** (valables sur le réseau sud seulement) : 1re classe, **100** fr. ; 2e cl., **75** fr. ; 3e cl., **50** fr.

Les demandes de cartes d'excursion pourront être adressées aux chefs de toutes les gares ou stations du réseau de l'État, ou au chef du contrôle de ce réseau (rue Saint-Lazare, n° 45, à Paris).

*(Pour les autres conditions, voir le Tarif spécial G. V. n° 5.)*

---

## RELATIONS DIRECTES ENTRE PARIS ET VALPARAISO

Par **La Rochelle-Pallice** et la **Compagnie de navigation à vapeur du Pacifique**

*Service tous les 15 jours*

**Train spécial (1re, 2e et 3e classes), entre Paris-Montparnasse et La Rochelle-Pallice**

**(Sans transbordement)**

**TRAJET DIRECT EN 8 HEURES 49**

***Départ de Paris le samedi à 10 h. 40 du soir. — Arrivée à La Rochelle-Pallice (Bassin à flot) le lendemain à 7 h. 29 du matin***

# CHEMIN DE FER DU NORD

# PARIS-NORD A LONDRES

***Via Calais ou Boulogne***

**Cinq services rapides quotidiens dans chaque sens — Voie la plus rapide**

## SERVICES OFFICIELS DE LA POSTE

*(Via Calais)*

**La gare de Paris-Nord, située au centre des affaires, est le point de départ de tous les grands express européens pour l'Angleterre, la Belgique, la Hollande, le Danemark, la Suède, la Norvège, l'Allemagne, la Russie, la Chine, le Japon, l'Autriche, l'Orient, la Suisse, l'Italie, la Côte d'Azur, l'Égypte, les Indes et l'Australie**

## SERVICES RAPIDES

### ENTRE PARIS, LA BELGIQUE, LA HOLLANDE, L'ALLEMAGNE, LA RUSSIE, LE DANEMARK LA SUÈDE ET LA NORVÈGE

| | | | Trajet en |
|---|---|---|---|
| 6 express dans chaque sens entre | | Paris et Bruxelles | 3 h 50 |
| 3 | — | Paris et Amsterdam | 8 30 |
| 5 | — | Paris et Cologne | 8 » |
| 5 | — | Paris et Francfort-sur-Mein | 12 » |
| 3 | — | Paris et Hambourg | 16 » |
| 5 | — | Paris et Berlin | 18 » |
| 2 | — | Paris et St-Pétersbourg | 51 » |
| Par le Nord-express, hebdomadaire | | | 46 » |
| 1 express dans chaque sens entre | | Paris et Moscou | 62 » |
| 2 | — | Paris et Copenhague | 27 » |
| 2 | — | Paris et Stockholm | 43 » |
| 2 | — | Paris et Christiania | 49 » |

# SAISON DES BAINS DE MER

## Billets à prix réduits

Pendant la saison, du jeudi précédant la fête des Rameaux au 31 octobre, *toutes les gares du Chemin de fer du Nord* délivrent des billets de bains de mer de 1re, 2e et 3e classes, à destination des stations balnéaires suivantes : **AULT-ONIVAL** via Feuquières-Fressenneville), **BERCK** (station du chemin de fer d'intérêt local), via Montreuil-sur-Mer ou via Rang-du-Fliers-Verton, **BOULOGNE-VILLE** ou **TINTELLERIES** (Le Portel), **CALAIS-VILLE**, **CAYEUX** (station du chemin de fer d'intérêt local), via Saint-Valery-sur-Somme, **QUEND-FORT-MAHON**, **QUEND-PLAGE**, **FORT-MAHON-PLAGE**, **RANG-DU-FLIERS-VERTON** (Plage de Merlimont), **ROSENDAEL** (Plage de Malo-les-Bains), **CONCHIL-LE-TEMPLE** (Fort-Mahon), **DANNES-CAMIERS** (plages Sainte-Cécile et Saint-Gabriel), **DUNKERQUE** (plages de Malo-les-Bains et Rosendael), **ETAPLES**, **PARIS-PLAGE** (station du chemin de fer électrique), via Etaples, **EU** (plages du Bourg-d'Ault et d'Onival), **GRAVELINES** (Petit-Fort-Philippe), **GHYVELDE** (Bray-Dunes), **LE CROTOY** (station du chemin de fer d'intérêt local), via Noyelles, **LEFFRINCKOUCKE** (MALO TERMINUS), **LE TREPORT-MERS**, **LOON-PLAGE**, **MARQUISE-RINXENT** (plage de Wissant), **NOYELLES**, **SAINT-VALERY-SUR-SOMME**, **WIMILLE-WIMEREUX** (plages de Wimereux, Audresselles et Ambleteuse), **ZUYDCOOTE** (Nord-Plage).

Il existe trois catégories de billets, savoir

1° **Billets de saison** (1) de 1re, 2e et 3e classes, valables pendant 33 jours, non compris le jour de l'émission, avec facilité de prolongation pendant plusieurs périodes de 15 jours (2), sous condition d'effectuer un parcours minimum de 100 kilomètres aller et retour. Ces billets, créés pour les familles, sont *nominatifs* et *collectifs*. Il est accordé une *réduction de 50 0/0* à chaque membre de la famille en plus du troisième. Les billets dont il s'agit doivent être demandés au moins 4 jours à l'avance à la gare où le voyage doit être commencé.

2° **Billets hebdomadaires et carnets d'aller et retour** (1) de 1re, 2e et 3e classes. Les billets hebdomadaires sont valables pendant 5 jours, du vendredi au mardi et de l'avant-veille au surlendemain des fêtes légales. Ces billets et carnets sont individuels. Les prix varient selon la distance et présentent des *réductions de 25 à 40 0/0*. Les carnets contiennent 5 billets d'aller et retour et peuvent être utilisés à une date quelconque dans le délai de 33 jours, non compris le jour de distribution.

## CHEMIN DE FER DU NORD *(Suite)*

3° **Billets d'excursions** (1) de 2e et 3e classes, les dimanches et jours de fêtes légales, valables pendant une journée. Ces billets sont individuels ou de famille. — Les prix réduits des billets individuels sont indiqués dans le tableau ci-dessous. — Pour les *familles* (ascendants et descendants), il est accordé une nouvelle réduction sur le prix des billets individuels d'excursion, allant de 5 à 25 0/0, selon que la famille se compose de 2, 3, 4, 5 personnes et plus.

*Les billets de saison et les billets hebdomadaires sont valables dans les mêmes trains et aux mêmes conditions que les billets ordinaires du service intérieur.*

*Les billets d'excursion ne sont valables que dans des* **trains spéciaux** *ou dans des* **trains du service ordinaire** *désignés à cet effet par la Compagnie.*

4° **Cartes d'abonnement** (1) de 1re, 2e et 3e classes, valables pendant 33 jours, et comportant une réduction de 20 0/0 sur le prix des abonnements ordinaires d'un mois. Ces cartes ne sont délivrées qu'à toute personne qui prend deux billets ordinaires au moins ou un billet de saison pour les membres de sa famille ou domestiques allant séjourner sous le même toit dans une station balnéaire désignée ci-dessous.

Les prix au départ de Paris, pour les trois catégories, sont les suivants :

### Prix des billets (3) de saison, hebdomadaires et d'excursion

| DE PARIS AUX STATIONS CI-DESSOUS | Billets de saison de famille valables pendant 33 jours — Prix pour 3 personnes | | | Prix pour chaque personne en plus | | | BILLETS HEBDOMADAIRES — Prix (**) par personne | | | BILLETS d'excursion — Prix (1) par personne | |
|---|---|---|---|---|---|---|---|---|---|---|---|
| | 1re cl. | 2e cl. | 3e cl. | 1re cl. | 2e cl. | 3e cl. | 1re cl. | 2e cl. | 3e cl. | 2e cl. | 3e cl. |
| Ault-Onival (*via Fouquières-Fressenneville*) | 137 40 | 95 40 | 62 70 | 24 20 | 17 20 | 11 40 | 29 » | 23 30 | 16 » | 11 40 | 7 45 |
| Berck | 149 40 | 101 40 | 66 30 | 25 60 | 17 45 | 11 45 | 31 » | 24 15 | 17 » | 11 15 | 7 35 |
| Boulogne (ville) | 170 70 | 115 20 | 75 » | 28 45 | 19 20 | 12 50 | 34 » | 25 70 | 18 90 | 11 10 | 7 30 |
| Calais (ville) | 198 30 | 133 80 | 87 30 | 33 05 | 22 30 | 14 55 | 37 90 | 29 » | 21 85 | 12 35 | 8 10 |
| Cayeux | 137 55 | 93 60 | 61 20 | 24 » | 16 45 | 10 80 | 29 30 | 23 05 | 15 95 | 11 » | 7 25 |
| Conchil-le-Temple (Fort-Mahon) | 140 40 | 94 80 | 61 80 | 23 40 | 15 80 | 10 30 | 28 80 | 22 50 | 15 75 | 9 75 | 6 35 |
| Dannes-Camiers | 157 20 | 106 20 | 69 30 | 26 20 | 17 70 | 11 55 | 31 70 | 24 40 | 17 50 | 10 50 | 6 85 |
| Dunkerque | 204 90 | 138 30 | 90 30 | 34 15 | 23 05 | 15 05 | 38 85 | 29 95 | 22 60 | 12 50 | 8 20 |
| Enghien-les-Bains | » | » | » | » | » | » | 2 » | 1 45 | » 95 | » | » |
| Etaples | 152 40 | 102 90 | 67 20 | 25 40 | 17 15 | 11 20 | 30 90 | 23 95 | 17 » | 10 35 | 6 75 |
| Eu | 120 90 | 81 60 | 53 10 | 20 15 | 13 60 | 8 85 | 25 40 | 20 10 | 13 70 | 8 85 | 5 75 |
| Fort-Mahon (plage) (4) | 141 30 | 96 60 | 64 20 | 24 15 | 16 20 | 11 30 | 29 50 | 23 35 | 16 85 | 10 80 | 7 75 |
| Ghyvelde (Bray-Dunes) | 213 » | 143 70 | 93 80 | 35 50 | 23 95 | 15 60 | 39 95 | 31 15 | 23 40 | 12 50 | 8 20 |
| Gravelines (Petit-Fort-Philippe) | 204 90 | 138 30 | 90 30 | 34 15 | 23 05 | 15 05 | 38 85 | 29 95 | 22 60 | 12 50 | 8 20 |
| Le Crotoy | 131 25 | 89 10 | 58 20 | 22 60 | 15 40 | 10 10 | 27 90 | 21 95 | 15 15 | 10 25 | 6 75 |
| Leffrinckoucke (Malo-Terminus) | 209 10 | 141 » | 92 10 | 34 85 | 23 50 | 15 35 | 39 40 | 30 55 | 23 05 | 12 50 | 8 20 |
| Le Tréport-Mers | 123 » | 83 10 | 54 » | 20 50 | 13 85 | 9 » | 25 75 | 20 85 | 13 90 | 9 » | 5 85 |
| Loon-Plage | 204 30 | 138 » | 90 » | 34 05 | 23 » | 15 » | 38 75 | 29 90 | 22 30 | 12 50 | 8 20 |
| Marquise-Rinxent | 182 10 | 123 » | 80 10 | 30 35 | 20 50 | 13 35 | 35 60 | 26 80 | 20 05 | 11 75 | 7 70 |
| Noyelles | 126 90 | 85 80 | 55 80 | 21 15 | 14 30 | 9 30 | 26 45 | 20 85 | 14 35 | 9 15 | 5 95 |
| Paris-Plage | 156 » | 105 90 | 70 20 | 26 60 | 18 15 | 12 20 | 32 10 | 24 95 | 18 » | 11 35 | 7 75 |
| Pierrefonds | 66 » | 44 40 | 29 10 | 11 » | 7 40 | 4 85 | 15 40 | 11 50 | 7 60 | » | » |
| Quend Fort-Mahon | 137 70 | 93 » | 60 60 | 22 95 | 15 50 | 10 10 | 28 30 | 22 15 | 15 45 | 9 60 | 6 25 |
| Quend-Plage (4) | 140 70 | 96 » | 63 60 | 23 95 | 16 50 | 11 10 | 29 30 | 23 15 | 16 45 | 10 60 | 7 25 |
| Rang-du-Fliers-Verton | 145 20 | 98 10 | 63 90 | 24 20 | 16 35 | 10 65 | 29 60 | 23 05 | 16 20 | 10 05 | 6 55 |
| Rosendaël (plage de Malo-les-Bains) | 207 60 | 140 10 | 91 50 | 34 60 | 23 35 | 15 25 | 39 20 | 30 35 | 22 90 | 12 50 | 8 20 |
| Saint-Amand | 159 90 | 108 » | 70 50 | 26 65 | 18 » | 11 75 | 32 20 | 24 65 | 17 75 | » | » |
| Saint-Amand-Thermal | 163 20 | 110 10 | 72 » | 27 20 | 18 35 | 12 » | 32 80 | 24 95 | 18 10 | » | » |
| Saint-Valery-sur-Somme | 131 10 | 88 50 | 57 60 | 21 85 | 14 75 | 9 60 | 27 15 | 21 35 | 14 75 | 9 30 | 6 05 |
| Serqueux (Forges-les-Eaux) | 98 70 | 66 60 | 43 20 | 16 45 | 11 10 | 7 25 | 21 50 | 16 70 | 11 25 | » | » |
| Wimille-Wimereux | 174 60 | 117 90 | 76 80 | 29 10 | 19 65 | 12 80 | 34 55 | 26 10 | 19 30 | 11 25 | 7 40 |
| Zuydcoote (Nord-Plage) | 211 80 | 142 80 | 93 » | 35 30 | 23 80 | 15 50 | 39 80 | 30 95 | 23 25 | 12 50 | 8 20 |

(*) Sur les prix afférents au parcours de la Compagnie du Nord, une nouvelle réduction de 5 à 25 0/0 est faite sur les billets de famille, selon que la famille est composée de 2 à 5 personnes et au delà.

(**) Des carnets individuels, contenant 5 billets hebdomadaires d'aller et retour, peuvent être utilisés à une date quelconque dans le délai de 33 jours, non compris le jour de distribution.

(1) Ces billets sont personnels et ne peuvent être vendus, sous peine de poursuites judiciaires.

(2) Cette prolongation est faite, au retour, par les soins de la gare de départ, avant l'expiration de la première période moyennant le supplément de 10 0/0 du prix total du billet.

(3) Ces prix ne comprennent pas les 0 fr. 10 de timbre pour les sommes supérieures à 10 francs.

(4) Les billets à destination de Fort-Mahon-Plage et de Quend-Plage ne sont délivrés que du 11 juin au 5 octobre, période pendant laquelle fonctionne le tramway. Avant et après cette période, la distribution et la prolongation restent limitées à Quend-Fort-Mahon.

# CHEMINS DE FER DU MIDI

Les voyageurs peuvent effectuer des voyages sur le réseau du Midi (notamment dans les Pyrénées et aux gorges du Tarn), au moyen d'une des combinaisons suivantes, comportant de notables réductions sur les prix ordinaires des places :

**1° Billets d'aller et retour individuels et de famille, de toutes classes**

A destination des stations thermales et balnéaires situées sur le réseau du Midi.

Durée (1) : 33 jours, non compris les jours de départ et d'arrivée.

**2° Billets de voyages circulaires : Paris, centre de la France, Pyrénées, Provence et gorges du Tarn (de 1re et 2e classes)**

Durée (1) : 20 jours pour les voyages intérieurs du Midi (G. V., 5) et 30 jours pour les voyages communs avec l'Orléans et le P.-L.-M. (G. V., 105). — En outre, il est délivré, sur les réseaux du Midi et d'Orléans, des billets spéciaux d'aller et retour à prix réduits, pour permettre aux voyageurs porteurs de billets de voyages circulaires de visiter des points situés en dehors du voyage circulaire, notamment Carcassonne.

**3° Billets d'aller et retour de famille pour les vacances**

Durée (1) : 33 jours, non compris le jour du départ.

**4° Cartes d'excursions dans le centre de la France et les Pyrénées**
*donnant droit à la libre circulation dans les zones à explorer*

Ces cartes sont délivrées du 15 juin au 15 septembre, au départ de toutes les gares des réseaux du Midi et de l'Orléans.

Durée de validité : un mois avec faculté de prolongation moyennant supplément.

Il existe 5 zones d'excursions sur lesquelles le voyageur a droit à la *libre circulation*.

Les prix varient suivant le point de départ et la zone choisie. — Des réductions allant de 10 0/0 pour la 2me personne jusqu'à 50 0/0 pour la 6e et les suivantes sont consenties à toute personne qui souscrit en même temps plusieurs cartes de même nature en faveur des membres de sa famille (2).

**5° Billets spéciaux d'aller et retour, de toutes classes, pour Lourdes**

Délivrés au départ de toutes les gares des réseaux de l'État, du Nord, de l'Ouest, de l'Est, de P.-L.-M., d'Orléans, et dans toutes les gares du Midi situées à plus de 150 kilomètres de Lourdes. — Durée de validité variable suivant la longueur du parcours : 4 à 12 jours, non compris le jour du départ. Réduction de 20 0/0 à 40 0/0 suivant la classe et la distance parcourue (3).

---

AVIS. — *Un* livret *indiquant en détail les conditions dans lesquelles peuvent être effectués les divers voyages d'excursion, de famille, etc., sera envoyé gratuitement à toute personne qui fera parvenir au service commercial de la Compagnie, boulevard Haussmann, 54, à Paris (IXe arr.), le montant de l'affranchissement du livret, soit 25 centimes.*

---

(1) Faculté de prolongation moyennant supplément de 10 p. 100.
(2) Consulter, pour les détails le Tarif commun G. V., no 106.
(3) Consulter pour les détails le tarif commun G. V., no 102.

# CHEMINS DE FER DE L'EST

## I. — RELATIONS DIRECTES DE LA COMPAGNIE DE L'EST

(SERVICES PERMANENTS)

*a*) Avec la Suisse, *via* Belfort-Bâle (trains rapides
*b*) Avec l'Italie, *via* Belfort-Bale et le Saint-Gothard (trains rapides).
*c*) Avec Mayence Wiesbaden, Ems et Hombourg-les-Bains, *via* Metz-Sarrebruck (trains rapides);
*d*) Avec Francfort-sur-Mein, *via* Metz-Sarrebruck (trains rapides), et *via* Avricourt-Strasbourg (train d'Orient), en correspondance à Carlsruhe avec train express pour Francfort.
*e*) Avec Coblence et Ems *via* Pagny-sur-Moselle-Metz-Trèves et *via* Longwy-Luxembourg-Trèves (trains rapides);
*f*) Avec l'Autriche-Hongrie, la Roumanie, la Serbie, la Bulgarie et la Turquie 1o *via* Avricourt-Strasbourg (train d'Orient) 2o *via* Belfort-Bale, la Suisse orientale et l'Arlberg (trains rapides);
*g*) Avec Luxembourg, *via* Charleville, Longuyon, Longwy, Dippach (trains rapides)

## II. — BILLETS D'ALLER ET RETOUR DE FAMILLE A PRIX RÉDUITS

1o Billets d'aller et retour de famille, délivrés pendant l'été, pour les stations thermales situées sur le réseau de l'Est et pour Givet (vallée de la Meuse); — 2o Billets d'aller et retour de famille délivrés par et pour toutes les stations du réseau de l'Est, à l'occasion des vacances de Pâques et des grandes vacances

## III. – Voyages circulaires à prix réduits pour visiter les Vosges et Belfort avec arrêts facultatifs à toutes les stations du parcours

*Billets individuels et billets collectifs valables 33 jours*

1o De Paris à Paris; 2o de Laon à Laon 3o de Nancy à Nancy *via* Blainville, Charmes et *via* Pagny-sur-Meuse, Vaucouleurs.

*Billets d'aller et retour individuels, valables 33 jours*

Délivrés dans toutes les gares des réseaux de l'Est et du Nord conjointement avec les billets circulaires individuels et collectifs des Vosges au départ de Nancy.

## IV. — VOYAGES INTERNATIONAUX, à prix réduits, à itinéraires facultatifs

La Compagnie des chemins de fer de l'Est délivre toute l'année des Livrets internationaux à coupons combinables, à prix réduits, permettant aux voyageurs de composer à leur gré un voyage circulaire ou d'aller et retour à l'étranger, comprenant des parcours sur les grands réseaux français, sur les Chemins de fer algériens de l'État, algériens P.-L.-M., Ouest-Algérien, Bône-Guelma, sur les Chemins de fer départementaux de la Corse et sur certaines lignes maritimes desservies par la Compagnie générale transatlantique, la Compagnie de navigation mixte (Cie Touache), la Société de transports maritimes à vapeur, la Compagnie des Messageries maritimes, la Compagnie marseillaise de navigation à vapeur Fraissinet, ainsi que sur la plupart des lignes des pays désignés ci-après : Allemagne, Autriche-Hongrie, Belgique, Bosnie-Herzégovine, Bulgarie, Danemark, Finlande, Italie, Grand-Duché de Luxembourg, Pays-Bas, Norvège, Roumanie, Serbie, Suède, Suisse et Turquie.

Les principales conditions d'émission de ces livrets sont les suivantes :
L'itinéraire doit emprunter à la fois des lignes françaises et étrangères et ramener le voyageur à son point de départ initial
Le parcours tarifé ne peut être inférieur à 600 kilomètres, la durée de validité des livrets est de 60 jours lorsque le parcours ne dépasse pas 3 000 kilomètres; 90 jours pour les parcours de 3001 à 5000 kilomètres, et 120 jours pour les parcours supérieurs à 5 000 kilomètres
Les livrets doivent être demandés à l'avance; il n'est pas concédé de franchise de bagages.
Les enfants âgés de 4 ans et moins sont transportés gratuitement, s'ils n'occupent pas une place distincte, au-dessus de 4 ans jusqu'à 10 ans ils bénéficient d'une réduction de 50 0/0.

## V — VOYAGES CIRCULAIRES, à itinéraires fixes, NORD ET SUD DES ALPES

*Via* Saint-Gothard, Mont Cenis, Vintimille

Les voyageurs qui désirent se rendre en Italie peuvent se procurer, toute l'année, à Paris et dans toutes les gares du réseau de l'Est situées sur l'itinéraire, des billets circulaires à itinéraires fixes dits « **Au Nord et au Sud des Alpes** », qui permettent de faire des excursions variées en Italie dans des conditions économiques.

Les touristes ont le choix entre quatre excursions au **Nord des Alpes** (parcours en dehors de l'Italie) et un grand nombre d'excursions au **Sud des Alpes** (parcours italiens), qu'ils peuvent effectuer avec deux billets délivrés conjointement.

Durée de validité des billets circulaires 60 jours

**Nota.** — Pour tous autres renseignements, consulter le Livret des voyages circulaires et excursions que la Compagnie des chemins de fer de l'Est envoie gratuitement aux personnes qui en font la demande.

# VOYAGES A

Afin de faciliter les voyages sur son réseau, la Compagnie des chemins de fer de l'Ouest met à la disposition du public, les billets à PRIX RÉDUITS, dont la nomenclature suit, comportant jusqu'à 50 0/0 de réduction sur les prix du tarif ordinaire :

## *Billets Bains de Mer*

**(De la veille de la fête des Rameaux au 31 octobre)**

I. — **Billets individuels délivrés au départ de PARIS**, valables selon la distance, 3, 4, 10 et 33 jours.

II. — **Billets individuels délivrés au départ de la PROVINCE**, valables selon la distance, 3, 4, 10 et 33 jours.

III. — **Billets individuels délivrés au départ des réseaux du NORD, de l'EST, d'ORLEANS et de l'ETAT**, pour les stations balnéaires du reseau de l'Ouest, valables 33 jours.

IV. — **Billets de famille pour 4 personnes au moins délivrés au départ des gares des réseaux de l'Est, du Midi et de P.-L.-M.** pour les stations balnéaires et thermales du réseau de l'Ouest, valables 33 jours.

## *Billets de Voyages circulaires*

**(1er mai au 31 octobre)**

**Billets circulaires valables UN MOIS**
**délivrés au départ de PARIS et de la PROVINCE.**

ONZE ITINÉRAIRES différents permettent de visiter les points les plus intéressants de la Normandie, de la Bretagne et l'Ile de Jersey.

## *Excursion au Mont-Saint-Michel*

**(De la veille de la fête des Rameaux au 31 octobre)**

**Billets délivrés par toutes les gares du réseau**, valables selon la distance de 3 à 8 jours.

## *Excursion au Havre*

**Juin à septembre)**

**Billets délivrés au départ de PARIS** et de **ROUEN** (R. D.), donnant droit au trajet en bateau dans un sens entre **ROUEN** et le **HAVRE**.

## *Excursion à l'Ile de Jersey*

**Toute l'année**, par GRANVILLE et SAINT-MALO. — **Mai à octobre**, par CARTERET. **Billets délivrés au départ de PARIS** et de certaines gares de la **PROVINCE**, valables UN mois.

## *Voyage Circulaire en Bretagne*

**Billets circulaires délivrés TOUTE L'ANNÉE** avec billets d'aller et retour complémentaires à prix réduits, permettant de rejoindre l'itinéraire.

**ITINÉRAIRE.** — Rennes, Saint-Malo-Saint-Servan, Dinard-Saint-Enogat, Dinan, Saint-Brieuc, Guingamp, Lannion, Morlaix, Roscoff, Brest, Quimper, Douarnenez, Pont-l'Abbé, Concarneau, Lorient, Auray, Quiberon, Vannes, Savenay, Le Croisic, Guérande, Saint-Nazaire, Pont-Château, Redon, Rennes.

# PRIX RÉDUITS

## *Excursions en Bretagne*

**Facilités accordées par cartes d'abonnement individuelles et de famille, valables pendant 33 jours.**

### ABONNEMENTS INDIVIDUELS

Il est délivré, de la veille de la fête des Rameaux au 31 octobre, des cartes d'abonnement spéciales permettant de partir d'une gare quelconque (grandes lignes) du réseau de l'Ouest pour une gare au choix des lignes désignées aux alinéas ci-dessous en s'arrêtant sur le parcours; de circuler ensuite, à son gré, pendant un mois, non seulement sur ces lignes, mais aussi sur tous leurs embranchements qui conduisent à la mer, et enfin, une fois l'excursion terminée, de revenir au point de départ avec les mêmes facilités d'arrêt qu'à l'aller.

**Carte valable sur la côte nord de Bretagne** : 1re classe, **100** fr.; 2e classe, **75** fr. — Parcours : Ligne de **Granville** à **Brest** (par **Folligny, Dol** et **Lamballe**) et les embranchements de cette ligne vers la mer.

**Carte valable sur la côte sud de Bretagne** : 1re classe, **100** fr.; 2e classe, **75** fr. — Parcours : Ligne du **Croisic** et de **Guérande** à **Châteaulin** et les embranchements de cette ligne vers la mer.

**Carte valable sur les côtes nord et sud de Bretagne** : 1re classe, **130** fr.: 2e classe, **95** fr. — Parcours : Lignes de **Granville** à **Brest** (par **Folligny, Dol** et **Lamballe**) et de **Brest** au **Croisic** et à **Guérande** et les embranchements de ces lignes vers la mer

**Carte valable sur les côtes nord et sud de Bretagne et lignes intérieures situées à l'ouest de celle de Saint-Malo à Redon** : 1re classe, **150** fr.; 2e classe, **110** fr.— Parcours : Lignes de **Granville** à **Brest** (par **Folligny, Dol** et **Lamballe**) et de **Brest** au **Croisic** et à **Guérande** et les embranchements de ces lignes vers la mer, ainsi que les lignes de **Dol** à **Redon**, de **Messac** à **Ploërmel**, de **Lamballe** à **Rennes**, de **Dinan** à **Questembert**, de **Saint-Brieuc** à **Auray** de **Loudéac** à **Carhaix**, de **Morlaix** et de **Guingamp** à **Rosporden**.

### ABONNEMENTS DE FAMILLE

Toute personne qui souscrit, en même temps que l'abonnement qui lui est propre, un ou plusieurs autres abonnements de même nature en faveur des membres de sa famille ou domestiques habitant avec elle, bénéficie, pour ces cartes supplémentaires, de réductions variant entre **10** et **50 0/0**, suivant le nombre de cartes délivrées.

## *Paris à Londres*

**Via ROUEN, DIEPPE et NEWHAVEN, par la gare SAINT-LAZARE**

**Deux départs tous les jours et toute l'année, matin et soir (dimanches et fêtes compris)**

| Billets simples valables sept jours | | | Billets d'aller et retour valables un mois | | |
|---|---|---|---|---|---|
| 1re classe | 2e classe | 3e classe | 1re classe | 2e classe | 3e classe |
| 48 fr. 35 | 35 fr. » | 23 fr. 25 | 82 fr. 75 | 58 fr. 75 | 41 fr. 50 |

**Ces billets donnent le droit de s'arrêter, sans supplément de prix, à toutes les gares situées sur le parcours ainsi qu'à Brighton**

**Nota.** — Les trains du service de jour entre Paris et Dieppe et vice versa comportent des voitures de 1re et de 2e classes à couloir avec W.-C. et Toilette ainsi qu'un wagon-restaurant; ceux du service de nuit comportent des voitures à couloir des trois classes avec W.-C. et Toilette.

La voiture de 1re classe à couloir des trains de nuit comporte des compartiments à couchettes (supplément 5 francs par place). Les couchettes peuvent être retenues à l'avance aux gares de Paris et de Dieppe moyennant une surtaxe de 1 franc par couchette.

Pour plus de renseignements, demander le bulletin spécial du service de Paris à Londres, que la Compagnie de l'Ouest envoie franco à domicile sur demande affranchie adressée au Service de la Publicité, 20, rue de Rome, à Paris.

# TOURING-CLUB DE FRANCE

**Fondé le 26 janvier 1890 pour favoriser le développement du tourisme en France**

(*Autorisé par arrêté ministériel en date du 15 novembre 1890*)

---

**Haut patronage de M. le Président de la République**

Le **TOURING-CLUB DE FRANCE** (*Cotisation annuelle* : 5 francs) a pour but de développer le tourisme sous toutes ses formes — à pied — à bicyclette — en automobile — à cheval et en voiture attelée — en chemin de fer — en yacht.

Son insigne, aujourd'hui répandu partout, assure à chaque sociétaire, dans ses voyages, les bons offices et l'assistance de ses collègues; des *délégués*, au nombre de plus de trois mille, placés dans tous les chefs-lieux, renseignent les touristes sur les curiosités artistiques ou naturelles de la contrée, les routes, les hôtels, etc.

Indépendamment de l'insigne, chaque sociétaire reçoit, *gratuitement*, une carte d'identité, les itinéraires dont il peut avoir besoin, une *Revue mensuelle*, organe officiel de l'Association, contenant des articles techniques, des relations de voyages, des plans d'excursions, et généralement tout ce qui peut intéresser le touriste ; il a droit enfin aux prix spéciaux faits par les hôtels affiliés et indiqués dans l'*Annuaire*, à des remises appréciables sur les livres, guides, cartes, etc.

Une partie importante des ressources de l'Association (crédit alloué pour 1908 : 250000 francs) est affectée à des travaux ou à des publications *d'intérêt général*, amélioration des routes tant pour le cycliste que pour le voituriste et le yachtman, création de routes de voitures ou de sentiers dans les régions pittoresques, cartes routières, guides routiers, trottoirs cyclables, poteaux indicateurs sur les routes, aux carrefours, aux descentes dangereuses, postes de secours, pontons d'atterrissage, etc.

Enfin, il a créé une *Caisse de secours immédiats aux cantonniers et éclusiers*, alimentée : 1° par les crédits votés par le Touring-Club ; 2° par des dons.

(Depuis sa création, la Caisse a délivré plus de 140 000 francs de secours.)

**SIÈGE SOCIAL :**

**Avenue de la Grande-Armée, 65, PARIS (16e arrondissement)**

# UX VOYAGEURS

*MM. les Voyageurs consulteront très utilement, pour établir et suivre leur itinéraire, les* **CARTES** *extraites du Grand Atlas Chaix des chemins de fer, qui se vendent séparément au prix de 3 et 4 fr. en feuilles. Ces cartes indiquent toutes les lignes en exploitation, en construction ou à construire.*

***Adresser les demandes à la Librairie Chaix, rue Bergère, 20, à Paris.***

---

## NOUVEL ATLAS DES CHEMINS DE FER DE L'EUROPE

**Bel album relié, composé de 20 cartes coloriées. — Prix : Paris, 60 fr.; Départements, franco, 65 fr.; Etranger, port en sus.**

---

## CARTE DES CHEMINS DE FER DE L'EUROPE au 1/2 400 000

(1 centimètre par 24 kilomètres), en quatre feuilles imprimées en deux couleurs. — Dimensions totales : 2 m. 15 sur 1 m. 55. — Prix : les quatre feuilles, 22 fr.; sur toile, avec étui, 32 fr.; montée sur gorge et rouleau, vernie, 36 fr. Port en sus, pour la France, 1 fr. 50; Algérie, 3 fr.; à l'Etranger, port en sus.

## CARTE DES CHEMINS DE FER DE LA FRANCE au 1/800 000

(1 centimètre pour 8 kilomètres), avec cartes de l'Algérie et des colonies, et les plans des principales villes de France, imprimée en huit couleurs sur quatre feuilles grand monde. — Dimensions totales : 2 m. 15 sur 1 m. 55. — Indiquant toutes les stations, avec tirage en couleur, spécial pour chaque réseau. — Prix : les quatre feuilles, 24 fr.; sur toile, avec étui, 34 fr.; montée sur gorge et rouleau, vernie, 38 fr. — Port en sus pour la France, 1 fr. 50; Algérie, 3 fr.; à l'Etranger, port en sus.

## CARTE DES CHEMINS DE FER DE LA FRANCE et de la NAVIGATION

**NAVIGATION**, à l'échelle de 1/1 200 000, imprimée en deux couleurs sur grand monde (1 m. 20 sur 0 m. 90). Cette carte, coloriée par réseaux, indique les lignes en construction, en exploitation, les lignes à voie unique et à double voie, toutes les stations, etc. Six cartouches contenant les cartes spéciales de Paris, Bordeaux, Lille, Lyon, Marseille et leurs environs, et la Corse complètent la carte. — Les cours d'eau sont imprimés en bleu. — Prix : en feuille, 6 fr.; collée sur toile dans un étui, 9 fr.; montée sur gorge et rouleau, 12 fr. Port en sus, 1 fr.

---

## ANNUAIRE-CHAIX DES PRINCIPALES SOCIÉTÉS PAR ACTIONS

**PAR ACTIONS.** Contenant des renseignements d'une utilité pratique sur les Compagnies de chemins de fer, les Institutions de crédit, les Banques, les Sociétés minières, de transport, industrielles, les Compagnies d'assurances, etc — Une notice spéciale est consacrée à chaque Société, indiquant les noms et adresses des administrateurs, directeurs et des principaux chefs de service, — les dispositions essentielles des statuts, — les titres en circulation, — le revenu et le cours moyen des titres pour l'exercice précédent, le cours du 2 novembre de l'exercice en cours ou, à défaut, le dernier cours coté précédemment, — les époques et lieux de payement des coupons, etc. — Une liste des agents de change de Paris et des départements, et une autre des principaux banquiers de Paris, Lyon, Marseille, Bordeaux, Toulouse et Nantes, complètent le volume. — Un volume in-18 de 500 pages. — Prix : cart., 3 fr. 50; par poste, en plus, 50 c.

**GRANDS PRIX**

PARIS 1900 — SAINT-LOUIS 1904
HANOI 1902-1903 — LIÈGE 1905

# EAU DU DOCTEUR
# PATE PIERRE

ET

**POUDRES** DE LA

**DENTIFRICES** Faculté de Médecine de Paris

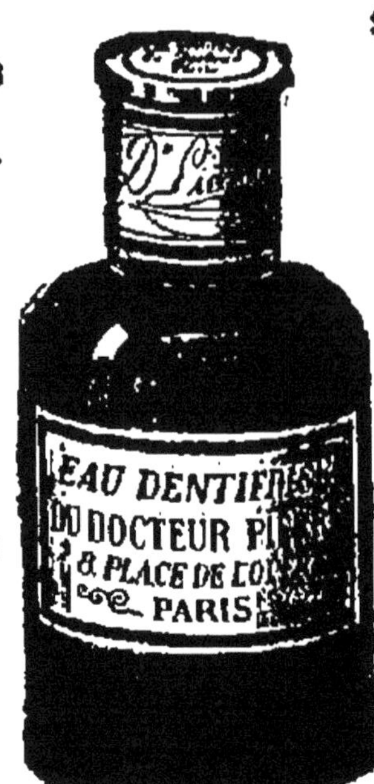


*En vente partout*

---

## VEILLEUSES FRANÇAISES

FABRIQUE A LA GARE

**MAISON JEUNET, fondée en 1838**

## JEUNET FILS

SUCCESSEUR DE SON PÈRE

**Actuellement rue Saint-Merri, 11**

Toutes nos boîtes portent en timbre sec

JEUNET INVENTEUR

# GLACIÈRE
## PORTATIVE

La seule qu'on fasse fonctionner sous les yeux du public

Produit en 10 minutes de **500** gr. à **16** kg. de **Glace**, ou des **Glaces**, **Sorbets** etc., par un **sel inoffensif**

SE MÉFIER DES CONTREFAÇONS

**J. SCHALLER** rue **Saint-Honoré, 332, Paris**
*Prospectus franco*

---

# PHARES & Projecteurs

POUR AUTOS

## A. DENICH

*144, rue St-Maur, PARIS - XI^e*

**Envoi gratis du Catalogue sur demande**

---

**La boîte LIN-TARIN 1 fr. 30**

Préparation spéciale pour combattre avec succès **Constipations, Coliques, Échauffements, Maladies du Foie et de la Vessie** (Exigez la femme à 3 jambes.)

*Une cuillerée à soupe matin et soir dans un quart de verre d'eau ou de lait.*

Tout cycliste doit faire usage de **LIN-TARIN**

**POMMADE FONTAINE**

Ses effets sont Merveilleux contre les **Dartres, Eczéma, Engelures, Hémorrhoïdes, Rougeurs de la Face, Inflammations des Paupières, Pellicules et Chute des Cheveux.**

FRICTIONS LÉGÈRES CHAQUE SOIR
LE POT : 2 FRANCS
*Franco, 2 fr. 15 en timbres-poste*

**SAVON FONTAINE**

Excellent auxiliaire de la Pommade Fontaine
*Le Savon, 2 fr. Franco 2 fr. 15 en timbres-poste.*

**TARIN**, Pharm. de 1re classe, ex-interne des Hôpitaux, **Place des Petits-Pères, 9, Paris.**

*Se trouvent dans toutes les Pharmacies*

III

# FRANCE

## Classée

## par ordre alphabétique

## des localités

## AIX-LES-BAINS

# RÉGINA
# G^D HOTEL BERNASCON

*A proximité de l'Établissement Thermal et des Casinos*
MAGNIFIQUE VUE SUR LE LAC ET LA VALLÉE
Salle de bains à chaque appartement.
Magnifique villa privée dans le jardin.
J.-M. BERNASCON, Propriétaire

---

*Aix-les-Bains*

# GRAND HOTEL D'AIX

**GUIBERT, Propriétaire**
**Appartements avec salle de bains**
Ascenseur. — Lumière Électrique dans toutes les chambres.

---

*Aix-les-Bains*

# SPLENDID-HOTEL ROYAL

Réputation universelle. — La meilleure position. — Grand parc avec tennis-courts. — Par excellence, la maison des familles. — Tout premier ordre.
**Excelsior Hôtel** ouvert en 1906.
Installation la plus perfectionnée. — Hôtel de luxe. — Cabinet de toilette et salle de bains attenant à chaque chambre.
**G. ROSSIGNOLI, Propriétaire-Directeur**

---

*Aix-les-Bains*

# HOTEL DU NORD ET DE G^de-BRETAGNE

En face le grand cercle et tout près de l'Etablissement Thermal. — Prix spéciaux pour avril, mai, juin. — Arrangements pour familles et pour séjours. — Ascenseur. — Lumière électrique. — Calorifère.
**LEJEUNE-SACONNEY, Directeur**
En hiver : **Hôtel Richemont et Russie à Nice**

---

*Aix-les-Bains*

# HOTEL TERMINUS

Près de la Gare. — Grand confortable — Jardin ombragé. Service par petites tables. — Cuisine de premier ordre. Lumière électrique. — Arrangements sanitaires. — Ascenseur — Pension depuis 8 fr.
**Saison d'hiver : Hôtel des Palmiers, Monte-Carlo**
**PIGNAT**, Propriétaire

*Annecy et son lac*

## GRAND HOTEL D'ANGLETERRE

ET

## GRAND HOTEL RÉUNIS

Premier ordre. — *Électricité.* — Garage dans les jardins de l'hôtel. — Chauffage moderne. — Hôtel des Postes et Crédit lyonnais attenant à l'hôtel. — *Succursales* aux gorges du Fier et sur les Bateaux du lac. — Arrangements pour séjour et pension.

**M. VALLIN, Propriétaire**

---

*Annecy*

## GRAND HOTEL DU MONT-BLANC

DE PREMIER ORDRE

Entièrement neuf et à proximité du lac. — **Médaillé du T. C. F.** — Garage pour autos. — Pension depuis 8 fr.

**A. MICHAUD, Propriétaire**

---

*Annecy*

## GRAND HOTEL VERDUN ET DE GENÈVE

*Le seul en face du Lac*

Premier ordre. — Lumière électrique. — Chauffage. — Grand garage pour automobiles dans l'hôtel. — Pension depuis 8 fr. 50.

**BRUCHON, Propriétaire**

---

*Antibes*

# GRAND-HOTEL

Place Macé à 300 mètres de la gare. — Vue splendide sur la mer et sur les montagnes. — Absolument neuf et pourvu de tout le confort moderne. — Ascenseur. — Electricité. — 100 chambres en plein midi. — Restaurant à la carte et à prix fixe. — Arrangements pour séjour de familles. — Spécialement recommandé pour sa bonne cuisine aux touristes qui visitent la région.

**Directrice : Madame CHARON**

---

*Antibes* (Le Cap)

## GRAND HOTEL DU CAP

Premier ordre. — Grand parc de neuf hectares. — Vue splendide sur le Golfe, les Iles de Lérins, les Montagnes de l'Esterel. — 100 chambres et salons. — Ascenseur. — Electricité. — Chauffage central dans toutes les chambres. — Appartements avec salles de bains privées. — Garage avec fosse. — Autobus à la gare. — Cave et cuisine très soignées. — Prix très modérés. — Arrangements pour familles. — Saison d'été. — Etablissement hydrothérapique et Grand Hôtel à *Andorno* (Piémont). — **A. SELLA, Propriétaire.**

# ARCACHON

(GIRONDE)

## STATION HIVERNALE ET ESTIVALE

Située à **une heure de Bordeaux**, à **huit heures de Paris**, cette station jouit d'un climat tempéré et régulier; c'est un des rares points du monde où, dans une même journée, on n'éprouve pas de changement brusque de température. Arcachon est par excellence la station des convalescents.

En hiver comme en été, Arcachon offre des ressources uniques, ses forêts, son bassin merveilleux qui est sans égal au point de vue des régates et du tourisme nautique, de la pêche, de la chasse aux oiseaux de mer, qui abondent toute l'année.

Deux fois par semaine chasses municipales avec équipage de premier ordre. Tous les étrangers sont admis à suivre à cheval, sans redevance.

Chasse aux sangliers en toute saison. Deux casinos complètent les attractions de la station : Cercle nautique et des sports, bals, représentations, concerts, golf, law-tennis, etc. ; une mention spéciale pour le nouveau casino de la plage : d'une construction récente, c'est un palais moderne.

Terrasse avec vue splendide sur la mer. La décoration magistrale et le confort de ce casino le placent au premier rang des établissements similaires.

Pour de plus *amples renseignements*, il convient de demander les brochures spéciales du *Syndicat d'initiative d'Arcachon*, qui les adresse *franco*.

**Envoi franco de toutes brochures**

## **Arcachon** (Gironde) (*Suite*)

Mais on ne peut aller à **Arcachon** sans visiter **Bordeaux**. Cette ville offre aux touristes un très grand intérêt par son magnifique port, ses monuments de toutes les époques, si nombreux, si variés, ses musées remplis de toiles de grande valeur.

**D'Arcachon à Bordeaux**, on bénéficie par chemin de fer d'un tarif spécial très réduit.

La visite du département de la Gironde, organisée avec soin, révèle aux étrangers des richesses artistiques et historiques peu connues.

Il convient de s'adresser pour tous renseignements au *Syndicat d'initiative de Bordeaux* (Place de la Comédie).

---

**Arcachon**

# VILLA RIQUET

Pension de famille ouverte toute l'année. — Magnifique situation en pleine forêt, près de l'église Notre-Dame. — *Hygiène parfaite.* — Confort moderne. — Cuisine très recommandée. — *Pension depuis 7 fr. par jour.* — **Mme LANNELUC, Propriétaire.**

---

**Arcachon**

# VILLA PEYRONNET

Maison de famille. — *Promenade des Anglais.* — La plus belle situation de la forêt. — Plein midi. — Parc. — Cure d'air. — Salle de Bains. — Cuisine très soignée. — **Pension depuis 8 fr.** et arrangements pour familles. — *On refuse tous malades contagieux.* — **Mme GONY, Prop.**

---

**Arcachon**

# VILLA RAMEAU

Pension de famille, Avenue Victoria. — Située dans les pins et peu éloignée de la mer. — Chambres très confortables. — Depuis 6 fr. par jour. — Arrangements pour familles et pour séjour prolongé.

**Madame LESÈTRE, Propriétaire**

---

**Arcachon**

# LOCATION DE VILLAS

Agence spéciale de la ville d'hiver. — **Villa Ducos.** — Agence de la Plage, *284, boulevard de la Plage.* — Renseignements précis et gratuits. — Téléphone 42. — **A.-J. DUCOS, Directeur-Propriétaire.**

---

**Moulleau-Arcachon**

# GRAND - HOTEL

OUVERT TOUTE L'ANNÉE

**Omnibus à tous les trains — Prix modérés**

---

**Argelès-Gazost**

# GRAND HOTEL DU PARC ET D'ANGLETERRE

**Installation nouvelle — H. LASSUS, Propriétaire**

De tout premier ordre, situation unique dans le vaste parc des Thermes. — Vue incomparable des quatre façades sur la montagne. — Grands salons, fumoir, billard, terrasse, restaurant.

Eclairage électrique. — Téléphone. — Garage. — Pension depuis 8 fr. — *Omnibus.*

---

**Argelès-Gazost**

# HOTEL DE FRANCE

Ouvert toute l'année. — Vue merveilleuse des Pyrénées. — Premier ordre — Chauffage central. — Hydrothérapie. — Arrangements sanitaires. — Electricité. — Téléphone n° 4. — Lawn-Tennis et Golf. dépendant de l'hôtel. — **J. PEYRAFITTE, Propriétaire.**

---

**Argelès-Gazost**

# HOTEL BEAU-SÉJOUR

A 20 mètres de la gare. — Le plus près du parc et des établissements — Petit parc privé avec de magnifiques ombrages. — Transport gratuit des bagages. — Portique de gymnastique. — Cuisine très soignée. — *Pension depuis 6 fr. par jour.* — La meilleure cave des Pyrénées. — **CHEBARDY, Propriétaire.**

## *Arles-sur-Rhône*

# GRAND HOTEL DU FORUM

De tout premier ordre. — Plein midi. — **Au centre des curiosités romaines.** — Vue superbe sur le Rhône et la Camargue. — Auto-garage avec fosse. — *English spoken.* — *Téléphone.* — *Omnibus.* — Correspondant des T. C. F. et étrangers.

**Famille MICHEL**, Propre.

---

## *Arles*

# GRAND HOTEL DU NORD-PINUS

**Place du Forum.** — Maison de tout premier ordre et des mieux exposée par ses divers appartements. — Forum romain dans l'hôtel. — Auto-garage et mécanicien. — Electricité. — Téléphone. — Confort et prix modérés. — English spoken.

**F. BESSIÈRE**, Propriétaire

---

## *Arras*

# HOTEL DE L'UNIVERS

MAISON DE PREMIER ORDRE

Recommandée aux familles et aux voyageurs. — Grands et petits appartements. — Jardin. — Salons. — Garage. — **Chauffage à vapeur**. — Téléphone. — Electricité. — *Omnibus à la gare.*

**DURET**, Propriétaire.

---

## *Avignon*

# GRAND HOTEL D'AVIGNON

**Rue de la République.** — Près des Postes et Télégraphes. — Le mieux situé. — De premier ordre. — 80 chambres et salons. — *Grand confortable.* — Cuisine très soignée. — Prix modérés. — *Omnibus.* — Spécialité des grands vins de Châteauneuf-du-Pape.

**J. CANDY**, Propriétaire.

---

## *Avignon*

# GRAND HOTEL DE L'EUROPE

**Le seul de tout premier ordre.** — Entièrement remis à neuf. — Maison de très ancienne réputation, recommandée aux familles et aux touristes pour son confortable et ses prix modérés. Salle de bains. — Grand garage. — **English spoken.** — *Omnibus.*

**VILLE**, Propriétaire

*Bagnères-de-Bigorre*

# GRAND HOTEL VICTORIA

**La plus belle situation sur la promenade des Coustous**

*De premier ordre. — Tout le confort moderne*

AUTO-GARAGE. — ÉLECTRICITÉ PARTOUT

TÉLÉPHONE

**PÉREZ, Propriétaire**

---

*Bagnères-de-Bigorre*

# GRAND HOTEL DE FRANCE

**Ouvert toute l'année**

Éclairage électrique

Garage pour autos

Maison de premier ordre. — Entièrement restaurée. — Près d l'établissement thermal et du casino. — Confort moderne. — *Cuisine renommée. — Galerie promenoir.* — Téléphone n° 16.

**V. Daniel STYLITE, Propriétair**

---

*Bagnères-de-Bigorre*

**(Saison d'été)**

# GRAND HOTEL BEAU-SÉJOUR

De premier ordre. — Restaurant. Table d'hôte. — Cuisin soignée. — Arrangements pour séjour. — Situation unique. — Fumoir. — Terrasse. — *Omnibus à tous les trains.* — **Auto-garag**

**F. LACOSTE, Propriétaire**

## Luchon

## GRAND HOTEL DES BAINS

De premier ordre. — Allées d'Étigny, à 50 mètres des Thermes et des Quinconces. — Clientèle d'élite. — Spécialement recommandé aux familles. — Cuisine réputée. — Auto-garage.

**MERENS-MIFFRE, Propriétaire**

## Luchon

## HOTEL DE LA POSTE

**Allées d'Étigny.** — Premier ordre. — Ouvert toute l'année. — Grande réputation. — Confort moderne. — Arrangements sanitaires. — Terrasse. — Eclairage électrique. — Bains. — Téléphone. — **Garage pour autos.** — Pension depuis 9 fr. par jour. — **PEYRAFITTE-SECAIL**, Propriétaire.

## Luchon

## MAISON DES QUINCONCES

Hôtel de famille. — De premier ordre. — Clientèle de choix. — Le mieux situé, en face les Thermes et le parc des Quinconces, près du Casino et de la Poste. — *Cuisine très soignée.* — Confort moderne.

**DARBON, Directeur-Propriétaire.**

## Bagnères-de-Luchon

## HOTEL PARDEILLAN — GRAND PARC BEAU-SÉJOUR

**Allées d'Étigny, 7.** — Magnifique et vaste parc. — Les plus beaux ombrages de Luchon. — Vue splendide sur le port de Vénasque. — Grand confortable comme chambres et appartements. — Table d'hôte et restaurant.

**Ouvert toute l'année.** — *Omnibus à tous les trains.*

**Mme Vve PARDEILLAN, Propriétaire**

## Bagnères-de-Luchon

## GRANDS HOTELS CAVÉ ET D'EUROPE

**12 et 30, Allées d'Étigny.** — Ouverts toute l'année. — Confortable moderne. — Cuisine de famille. — Electricité. — Arrangements sanitaires. — Cabinets de toilette, lavabos. — **Restaurant :** déjeuner, **2** fr. **50** ; dîner, **3** fr. ; pension depuis **7** fr. — Garage pour autos. — **B. CAVÉ, Propriétaire.**

## Bagnères-de-Luchon

## AGENCE DE LOCATION

*Location de Villas et d'Appartements*

**Renseignements gratuits. Pension de famille. Maison BONNETTE.**

Merveilleuse situation, place du Casino, en face du port de Vénasque. — **Cuisine très soignée.** — Pension depuis 8 fr., sauf août. — Arrangements pour familles. — Latitude d'amener son personnel.

Écrire ou télégraphier : **BONNETTE, Luchon.**

## Bandol

## GRAND HOTEL BEAU-RIVAGE

**Premier ordre.** — **Ouvert toute l'année.** — **Chambres T. C. F.** — **Électricité.** — **Hydrothérapie complète.** — **Bains de mer chauds et froids.** — **Garage à autos.** — **Jardins, etc.** — **Situation exceptionnelle au bord de la mer.** — *Prix modérés pour familles.* — **Omnibus aux trains.** — **GUBERNATIS,** Propriét.

## Beaulieu

### AGENCE GÉNÉRALE

**É. KURZ**, éditeur de l'annuaire de Beaulieu

**Ventes et achats de propriétés.** — Location de villas et d'appartements. — Gérance d'immeubles. — Bureaux : *En face la gare.*

## Beaulieu-sur-Mer

### AGENCE INTERNATIONALE

**BOVIS**, Architecte-Directeur. — **Avenue de la Gare, 3.** — **Location de villas et d'appartements de choix.** — Vente et achat de propriétés. — **M. Bovis**, éditeur de l'unique *Guide avec plan* de Beaulieu et ses environs, l'expédiera gratuitement sur demande aux lecteurs des **Guides Joanne.**

## Berck-Plage

### GRAND HOTEL DE FRANCE ET DES BAINS

**De 1er ordre.—Sur la plage.** — ***Très recommandé.*** — **Chambres et appartements avec grande terrasse.** — **Arrangements sanitaires parfaits.** — **Cuisine très soignée.** — **Pension, vin compris, depuis 7 fr.** — ***Téléphone.*** — **Garage pour autos.** — **Omnibus.** — **LANDAIS, Propriétaire.**

## Berck-Plage

### AGENCE DE LOCATION

**PLACE DE L'ENTONNOIR**

**Ventes et achats de propriétés.** — Grand choix de villas et de chalets à louer. — Renseignements exacts et gratuits. — Adr. tél. *Gérardin-Berck-Plage.*

**LAFFILLÉ et GÉRARDIN, ✱, ✱, Directeurs.**

# BIARRITZ

## La Reine des Plages

***Climat et Sites incomparables***

**CASINOS — THÉATRE**

**SAISON D'ÉTÉ DU 1er JUILLET AU 31 OCTOBRE**

**SAISON D'HIVER DU 1er JANVIER AU 30 AVRIL**

*Courses de taureaux*

*Courses de chevaux — Concours hippique*

**GOLF CLUB**

**Chasse au renard. — Tir aux pigeons**

*Biarritz*

# HOTEL D'ANGLETERRE

**De tout premier ordre**

**Confortable moderne. — Situation incomparable sur la mer**

GRANDS JARDINS AU MIDI

*Au centre de la ville et des plages*

**ASCENSEUR — ÉLECTRICITÉ** — *Bains à tous les étages*

**M. CAMPAGNE, Propriétaire**

---

*Biarritz*

# HOTEL VICTORIA et de la GRANDE-PLAGE

DOMAINE IMPÉRIAL

**De tout premier ordre.** — Magnifique vue de mer. — La plus belle situation, près du **Grand Casino** et des **Thermes salins.** — Grand jardin. — Lawn-tennis. — Salle de bains. — Calorifère. — Lumière électrique. — Ascenseur. — *Omnibus et voitures de luxe.*

**J. FOURNEAU, Propriétaire**

---

*Biarritz*

# GRAND-HOTEL

**INSTALLATION DE TOUT PREMIER ORDRE**

**200 chambres et salons.** — Grand confort réunissant toutes les innovations modernes. — Lumière électrique dans toutes les pièces. — Calorifère. — Ascenseur. — Service quotidien de trois dépêches par jour. — Situation unique en face de la mer, au midi et à côté de la Grande Plage et du Casino. — **Saison d'été. — Saison d'hiver.** — Le Grand-Hôtel, qui est fréquenté par la haute Société, est réputé comme la résidence la plus agréable de Biarritz, car il est le seul situé dans le quartier fashionable, au centre de la ville. —Lawn-tennis couvert. — **M. Ch. MONTENAT.**

Biarritz

# HOTEL RÉGINA

**Situé sur le plateau du phare attenant aux terrains du Golf.**

Vue merveilleuse sur la mer et sur les montagnes. — Toutes les chambres en façade, soit sur la mer, soit sur le golf. — Avec cabinet de toilette et salle de bains. — Bar, fumoir, billard. — Vastes salons de réception. — Au centre, grand jardin d'hiver. — *Restaurant à prix fixe et à la carte.*

**Directeur : FERNAND JOURNEAU**

de l'Hôtel du Palais à San-Sebastian (Espagne)

---

Biarritz

# HOTEL CONTINENTAL

**De premier ordre.** — 200 chambres et salons sur la mer et au midi. — Téléphone. — Lumière électrique. — Salles de bains à chaque étage. — Chauffage central. — Ascenseur. — Garage pour autos, — Tennis. — Jardin. — *Prix modérés* — **Paul PEYTA, Propriétaire.**

---

Biarritz

# HOTEL DES PRINCES

**Maison de premier rang,** près de la poste et de l'église des Dominicains. — Recommandée aux familles pour son confortable. — *Cuisine et caves renommées.* — Ascenseur. — Téléphone. — Lumière électrique. — **Arrangements pour familles.** — *Prix modérés.* — **E. COUZAIN, Propriétaire.**

---

Biarritz

# HOTEL DU CASINO

OUVERT TOUTE L'ANNÉE

Complètement remis à neuf. — Vue splendide. — Restaurant incomparable au bord de la mer. — Soupers, cuisine de premier ordre. — **Cave exceptionnelle.** — *Lumière électrique dans toutes les chambres.*

**F. CAMPAGNE fils, Propriétaire**

---

Biarritz

# HOTEL DE FRANCE

Construction nouvelle. — Installation moderne. — Ascenseur. — Lumière électrique. — Calorifères. — Bains. — Téléphone. — Restaurant. — Tea-Room. — Billard. — Jardin. — **Prix modérés.** — *Moderate charges.* — Même propriétaire : **Hôtel Saint-Etienne,** à Bayonne. — Les clients peuvent prendre leurs repas soit à *l'Hôtel de France,* à Biarritz, soit à l'*Hôtel Saint-Etienne,* à Bayonne. — **B. COMBES, Propriétaire.**

---

Biarritz

# PAVILLON HENRI IV

**Hôtel de premier ordre**

CONFORT MODERNE — VUE SUR LA MER

**M. SENERS, Propriétaire**

*Biarritz*

## HOTEL BIARRITZ-SALINS ET DES THERMES

Ce splendide établissement communique avec les Thermes salins par une passerelle couverte. Il est installé avec tout le confort moderne. — Restaurant — Billard. — Ascenseur. — Chauffage central et dans les chambres. — Lawn-tennis. — Deux jardins bien ombragés. — *Station du tramway en face de l'hôtel.* — A 5 minutes de la Grande Plage. — *Prix modérés.* — **A. MOUSSIÈRE**, Pre.

*Biarritz*

## HOTEL CARRÉ

Pension de famille. — *Au rond-point,* en face du Jardin des Thermes salins. — Entièrement transformé et agrandi. — Dernier confort moderne. — Appartements complets pour familles, avec service particulier. — Table d'hôte par petites tables. — Pension depuis 8 fr. — **Lumière électrique.** — Calorifère. — Bains. — Téléphone. — Ascenseur. — **Henri VISPALY, Propriétaire.**

*Biarritz*

## MAISON PÉDAUGA

PENSION DE FAMILLE

*Précédemment avenue Victoria, à côté des Thermes salins*

Belle situation. — **Jardin.** — Cuisine très soignée. — Station du tramway devant la maison, à 3 minutes de la plage. — Pension depuis 7 fr. — **DABAT, Popriétaire.**

*Biarritz*

## PAVILLON LOUIS XIV

**Thermes Salins.** — Pension de famille de 1er ordre. — Grand confortable — Calorifère. — *Electricité.* — Téléphone 3.09. — Ascenseur. — Cuisine très soignée. — *Pension depuis 8 fr.* — Arrangements pour familles. — *Station du tramway en face l'hôtel.* — **BRATEL**, Propriétaire.

*Biarritz*

## HOTEL PAVILLON ALPHONSE XIII

A 200 mètres de la plage et à 200 mètres des Thermes salins. — 50 chambres meublées à neuf et très confortables. — Salle à manger avec terrasse. — Vue sur la mer. — Chauffage central. — *Lumière électrique dans toutes les chambres.* — Grand jardin. — **A. HUFFLING**, Propriétaire.

*Biarritz*

## LES CHARDONS

**Grande Villa moderne à la porte des Thermes Salins.** — Mobilier *entièrement* neuf. — Pension de famille. — Tout le confort moderne. — Electricité. — Bains. — Téléphone. — Calorifère. — Service par petites tables. — **Mme TÉTARD, Propriétaire.**

*Biarritz*

# J. SALZEDO Fils et C^ie

**BIARRITZ — BAYONNE — MADRID**

Banque. — Change de monnaies. — L'Agence de **Biarritz** *s'occupe de locations de villas, d'achat et vente de propriétés.*

---

*Biarritz*

# AGENCE BENQUET

LOCATIONS DE VILLAS ET VENTES DE PROPRIÉTÉS

**Première agence fondée en 1871.** — Gère les plus belles villas de Biarritz. — Journal *l'Indicateur des Ventes et des Locations.* — Téléph. 0-01.

**Victor BENQUET, Biarritz.**

---

*Biarritz*

# AGENCE DE BIARRITZ

**2, Rue Simon-Etcheverry** (près de la Mairie)

Grand choix de villas, chalets, maisons, magasins et appartements meublés ou non. — Gérance d'immeubles. — Ventes, achats de terrains et de propriétés. — Renseignements gratuits. — *Téléph. 4-22.* **J.-B. LOUMIAN, Directeur.**

---

(*Toute l'année*) *Biarritz*

**D^r PEYTOUREAU**

docteur en médecine, doct. ès sciences

**Massage Médical et Électricité**

Traitement hygiénique de :

**EMBONPOINT et OBÉSITÉ**

**Atrophies musculaires**
**Rhumatismes, Entérites, etc.**

*Bains de lumière, Hydrothérapie*
*Bains hydro-électriques*

Massage du Visage : injections paraffine
Épilation par électrolyse

**TABLE de RÉGIMES** pour Malades astreints à Régime alimentaire spécial.

---

*Blois*

# GRAND HOTEL DU CHATEAU

*Avec accès direct sur le château historique.* — Maison entièrement remise à neuf. — Confort moderne. — Chauffage central. — Salle de bains. — *Téléphone.* — Chambre noire. — Auto-garage avec fosse. — Cave et cuisine soignées. — *Omnibus à la gare.* — Voitures pour Chambord et les env. — **L. Leclercq**, Prop.

---

*Blois*

# GRAND HOTEL DE FRANCE

Premier ordre. — En face le château. — Belle situation. — Nouvellement construit. Tout le confort (salle de bains, douches), fumoir, salon-lecture. — *Bonne tenue des chambres et cuisine recherchée.* — Très recommandé. — Prix modérés — Garage. — *Téléphone 23.* — English spoken.

## *Bordeaux*

### GRAND HOTEL

# HOTEL DE FRANCE ET DE NANTES

MAISON DE PREMIER ORDRE

Près du Grand-Théâtre, de la Bourse, de la Banque, de la Douane, de la Préfecture, du Jardin des Plantes.—Vue sur le port, la place de la Comédie, les allées de Tourny, les Quinconces.-**Ascenseur, Téléphone, Calorifère, Eclairage électrique**, Salons, Bibliothèque, Fumoir, Bains aux étages. — **Restaurant à la carte ou à prix fixes** — Vins et cuisine renommés. — **Salons et 90 chambres depuis 3 fr. par jour.** — Pension depuis 10 fr. par jour pour séjour prolongé. — Caves magnifiques contenant 80 000 bouteilles. — **Veuve Louis PETER**, Propriétaire et négociant en vins, fournisseur de S. M. la reine d'Angleterre.

---

## *Bordeaux*

# HOTEL DES PRINCES ET DE LA PAIX

DE TOUT PREMIER ORDRE

Le seul sur le magnifique cours du Chapeau-Rouge. — **Bains aux étages.** — **Eclairage électrique.** — Garage pour automobiles. — **Ascenseur.** — **Téléphone n° 716.** — *On parle espagnol, anglais et allemand.*

**J. GAUSSAIL**, Propriétaire

---

## *Bordeaux*

# GRAND HOTEL MÉTROPOLE ET EXCELSIOR-HOTEL

Près du grand Théâtre et des Quinconces.

— Ascenseur —

Auto-garage dans l'hôtel

*La meilleure cuisine du Midi.* — Déjeuners, 4 fr. — Dîners, 5 fr.

**Restaurant à la carte.** — Chambres depuis 3 fr. 50. — Arrangements pour famille.

**A. ROUHETTE**, Propriétaire

Ascenseur **Bordeaux** Téléphone 1600

# HOTEL DES 4 SŒURS

**Place de la Comédie (Grand Centre)**

Vue sur l'Opéra. — A proximité des Théatres. Messageries maritimes transatlantiques. — Magnifique hall. — Salons de lecture et de réception. — Correspondances. — Electricité. — Bains. — Douches. — Prix modérés.

**SIMION, Propriétaire.**

---

**Bordeaux**

# NOUVEL HOTEL ET CAFÉ DE BORDEAUX

Installation la plus moderne — Restaurant de 1er ordre
Chambres de 3 à 12 francs

**Place de la Comédie, en face du Grand-Théâtre**
Téléphone 403

---

**Bordeaux**

**Maison Gobineau**

# GRANDS HOTEL-CAFÉ-RESTAURANT

**Allées de Tourny, 1; place de la Comédie, 1; cours du 30 Juillet, 1, 3, 5, et rue Gobineau, 2.** — DE TOUT PREMIER ORDRE. — Installation moderne. — Beaux appartements pour familles. — **Chambres** depuis **3 fr.**, service compris. — Toutes les pièces en façade, au centre de la ville. — Vue et situation uniques. — **Restaurant** : déjeuner, **2 fr. 50**; dîner. **3 fr.** — Service spécial à la carte. — Cuisine et cave renommées. — Spécialité de vieilles fines champagnes authentiques. — *Electricité.* — Chauffage à la vapeur. — *Téléphone.*

**H. DESPAGNET, Propriétaire**

---

**Bordeaux**

# HOTEL DE BAYONNE

**Restaurant.** — Maison de 1er ordre. — Place du Chapelet, à 50 mètres de l'Intendance et à une minute de la Place de la Comédie. — *Cuisine très réputée.* — *Chambres depuis 3 francs.* — Electricité partout. — Téléphone. — Arrangements pour familles et séjour. — *Se habla espanol.* — *English spoken.*

**EUGÈNE AUGÉ, Propriétaire**

---

**Bordeaux**

# GRAND HOTEL DE NICE

**Place du Chapelet. — Magnifique situation**, au centre des plus beaux quartiers. — Chambres et appartements très confortables au rez-de-chaussée et à tous les étages. — *Service du petit déjeuner.* — Bains. — Calorifère. — Téléphone. — Electricité. — *Se habla español.* — **PHILIP et Cie, Propriétaires**

---

**Bordeaux**

# GRAND HOTEL FRANÇAIS

**Rue du Temple, 12 (Intendance)**

Maison de famille, de construction récente. — 80 chambres très confortables depuis 2 fr. — Magnifique hall. — **Restaurant.** — Pension depuis 6 fr. par jour. — *Bains à tous les étages.* — **Téléphone.** — Eclairage électrique. — *Interprète.*

**AUPIN, Propriétaire-Directeur.**

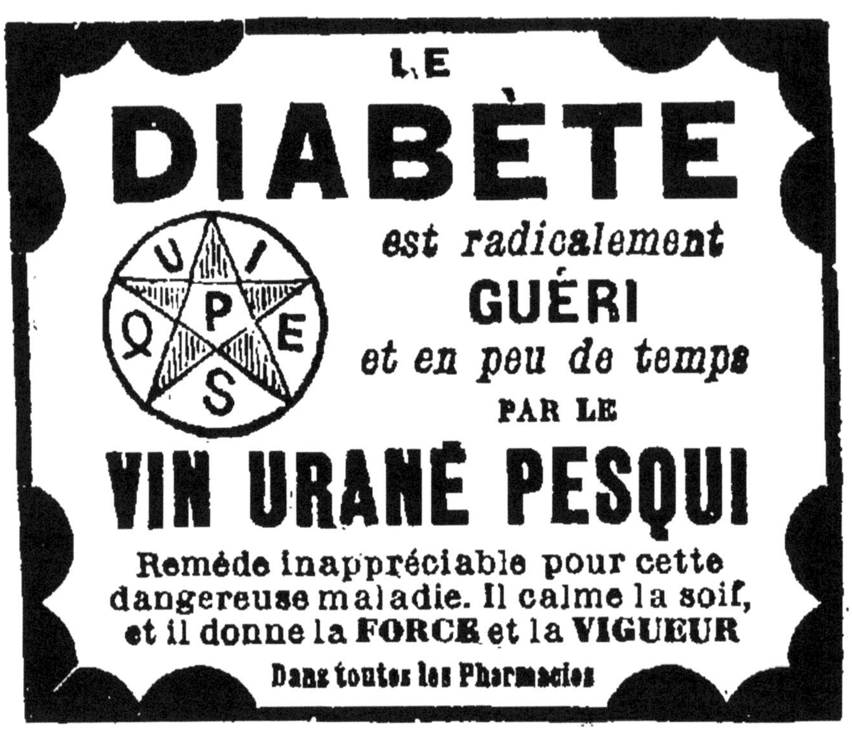
LE
DIABÈTE
est radicalement
GUÉRI
et en peu de temps
PAR LE
VIN URANÉ PESQUI
Remède inappréciable pour cette dangereuse maladie. Il calme la soif, et il donne la FORCE et la VIGUEUR
Dans toutes les Pharmacies

***La Bourboule***

## Splendid Hotel ; Hôtel d'Angleterre et Beau-Séjour réunis

Pension depuis 9 fr. en juin et en septembre. — **Premier ordre.** — Près des Etablissements thermaux et du Casino. — Entre les deux Parcs. — Grand jardin. — Chambre noire. — Eclairage électrique. — Téléphone. — Ascenseur. — *Omnibus à tous les trains.* — **LEMERLE, Propriétaire.**

---

***La Bourboule***

## GRAND HOTEL DES AMBASSADEURS

**Premier ordre.** — Très recommandé pour sa cuisine spéciale suivant prescriptions des docteurs. — Conditions réduites en juin et en septembre. — Garage pour automobiles. — *Lumière électrique.* — Omnibus à tous les trains.

Saison d'hiver : **Sun Palace, Monte-Carlo.** — **DUPEYRIX, Prop.**

---

***La Bourboule***

## GRAND HOTEL DU LOUVRE

*Boulevard de l'Hôtel-de-Ville.* — **Premier ordre.** — En face l'Etablissement thermal. — Succursale à Nice, **Grand Hôtel de Paris,** boulevard Carabacel. — Ascenseur. — Téléphone. — Calorifère. — Bains. — Douches. — *Eclairage électrique.* — **DUITTOZ-JURY, Propriétaire.**

---

***La Bourboule***

## GRAND HOTEL RICHELIEU

**Premier ordre.** — Le plus près de l'Etablissement thermal. — Conditions spéciales pour familles. — Chambre pour photographie. — *Lumière électrique.* — **Ascenseur.** — Garage de bicyclettes. — *English spoken.*

**PASSAVY-PANET, Propriétaire**

---

***La Bourboule***

## HOTEL DU PARC

Premier ordre. — Nouveaux agrandissements. — *Situation unique dans le Parc et près du Casino.* — Cuisine très soignée. — Service parfait. — Pension, chambre, déjeuner et dîner **depuis 8 fr. par jour, tout compris.** — Arrangements pour familles avec enfants. — *Se habla español.*

**Mme FAURE-FOURNIER, Propriétaire**

---

***La Bourboule***

## PALACE HOTEL & VILLA MÉDICIS

**Tout premier ordre.** — Au centre de la station, près du Parc, des Thermes et du Casino. — Installation hygiénique modèle. — Chambres depuis 5 fr. — Pension par petites tables depuis 7 fr. — Sur demande, table de régime. — Restaurant à la carte. — Cuisine renommée. — Prix réduits en juin et en septembre. — Chambre noire. — Eclairage électrique partout. — Téléphone. — Ascenseur. — Grand garage avec fosses, ateliers de réparations et service de toilette. — Bains et douches. — Lawn-tennis attenant à l'hôtel. — Interprète. — Omnibus.

**A. SENNEGY, Propriétaire.**

# CANNES

# HOTEL GRAY & D'ALBION

Renommé pour sa situation exceptionnelle au centre de la ville avec son magnifique jardin de palmiers allant jusqu'au bord de la mer. A subi récemment d'impertantes améliorations. Pourvu du dernier confort.

*Chauffage central dans toutes les chambres — Ascenseur électrique — Lawn-tennis.*

**Cuisine et caves renommées.** **Ouvert du 1er octobre au 1er juin.**

**Propriétaire J. FOLTZ**

*Même maison Hôtel Angst, Bordighera.*

Cannes

## RIVIERA PALACE

**HOTEL DU PRINCE DE GALLES**

Grand parc à mi-côte. — Vue splendide sur la mer. — Position à l'abri de la poussière. — Lawn-tennis et croquet. — Restaurant à la carte au jardin d'hiver. — Hall moderne pour le five-o'clock tea. — **Appartements avec salle de bains.** — **Douches.** — Salle d'étude et salle de jeu pour enfants. — Cuisine recherchée. — Vins des premiers crus. — Chauffage central à tous les étages. — Ascenseurs. — Lumière électrique. — Prix modérés.

**Vve Henry de la BLANCHETAIS, Propriétaire.**

---

Cannes

## HOTEL GONNET

BOULEVARD DE LA CROISETTE

**Ouvert toute l'année.** — Magnifiquement situé en face des îles de Lérins. — *Premier ordre.* — Grand jardin. — Arrangements pour séjour.

**F. DAUMAS, Propriétaire**

---

Cannes

## HOTEL BEAU-RIVAGE

Maison de premier ordre sur la Croisette. — Magnifique vue de mer. — Plein midi. — Jardin d'hiver. — Grand jardin. — Atrium. — Electricité. — Téléphone. — Ascenseur. — Interprètes. — **HAINZL, Directeur.**

---

Cannes

## HOTEL DES PINS

Premier ordre. — A proximité de l'église russe. — Abrité des vents par une forêt de pins. — Vaste jardin. — Téléphone. — Eclairage électrique. — Service spécial de voitures pour la promenade et la ville.

---

Cannes

## GRAND HOTEL DE PROVENCE

Entièrement rénové été 1906. — Confort moderne. — Grand Parc. — Vue magnifique. — Appartements avec salle de bain. — Garage.

**A. CHAMPENDAL, nouveau Propriétaire**

---

Cannes

## GRAND HOTEL DU PAVILLON

Premier ordre. — Tous les conforts. — Vue splendide. — Grand jardin. — Arrangements pour familles. — Pension. — Prix modérés. — **P. BORGO, Propriétaire.** — Même maison à Baveno, Lac Majeur. — Ligne Simplon en été.

---

Cannes

## HOTEL NÉVA

RUE DE LA COLLINE

Vue sur la mer. — Plein midi. — Arrangements sanitaires. — Bains. — Electricité. — Grand jardin. — Lawn-tennis. — **Cuisine recherchée.** — Pension depuis 6 fr. par jour. — *Téléphone.*

**J. COUTTET, Prop.** — Saison d'été : **Central Hôtel, Chamonix.**

Cannes

# ÉLYSÉE PALACE

ci-devant PALAIS ELDORADO

PALAIS ne se louant que par APPARTEMENTS

PALAIS ne se louant que par APPARTEMENTS

Chaque appartement a sa salle à manger particulière — Cuisine et service très soignés. — Ascenseur et chauffage électriques

**J.-B. CERRATO, Propriétaire**

---

Cannes

# GRAND HOTEL DE LA TERRASSE

ET RICHEMOND

Entièrement remis à neuf — 120 chambres et salons. — Position centrale — Plein midi, dans un vaste parc de 2 hectares. — Service soigné — Pension depuis 8 fr. par jour. — **G ECKHARDT, Propriétaire.**

---

Cannes

# HOTEL COSMOPOLITAIN

JARDIN AU MIDI — VUE DE LA MER

Appartements confortables. — Service et cuisine de premier ordre. — Pension depuis 8 fr. — *Ascenseur.* — Électricité. — Calorifère — Bains — *Téléphone* n° 291 — **A. WEHRLÉ, Propriétaire.**

---

Cannes

# HOTEL RÉGINA

ROUTE D'ANTIBES

Entièrement remis à neuf.— Ouvert du 1er octobre à fin mai. — Premier ordre. — Plein midi. — Grand jardin. — Arrangements sanitaires perfectionnés. — Électricité. — *Téléphone* — Calorifère — Bains. — Auto-garage. — Cuisine française très soignée. — Pension depuis 8 fr et arrangements pour familles. — **H. ALETTI, Propriétaire.**

En été : **GRAND HOTEL, Abriès** (H.-A.), ouvert du 15 juin au 15 septembre.

Cannes

# HOTEL RICHELIEU

**Exposition en plein midi.** — Sur la plage, en face de la Poste. — Vue des îles et des montagnes de l'Estérel. — Pension depuis 8 fr. par jour, vin compris, et arrangements pour séjour prolongé. — *English spoken.*

**A. CHABAUD-RIX**, Propriétaire

---

Cannes

# TERMINUS HOTEL

**Ouvert toute l'année.** — Situé (en ville) à 50 mètres de la gare et au midi. — Chambres confortables. — Journée depuis 7 fr. 50. — Cuisine spécialement soignée. — Electricité. — Calorifère. — Salon de lecture. — Salle de bains. — Pas de frais d'omnibus. — **GILLES, Propriétaire,** *parle anglais et allemand.* — **Annexe à l'hôtel : AMERICAN BAR, 1er ordre.**

En été : **Hôtel Terminus,** Le Fayet-Saint-Gervais.

---

Cannes

# HOTEL VICTORIA

**Ouvert toute l'année.** — A 300 mètres de la mer. — Plein midi. — Grand jardin. — Très confortable. — Pension à partir de 8 fr. par jour. — Tramway devant la porte.

---

Cannes

# HOTEL SUISSE

**Entièrement meublé à neuf.** — Situation centrale. — Plein midi. — Beau jardin abrité. — **Ascenseur.** — **Lumière électrique.** — **Chauffage central.** — Grandes chambres bien aérées. — Arrangements sanitaires.

Pension depuis 9 fr. — **A. KELLER (Suisse), Propriétaire**

---

Cannes

# HOTEL DE L'ESTEREL

**Route de Fréjus**

Situation exceptionnelle. — **Plein midi.** — Conditions hygiéniques irréprochables. — Installation neuve, chauffage à l'eau.

---

Cannes

# SPLENDID-HOTEL

Restaurant indépendant. — Cave renommée. 1er ordre. — Sur la Croisette. en face la jetée et le Casino. — Plein midi. — Vue superbe sur la mer et l'Esterel. — **Entièrement remis à neuf.** — Chauffage à eau chaude. — Ascenseur.

**L'été :** *Hôtel Villas Thévenin, Le Mont-Dore (Auvergne)*

**E. THÉVENIN, Propriétaire**

---

Cannes

# HOTEL DE LA PLAGE

Premier ordre. — Très bien situé sur la Croisette. — Vue splendide sur les îles de Lérins et les montagnes de l'Esterel. — Chauffage à eau chaude dans toutes les chambres. — Grand hall. — Lumière électrique. — Ascenseur. — Arrangements pour séjour. — Prix modérés.

**L'été :** *Hôtel de l'Observatoire à Saint-Cergues-sur-Nyon (Suisse)*

**E. GIMPERT, Propriétaire**

## Cannes

# SAVOY-HOTEL

*Vue splendide sur le Golfe et les Iles de Lérins*
DERNIER CONFORT
**LAWN-TENNIS — TIR**
Auto-Garage
Nouvelle direction : **P. GILLES, Propriétaire.**

---

## Cannes

# HOTEL DE FRANCE

**Ouvert d'octobre à juin.** — *Plein Midi.* — A 10 minutes de la mer. — Grand jardin. — Ascenseur hydraulique. — Eclairage électrique. — Salons. — Billard. — Salle de bains. — Appartements hauts et aérés. — Radiateur à eau chaude dans les chambres. — Pension depuis 9 francs par jour.
En été : **Central-Hotel, à Vittel**

---

## Cannes

# HOTEL DE PARIS

**BOULEVARD D'ALSACE**

Entièrement remis à neuf. — Plein midi. — Chauffage central. — Électricité — Jardin. — *Pension depuis 8 fr.* — *Maison spécialement recommandée.*
L'été : HOTEL DE LA POSTE, à Vichy. — **E. VERT, Propriétaire.**

---

## Cannes

# PENSION INTERNATIONALE

RUE DE LATOUR-MAUBOURG

Près de la Croisette et des Bains de mer. — Remise à neuf. — Ouverte toute l'année. — **Plein midi.** — *Situation abritée des vents et poussières.* — **Grand jardin.** — Pension depuis 6 francs par jour tout compris. — *Omnibus.*
**L. FRANCK, Propriétaire.**

---

## Cannes

# HOTEL DE LYON

RESTAURANT DU ROSBIF. — Ouvert toute l'année, en face de la gare. — Complètement neuf. — Installation Touring-Club. — Journée complète depuis 6 fr. 50. — **Transport des bagages gratuit à l'aller et au retour.** — Garçon de l'hôtel à la gare. — **L. ROBERT, Propriétaire.**

---

## Le Cannet

# PENSION CARNOT

AVENUE CARNOT

Exposition en plein midi. — Chauffage central. — Garage. Électricité.
**Mme de SAINT-JEAN, Propriétaire**

## *Cannes*

# PENSION DE LA PEYRIÈRE

BOULEVARD DU CANNET

Confort moderne. — Plein midi. — Jardin. — Cuisine de famille très soignée. — Pension depuis 7 fr. — English spoken. — Man spricht deutsch.

**VERDON, Propriétaire**

---

## *Cannes*

# HOTEL-VILLA MARIE-LOUISE

**Ouvert du 1er octobre au 31 mai.** — Vue splendide. — Jardin entouré de bois de pins. — Vie de famille.— Bonne cuisine.— Salle de bains. — *Pension depuis 6 francs par jour, tout compris.* — Arrangements pour la saison.

**Ph. AGUILLON, Propriétaire.**

---

## *Le Cannet* (DE CANNES)

# STELLA-HOTEL

Terminus des tramways. — Loin de la mer. — Vue splendide sur le golfe. — Plein midi. — Chauffage. — Electricité. — Téléphone n° 9. — Ascenseur. — Grand jardin très abrité. — *Cuisine de premier ordre très recommandée.* — *Pension depuis 7 francs par jour.* — **LE-SUR, Propriétaire.**

---

## *Cannes*

# ÉTABLISSEMENT FLORAL ET HORTICOLE

Rue d'Antibes, 76. — Expédition pour la France et pour l'étranger de fleurs fraiches (bouquets, gerbes et corbeilles artistiques) pour tous pays. — **Colis postaux** en fleurs assorties de la saison à partir de 5 fr., boites-poste de 2 à 3 fr.

**M. ASTIER**

---

## *Cannes*

# AGENCE GÉNÉRALE DES ÉTRANGERS

RUE D'ANTIBES, 2, et PLACE DES ILES, 1

**DUBSET**, SUCCESSEUR DE VIDAL ET HUGUES

Villas et appartements à louer — Propriétés à vendre — *Téléphone 250*

---

## *Cannes*

# AGENCE ROUX

FONDÉE EN 1875

**JH AUGIER, Successeur**

RUE D'ANTIBES, 71

Location de villas et d'appartements — Vente et gérance d'immeubles

---

## *Cannes*

# VILLAS ET PROPRIÉTÉS

**A LOUER OU A VENDRE**

— SUR TOUT LE LITTORAL —

S'adresser : **ASTOIN-ANTIBES**

*Cannes*

# J. THÉMÈZE

**Agence des DEUX-MONDES, Square Mérimée**

Fondée en 1868

LOCATION DE VILLAS ET D'APPARTEMENTS

**Achat et vente de propriétés — Renseignements gratuits**

Agence télégraphique : Agence THEMEZE, Cannes

---

*Cannes*

# CANNES-AGENCE

**10, boulevard de la Croisette, angle de la rue du Bossu**

LOCATION DE VILLAS ET D'APPARTEMENTS

**House and Estate Agency** — Renseignements gratuits — *Informations free*

**F. ANDRAU et Cie**

---

*Cannes*

# AGENCE DES HIVERNANTS

**BRÉMOND et DEVIE**, Propriétaires-Directeurs

Rue de la Gare, 1 — A côté de l'Agence Cook, et en face de l'*Hôtel de l'Univers*. — Renseignements gratuits et rapides pour **Locations de Villas et d'Appartements** et achat et vente de propriétés. — *Téléphone*.

Adresse télégraphique : **HIVERGENCE-CANNES**

---

***Le Cannet*** (PRÈS CANNES)

# AGENCE DU LITTORAL

*Boulevard Carnot*, 31. — **Location de villas et d'appartements.** — Vente de terrains. — Gérance d'immeubles. — Renseignements gratuits et précis sur locations, ventes, hôtels et pensions. — Transport de bagages. — Téléphone n° 3. — **PIERRE BLANC, Directeur.**

---

*Cannes*

# AGENCE DU CANNET

La plus ancienne. — **BACCHIALONE Directeur**, *rue de la République*, 53 (terminus du train de Cannes). — Location et vente de maisons et villas. — Renseignements sur hôtels et pensions. — Formalités de douane. — Téléphone n° 2.

**Renseignements gratuits**

---

*Cannes*

# GRANDE REMISE CAISSON

**Rue Raphaël, 6**

First class. — Livery stables. — Équipages de luxe

Grands breaks pour excursions. — Voitures caoutchoutées.

**TÉLÉPHONE 78**

## CAUTERETS

# THERMES DE CAUTERETS

### et de la Vallée de Saint-Savin

**Grand Prix à l'Exposition Internationale de Bordeaux.**
**Médaille d'Or à l'Exposition de Rome.**
**Grand Prix et Médaille d'Or à l'Exposition Internationale de Madrid 1907.**

Station thermale sans rivale, la plus riche en sources sulfureuses.

Six buvettes renommées : 38° c. à 58° c. aux Griffons.

Dix établissements de premier ordre pour bains, douches, massages, pulvérisations à pression naturelle.

Piscines à eaux minérales courantes, uniques en Europe, etc.

Casino, théâtre, concerts de jour sur les promenades.

Théâtre de la Nature. — Sports d'hiver.

Saison du 1er mai au 1er novembre.

**Exportation :** La Raillère, César, Mauhourat.

**Spécialité d'action :** Maladies des voies respiratoires, du nez et des oreilles, gastrite, gastralgie, rhumatisme, lymphatisme, neurasthénie, etc.

La saison thermale de Cauterets doit sa grande et ancienne réputation à l'efficacité de ses eaux en boissons et en gargarismes, à leur action tonique et reconstituante.

Cauterets, jolie ville ensoleillée, avec ses beaux hôtels, ses dix établissements thermaux, son casino, son théâtre et ses superbes promenades, est située au fond d'une gorge étroite à 10 kil. de Pierrefitte. La route qui y conduit est des plus pittoresques ; on la parcourt dans un tramway électrique élégant et commode, qui ne laisse en perdre aucune des beautés, et dont le trajet se fait en 45 minutes.

Aux améliorations réalisées pendant les années précédentes ; au tramway électrique de Cauterets à la Raillère, inauguré en 1897, à la restauration du Casino, en 1898, se sont ajoutées les constructions d'un élégant café et d'un kiosque à musique, qui ont complété l'embellissement de l'Esplanade des Œufs, déjà pourvue d'un promenoir couvert en 1897. — *Pour tous renseignements, s'adresser au directeur de l'Exploitation, à Cauterets, Thermes des Œufs.*

## *Cauterets*

# CONTINENTAL-HOTEL

**De tout premier ordre.** — Situation exceptionnelle. — Jardin dans l'intérieur de l'hôtel. — Ascenseur. — Lumière électrique. — 250 chambres. — Grand restaurant Louis XV. — **Salle des fêtes.** — Garage avec fosse attenant à l'hôtel. — Correspondant du T. C. F. et de l'A. C. F. — Omnibus à la gare.

**CH. DUCONTE, Propriétaire.**

---

## *Cauterets*

# GRAND HOTEL D'ANGLETERRE

OUVERT TOUTE L'ANNÉE

**De tout premier ordre.** — 350 chambres. — Situation unique. — Réputation universelle. — **Grand restaurant** Louis XV. — Garage et fosse pour autos. — *Lumière électrique.* — **Ascenseur.**

**A. MEILLON**, Propriétaire de **l'Hôtel Gassion, à Pau**

---

## *Cauterets*

# GRAND HOTEL DU PARC

Premier ordre. — Dans le parc. — Entièrement remis à neuf. — Grands et petits appartements. — **Table d'hôte.** — **Restaurant.** — **Cuisine très recommandée.** — Fumoir. — *Lumière électrique.* — **Prix modérés.** — Omnibus à la gare. — **LÉON FERRÉ**, Propriétaire, ex-Directeur de l'*Hôtel des Promenades.*

---

## *Cauterets*

# HOTEL REGINA

Ancien Hôtel des Promenades, complètement transformé. — **De premier ordre.** — Seul situé sur la place des Œufs — Restaurant. — Véranda. — Salle de bains. — Fumoir. — Billard. — Ascenseur. — *Lumière électrique.* — Omnibus à tous les trains.

**Mme GUICHARD**, anciennement à l'*Hôtel de France*, Propre.

---

## *Cauterets*

# HOTEL DE LA PAIX

**Place de la Mairie.** — Situation la plus centrale, la plus rapprochée des Etablissements thermaux. — Vue magnifique des montagnes. — Lumière électrique dans toutes les chambres. — Grand confortable. — *Prix très modérés.* — *Omnibus à la gare.* — **J. LARRIEU**, Propriétaire.

Même maison : **Hôtel de Strasbourg,** à Tarbes.

---

## *Cauterets*

# GRAND HOTEL DE L'UNIVERS

Ouvert du 1er mai à fin octobre. — Place Saint-Martin, près du Casino, des Thermes et du Tramway de la Raillère. — 150 chambres et salons. — Table d'hôte et restaurant. — Grand confort moderne. — Eclairage électrique. — Arrangements pour familles, depuis 8fr. — *English spoken.* — *Se habla español.* — Omnibus à tous les trains. — **A. CIER, Propriétaire.**

## *Cauterets*

# Maison LABORDE-MANAGAU

Pension de famille. — **Rue de la Raillière. 19, et rue de l'Église, 8** Jouissant d'une honorable et grande réputation. — Très bien située auprès des Thermes et de l'église paroissiale. — Excellente cuisine. — **Prix** : depuis 7 fr. par jour, petit déjeuner du matin et service compris. — *Très belle vue des montagnes.*

---

## *Cauterets*

# HOTEL BELLE-VUE

Près de la gare et du grand parc. — Vue merveilleuse. — **Table d'hôte.** — Spécialement recommandé aux familles et aux touristes par son confortable et sa cuisine soignée. — Électricité. — Garage pour autos. — *Pension depuis 7 fr.*

**B. SALLES, Propriétaire**

---

## *Cauterets*

# HOTEL DES PYRÉNÉES

Ancienne maison Bély, 21, rue Richelieu, entre la gare et les Thermes. — Chambres et beaux appartements confortables. — Cuisine très soignée. — **Pension depuis 7 francs.** — Éclairage électrique. — Demander le garçon de l'hôtel à la gare. — **SOULAS, Propriétaire.**

---

## *Challes-les-Eaux*

# GRAND HOTEL CHATEAUBRIAND

**De premier ordre.** — Construit en 1897, agrandi en 1902. — Merveilleusement situé au levant. — Vue superbe sur le Nivolet, Saint-Michel et les Alpes. — Très recommandé pour sa situation, son grand confortable et son installation hygiénique perfectionnée. — **Bains.** — Electricité. — Tennis. — Garage et fosse. — Villas séparées. — Arrangements pour familles et pour séjour. — *Prix modérés.* — Omnibus à Chambéry. — **Arrêt du tramway.**

---

## *Challes-les-Eaux* (Savoie)

A 6 kilomètres de Chambéry

# GRAND HOTEL DU CENTRE

Table d'hôte. — Restaurant à prix fixe et à la carte. — Salons. — Ombrages — Jardin. — **Lumiere électrique.** — Cuisine bourgeoise. — Service soigné. — **Pension depuis 7 fr. par jour.** — Le tramway à vapeur partant de la gare de Chambéry s'arrête devant l'hôtel.

*L'hiver:* **Hôtel des Étrangers à Hyères. — E. TOURNAFOND, Prop.**

---

## *Chambéry* (Savoie)

# HOTEL DE FRANCE

**ÉTABLISSEMENT DE PREMIER ORDRE**

**A PROXIMITE DE LA GARE ET DES PROMENADES**

**LÉON REYNAUD, Propriétaire**

English spoken. — Salles de bains. — Chauffage central. — Téléphone. — Électricité. — Garage pour automobiles. — Chambre noire pour photographie.

**Chamonix**

## HOTEL ROYAL ET DE SAUSSURE

**Sur la place du monument de Saussure.** — Maison de premier ordre, entièrement restaurée et remontée. — Appartements très confortables — **Restaurant**. — Cuisine et cave soignées. — *Prix modérés.* — Arrangements depuis 9 fr. — Bains. — Lumière électrique. — Grand jardin. — Parc. — Observatoire. — Vue superbe sur le mont Blanc et sa chaîne. — Saison d'hiver. — **COUTTET Frères, Propriétaires.**

---

**Chamonix**

## GRAND HOTEL COUTTET ET DU PARC

**HOTEL-PENSION COUTTET**, ouvert toute l'année. — De premier ordre — Magnifique situation en face du mont Blanc et entouré d'un grand jardin. — *Lumière électrique.* — Ascenseur. — Chauffage central. — Bains. — *Téléphone.* — Chambre noire. — Garage pour autos. — **Saison d'hiver** : Patinage appartenant à l'hôtel.
**COUTTET Frères**, Propriétaires

---

**Chamonix**

## HOTEL DE LA POSTE

Considérablement agrandi en 1902 et meublé avec tout le confort moderne. — **Ascenseur.** — Lumière électrique partout. — Téléphone à l'hôtel. — Bains, douches — Grand garage pour automobiles et vélos. — Chambres hygiéniques Touring-Club. — Salons, fumoirs. — *Omnibus à tous les trains.* — Déjeuner à la fourchette, 2 fr. 50 ; dîner table d'hôte, 3 fr. 50. — 100 lits de 2 fr. 50 à 5 fr. — **A.-V. SIMOND**, Prop<sup>re</sup>.

---

**Chamonix**

## HOTEL CROIX-BLANCHE ET SIMOND

**Ouvert toute l'année**

Confort moderne. — Lumière électrique. — Chauffage central. — *Arrangements pour familles.* — Chambres depuis 2 fr. — Pension depuis 7 fr. — **Ed. SIMOND**, Propriétaire.

---

**Chamonix**

## CENTRAL HOTEL

De construction récente. — Très belle vue sur la chaîne du mont Blanc. — **Confort moderne.** — Lumière électrique. — Bains. — *Téléphone.* — Arrangements depuis 7 fr. — Saison d'hiver : **Hôtel Néva**, Cannes. — **J. COUTTET**, Propriétaire.

---

**Chamonix**

## HOTEL DE L'EUROPE

**PENSION COUTTET**. — En face de la Poste. — Vue merveilleuse sur la chaîne du mont Blanc. — Grand confort. — Service soigné. — Bains. — Lumière électrique — Garage pour autos. — Pension depuis 7 fr. — *On parle anglais et allemand.*
**FRANÇOIS COUTTET**, Propriétaire.

---

**Chamonix**

## HOTEL BRISTOL

Vue splendide sur toute la chaîne du mont Blanc. — Chambres et appartements très confortables pour familles et touristes. — Jardin. — Électricité partout. — Cuisine recommandée. — Pension : chambre, petit déjeuner, déjeuner, dîner, vin compris, depuis 7 fr. par jour. — Arrangements pour familles. — *English spoken.* — *Man spricht deutsch.* — **JOSEPH CLARET-TOURNIER**, Propriétaire.

---

**Chamonix**

## GRAND HOTEL VICTORIA & MODERNE

**PREMIER ORDRE.** — Dernier confort. — Ascenseur. — Garage. — Prix de pension : depuis 8 fr. en juin ; 9 fr. en juillet ; 11 fr. en août ; 9 fr. en septembre.
*Succursale de l'Hôtel Bristol à Naples et de l'Exelsior Palace Hôtel à Palerme.*

## Chamonix

# HOTEL PENSION BALMAT

Sur la place, près de l'église — Vue splendide sur la chaîne du mont Blanc. — Petit déjeuner, 1 fr. Déjeuner, 2 fr. Dîner, 2 fr. 50 — Cuisine soignée. — Service à la carte. — Prix spéciaux pour séjour. — Bains, douches et électricité dans toutes les chambres. — Téléphone 19. — *On parle anglais, allemand, français*

**Mme Caroline C. BALMAT, Propriétaire.**

---

## Chamonix-lès-Praz

# SPLENDID-HOTEL

Près de la gare des Praz, à 15 minutes à pied de Chamonix. — Ouvert en 1903 — Vue incomparable sur la chaîne du mont Blanc. — Chambres hygiéniques, modèle Touring-Club — Confort moderne — Bains — Lumière électrique — Téléphone. — Garage pour autos. — Pension 4e étage, 5 fr. par jour, 3e étage 6 fr., 2e étage, 7 fr. 1er étage, 8 fr. — **Frères RAVANEL**, Guides, Propriétaires

---

## Châtel-Guyon-les-Bains

# Gd HOTEL DU PARC ET HOTEL DES PRINCES

PREMIER ORDRE

Ascenseur. — Téléphone — Lumière électrique — *Garage pour automobiles.* — **VÉDRINE BARTHÉLEMY, Propriétaire.**

---

## Châtel-Guyon

# SPLENDID HOTEL ET NOUVEL HOTEL RÉUNIS

Situation unique dans le Parc, vis-à-vis du Casino de l'Etablissement thermal — *Restaurant à prix fixe et à la carte* — Terrasses ombragées — Vue splendide — Jeux divers — *Omnibus automobile* — Concerts symphoniques deux fois par jour — Garage et fosses pour autos

Même direction que l'**Hôtel Mirabeau**, rue de la Paix, à Paris

---

## Châtel-Guyon

# CONTINENTAL-HOTEL

La plus belle situation

La plus salubre de la station

**Cure d'air.** — Attenant aux Nouveaux Thermes et au Théâtre. — Rendez-vous de la clientèle la plus select. — Restaurant de premier ordre à prix fixe et à la carte. — *Terrasses merveilleuses à l'ombre.* — Garage pour 20 voitures. — Fosse. — Electricité. — Téléphone — Ascenseur — Landaus, victorias — *Omnibus à la gare*

**SELLIER, Propriétaire**

### *Châtel-Guyon*

## GRAND-HOTEL

**Premier ordre.** — En face l'établissement thermal. — *Lumière électrique.* — Ascenseur. — Salles de bains. — Garage avec fosse et atelier de réparations. — **A. HABERT, Propriétaire.**

---

### *Châtel-Guyon*

## HOTEL DES BRUYÈRES

**Premier ordre.** — Situation hygiénique. — Eclairage électrique. — Pension depuis 9 francs, vin et service compris. — Arrangements pour familles. — *We speak english.* — *Man spricht deutsch.*

---

### *Châtel-Guyon*

## RÉGENCE HOTEL

AVENUE DES BAINS

**Premier ordre.** — Confort moderne. — Cuisine de famille et de régime. — Pension depuis 8 fr. — Eclairage électrique. — Garage pour autos. — *Omnibus à tous les trains.* — **Mme GALL, Propriétaire.**

---

### *Châtel-Guyon*

## VILLA DES HIRONDELLES

**Hôtel-Restaurant.** — *Avenue Baraduc.* — Chambres confortables. — Cuisine de famille. — Tables de régime. — Eclairage électrique. — Jardin. — Pension depuis 7 fr. — **HÉLAS, Propriétaire.**

---

### *Châtel-Guyon*

## HOTEL DES NATIONS

**Corr. du T.-C.** — Garage. — Vaste jardin et terrasse ombragés. — Situation exceptionnelle. — Vue splendide. — Ameublement hygiénique. — Lumière électrique. — Cuisine de famille et de régime. — Pension depuis 7 fr. — Arrangements pour familles. — *Omnibus gare de Riom.* — **A. SAHUT, Propriétaire.**

---

### *Châtel-Guyon-les-Bains (Puy-de-Dôme)*

## HOTEL TERMINUS

**Maison de famille.** — Confort moderne. — Lumière électrique. — Terrasse et jardin ombragés. — Cuisine réputée et de régime. — Prix très modérés. — Arrangements pour familles. — *Omnibus à tous les trains gare de Riom.* — *Téléphone.* — **DESMARET, Propriétaire.**

---

### *Cherbourg*

## HOTELS DE FRANCE ET DU COMMERCE RÉUNIS

44, RUE DU BASSIN

**Le plus important de la région.** — A proximité du port et des transatlantiques. — T.-C. F. — Confort moderne. — A.-C. F. — Salons de famille. — Salle de fêtes de 150 couverts. — Bains dans l'hôtel. — *Omnibus à tous les trains.* — Eclairage électrique. — *Télép. n° 24.* — *English spoken.* — *Man spricht deutsch.*

(LANDES) **DAX** (LANDES)

# STATION THERMALE & SALINE D'HIVER & D'ÉTÉ

**CLIMAT TEMPÉRÉ ET SÉDATIF**

SUR LA GRANDE LIGNE DE PARIS A MADRID

*Desservi par les trains Express, Rapides, de Luxe, Wagons-Lits*

**A 10 heures de Paris**

A 1 h. de Biarritz et de Pau, à 1 h. 1/2 de Lourdes, à 2 h. de Bordeaux

**EAUX ET BOUES VÉGÉTO-MINÉRALES**

(64° cent.) SULFATÉES-CALCIQUES (61° cent.

**EAUX SALÉES** CHLORURÉES-SODIQUES | **EAUX-MÈRES** BROMO-IODURÉES

POUR LE TRAITEMENT

Des **Rhumatismes, Arthrites, Névralgies, Névroses**
De l'**Anémie,** de la **Scrofulose,** des **Affections utérines**
et du **Lymphatisme**

**Gd Établissement et Gd Hôtel**

DES

## THERMES

SAISON D'ÉTÉ — SAISON D'HIVER

**Table d'hôte — Restaurant**

Ascenseur-Téléph.-Eclairage électrique

**CHAUFFAGE A L'AIR CHAUD**

**(Les malades suivent leur traitement sans sortir de l'hôtel)**

**Promenoirs - 600m galeries vitrées aux étages**

*Boues végéto-minérales. — Eaux hyperthermales. — Installation balnéaire remarquable. — Bains de boues. — Ilutations partielles. — Douches. — Piscines. — Massage.*

sous la direction médicale de
MM. les Drs **R. Larauza** et **M. Delmas**

*Rhumatisme* sous toutes ses formes. — *Névralgies* surtout la sciatique. — *Névroses.* — *Arthrites chroniques,* infectieuses, traumatiques. — *Goutte.*

*Attenant aux Thermes salins et au Casino.*

**Envoi franco de Notices et Prospectus.**

ÉTABLISSEMENT ET HOTEL

DES

## BAIGNOTS

OUVERTS EN ÉTÉ ET EN HIVER

Ascenseurs — Téléphone (n° 19)

*Eclairage électrique*

*Chauffage par l'eau des geysers*

**Les malades suivent leur traitement sans sortir de l'hôtel**

*Boues végéto-minérales*

*Eaux thermo-minérales (64°)*

*Deux grands geysers d'eau à 61°*

**Bains de boues, Applications locales de boues. Douches, Massage.**

Sous la direction médicale
de M. le Dr **Lavielle**
assisté de M. le Dr *Bourretère*

Rhumatisme sous toutes ses formes, arthrites chroniques, rhumatisme noueux, déformant, hydarthrose, sclérodermie, atrophies musculaires, etc.

**Envoi franco de Notices et Prospectus**

## THERMES-SALINS

**BAINS SALÉS, DOUCHES SALÉES, PISCINE DE NATATION A EAU SALÉE COURANTE**

Installation spéciale pour bains et douches pour les enfants.

Pour le traitement des maladies des femmes et des enfants : *Anémie, lymphatisme, scrofulose, paralysie infantile, affections utérines, névroses,*

Sous la direction médicale de MM. les Docteurs : **Bourretère, Camiade, M. Delmas, Larauza, Lavielle, Mora, Pécastaings** et **Picot.**

*Autres établissements* : **Thermes Lauquet** (Eaux et Boues minérales). — **Thermes Séris** (Eaux et boues thermo-minérales). — **Bains Lavigne.** — **Thermes Romains.** — **Bains Saraílh.**

**Appartements meublés, Pensions, Villas.**

## CASINO

(LANDES) **Dax** (LANDES)

**Station thermale et saline d'hiver et d'été**

Voir la page de garde au commencement du volume.

## GRAND HOTEL DE LA PAIX ET THERMES ROMAINS

Au centre de la ville, près de la Fontaine-Claude, des Thermes salins et du Casino. — Chambres et appartements confortables pour familles et touristes. — Cuisine très soignée. — Pension, petit déjeuner du matin, vin, service, tout compris, depuis 8 fr. par jour. — Arrangements pour familles. **Vve BARBE, Prop.**

## BAINS DE MER

# DE DIEPPE

**A 3 heures de Paris.** — Dieppe est la station balnéaire la plus rapprochée et la plus fréquentée.

**Le Casino de Dieppe est sans rival**

***Dieppe***

# GRAND HOTEL

SUR LA PLAGE. — Maison de premier ordre. — Ascenseur. — *Téléph.* 1-64. — Electricité. — Bains dans l'hôtel. — 150 chambres, salon, salle à manger et terrasse dominant la mer. — Garage pour automobiles. — A. C. F. — Ateliers de réparations. — **G. DUCOUDERT, Propriétaire.**

***Dieppe***

# HOTEL BEAU-RIVAGE

La plus belle situation sur la plage, près la gare maritime et le Casino. — Recommandé pour son installation très moderne et son confortable. — Electricité dans toutes les chambres. — *English spoken*. — Prix modérés. — *Interprète et omnibus à tous les trains*. — **C. VAN RYSSELBERGE, Propriétaire.**

***Dieppe***

# HOTEL DU CHARIOT D'OR

**Rue de la Barre**, près du Casino. — *Ouvert toute l'année*. — Confortable. — Installations sanitaires. — Electricité dans toutes les chambres. — Déjeuner 2 fr. 50; Dîner, 3 fr. 50 avec cidre. — Pension depuis 9 fr. par jour. — Arrangements pour familles. — *Téléphone* 2-07.

***Dieppe***

# HOTEL DES VOYAGEURS

Près de l'Hôtel de Ville et du Casino. — *Ouvert toute l'année*. — Annexe du 15 juin au 15 septembre: **HOTEL DU CASINO ET DU CYCLE** (même rue). Journée 7 fr. 50 avec cidre et 8 fr. 50 avec vin. — Aucune surprise.

**AIMÉ DAUMAS, Propriétaire.**

## *Dijon*

# HOTEL DE LA CLOCHE

**Place Darcy**

150 chambres et salons
Asconseur
Chauffage central

Bains
Lumière électrique
Garage et fosse

**L. GORGES, Propriét**re, *successeur de E. GOISSET*

## *Dinan*

# HOTEL DE BRETAGNE

**Place Duclos.** — Grande terrasse. — Café. — Restaurant. — Cave et cuisine réputées. — Table d'hôte. — Auto-garage. — Salle de bains. — Douches. — Arrangements spéciaux pour pension. — *Téléphone 2.15.* — *Interprètes.*

## *Dinard*

# HOTEL BELLE-VUE

Entièrement neuf. — *En face le débarcadère.* — Le seul baigné par la mer. — Vue splendide et unique sur la baie, Saint-Malo, Saint-Servan et l'embouchure de la Rance. — Chambres et appartements très confortables. — Arrangements sanitaires parfaits. — Garage pour autos. — Pension depuis 8 fr. — **J. RAGOT**, Propre.

## *Dinard*

# HOTEL PENSION ÉDEN

**Boulevard Feart.** — Hôtel de famille. — Ouvert toute l'année. — Situation centrale, Près la plage. — Grand confortable. — Cuisine soignée. — Electricité partout. — Grand jardin ombragé. — Saison balnéaire depuis 8 fr. — Arrangements pour familles et séjour. — L'hiver depuis 5 fr. — **Jacques GOUÉ, Propriétaire.**

## *Dinard*

# LES VILLAS DE LA MER

**Quantités de villas à louer de 400 à 2 000 francs.** — Hôtel de la Mer : pension de 6 à 10 fr. — Hôtel Michelet : pension de 4 à 8 fr. — *Téléphone.* — **LEGENDRE, Villas de la Mer, Dinard Saint-Énogat.**

## *Étretat*

# GRAND HOTEL HAUVILLE

Sur la plage, à côté du Casino. — Hôtel de premier ordre. — Grande façade sur la mer. — Chambres magnifiques avec cabinets de toilette. — Salons. — Appartements pour familles. — Table d'hôte. — Splendide restaurant avec vue sur la mer. — Grand garage pour automobiles. — Prix modérés. — Arrangements pour long séjour. — *Omnibus à tous les trains.* — **Téléphone.** — **English spoken.** — **Gaston BALANT**, Propriétaire.

---

## *Fontainebleau*

# HOTEL LAUNOY

Maison de famille de premier ordre, très en réputation et très recommandée. — Clientèle d'élite. — Vue sur la façade principale du château. — **Appartements très confortables.** — Vastes salons. — Billard. — Grand jardin. — Voitures pour la forêt. — Service particulier. — Garage pour bicyclettes et automobiles. — Chambre noire pour photographie. — **Omnibus à la gare.**
Prix modérés. — **LAUNOY**, Propriétaire.

---

## *Gavarnie* (Hautes-Pyrénées)

1 350 mètres d'altitude

# HOTEL DES VOYAGEURS

40 chambres et salons. — Électricité. — Télégraphe et téléphone — Aménagé pour familles à demeure. — Avec jardins attenants. — **Prix de pension** : du 10 septembre au 20 juillet, 8 à 10 fr., tout compris ; du 20 juillet au 10 septembre 10 à 12 fr. — Ouvert toute l'année.

## HOTEL DU POINT DE VUE DE LA CASCADE

1 360 mètres d'altitude. — **Le plus merveilleux des sites pyrénéens.** — Salle de restaurant et terrasse de 200 couverts, faisant face au cirque et à la grande cascade. — Installation absolument moderne et confortable, basée sur la méthode recommandée par le T. C. F.

**PIERRE VERGEZ-BELLOU**, Propriétaire des deux hôtels

---

## *Golfe Juan*

# AGENCE MARCEL

Location de Villas et Appartements meublés. — Gérance de propriétés. — Déménagements. — Escompte et recouvrements. — Contentieux. — Prêts hypothécaires. — Constructions à forfait payables par annuités. — English spoken. — Man spricht deutsch. — Si parla italiano. — *Téléphone* 37. — **MARCEL, directeur**

---

## *Granville*

# GRAND-HOTEL

De premier ordre, très recommandé. — Situation centrale, près de la plage. — Magnifique vue de mer. — Cuisine très soignée. — Garage et fosse. — Depuis **8 fr. 50**, vin compris. — Omnibus gare et bateaux.

**A. PASQUIER**, Propriétaire

## *Grasse*

# GRAND HOTEL VICTORIA

Entièrement neuf. — **Premier ordre.** — Plein midi. — Vue splendide. — Grand jardin. — Hydrothérapie complète. — Calorifère. — Garage pour autos. — **Cuisine française très soignée.** — Pension depuis 8 francs. — Arrangements pour familles. — **Téléphone.** — *Omnibus à tous les trains.*

**MARENCO-SICARD, Propriétaire.**

---

## *Grasse*

PARFUMERIE DE NOTRE-DAME-DES-FLEURS

# Fabrique de Matières premières pour la Parfumerie

*Fondée en 1812*

# BRUNO COURT

Fournisseur breveté de feu S. M. la reine d'Angleterre de S. M. la reine Alexandra, de S. M. le roi Edouard VII de la Cour princière de Bulgarie, de S. A. I. le prince Napoléon

**EXPORTATION POUR TOUS PAYS**

---

## *Grenoble*

# GRAND HOTEL MODERNE

INAUGURATION ÉTÉ 1902 — **Place Grenette — Place Victor-Hugo**

Etablissement de 1er ordre répondant à toutes les exigences du grand confort moderne. — **200 chambres et salons.** — Appartements indépendants pour familles. — Chambres Touring-Club. — Ascenseurs. — *Lumière électrique.* — Chauffage dans toutes les chambres. — Bains et douches. — **Table d'hôte. — Restaurant de 1er ordre.** — *Prix modérés.*

---

## *Le Havre*

# HOTEL DE NORMANDIE

**Rue de Paris, 106 et 108, et rue Bazan, 71**

1er ordre. — Agrandissements considérables. — Complètement modernisé. — 100 chambres de 3 à 5 fr. chauffées à la vapeur. — Électricité. — **Le seul hôtel ayant ascenseur.** — Table d'hôte : déjeuner, 2 fr. 50 ; dîner, 3 fr. 50. — Restaurant de 1er ordre. — Cave renommée. — **Omnibus de l'hôtel à tous les trains.** — Interprète. — Téléphone 961.

**Recommandé par A. C. F. T. C. F. A. G. F.**

*Garage pour autos*

## Hyères

# GRIMM'S PARK HOTEL

Le plus beau et le plus grand parc dans la ville. — 1er ordre. — Plein midi. — *Tout le confort moderne* — Pension depuis 9 francs. Arrangements pour familles. — Immense garage avec fosse.

**R. GRIMM, Propriétaire**

---

## Hyères

# GRAND HOTEL DE L'EUROPE

En plein midi. — Vue sur les îles d'Hyères. — Pension de 6 à 9 fr. — Service par petites tables. — Hôtel recommandé tout particulièrement aux familles pour sa tenue et pour son excellente cuisine bourgeoise. — Membre du *Touring-Club de France.* — Auto-garage. — *Omnibus à tous les trains.*

L'Eté : **GRAND HOTEL DU LOUVRE** Allevard-les-Bains (Dauphiné).

**L. VALLET-ARNOLD, Propriétaire.**

---

## Hyères

# GRAND HOTEL BEAU SITE

*Ouvert toute l'année.* — Restaurant du Petit Vatel, *genre Duval*, avenue Gambetta, 20. — Situation centrale. — Entièrement neuf. — Chambres genre Touring-Club. — Déjeuner, 2 fr. 25. Dîner, 2 fr. 50 vin compris. — Pension depuis 7 francs, petit déjeuner du matin, tout compris. — Arrangements pour familles. — Téléph. 0.52. — Omnibus gare. — **GIRARDOT, Propriétaire.**

---

## Hyères

# AGENCE ASTIER (Fondée en 1892)

BOULEVARD GAMBETTA, 16 et 18

Location de villas et d'appartements de choix, meublés ou non. — Ventes et achats d'immeubles. — **Renseignements gratuits et exacts.** — Téléph. 75.

Adresse télégraphique **Agence ASTIER**

---

**Maison de 1er ordre** — ## Hyères — **Téléphone 76**

# AGENCE DE LOCATION

**AGENCE PONS**

**La plus importante de la région et du littoral, pour villas et appartements meublés ou non**

*Télégrammes et correspondance :* **PONS, boulevard des Palmiers**

---

## Juan-les-Pins (Alpes-Maritimes)

ENTRE CANNES ET NICE

La plus jolie station *hivernale* et *balnéaire* de la Côte d'Azur

# LE GRAND HOTEL

*Ouvert toute l'année.* — Situation exceptionnelle. — Panorama unique. — Forêt de pins. — Plage de sable. — Bains de mer pendant l'été. — *Omnibus de l'hôtel à la gare d'Antibes.* — **LUBCKÉ, Propriétaire.**

---

## Juan-les-Pins (Alpes-Maritimes)

# MEDITERRANEAN OFFICE

AGENCE IMMOBILIÈRE

Villas, terrains, propriétés, immeubles. — Renseignements prompts et précis sur toute la Côte d'Azur. — *Maison suisse de confiance.* — Agence de wagons-lits. — **A. SACC.**

*Lamalou-le-Bas*

# GRAND-HÔTEL

PREMIER ORDRE

Grand confortable. — **En face du Casino, à 50 mètres de l'Etablissement thermal.** — Parc attenant à l'hôtel. — Voitures de luxe. — Omnibus à tous les trains. — *Téléphone.* — Garage et fosse pour automobiles (gratuits).

**MAS Frères**

---

*Lamalou-les-Bains*

# GRAND HOTEL DE LA PAIX

**De premier ordre.** — Près de l'Etablissement thermal, attenant au parc des Sources et à proximité du Casino. — Grand confortable et cuisine recommandée. — Prix modérés et arrangements pour familles. — Téléphone. — *Omnibus à tous les trains.* — *Se habla espanol.* — Succursale : **Villa Marguerite,** maison meublée. — **ROUQUAIROL, Propriétaire.**

---

*Lamalou-les-Bains*

# GRAND HOTEL DU CENTRE

Grand parc devant l'hôtel. — Téléphone. — Lawn-tennis. — Croquet. — Voitures pour promenades. — Pension depuis 8 fr. — Les officiers et fonctionnaires logés à l'hôtel ne payent que demi-tarif pour les bains du Centre et du Bas. — *L'hiver* : **Régina-Hôtel, à Pau.** — **CANCEL**, Propriétaire.

---

*Limoges*

# GRAND-HOTEL

PREMIER ORDRE

**Rue Montmailler, au centre de la ville.** — Entièrement neuf. — Eclairage électrique. — **Téléphone.** — Jardin. — Garage pour autos. — *English spoken.* — **Prix depuis 8 fr.** — Omnibus à la gare.

---

*Limoges*

# CENTRAL HOTEL

CARREFOUR TOURNY

PRIX MODÉRÉS. — **Hôtel entièrement neuf, installé avec tout le confort moderne.** Ascenseur — Electricité dans toutes les chambres.

*Arrangements pour séjour*

---

*Lourdes*

**La plus ancienne Maison de la région**

FONDÉE EN 1729

# CHOCOLATS PAILLHASSON

SPÉCIALITE DE CHOCOLATS DE QUALITÉS SUPÉRIEURES

*Boîtes pour Cadeaux et Etrennes*

**DEMANDER LE PRIX COURANT AU DIRECTEUR DE LA MAISON**

### Lourdes

## BUFFET DANS LA GARE MÊME

**Grand confortable.** — Paniers et provisions de voyage. — Table d'hôte déjeuner, 3 fr. ; dîner, 3 fr. 50. — Tables particulières : déjeuner, 3 fr. 50 ; dîner, 4 fr. ; vin toujours compris.

Terminus-Touring hôtel attenant au buffet. — Installation moderne.

**ÇLAVERIE**, Directeur

---

### Lourdes

## GRAND HOTEL D'ANGLETERRE

**Premier ordre.** — Maison très en réputation et très recommandée par sa situation, comme étant la plus près de la grotte et la plus confortable. — Se méfier des pisteurs payés par certains hôtels pour déprécier l'**Hôtel d'Angleterre**, afin d'attirer les clients dans les hôtels par lesquels ils sont payés. — Éclairage électrique. — *Omnibus à tous les trains.* — **J. FOURNEAU**, Propriétaire.

---

### Lourdes

## GRAND HOTEL DE LA GROTTE

**DE TOUT PREMIER ORDRE**

Ouvert toute l'année. — Éclairage électrique. — **Bains.** — **Douches.** — Garage pour autos. — Vue des processions.

**VOGEL**, Propriétaire

---

### Lourdes

## GRAND HOTEL HEINS

**VILLA SOLITUDE ET GRAND HOTEL DU BOULEVARD**

Maisons de premier ordre. — Grand confortable. — 150 chambres, 5 salons. — Bains. — *Lumière électrique.* — Spécialement recommandées au clergé et aux familles. — Pension. — **Prix modérés.** — *Omnibus à tous les trains.* — *Se habla espanol.* — *English spoken.* — *Man spricht deutsch.* — Garage et fosse pour autos. — **FRANÇOIS HEINS**, Propriétaire.

---

### Lourdes

## G^ds Hôtels des Ambassadeurs et de Toulouse réunis

Le plus beau de Lourdes. — **Confort et service de tout premier ordre.** — Vue splendide. — **Le plus près de la grotte.** — **En face de la basilique.** — Très recommandé. — Lumière électrique. — Laboratoire pour photographie. — *English spoken.* — *Man spricht deutsch.* — *Se habla espanol.* — Omnibus à la gare.

**MARIUS ROMAIN, Propriétaire**

---

### Lourdes

## Villa Béthanie

**PENSION DE PREMIER ORDRE OUVERTE TOUTE L'ANNÉE**

Magnifique situation à 5 minutes de la grotte. — Lumière électrique. — Bains. — Garage pour autos. — Prix de 8 à 10 fr. par jour. — Arrangements pour séjour et pour familles. — **M. et M^me BENQUET, Propriétaires**

*Marseille*

# Grand Hôtel Noailles et Métropole

**RUE NOAILLES-CANNEBIÈRE**

**De premier ordre.** — Réputation européenne. — Meilleure situation, près de la gare, des ports et des promenades. — Omnibus pour tous les trains et bateaux. — Salle de bains à chaque étage. — *Ascenseur.* — *Lumière électrique.* — Chambre à partir de 3 fr. 50. — Arrangements pour familles et séjour prolongé.

E. BILMAIER, Propriétaire-Directeur

---

*Marseille*

# Grand HOTEL DU LOUVRE et DE LA PAIX

TÉLÉPHONE 88. — **Réputation universelle** — *Telegram* : LOUVRE-PAIX. — Près de la gare et du port (plein midi). — **250 chambres et appartements avec salle de bains, toilette, W.-C.** — Grand restaurant. — Cuisine et caves renommées — Table d'hôte : déjeuner, 4 fr.; dîner, 5 fr. — Chambres depuis 4 fr., service et éclairage compris. — Billets de chemin de fer. — *Omnibus* — Interprète — Ascenseurs. — Arrangements depuis 13 fr. — *Maison suisse* : Propr[re] **L. ECHENARD-NEUSCHWANDER (Next door to the P. et O. office).**

---

ANNEXE:

## Palace Hôtel et Restaurant LA RÉSERVE

*Site merveilleux, Panorama unique (bord de la mer,* CORNICHE) ou le **PALAIS DE LA BOUILLABAISSE** et de toutes les **Spécialités provençales.** — Grand parc aux coquillages — Déjeuners et dîners sur commande — Five o'clock tea. — Appartements avec salle de bains, toilette, W.-C. et chambre depuis 8 fr. — Villas pour familles. — Grand jardin et vaste terrasse dominant la mer. — Grandes salles pour mariages et salons de réception. — Bains de mer chauds et froids à proximité — Tramways tous les quarts d'heure. — Propriétaire : **L. ECHENARD (du Carlton Hostel London).** — *Téléphone* **201.** — *Telegram* : **PALAIS-BOUILLABAISSE.**

---

*Marseille*

# LE GRAND HOTEL

## EX-GRAND HOTEL DE MARSEILLE

**Rue de Noailles, 26-28, et Cannebière**

Hôtel de luxe, le plus important de Marseille, installé avec le confort le plus moderne. — Grand hall. — *Chauffage central.* — Bains à tous les étages. — Installations sanitaires parfaites. — *Lumière électrique.* — **Caves et cuisine renommées.** — **Service par petites tables.** — **Prix modérés.** — Arrangements pour familles et séjour prolongé. — *Ascenseurs.*

**H. GRISARD**, Propriétaire.

---

*Marseille*

# GRAND HOTEL DES PHOCÉENS

**RESTAURANT ISNARD**

Premier ordre. — Maison spéciale pour la Bouillabaisse. — Réputation européenne comme cuisine et **cave.** — Recommandé aux familles et aux touristes. — **Omnibus à tous les trains.** — Expédition de la Bouillabaisse Isnard en boîte-panier. — **ISNARD**, Propriétaire.

*Marseille*

# GRAND HOTEL BEAUVAU

**Rue Beauvau, rue Cannebière, quai de la Fraternité.** — Seul hôtel de premier ordre **ayant façade sur la mer**, au centre de la ville et au midi. — Entièrement remis à neuf — **Ascenseur** — *Bains.* — *Téléphone* 849. — Chambre noire. — Pension depuis 8 fr. par jour — Arrangements pour familles — *Omnibus à tous les trains.*

**H. TEISSIER, Propriétaire**

---

*Marseille*

# HOTEL DU PETIT LOUVRE

Le seul et unique Restaurant en plein midi sur la Cannebière. — Chambres depuis 2 fr. 50 et arrangements pour familles. — Ascenseur — Omnibus — Interprète. — *Téléphone.* — **Veuve GARRONE, Propriétaire**

---

*Marseille*

# GRAND HOTEL DE PROVENCE

*Cours Belsunce*, 12. — Le plus central, le mieux situé. — Restaurant de premier ordre. — Déjeuner, 2 fr 50, dîner, 3 fr., service à la carte. — Spécialités : **Bouillabaisse, Langouste américaine** — Chambres depuis 3 fr. — Lumière électrique — Téléphone 12-90 — Omnibus

**P. GARDANNE ✠, Propriétaire**

---

*Marseille*

# Hôtel du XX^e SIÈCLE

**DERNIER CONFORT**

Au-dessus du **CAFÉ RICHE** *Rue Cannebière*

**Chambres depuis 4 francs**

---

*Marseille*

# GRAND NOUVEL HOTEL MEUBLÉ

**Boulevard du Musée,** 10, près la rue Noailles (Cannebière) — Electricité et chauffage central. — Ascenseur — Interprètes — Bains. — Grand hall — Jardin — Chambres. 3, 4, 5 fr et au-dessus. — Grand confort — Garçons de courses — Renseignements — Correspondant du *Touring-Club de France* — Chambre noire.

*Télégrammes* : **Noutel-Marseille.** — **CHEVRET. Propriétaire**

---

*Marseille*

# Grand Hôtel-Restaurant Californie et Colonial

**Cours Belsunce, 42 et 44** — 110 chambres depuis 2 fr — Complètement remis à neuf. — Le plus ancien et le plus central de Marseille — Déjeuner, 2 fr. 50 ; dîner, 3 fr — Cuisine de premier ordre et au beurre — **Arrangements à la journée** à partir de 6 fr 50 et 7 fr., tout compris — **Téléphone 739.** — Bains dans l'Hôtel — Omnibus à tous les trains. — Grandes terrasses et balcons en plein air. — Eclairage électrique dans toutes les chambres

**ALBERT et DUC, Propriétaires.**

---

*Marseille*

# RESTAURANTS DE 1^er ORDRE J. BASSO

*et Salons* ***BREGAILLON*** *(Annexe)*

Quai de la Fraternité, 3 et 5. — Maisons recommandées — Coquillages des parcs BASSO, **D. GOT et M. DAVID,** successeurs — 1^er prix, Exposition culinaire de Paris, 1900 et 1901, pour leurs coquillages, bouillabaisses, soupes de poissons, etc., etc. — Service irréprochable. — Vue splendide sur la mer. — *Expéditions de Bouillabaisses en boîtes soudées.* — Prix Boîte pour deux personnes, **5 fr 35**, pour trois, **7 fr. 35** ; pour quatre, **8** fr. franco à domicile — Au-dessus, **2** francs en plus par personne.

*Menton*

## GRAND HOTEL MONT-FLEURI

Premier ordre. — Plein midi. — **Situation exceptionnelle.** — Magnifique vue de mer. — Très abrité à mi-côte. — Entièrement meublé à neuf avec tout le confort moderne. — *Chambre noire pour photographie.* — Garage pour bicyclettes. — Téléphone. — Ascenseur. — L. NAVONI, Propriétaire.

---

*Menton*

## GRAND HOTEL VICTORIA ET DES PRINCES

PREMIER ORDRE

Plein midi. — Grand jardin. — Chauffage dans tous les corridors. — Bains. — Fumoir. — Prix modérés. — Ascenseur. — *Omnibus à tous les trains.* — **R. LEUBNER**, Propriétaire.

---

*Menton*

## BALMORAL HOTEL

*Ouvert toute l'année.* — Situation centrale. — Plein midi. — Jardin. — Magnifique véranda et restaurant sur la mer. — Bains. — Douches. — **Ascenseur.** — *Lumière électrique.* — Bonnes chambres depuis 3 fr. — Petit déjeuner, 1 fr. 50; déjeuner, 3 fr.; dîner, 4 fr., servis à part 4 et 5 fr. — Pension pour séjour depuis 9 fr., petit déjeuner compris. — **Cuisine renommée.** — Garage modèle pour 20 autos, avec fosse. — 10 chambres pour chauffeurs. — **Victor RÉ**, Propriétaire-Directeur.

---

*Menton*

GRANDE AGENCE DE MENTON FONDÉE EN 1876

## GUSTAVE AMARANTE ✠, ✠, ✠

Location de toutes les villas et de tous les appartements meublés ou non meublés à Menton ou au Cap Martin. — Vente et achat de villas, hôtels, châteaux et terrains. — Indications sérieuses, précises et gratuites. — Maison de premier ordre.

**Ne pas oublier le prénom GUSTAVE**

---

*Menton*

AGENCE AMARANTE FONDÉE EN 1867

## TONIN AMARANTE

Agence spéciale pour la location de toutes les villas et de tous les appartements meublés ou non meublés à **Menton**. — Vente et achat de propriétés. — Renseignements **gratuits** et précis. — **Ancienne réputation.**

*Adresse télégraphique :* **Agence Amarante.**

*Mont-Dore*

# HOTEL RICHELIEU

**Ouvert en 1901.** — Offrant le confort des hôtels de premier ordre et la tranquillité d'une maison de famille. — Conditions rigoureuses d'hygiène. — Murs peints à l'huile : ni tentures, ni rideaux. — Excellente cuisine. — **Prix avantageux.** — **Mmes MAISONNEUVE**, Propriétaires.

*Montpellier*

# HOTEL DE LA MÉTROPOLE

Près de la gare. — De tout premier ordre. — Merveilleusement installé. — Très recommandé aux familles. — Appartements au midi. — Restaurant. — Grand hall. — Jardin. — Salles de bains. — Calorifères. — Lumière électrique. — Ascenseur. — Téléphone. — **Prix modérés.**

*Montpellier*

# GRAND HOTEL MODERNE

**Hôtel meublé T. C. F.** — Electricité. — Chauffage avec radiateurs. — Lavabos avec eau chaude et eau froide. — Bains. — Chambre pour photo. — Garage avec fosse. — Ascenseur. — *Omnibus.* — Chambre depuis 2 fr. 50. — Téléphone nº 4-36. — A deux pas de l'hôtel : **Grande Brasserie du Coq d'or,** place de la Comédie. — Déjeuners et dîners à toute heure. — Lavabos Touring.

*Montpellier*

# GRAND-HOTEL

Rue Maguelonne, 8, dans le plus beau quartier. — *Premier ordre.* — Électricité partout. — Bains. — Calorifère. — Téléphone 1.56. — Ascenseur. — *Cuisine très recommandée. — Depuis 8 fr. par jour et arrangements pour familles.* — Omnibus à tous les trains. — **Albin CONGRAS, Propriétaire.**

*Nantes*

# GRAND HOTEL DE FRANCE

## PLACE DU THÉATRE-GRASLIN

Le plus central. — Complètement remis à neuf
*Electricité. — Bains. — Téléphone* 635. — Confort moderne
Garage pour autos dans l'hôtel. — A. C. F., A. C. A.

*Nantes*

# GRAND HOTEL DES VOYAGEURS

Au centre de la ville, près du Théâtre. — **Installation et confort modernes.** — Electricité dans les chambres. — Calorifère. — Bains et douches. — Téléphone. — Jardin d'hiver. — **Table renommée.** — Service par petites tables. — **Maison de premier ordre,** spécialement recommandée pour sa bonne tenue, son confortable et ses prix consciencieux. — Garage pour autos. — *English spoken.* — **G. CRÉTAUX,** Propriétaire.

# NICE CIMIEZ

# Excelsior Hotel Regina

**Inauguré par S. M. la Reine d'Angleterre**

**Tramways électriques très fréquents pour centre de Nice**

*De tout premier ordre.* — Plein midi. — Situation hygiénique parfaite. — Vue splendide. — Lumière électrique dans tout l'hôtel. — **Chauffage à la vapeur — 4 Ascenseurs électriques.** — *Table d'hôte par petites tables.* — **GRAND RESTAURANT A LA CARTE** — Nourriture *saine et soignée.* — *Concerts tous les jours de 3 heures à 5 heures et de 7 h. 1/2 à 9 h. 1/2.* — **Arrangements pour long séjour.**

*Nice*

# HOTEL GALLIA

RUE DE LA PAIX

*OUVERTURE NOVEMBRE* 1900

**Pension complète avec chambre, depuis 8 fr. par jour**

1er ORDRE
**ASCENSEUR**

**PLEIN MIDI**
JARDIN

140 chambres et salons avec tout le confort moderne et entièrement éclairés à la lumière électrique. — **Chauffage central dans les chambres. — Arrangements sanitaires parfaits. — Salles de bains à chaque étage.** — Billards. — Fumoir. — Magnifiques salons. — *Table d'hôte par petites tables et restaurant à la carte.* — Garage pour automobiles et bicyclettes. — **G. FORTÉPAULE,** Propr.

L'ÉTÉ : GRAND HÔTEL DE LA TERRASSE, A TROUVILLE-DEAUVILLE

---

*Nice*

# TERMINUS HOTEL

Maison de premier ordre située en face de la gare

*Ouverte toute l'année* — Confort moderne

**HENRI MORLOCK,** nouveau propriétaire

---

*Nice*

# HOTEL DE SUÈDE EX-ROUBION

**36, AVENUE BEAULIEU, 36**

**Premier ordre.** — Jardin. — Plein midi. — *Ascenseur et lumière électriques.* — Chauffage central dans chaque chambre.

**HENRI MORLOCK,** Propriétaire

---

*Nice*

# HOTEL DE BERNE

EN FACE DE LA GARE

Ouvert toute l'année — **Prix modérés**

*N. B. — Le transport des bagages est gratuit.*

**HENRI MORLOCK,** Propriétaire

## Nîmes

# GRAND HOTEL DU MIDI

*Square de la Couronne.* — **A. HUC**, nouveau propriétaire — **De premier ordre** — Plein centre et attenant à la grande Poste — Appartements et chambres très confortables — **W.-C. à chasse** — Cuisine et cave renommées. — Lumière électrique. — *Téléphone.* — Correspondant du T. C. F. et du C. A. F. **Prix modérés.**
**Omnibus de l'hôtel à tous les trains.**

---

## Nîmes

# GRAND HOTEL MANIVET

BOULEVARD VICTOR-HUGO. — En face du théâtre et de la Maison carrée, près des Arènes et des jardins romains de la Fontaine. — Entièrement remis à neuf. — Lumière électrique. — Grand confortable. — Cuisine de premier ordre. — **Journée depuis 8 fr.** — *English spoken.* — **Garage pour autos.** — **Omnibus.**
**CHAPELIER et LAURENT, Propriétaires**

---

## Nîmes

# GRAND HOTEL DU LUXEMBOURG

CHANGEMENT DE PROPRIÉTAIRE — **De premier ordre.** — La plus belle situation sur l'Esplanade, près des Arènes. — Confortable moderne. — Vaste hall. — Arrangements sanitaires. — Bains. — Electricité. — Garage — Tickets office. — Cuisine très recommandée. — *English spoken* — *Man spricht deutsch.* — **AURIC, Prop.**

---

## Orléans

# GRAND HOTEL SAINT-AIGNAN

Square Gambetta, Orléans. — **Tout premier ordre.** — Appartements avec salon particulier et bain-toilette. — Chauffage à vapeur. — Auto-garage. — English spoken. — Man spricht deutsch. — Lift. — *Téléphone 0.13.* — **Dr DESCHAMPS-LEMAIRE**, Directeur-Prop.

---

## Orléans

# HOTEL MODERNE

Rue de la République, 37. — Ouvert en 1903. — **De tout premier ordre.** — *Restaurant.* — Situation centrale en face la gare. — Installation moderne. — Médaille d'argent du T. C. F. pour ses chambres hygiéniques. — Hydrothérapie. — *Calorifère.* — Arrangements sanitaires. — Electricité partout. — *Téléphone.* — Ascenseur. — Auto-garage. — *English spoken.* — **Ch. BRAVLET, Propriétaire.**

---

## Orléans

# GRAND HOTEL D'ORLÉANS

**Rue Banier.** — Situation centrale près des grandes promenades et de la cathédrale. — Chambres et appartements confortables pour familles et touristes. — Cuisine très soignée. — Depuis 8 fr. par jour, vin compris. — *Eclairage électrique.* — Garage pour autos. — Expédition de pâtés d'alouettes. — **FORTIN, Propriétaire.**

---

## Orléans

# HOTEL DE LA BOULE D'OR

AU CENTRE DE LA VILLE

Entièrement remis à neuf, avec tout le confort moderne. — Electricité. — Téléphone. — Hydrothérapie. — Chauffage central. — Appartements et salons pour familles. — Service à la carte et table d'hôte — Omnibus. — Auto-garage avec fosses, 30 voitures. — English spoken. — Man spricht deutsch. — **E. AUDEBERT, Propriétaire.**

**Paramé**

## BRISTOL PALACE HOTEL

Créé en 1900. — De tout premier ordre. — *Sur la plage, accès direct.* — Grand confort. — Pension depuis 10 fr. par jour.
**HOTEL DE LA PLAGE** (annexe du **Bristol**). — *Même situation.* — Pension depuis 8 fr. par jour. — **J.-C. GALLET**, Propriétaire.

---

**Paramé**

## Hôtel de France et Villa Colbert

*Tout près de la plage.* — 80 chambres très bien meublées, plusieurs avec vue de mer, à proximité de la station des tramways Saint-Malo, Rothéneuf et Cancale. — Hôtel et pension de famille renommés par leur bonne tenue, table et confort, garage pour bicyclettes et autos. — Prix très modérés : 6 à 8 fr. avril, mai, juin et septembre. — 8 à 12 fr. juillet et août.
Grands arrangements pour longs séjours et familles nombreuses.

---

**Paramé**

## AGENCE GÉNÉRALE

CARREFOUR DE ROCHEBONNE
**G. BAZANTAY**, successeur de MM. **Hollain** et **Esnault**. — Location de villas et appartements à Paramé, Rothéneuf, St-Malo, St-Servan, Dinard et la région. — Vente et achat de propriétés, villas, terrains, fonds de commerce. — Bureau ouvert toute l'année. — Renseignements gratuits. — **G. BAZANTAY**, directeur. — **Téléphone 0.07.**

---

**Pau**

## L.-O. SARRADET

**12, rue Taylor, 12**
La plus ancienne agence de location de villas et d'appartements. — Vente d'immeubles et de propriétés. — Fondée en 1847. — Renseignements prompts et précis. — **Répertoires complets.**

---

**Pau**

## CENTRAL OFFICE

**BOURDILA**, Directeur — **Rue Gambetta, 2**
Près de la Poste et de la Société Générale
Membre fondateur du Syndicat des hommes d'affaires de France
**Villas et appartements à louer.** — Propriétés et immeubles à vendre. — Agence de location la plus centrale et la plus avantageusement connue. — Renseignements exacts et gratuits. — Télégr. : **BOURDILA-PAU.**

---

**Pau**

## AGENCE PYRÉNÉENNE

**PLACE DE LA HALLE, 6**, près de la Préfecture
**Location d'appartements et de villas meublés ou non meublés** à Pau et dans la région pyrénéenne. — Vente et achat d'immeubles de toute nature. — Liste et renseignements. — **P. BARRÈRE.**

---

**Pau**

## AGENCE AUBERT

6, RUE ADOUE, 6
**Agence spéciale pour la location des villas et appartements et la vente des propriétés**
*Bascule médicale pour pesage des personnes*
Adresse télégraphique : AUBERADOUE-PAU — **TÉLÉPHONE N° 0.93**

*Pau*

## GRAND HOTEL GASSION

OUVERT TOUTE L'ANNÉE

De tout premier ordre. — Situation en plein air. — Panorama splendide sur les Pyrénées, unique au monde. — Jardin d'hiver. — Lumière électrique. — Arrangements pour séjour. — Bains à chaque étage, douches. — Téléphone. — *Garage pour autos.*

**A. MEILLON**, Propriétaire de l'**Hôtel d'Angleterre, à Cauterets**

---

*Pau*

## HOTEL DE FRANCE

Entièrement reconstruit — Remeublé par la Maison Maple et Co. — Magnifiques hall et salons. — Appartements et chambres avec salle de bains. — Vue incomparable sur les Pyrénées. — Ascenseurs électriques. — Garage moderne et gratuit. — Le grand restaurant, à l'instar des meilleurs de Paris, est ouvert toute l'année. — Chauffage à vapeur dans toutes les chambres.

**F. CAMPAGNE**, nouveau propriétaire.

---

*Pau*

## GRAND HOTEL DU PALAIS ET BEAU-SÉJOUR

Boulevard du Midi, à côté du Palais d'Hiver. — De tout premier ordre. — Vue unique sur les Pyrénées. — Plein midi. — Ascenseurs. — Garage ouvert toute l'année. — Arrangements pour familles. — Prix modérés.

**F. BONNAFON, Propriétaire**

---

*Pau*

## GRAND HOTEL DE LA PAIX

**Place Royale.** — La plus belle situation. — Entièrement remis à neuf. — Grand confortable. — Eclairage électrique. — Bains. — Arrangements sanitaires. — Calorifères. — *Téléphone.* — Restaurant. — Caves et cuisine de premier ordre. — Pension depuis 9 fr. et arrangements pour familles. — Correspondant du T. C. F. — *Omnibus à tous les trains.* — **BERNIS**, Propriétaire.

---

*Pau*

## GRAND HOTEL DE LA POSTE

Place Grammont. — Situation près le chateau et les promenades. — Grand confortable. — Électricité. — Téléphone. — Bains. — Ascenseur. — Auto-garage. — Cuisine et cave recommandées. — Pension depuis 9 fr. par jour. — **Arrangements pour familles. — English spoken. — Se habla español.** — Corresp. du T. C. F. — Omnibus à la gare. — **DABBADIE**, Prop.

---

*Pau*

## HOTEL DU BOULEVARD

**Rue Porteneuve, 25 et 27.** — Près du Palais d'Hiver, dans le plus beau quartier. — Ouvert toute l'année. — Plein midi. — Appartements et chambres confortables avec balcons. — Jardin. — Electricité. — Téléphone. — Bains. — *Cuisine très soignée.* — Pension depuis 8 fr. — *English spoken.*

**LUSCAN**, Propriétaire

---

*Pau*

## HOTEL DU MIDI et MAISON DORÉE RÉUNIS

Cuisine, cave et service de 1er ordre. — Salle de bains. — Electricité. — Téléphone. — *Genre Duval, seul à Pau. — Repas à 2 fr. — Journée depuis 6 fr.* — Le tramway de la gare descend les voyageurs devant l'hôtel.

**Charles GROS, Propriétaire**

**Perpignan**

# GRAND HOTEL

**Quai Sadi-Carnot,** près de la Préfecture et de la Poste. **De tout premier ordre** — Hall superbe. — Ascenseur. — Bains. — Téléphone. — Electricité partout. — Arrangements sanitaires parfaits.
*Cuisine et cave spécialement recommandées.* — **Prix modérés.**
**Eugène CASTEL**, Propriétaire.

---

**Plombières-les-Bains**

Téléphone 16 — **HOTEL MÉTROPOLE** — English Spoken

ET LES VILLAS DU PARC

Le plus **moderne** de la Station. — **De tout premier ordre**
120 Chambres et Salons
**Bains** à tous les étages et **Auto-garage**

---

**Poitiers**

# GRAND HOTEL DE FRANCE

**Premier ordre.** — Dans le plus beau quartier. — **Cuisine et cave réputées.** Électricité. — Téléphone — Garage pour autos. — **Prix modérés.** — *English spoken.* — *Man spricht deutsch.* — **Omnibus de la ville.** — Spécialité de volailles et de pâtés truffés. — **ROBLIN-BOUCHARDEAU, Propriétaire.**

---

**Poitiers**

# GRAND HOTEL DU PALAIS

PREMIER ORDRE

Au centre des monuments historiques. — **Entièrement remis à neuf.** — **Installation moderne.** — Chambres hygiéniques du Touring-Club. — **Salle de bains** — **Electricité.** — *Téléphone.* — **Repas par petites tables** — *Omnibus de l'hôtel aux trains.*
**H. CHARPENTIER, Propriétaire**

---

# PRÉCHACQ-LES-BAINS

(LANDES)

ÉTABLISSEMENT OUVERT

*Du 1er mai au 20 octobre, desservi par la gare de Laluque*

**Eaux et Boues végéto-minérales similaires à celles de Dax.**

Rhumatismes, arthrites, névralgies, névroses, affections utérines, anémie.

*Eaux sulfureuses.* — Maladies des voies respiratoires, de la peau, du tube digestif.

*Prix de la pension* : 1re classe, 8 fr. ; 2e classe, 5 fr. 50 par jour et par personne, tout compris : logement, linge, nourriture, traitement balnéaire, service, éclairage.

**Pour renseignements, s'adresser au Directeur**

## *Royan-Saint-Georges-de-Didonne*

# GRAND HOTEL DE L'OCEAN

**Sur la Plage. — Ouvert toute l'année. — Chambres confortables. — Table d'hôte. — Restaurant. — Cuisine très soignée. — *Pension depuis 7 fr. par jour, vin, petit déjeuner, service tout compris et arrangements pour familles.* — Garage pour autos. — *Agence de location.* — Omnibus à tous les trains. — A. LACAGE, Propriétaire.**

---

## *Royan*

# AGENCE DEVEAUD

**31, rue Gambetta, 31**

Location de Villas et d'appartements. — Pour *l'été* à *Saint-Georges-de-Didonne, Royan, Pontaillac et Le Bureau-Saint-Palais.* Grand choix. — Pour *l'hiver* au *Parc* et à *L'Oasis.* — Ventes et achats d'immeubles. Renseignements gratuits aux clients des Guides Joanne. — Téléphone 0.23.

---

## *Royat*

# GRAND-HOTEL

Le plus important, situé près de l'Établissement. — Vaste parc. — *Lumière électrique.* — *Ascenseur.* — **Perfect sanitary arrangements.** — **SERVANT**, Propriétaire.

---

## *Royat*

# CASTEL-HOTEL

OUVERT DU 15 MAI AU 15 OCTOBRE

Maison de premier ordre. — Dans le parc de l'Établissement. — Lumière électrique dans toutes les chambres. — Téléphone. — Ascenseur Lift. — **A. HERPIN**, Propriétaire.

---

## *Royat*

# GRAND HOTEL DE LYON

PREMIER ORDRE

Sur le nouveau Parc, près de l'Établissement. — Vue splendide sur toute la vallée. — Hall. — Terrasse. — Jardin. — *Pension depuis 8 fr. par jour.* — **DELAVAL**, Propriétaire.

---

## *Royat*

# HOTEL VICTORIA ET DE NICE

PRÈS DE L'ÉTABLISSEMENT

Vue sur le parc. — Recommandé aux familles pour son grand confortable et sa cuisine très soignée. — *Prix depuis* **7 fr. 50** *par jour, tout compris, même le petit déjeuner du matin.*

Arrangements pour familles avec enfants.

**GIDON-HUGUET**, Propriétaire.

---

## *Royat*

# GRAND HOTEL BRISTOL

Situé face à une porte d'entrée du Parc de l'Établissement thermal. — **Pension de 7 à 12 fr. par jour.**

Grand confortable. — Garage pour autos et bicyclettes. — Installation photographique. — **PÉCHERET**, Propriétaire.

## *Saint-Jean-de-Luz*

# GRAND HOTEL DE LA POSTE

Exposition midi et nord. — **Belle vue des Pyrénées et de la mer.** — **Promenades** et jardins anglais autour de l'hôtel. — Pension : l'hiver depuis 7 fr.; l'été, depuis 8 fr., tout compris — Voitures pour excursions. — **G. DUMAS, Pre.**

---

## *Saint-Jean-de-Luz*

# HOTEL D'ANGLETERRE ET HOTEL DE LA PLAGE

**A côté des Bains.** — Hôtels ouverts toute l'année — Situation exceptionnelle sur la plage et vue splendide sur les Pyrénées. — Annexe nouvellement construite avec appartements au midi. — Chauffage moderne perfectionné. — Excellente cuisine — *Omnibus à tous les trains.* — Auto-Garage. — Prix de 9 à 15 fr par personne, du 15 octobre au 15 juillet; saison balnéaire, de 12 à 20 fr., par jour, suivant situation de la chambre et durée du séjour

**C. MONIN**, Propriétaire.

---

## *Saint-Jean-de-Luz*

# GOLF-HOTEL BEAU RIVAGE

**PREMIER ORDRE**

Merveilleuse situation sur la plage, avec panorama des Pyrénées — Grands jardins. — Tennis. — Dans toutes les chambres, cabinet de toilette avec lavabos à eau chaude et froide, et chauffage à vapeur. — 60 salles de bains. — Ascenseur — Electricité — Téléphone — *Fire Proof.* — Pension pour séjour depuis 9 fr par jour — Avril, mai et septembre depuis 10 fr par jour — **Léon FOURNEAU Fils.**

---

## *Saint-Jean-de-Luz*

# GRAND HOTEL DE PARIS

*En face de la Gare* — Pension de famille. — A 3 minutes de la plage. — **Entièrement remis à neuf** — Plein midi. — **Vue exceptionnelle.** — **Cuisine et cave renommées** — Depuis 7 fr. par jour tout compris — **Arrangements avantageux** pour séjour. — **A. DULOUT, Propriétaire**

---

## *Saint-Jean-de-Luz*

# HOTEL DE FRANCE

*Boulevard des Pyrénées presqu'en face la gare* — Chambres confortables. — Bains — Douches. — Téléphone. — Pension depuis 7 fr. tout compris — Restaurant — Déjeuner, 2 fr. 50 — Diner, 3 fr. avec vin — Service à la carte

**GÉLOS, Propriétaire.**

---

## *Saint-Jean-Pied-de-Port*

# HOTEL CENTRAL

Situé sur les bords de la Nive, en face de la cascade. — **Recommandé pour son** confort et son excellente cuisine — Bains. — Garage. — **Chambre noire** — **Voitures pour excursions.** — *Correspondant du Touring-Club de France.*

**CADIOU, Propriétaire**

---

## *Saint-Jean-sur-Mer*

PRÈS BEAULIEU

# HOTEL PANORAMA PALACE

Station de Chemins de fer P.-L.-M., à Beaulieu

**Tramways Nice-Monte-Carlo, Station Pont-Saint-Jean**

Hôtel de 1er ordre — Dernier confort — Situation splendide et tranquille en plein midi, protégé du mistral et de la poussière. — *Merveilleuses promenades à pied et en voiture* — Grande terrasse pour restaurant — **Five o'clok Tea** — **Parc** de 12 000 mètres — Chauffage central dans toute la maison — **Lumière électrique et ascenseur** — Bains de mer chauds et massage — **Port pour** canots automobiles. — *Arrangements à prix modérés.*

**W KLUNDER, Propriétaire.**

# San Sebastian

(ESPAGNE)

**Le meilleur climat — La plus belle plage du monde**

*10 heures de Paris. — 20 minutes de la frontière française (Hendaye)*

**SAISON D'HIVER ∽ SAISON D'ÉTÉ**

Courses de chevaux. ∽ Courses de taureaux. ∽ Concours hippique. ∽ Grandes régates internationales. ∽ Golf. ∽ Concours de tennis. ∽ Sports. ∽ Excursions en mer et aux environs. ∽ Pays splendide.

*Grand Casino* (ouvert toute l'année)

**MÊMES ATTRACTIONS QUE SUR LA RIVIERA**

Orchestre de 75 musiciens. — Deux concerts par jour. ∽ Concerts classiques. ∽ Concerts artistiques avec les artistes le plus en renom. ∽ Représentations théâtrales. ∽ Grands bals cotillon. ∽ Fêtes de nuit. ∽ Fêtes d'enfants. ∽ Batailles de fleurs. ∽ Cavalcades. ∽ Fêtes nautiques. ∽ Grand Carnaval. — **Ouvert toute l'année.**

# SALIES-DE-BÉARN

**Basses-Pyrénées**. — Chemin de fer de Puyoo à Mauléon. — Établissement ouvert toute l'année. — Chauffé pendant la saison d'hiver. — Médaille d'or, Exposition universelle de 1889. — Climat analogue à celui de Pau, modéré et particulièrement sédatif.

## BAINS CHLORURÉS SODIQUES, BROMO-IODURÉS

Minéralisation très forte ; les plus riches en chlorure de sodium, de magnésium en bromures et en iodures

Hygiène de l'enfance, scrofule, lymphatisme, anémie, rachitisme, carie des côtes, tumeurs, engorgements ganglionnaires, typhus scrofuleux, maladies particulières aux dames, rhumatismes et certains cas de paralysie, etc.

*Bains pour prendre chez soi — Bains d'eaux mères en flacons*
*Eaux mères pour compresses et pour toilette*
*Eaux mères en fûts et en bonbonnes*

S'ADRESSER A L'ÉTABLISSEMENT THERMAL

**Les bains d'eaux mères sont reconstituants, stimulants, toniques et résolutifs à un très haut degré. Les eaux mères pour compresses sont éminemment résolutives pour les engorgements, etc., etc.**

---

### *Salies-de-Béarn* (Basses-Pyrénées)

*Deux hôtels de tout premier ordre, médaillés et diplômés par le Touring-Club et l'Automobile-Club de France*

1° **Le Grand Hôtel du Parc et de l'Établissement thermal**, attenant aux bains et aux douches. — Eclairage électrique. — Téléphone n° 2.

2° **Le Grand Hôtel de France et d'Angleterre.** — Situation élevée et spéciale pour cure d'air. — Voiture gratis pour les bains. — Eclairage électrique. — Téléphone n° 7.

N. B. — Ces deux hôtels, sous la direction de M. G. **Graner**, sont les seuls à Salies qui possèdent un ascenseur.

---

### *Salies-de-Béarn* (Basses-Pyrénées)

# MAISON COUSTÈRE

PENSION DE FAMILLE

**Appartements meublés — Cuisines particulières — Eau de la ville**

**JARDIN — PRIX MODÉRÉS**

---

# SALINS-DU-JURA

Établissement thermal — **Piscine de natation**

Débilité des femmes et des enfants

**Grand Hôtel des Bains**, dans le jardin de l'Etablissement

Casino, Théâtre, Concerts

*Toulon*

## GRAND HOTEL

**Premier ordre.** — Electricité. — Plein midi. — Vue sur la mer. — Vaste salle de fêtes. — Bains. — Ascenseur. — Pension. — Prix modérés. — Garage et fosse pour autos. — A. T. C. et T. C. F.

**J. BOUILLOT, successeur de L. FILLE**

---

*Toulon*

## GRAND HOTEL VICTORIA

**Boulevard de Strasbourg**

Magnifique situation. — Confort moderne. — **Ascenseur. — Lumière électrique partout. — Pension depuis 9 fr. et arrangements pour familles.**
Hôtel recommandé par les Touring-Club de France et d'Angleterre.

---

*Toulouse*

## Grand Hôtel de l'Europe et du Midi réunis

SQUARE LAFAYETTE. — **J. DUMAS.** — **Établissement de premier ordre,** avec tout le confort moderne. — Situé au centre des promenades et dans le plus beau quartier de la ville. — Salon de lecture. — **Splendides salles de fêtes.** — Téléphone. — Eclairage électrique. — Bains. — Restaurant. — Interprètes. — Auto-garage avec fosse. — **Spécialité de foie de canard aux truffes du Périgord.** — EXPORTATION.

---

*Toulouse*

## GRAND-HOTEL ET HOTEL TIVOLLIER

(*RÉUNIS*)

**Rue de Metz, rue Boulbonne et rue d'Astorg.**

Installation unique dans le Midi, avec tout le luxe et le confortable le grands hôtels d'Europe et d'Amérique. — **200 chambres et salons.** — Appartements de luxe. — Salles de bains à tous les étages et dans les principaux appartements. — **3 ascenseurs.** — **Chauffage central.** — **Eclairage électrique.** — **Téléphone.** Hôtel diplômé par le Touring-Club de France. — Dans l'hôtel : postes et télégraphe. — *Garage pour automobiles, avec fosse de réparation.* — **RESTAURANT TIVOLLIER ET GRAND-HOTEL.** — TOUT PREMIER ORDRE. — **Service à la carte et à prix fixe.** — **Cuisine et cave renommées.**

**Vente exclusive des pâtés " TIVOLLIER "**

---

*Toulouse*

## HOTEL DE PARIS

RUE GAMBETTA (CAPITOLE)

Entièrement remis à neuf et installé avec tout le confort moderne. — Table d'hôte et restaurant. — **Cuisine de famille renommée.** — Depuis 8 fr. par jour. — *Téléphone.* — Electricité. — **A. Prat, Propriétaire.**

## Tours

# GRAND HOTEL DE BORDEAUX

*Sur le boulevard, Place de la Gare*

**PREMIER ORDRE.** — Téléphone 0.32. — Éclairage électrique. — Garage avec fosse pour autos. — *English spoken.*

**Madame C. DELIGNOU,** Propriétaire

---

## Tours

# MÉTROPOL-HOTEL

**LORIN-BRUNE,** Propriétaire (*Ancien propriétaire de l'Hôtel du Faisan*)

**Tout premier ordre.** — Entièrement neuf. — Salons. — Appartements complets pour familles. — Hygiène moderne. — Bains. — Chauffage central. — Ascenseur. — La plus belle situation de Tours. — **Place du Palais, 14 et 16, et rue de Bordeaux, 1 et 3.** — Téléphone 0.51.

Adresse télégraphique : *Métropol-Tours.*

---

## Tours

# HOTEL DU CROISSANT

*Rue Gambetta, en face de la Poste.* — Chambres et appartements confortables et **réservés pour familles et touristes.** — Cave et cuisine renommées. — Arrangements pour séjour et pour familles avec enfants. — Omnibus à tous les trains. — **Téléphone.** — **MAURICE MARIE,** Propriétaire.

---

## Tours

# HOTEL DU PALAIS

**Place du Palais de Justice,** faisant face à l'Hôtel de Ville, près de la gare. — Chambres très confortables, — Électricité. — Prix modérés. — *Grande salle de café et restaurant attenant à l'hôtel.* — Déjeuner. 2 fr.; dîner, 2 fr. 50 et à la carte. — **Téléphone 4.47.** — **TELLIER, Propriétaire**

---

## *Le Trayas* (Var)

# A LA RÉSERVE — HOTEL ET PENSION

Installation moderne. — Magnifique véranda servant de salle à manger. — Panorama splendide. — Point de départ de magnifiques excursions. — Garage et fosses. — *Hôtel T. C. F. — Télégrammes : Sube Trayas gare.*

**Mme SUBE, Propriétaire**

---

## *Trouville*

# HOTEL DE PARIS

Électricité. — **Ascenseur.** — Salle de bains et de douches.

**Téléphone avec Paris.** — Salon de coiffure. — Remises et écuries.

Garage d'automobiles. — Vue sur la mer et les jardins.

---

## *Trouville-Deauville*

# GRAND HOTEL DE LA TERRASSE

**De premier ordre sur la Plage.** — **Service par petites tables.** — **Restaurant.** — **Terrasse au bord de la mer.** — Ecuries et remises. — Garages avec fosse. — Prix modérés. — *Saison d'hiver :* **Hôtel Gallia, à Nice**

**G. FORTÉPAULE, Propriétaire**

## IV. — PAYS ÉTRANGERS

**BELGIQUE — GRANDE-BRETAGNE — ESPAGNE**
**ALGÉRIE — SUISSE — ITALIE**

## LA COTE DU SOLEIL (Tunisie)

# KORBOUS

## ÉTABLISSEMENT THERMAL

**Anciens thermes romains de Carthage**

*Eaux chlorurées sodiques fortes et sulfatées, calciques, hyperthermales employées en bains, douches, étuves et boisson*

La station thermale de **Korbous**, située sur le golfe de Tunis, à 48 kilomètres de cette ville (gare de Soliman), est ouverte toute l'année. Elle constitue avec son **établissement hydrothérapique moderne**, ses **hôtels**, ses **villas de style arabe** et sa **corniche de 8 kilomètres**, surplombant la mer, **une station de premier ordre.**

Ses sept sources (de 20 à 60° centigrades), dont plusieurs sont purgatives, ont un débit de près de 5000 mètres cubes par vingt-quatre heures.

Souveraines contre toutes les manifesfations de **l'arthritisme (rhumatisme, goutte, gravelle**, etc.), elles combattent victorieusement l'**anémie**, le **lymphatisme**, la **scrofule** et les **affections utérines** ; guérissent les **plaies** et **ulcères variqueux**, etc., et donnent des résultats immédiats dans toutes les **affections provenant d'un séjour prolongé dans les pays chauds**, accompagnées d'une **congestion des organes abdominaux (foie, rate**, etc.), ainsi que dans la **dysenterie**, la **diarrhée**, la **constipation opiniâtre**, les **maladies des voies urinaires** et la **colite muco-membraneuse.**

## HOTEL DES THERMES

1er ordre, **Annexes et Villas** exploités par la Compagnie des Eaux thermales et du Domaine de Korbous. Recommandés par le T.-C. Téléphone (V. aux Renseignements pratiques **du Guide Algérie et Tunisie** au mot Korbous).

### Cure d'air. — Centre d'excursions. — Chasse. — Pêche

**Notice illustrée** franco sur demande à **Paris**, rue Meyerbeer, 2 (Opéra), tél. 315-11, et rue Saint-Charles, 5, à **Tunis**, tél. 412.

# SUR ROUTE

## TOUT CE QU'IL FAUT VOIR

***ATLAS-GUIDE DE POCHE***

POUR

**CYCLISTES — AUTOMOBILISTES**

**TOURISTES**

*ÉCHELLE : 1/1 000 000e. Un centimètre par 10 kilomètres*

**Prix : 3 fr. 50**

Cet *Atlas-Guide* contient trente-six cartes imprimées en quatre couleurs et, au dos de ces cartes, la nomenclature de toutes les villes principales et de tous les centres d'excursion, ainsi que toutes les curiosités à visiter en France.

LIBRAIRIE HACHETTE ET Cie
79, Boulevard Saint-Germain, 79
PARIS

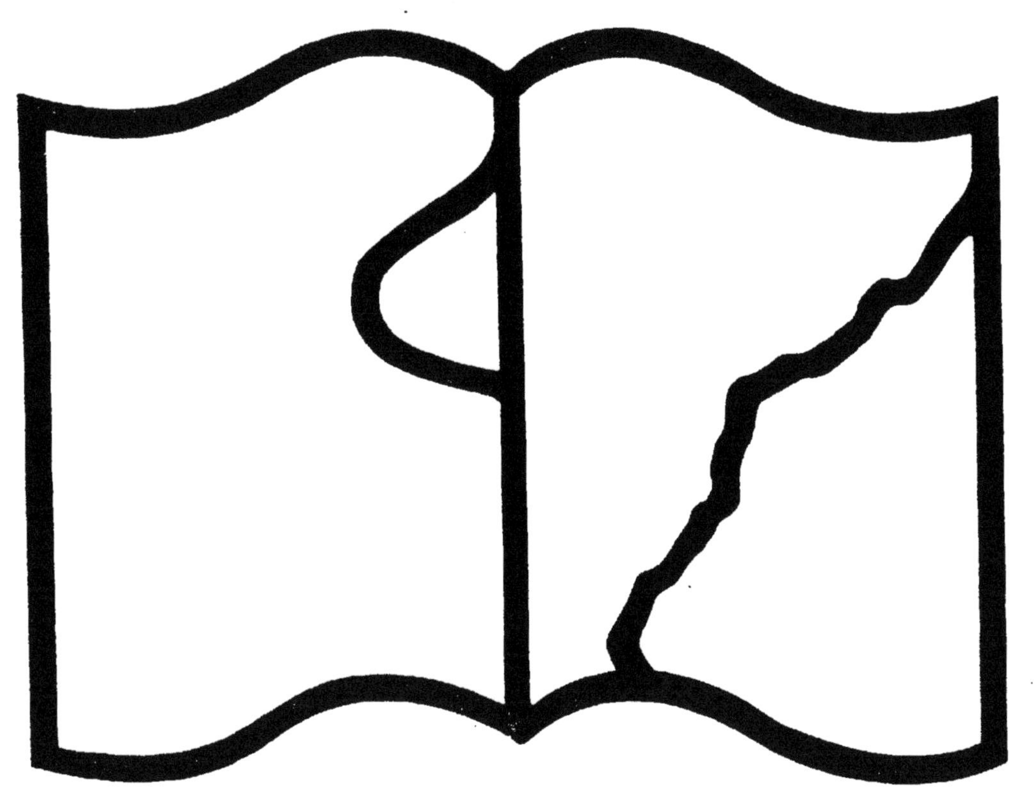

Texte détérioré — reliure défectueuse

**NF Z 43**-120-11

www.ingramcontent.com/pod-product-compliance
Ingram Content Group UK Ltd.
Pitfield, Milton Keynes, MK11 3LW, UK
UKHW020309200726
13857UKWH00001B/130